I0054794

René L. Schilling

Maß und Integral

De Gruyter Studium

Weitere empfehlenswerte Titel

Wahrscheinlichkeit. Eine Einführung für Bachelor-Studenten
René L. Schilling, 2017
ISBN 978-3-11-035065-4, e-ISBN (PDF) 978-3-11-035066-1,
e-ISBN (EPUB) 978-3-11-038750-6

Martingale und Prozesse
René L. Schilling, 2018
ISBN 978-3-11-035067-8, e-ISBN (PDF) 978-3-11-035068-5,
e-ISBN (EPUB) 978-3-11-038751-3

Brownian Motion. A Guide to Random Processes and Stochastic Calculus
René L. Schilling, Björn Böttcher, 2021
ISBN 978-3-11-074125-4, e-ISBN (PDF) 978-3-11-074127-8,
e-ISBN (EPUB) 978-3-11-074149-0

Analysis
Walter Rudin, 2022
ISBN 978-3-11-075042-3, e-ISBN (PDF) 978-3-11-075043-0,
e-ISBN (EPUB) 978-3-11-075049-2

Probability Theory
A First Course in Probability Theory and Statistics
Werner Linde, 2024
ISBN 978-3-11-132484-5, e-ISBN (PDF) 978-3-11-132506-4,
e-ISBN (EPUB) 978-3-11-132517-0

René L. Schilling

Maß und Integral

Lebesgue-Integration für Analysis und Stochastik

2. Auflage

DE GRUYTER

Mathematics Subject Classification 2020
Primary: 28-01. Secondary: 26B10; 26B15; 42B10; 60A10

Autor
Prof. Dr. René L. Schilling
Technische Universität Dresden
Institut für Mathematische Stochastik
01062 Dresden
Germany
rene.schilling@tu-dresden.de
www.math.tu-dresden.de/sto/schilling

Weiterführendes Material
www.motapa.de/mint

ISBN 978-3-11-134277-1
e-ISBN (PDF) 978-3-11-134289-4
e-ISBN (EPUB) 978-3-11-134306-8

Library of Congress Control Number: 2024946108

Bibliografische Information der Deutschen Nationalbibliothek
Die Deutsche Nationalbibliothek verzeichnet diese Publikation in der Deutschen Nationalbibliografie; detaillierte bibliografische Daten sind im Internet über http://dnb.dnb.de abrufbar.

© 2025 Walter de Gruyter GmbH, Berlin/Boston
Einbandabbildung: René L. Schilling

www.degruyter.com

Vorwort

Die vorliegende Einführung in die Maß- und Integrationstheorie richtet sich an Studierende der Mathematik und Physik ab dem zweiten Studienjahr. Mein Ziel ist es, in kompakter und eingänglicher Form die wesentlichen Ergebnisse der Lebesgueschen Maß- und Integrationstheorie darzustellen, die eine wichtige Grundlage für die höhere Analysis, Wahrscheinlichkeitstheorie und (mathematische) Physik ist. Der Text folgt meinen Vorlesungen an der TU Dresden, er kann als Begleittext für eine Vorlesung aber auch zum Selbststudium verwendet werden.

Die Maßtheorie ist kein Selbstzweck, sondern ein Hilfsmittel für weiterführende Vorlesungen. Daher verzichte ich auf einen allzu systematischen Aufbau, der oft den Charakter des »Lernens auf Vorrat« mit sich bringt, und konzentriere mich auf die zentralen Begriffe. Um schnell relevante Beispiele zu haben, wird das Lebesgue-Maß schon in den ersten Kapiteln eingeführt und untersucht, die Existenz und Eindeutigkeit in $\mathbb{R}$ und $\mathbb{R}^d$ wird dann schrittweise im Laufe der Vorlesung nachgewiesen. Bei der Auswahl des Stoffs habe ich mich von der Frage leiten lassen: »Was wird später im Studium und in den Anwendungen wirklich gebraucht?« Die Auswahl ist natürlich subjektiv, aber ich hoffe, eine vernünftige Balance zwischen einer knappen Einführung und einer gründlichen Darstellung gefunden zu haben.

Für das tiefere Verständnis ist es wichtig, dass der Leser sich mit der Materie selbständig auseinandersetzt. Zum einen sind dafür die Übungsaufgaben gedacht (vollständige Lösungen gibt es unter www.motapa.de/mint), andererseits weise ich im laufenden Text mit dem Symbol [✍] auf (bisweilen nicht ganz so offensichtliche) Lücken hin, die der Leser selbst ausfüllen sollte. Auf

---

- wichtige Schreibweisen,
- Gegenbeispiele, typische Fallen und versteckte Schwierigkeiten

!

---

wird durch derart markierte Absätze aufmerksam gemacht.

Vom Umfang entsprechen die Kapitel 1–19 einer dreistündigen Vorlesung, etwa 4–5 Textseiten können in 90 min Vorlesung durchgenommen werden. Die mit dem ♦ gekennzeichneten Abschnitte sind als Ergänzung gedacht und können je nach Zeit und Zielsetzung ausgewählt werden. Sie sind auch als Themen für ein Proseminar geeignet. Eine Übersicht über die Abhängigkeit der einzelnen Kapitel findet sich auf Seite VII.

Ich danke dem Verlag deGruyter für die Möglichkeit, eine zweite Auflage dieses Buchs zu veröffentlichen. Der Aufbau orientiert sich im wesentlichen an der ersten Auflage, doch habe ich an vielen Stellen die Darstellung präzisiert, weitere Übungsaufgaben aufgenommen, einige Passagen hinzugefügt – die Vervollständigung von Maßen (in Kap. 10), absolutstetige Funktionen (in Kap. 20), den Satz von Kolmogorov (Kap. 18), die Daniell-Erweiterung (Kap. 25) – oder umgeschrieben, z. B. unendliche Produktmaße (Kap. 17) oder die Regularität von Maßen (Anhang A.5) .

https://doi.org/10.1515/9783111342894-201

An diesem Manuskript haben direkt und indirekt viele Studenten, Kollegen und Freunde mitgewirkt. Mein Dank gilt vor allem Dr. Julian Hollender und Dr. Franziska Kühn für die erste Auflage. Den Text der zweiten Auflage haben Dr. Robert Baumgarth und Dr. David Berger durchgesehen. Die Zusammenarbeit mit den Lektoren des Verlags de Gruyter war sehr angenehm und hat wesentlich zur Entstehung dieses Buchs beigetragen. Meiner Frau danke ich für das große Verständnis, das sie immer wieder für meine Arbeit aufbringt.

Dresden, Sommer 2024 — René L. Schilling

Mathematische Grundlagen

Voraussetzung für das Studium der Maß- und Integrationstheorie sind Kenntnisse in Analysis und linearer Algebra, wie sie üblicherweise im ersten Studienjahr des Mathematik- oder Physikstudiums vermittelt werden. Zur Orientierung gebe ich hier eine Auswahl von Standard-Lehrbüchern an.

Analysis

Forster, O.: *Analysis 1, 2.* Springer Spektrum, Wiesbaden ^{12}2016, ^{11}2017.
Heuser, H.: *Lehrbuch der Analysis. Teil 1.* Vieweg + Teubner, Wiesbaden ^{17}2009.
Hildebrandt, S.: *Analysis 1, 2.* Springer, Berlin ^{2}2006, 2003.
Königsberger, K.: *Analysis 1, 2.* Springer, Berlin ^{6}2006, ^{5}2006.
Rudin, W.: *Analysis.* De Gruyter Oldenbourg, Berlin ^{5}2022.

Lineare Algebra

Beutelspacher, A.: *Lineare Algebra: Eine Einführung in die Wissenschaft der Vektoren, Abbildungen und Matrizen.* Springer Spektrum, Wiesbaden ^{8}2014.
Fischer, G.: *Lineare Algebra: Eine Einführung für Studienanfänger.* Springer Spektrum, Wiesbaden ^{18}2014.
Jänich, K.: *Lineare Algebra.* Springer, Berlin ^{11}2008.
Knabner, P., Barth, W.: *Lineare Algebra: Grundlagen und Anwendungen.* Springer Spektrum, Berlin ^{2}2018.
Kowalsky, H.-J., Michler, G. O.: *Lineare Algebra.* de Gruyter, Berlin ^{12}2003.
Lorenz, F.: *Lineare Algebra 1, 2.* Spektrum Akademischer Verlag, Heidelberg ^{4}2003, ^{3}1996.

Abhängigkeit der einzelnen Kapitel

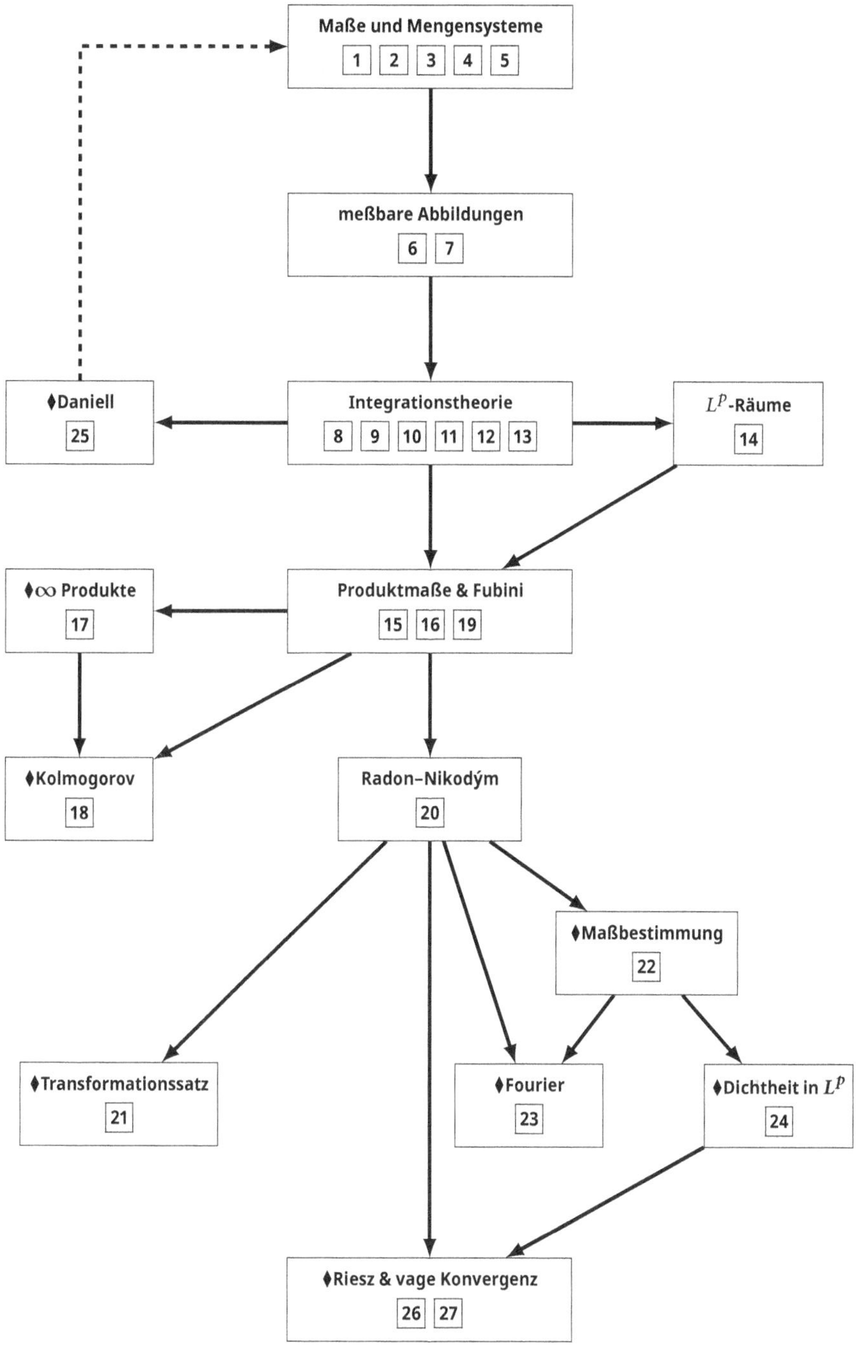

https://doi.org/10.1515/9783111342894-202

Bezeichnungen

Bezeichnungen, die nur lokal oder in einem Kapitel auftreten, sind nicht aufgeführt; alle Zahlenangaben beziehen sich auf Seitennummern. Binäre Operationen $f \pm g, f \cdot g, f \wedge g, f \vee g$, Vergleiche $f \leqslant g, f < g$ und Grenzwerte $f_n \xrightarrow[n\to\infty]{} f$, $\lim_n f_n$, $\liminf_n f_n$, $\limsup_n f_n$, $\sup_n f_n$ oder $\inf_n f_n$ von Funktionen sind stets punktweise gemeint, d. h. für jedes x.

Allgemeines & Konventionen

positiv	stets im Sinne $\geqslant 0$
negativ	stets im Sinne $\leqslant 0$
$\mathbb{N}$	$1, 2, 3, \ldots$
$\inf \emptyset$	$\inf \emptyset = +\infty$
$a \vee b$	Maximum von a und b
$a \wedge b$	Minimum von a und b
$\lvert x\rvert$	Euklidische Norm in $\mathbb{R}^d$, $\lvert x\rvert^2 = x_1^2 + \cdots + x_d^2$
$\langle x, y\rangle$	Skalarprodukt $\sum_{i=1}^d x_i y_i$
$\mathrm{GL}(d, \mathbb{R})$	invertierbare Matrizen $\in \mathbb{R}^{d\times d}$
$\mathrm{O}(d)$ $(\mathrm{SO}(d))$	(spezielle) orthogonale Matrizen $\in \mathbb{R}^{d\times d}$

Mengen

#	Kardinalität
$\subset$	Teilmenge (inkl. »=«)
$\dot\cup$	Vereinigung paarweise disjunkter Mengen
A^c	Komplement der Menge A
$\overline{A}$	Abschluss der Menge A
$B_r(x)$	offene Kugel um x, Radius r
$A_n \uparrow A$	$A_n \subset A_{n+1} \subset \ldots$ & $A = \bigcup_n A_n$
$B_n \downarrow B$	$B_n \supset B_{n+1} \supset \ldots$ & $B = \bigcap_n B_n$
$\mathscr{A}$	generische σ-Algebra
$\mathscr{A} \times \mathscr{B}$	$\{A \times B \mid A \in \mathscr{A},\ B \in \mathscr{B}\}$ »Rechtecke«
$\mathscr{A} \otimes \mathscr{B}$	Produkt-σ-Algebra, 91
$\mathscr{B}(E)$	Borelmengen in E, 6
$\mathscr{B}(\overline{\mathbb{R}})$	Borelmengen in $\overline{\mathbb{R}}$, 37
$\mathscr{C}, \mathscr{C}(E)$	abgeschlossene Mengen
$\mathscr{I}, \mathscr{I}^o, \mathscr{I}_{\mathrm{rat}}$	»Rechtecke« im $\mathbb{R}^d$, 6
$\mathscr{K}, \mathscr{K}(E)$	kompakte Mengen
$\mathscr{O}, \mathscr{O}(E)$	offene Mengen
$\mathscr{P}(E)$	Potenzmenge von E

Maße & Funktionen

μ, ν	generische Maße
δ_x	Dirac-Maß in x, 12
λ, λ^d	Lebesgue-Maß (in $\mathbb{R}^d$), 13
$\mu \otimes \nu$	Produkt von Maßen, 94, 105
$\mathbb{1}_A$	$\mathbb{1}_A(x) = \begin{cases} 1, & x \in A \\ 0, & x \notin A \end{cases}$
u^+	Positivteil: $u \vee 0$, 39
u^-	Negativteil: $-(u \wedge 0)$, 39
$\{u \in B\}$,	$\{x \mid u(x) \in B\}$,
$\{u \geqslant a\}$	$\{x \mid u(x) \geqslant a\}$ usw.
$\operatorname{supp} u$	Träger $\overline{\{u \neq 0\}}$
$C(E)$	stetige Funktionen auf E
$C_b(E)$	beschränkte — —
$C_\infty(E)$	— — mit $\lim_{\lvert x\rvert\to\infty} u(x) = 0$
$C_c(E)$	— — mit kompaktem Träger
$\mathcal{E}, \mathcal{E}(\mathscr{A})$	einfache Funktionen, 39
$\mathscr{L}^0, \mathscr{L}^0(\mathscr{A})$	messbare Funktionen, 38
$\mathscr{L}^0_{\overline{\mathbb{R}}}, \mathscr{L}^0_{\overline{\mathbb{R}}}(\mathscr{A})$	— —, $\overline{\mathbb{R}}$-wertig, 38
$\mathscr{L}^1, \mathscr{L}^1(\mu)$	integrierbare Funktionen, 52
$\mathscr{L}^1_{\overline{\mathbb{R}}}, \mathscr{L}^1_{\overline{\mathbb{R}}}(\mu)$	— —, $\overline{\mathbb{R}}$-wertig, 52
$\mathscr{L}^p, \mathscr{L}^\infty$	80
L^p, L^∞	82
$\lVert u\rVert_{L^p}$	$\left(\int \lvert u\rvert^p \, d\mu\right)^{1/p}$, $1 \leqslant p < \infty$
$\lVert u\rVert_{L^\infty}$	$\inf\{c > 0 \mid \mu\{\lvert u\rvert \geqslant c\} = 0\}$
$\lVert u\rVert_\infty$	$\sup_x \lvert u(x)\rvert$

Definitionen

(Σ_1)–(Σ_3)	σ-Algebra, 4
$(\mathscr{O}_1)$–$(\mathscr{O}_3)$	Topologie, 6
(M_0)–(M_2)	Maß, 10
(D_1)–(D_3)	Dynkin-System, 16
(S_1)–(S_3)	Halbring, 22
(OM_1)–(OM_3)	äußeres Maß, 23

Abkürzungen

BL	Beppo Levi
f. ü.	fast überall
mb.	messbar
o. E.	ohne Einschränkung(en)
$\cap$/$\cup$-stabil	Familie enthält endliche Schnitte/Vereinigungen
[✍]	selbst rechnen!

https://doi.org/10.1515/9783111342894-203

Inhalt

1 Einleitung

Ein Ziel der Maßtheorie ist es, den geometrischen Begriffen von Länge, Fläche und Volumen eine exakte mathematische Bedeutung zu geben. Dabei ist es hilfreich, den Begriff des *Messens* weiter zu fassen und ganz allgemein Mengen in (abstrakten) Räumen ein Maß zuzuordnen. Dadurch können wir

- Längen, Flächen und Volumina bestimmen,
- zählen,
- Wahrscheinlichkeiten berechnen,
- integrieren (»Arbeit« in der Physik, »Fläche unter einer Kurve«).

Wir wollen die grundlegenden Eigenschaften von Maßen an Hand von einigen Beispielen herleiten. Mit $\lambda[a,b) = b - a$ bezeichnen wir die *Länge* des Intervalls $[a,b) \subset \mathbb{R}$ und mit $\nu[a,b) = \#([a,b) \cap \mathbb{Z})$ die *Anzahl der ganzen Zahlen* in I. Offensichtlich gilt $\nu(\emptyset) = 0$ und für Längen ist $\lambda(\emptyset) = 0$ auch eine vernünftige Forderung. Weiterhin:

$$[a,b) = [a,c) \cup [c,b) \implies \begin{cases} \lambda[a,b) = b - a = (b-c) + (c-a) = \lambda[a,c) + \lambda[c,b), \\ \nu[a,b) = \nu[a,c) + \nu[c,b). \end{cases}$$

Im *Allgemeinen* ist es wichtig, dass die Mengen $[a,c) \cap [c,b) = \emptyset$ *disjunkt* sind, und wir schreiben für die Vereinigung disjunkter Mengen oft $[a,c) \uplus [c,b)$. Zum Beispiel gilt für ν und $c \in \mathbb{Z}$ stets $\nu\{c\} = 1$ (natürlich kann das im Fall von λ nicht auftreten).

Die Berechnung von Flächen ist ungleich schwieriger, da sich nur wenige Flächen – z. B. die von Dreiecken und Rechtecken – elementar ausrechnen lassen; krummlinig berandete Gebiete F können wir durch abzählbar viele Dreiecke Δ_n ausschöpfen (vgl. Abbildung 1.1), aber dann benötigen wir eine weitere Rechenregel, die sog. *σ-Additivität*:

$$\text{Fläche}\,(F) = \sum_{n \in \mathbb{N}} \text{Fläche}\,(\Delta_n).$$

- Gibt es immer *abzählbare* Triangulierungen/Parkettierungen?
- Warum ist die *Fläche* unabhängig von der speziellen Triangulierung/Parkettierung?

?

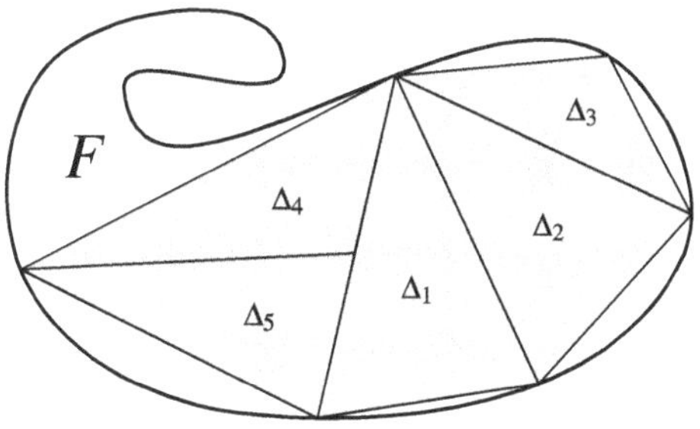

Abb. 1.1: Triangulierung der Menge $F = \bigcup_{n \in \mathbb{N}} \Delta_n$.

https://doi.org/10.1515/9783111342894-001

Diese Fragen führen dazu, dass wir i. Allg. Maße nicht auf der Potenzmenge $\mathscr{P}(\mathbb{R})$, sondern nur auf einer Teilfamilie $\mathscr{F} \subset \mathscr{P}(\mathbb{R})$ definieren können.

!

- $\mathscr{F} \subset \mathscr{P}(E)$ heißt: $\mathscr{F}$ ist eine Teil***familie*** von Mengen!
- Familien von Mengen bezeichnen wir i. Allg. mit Skriptbuchstaben $\mathscr{A}, \mathscr{F}, \mathscr{G} \ldots$;
- Maße bezeichnen wir i. Allg. mit griechischen Buchstaben $\lambda, \mu, \nu \ldots$.

Unsere Überlegungen zeigen, dass ein Maß μ auf einer beliebigen Menge E folgende Eigenschaften besitzen sollte:

a) $\mu\colon \mathscr{F} \to [0, \infty]$; $\mathscr{F}$ ist eine Teilfamilie der Potenzmenge $\mathscr{P}(E) = \{A \mid A \subset E\}$;
b) $\mu(\emptyset) = 0$;
c) μ ist additiv: $I \cap J = \emptyset \implies \mu(I \mathbin{\dot\cup} J) = \mu(I) + \mu(J)$;
d) μ ist σ-additiv: $\mu\left(\dot{\bigcup}_{n\in\mathbb{N}} I_n\right) = \sum_{n\in\mathbb{N}} \mu(I_n)$ für abzählbar viele Mengen I_n, die paarweise disjunkt sind.

Diese wenigen Axiome führen zu einer überraschend reichhaltigen Theorie, mit der wir auch »exotische« Mengen messen können. Als Beispiel betrachten wir das Intervall $[0, 1]$ und konstruieren das *Cantorsche Diskontinuum.*

1. C_1 — Entferne aus $[0, 1]$ das mittlere offene Drittel $I_2 := \left(\frac{1}{3}, \frac{2}{3}\right)$.
2. C_2 — Entferne aus den verbleibenden 2 abgeschlossenen Intervallen $\left[0, \frac{1}{3}\right]$ und $\left[\frac{2}{3}, 1\right]$ die offenen Mittel-Drittel I_{02} und I_{22}
3. C_3 — Entferne aus den verbleibenden 4 abgeschlossenen Intervallen die offenen Mittel-Drittel $I_{002}, I_{022}, I_{202}, I_{222}$
4. C_4 — ...

⋮

∞. $C := \bigcap_{n\in\mathbb{N}} C_n$ ist das Cantorsche Diskontinuum.

Numerierung der entnommenen Intervalle: Im $(n + 1)$ten Schritt entfernen wir die Intervalle

$$I_{t_1 t_2 \ldots t_{n-1} t_n 2}, \quad t_1, \ldots, t_n \in \{0, 2\}.$$

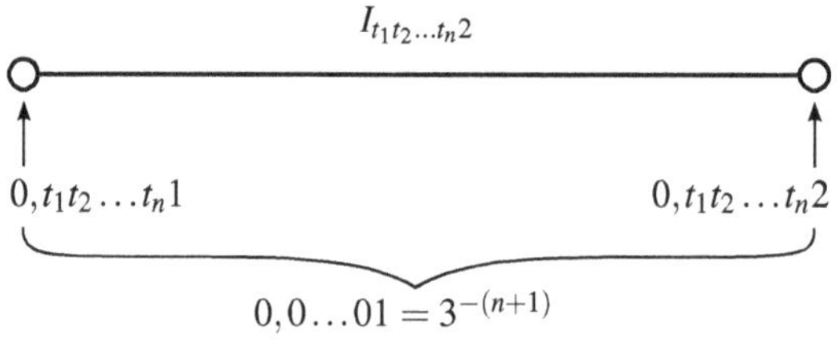

Abb. 1.2: Ein im Schritt $n + 1$ entnommenes Intervall; die Endpunkte sind als triadische Zahlen geschrieben mit den Ziffern $t_1, \ldots, t_n \in \{0, 2\}$.

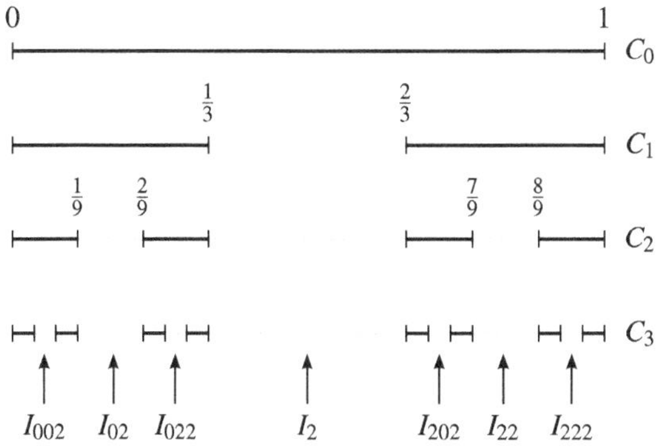

Abb. 1.3: Die 0-2-Folge im Index des Intervalls $I_{t_1 \ldots t_{n-1} t_n 2}$ der Generation $(n+1)$ kodiert dessen relative Position: $t_n = 0$ oder 2 bedeutet, dass sich das Intervall links (0) bzw. rechts (2) des Intervalls $I_{t_1 \ldots t_{n-1} 2}$ befindet. Dadurch ergibt sich eine natürliche Baumstruktur.

Wenn wir

$$(t_1, \ldots, t_n, 2) \to 0, t_1 \ldots t_n 2 = \sum_{m=1}^{n} \frac{t_m}{3^m} + \frac{2}{3^{n+1}}$$

als triadische Zahl interpretieren, dann ist das der rechte Endpunkt des entnommenen Intervalls (vgl. Abb. 1.2).

Wir wollen nun die »Länge« $\lambda(C)$ der Menge C bestimmen. Wie gehen wir hier vor? Intuitiv gilt (vgl. Abb. 1.3)

1. $\lambda(C_0) = \lambda[0,1] = 1 - 0 = 1$
2. $\lambda(C_1) = \lambda[0,1] - \lambda(I_2) = 1 - \frac{1}{3}$
3. $\lambda(C_2) = \lambda[0,1] - \lambda(I_2) - \lambda(I_{02}) - \lambda(I_{22}) = 1 - \frac{1}{3} - 2 \times \frac{1}{9}$

....

n. $\lambda(C_{n+1}) = \lambda[0,1] - 2^0 \times \frac{1}{3^1} - 2^1 \times \frac{1}{3^2} - \cdots - \underbrace{2^n}_{\text{Zahl der entnommenen Intervalle}} \times \overbrace{\frac{1}{3^{n+1}}}^{\text{Länge des entnommenen Intervalls}}$

und somit

$$\lambda(C) = 1 - \sum_{n=0}^{\infty} \frac{2^n}{3^{n+1}} = 1 - \frac{1}{3} \sum_{n=0}^{\infty} \frac{2^n}{3^n} = 1 - \frac{1}{3} \frac{1}{1 - \frac{2}{3}} = 0.$$

Das Cantorsche Diskontinuum hat also die *Länge Null* im traditionellen Sinn, es ist aber dennoch *nicht leer*. Es gilt [✍]

$$C = \left\{ \sum_{n=1}^{\infty} \frac{t_n}{3^n} \mid t_n \in \{0, 2\} \right\}, \tag{1.1}$$

d. h. C ist sogar überabzählbar.

Wir wollen im Folgenden Maße auf allgemeinen Mengen systematisch studieren.

2 Sigma-Algebren

Es sei E eine beliebige Grundmenge und $\mathscr{F} \subset \mathscr{P}(E)$ eine Familie von Mengen in E. Aus der Einleitung wissen wir, dass ein Maß eine Funktion $\mu\colon \mathscr{F} \to [0,\infty]$ mit den auf S. 2 genannten Eigenschaften a)–d) sein sollte; insbesondere muss dann $\mathscr{F}$ gewisse Stabilitätseigenschaften erfüllen. Solche Mengensysteme wollen wir nun einführen.

2.1 Definition. Eine *σ-Algebra* auf einer Menge $E \neq \emptyset$ ist eine Familie $\mathscr{A} \subset \mathscr{P}(E)$ mit

$$E \in \mathscr{A}, \tag{Σ_1}$$

$$A \in \mathscr{A} \implies A^c := E \setminus A \in \mathscr{A}, \tag{Σ_2}$$

$$(A_n)_{n\in\mathbb{N}} \subset \mathscr{A} \implies \bigcup_{n\in\mathbb{N}} A_n \in \mathscr{A}. \tag{Σ_3}$$

Eine Menge $A \in \mathscr{A}$ heißt *messbar.*

Die Eigenschaften (Σ_1)–(Σ_3) sind allgemein genug, dass $\mathscr{A}$ stabil ist, wenn wir die Operationen »∩«, »∪« oder »\« *abzählbar oft* wiederholen.

2.2 Bemerkung (Eigenschaften einer (σ-)Algebra). Es sei $\mathscr{A}$ eine σ-Algebra in E.

a) $\emptyset \in \mathscr{A}$. *Denn:* $\emptyset = E^c \in \mathscr{A}$ (wegen (Σ_1),(Σ_2)).

b) $A, B \in \mathscr{A} \implies A \cup B \in \mathscr{A}$. *Denn:*

$$A_1 := A,\ A_2 := B,\ A_3 = A_4 = \cdots = \emptyset \overset{(\Sigma_3)}{\implies} A \cup B = A_1 \cup A_2 \cup A_3 \cup \cdots \in \mathscr{A}.$$

c) $(A_n)_{n\in\mathbb{N}} \subset \mathscr{A} \implies \bigcap_{n\in\mathbb{N}} A_n \in \mathscr{A}$. *Denn:*

$$A_n \in \mathscr{A} \overset{(\Sigma_2)}{\implies} A_n^c \in \mathscr{A} \overset{(\Sigma_3)}{\implies} \bigcup_{n\in\mathbb{N}} A_n^c \in \mathscr{A} \overset{(\Sigma_2)}{\implies} \bigcap_{n\in\mathbb{N}} A_n = \Big(\bigcup_{n\in\mathbb{N}} A_n^c\Big)^c \in \mathscr{A}.$$

d) $A, B \in \mathscr{A} \implies A \setminus B \in \mathscr{A}$. *Denn:* $A \setminus B = A \cap (B^c) \in \mathscr{A}$ wegen c), (Σ_2).

e) Wenn wir in (Σ_3) die abzählbare Vereinigung durch eine endliche Vereinigung ersetzen, erhalten wir eine sogenannte (*Boolesche*) *Algebra*. Die Rechnungen a)–d) übertragen sich und zeigen, dass eine Algebra stabil ist, wenn wir die Operationen »∩«, »∪« oder »\« *endlich oft* wiederholen.

2.3 Beispiel. Es sei E eine beliebige Menge.

a) $\mathscr{P}(E)$ ist eine σ-Algebra. Offensichtlich ist $\mathscr{P}(E)$ die *größte* σ-Algebra auf E.

b) $\{\emptyset, E\}$ ist eine σ-Algebra. Offensichtlich ist das die *kleinste* σ-Algebra auf E.

c) $\{\emptyset, A, A^c, E\}$ ist eine σ-Algebra für jedes $A \subset E$.

d) $\{\emptyset, B, E\}$ ist i. Allg. *keine* σ-Algebra, es sei denn $B = \emptyset$ oder $B = E$.

e) $\mathscr{A} := \{A \subset E \mid \# A \leqslant \# \mathbb{N} \text{ oder } \# A^c \leqslant \# \mathbb{N}\}$ ist eine σ-Algebra. *Denn:*

(Σ_1) $E^c = \emptyset$ ist abzählbar $\implies E \in \mathscr{A}$.

(Σ_2)
$$\begin{aligned} A \in \mathscr{A} &\iff \# A \leqslant \# \mathbb{N} \text{ oder } \# A^c \leqslant \# \mathbb{N} \\ &\iff \# A^c \leqslant \# \mathbb{N} \text{ oder } \# \underbrace{(A^c)^c}_{=A} \leqslant \# \mathbb{N} \\ &\iff A^c \in \mathscr{A} \end{aligned}$$

https://doi.org/10.1515/9783111342894-002

(Σ_3) Sei $(A_n)_{n\in\mathbb{N}} \subset \mathscr{A}$. Dann gibt es zwei Fälle.

Fall 1: Jede der Mengen A_n ist abzählbar. Dann ist auch die Vereinigung von abzählbar vielen abzählbaren Mengen $A = \bigcup_{n\in\mathbb{N}} A_n$ eine abzählbare Menge, also $A \in \mathscr{A}$.

Fall 2: Eine Menge, z. B. A_{n_0}, ist überabzählbar. Dann ist aber nach Definition von $\mathscr{A}$ das Komplement $A_{n_0}^c$ abzählbar. Somit haben wir

$$\left(\bigcup_{n\in\mathbb{N}} A_n\right)^c = \bigcap_{n\in\mathbb{N}} A_n^c \subset A_{n_0}^c,$$

also ist das Komplement von $A = \bigcup_{n\in\mathbb{N}} A_n$ abzählbar, mithin $A \in \mathscr{A}$.

f) (*Spur-σ-Algebra*) Es sei $F \subset E$ eine *beliebige* Teilmenge und $\mathscr{A}$ eine σ-Algebra. Dann ist $\mathscr{A}_F := \{F \cap A \mid A \in \mathscr{A}\}$ eine σ-Algebra auf der Menge F.

g) (*Urbild σ-Algebra*) Es sei $f\colon E \to E'$ eine Abbildung und $\mathscr{A}'$ eine σ-Algebra auf E'. Dann ist $\mathscr{A} := \{f^{-1}(A') \mid A' \in \mathscr{A}'\}$ eine σ-Algebra auf E.

! Es seien $\mathscr{A}_i$, $i \in I$, beliebig viele Mengensysteme. Dann bezeichnen

$$\bigcap_{i\in I} \mathscr{A}_i = \{A \mid \forall i \in I : A \in \mathscr{A}_i\} \quad \text{und} \quad \bigcup_{i\in I} \mathscr{A}_i = \{A \mid \exists i \in I : A \in \mathscr{A}_i\}.$$

Diese Familien unterscheiden sich i. Allg. von $\{\bigcap_{i\in I} A_i \mid A_i \in \mathscr{A}_i,\ i \in I\}$ bzw. $\{\bigcup_{i\in I} A_i \mid A_i \in \mathscr{A}_i,\ i \in I\}$

2.4 Satz. a) *Der Schnitt $\bigcap_{i\in I} \mathscr{A}_i$ beliebig vieler σ-Algebren auf E ist eine σ-Algebra.*

b) *Für jede Familie $\mathscr{G} \subset \mathscr{P}(E)$ existiert eine minimale σ-Algebra $\mathscr{A}$ mit $\mathscr{G} \subset \mathscr{A}$. $\mathscr{A}$ heißt die* von $\mathscr{G}$ erzeugte σ-Algebra. *Bezeichnung:* $\mathscr{A} = \sigma(\mathscr{G})$.

Beweis. a) Wir zeigen (Σ_1)–(Σ_3).

(Σ_1) $\forall i \in I : E \in \mathscr{A}_i \implies E \in \bigcap_{i\in I} \mathscr{A}_i$.

(Σ_2) $\forall i \in I : A \in \mathscr{A}_i \implies \forall i \in I : A^c \in \mathscr{A}_i \implies A^c \in \bigcap_{i\in I} \mathscr{A}_i$.

(Σ_3) $\forall i \in I : (A_k)_{k\in\mathbb{N}} \subset \mathscr{A}_i \implies \forall i \in I : \bigcup_{k\in\mathbb{N}} A_k \in \mathscr{A}_i \implies \bigcup_{k\in\mathbb{N}} A_k \in \bigcap_{i\in I} \mathscr{A}_i$.

b) Nach Teil a) ist
$$\mathscr{A} := \bigcap_{\substack{\mathscr{G}\subset\mathscr{F} \\ \mathscr{F}\ \sigma\text{-Algebra}}} \mathscr{F} \quad \text{eine } \sigma\text{-Algebra.} \tag{*}$$

Existenz: Es gilt $\mathscr{G} \subset \mathscr{P}(E)$ und $\mathscr{P}(E)$ ist eine σ-Algebra. Daher ist $\mathscr{P}(E)$ ein zulässiges $\mathscr{F}$ im Schnitt (*). Insbesondere ist der Schnitt nicht leer, und a) zeigt, dass $\mathscr{A}$ eine σ-Algebra mit $\mathscr{G} \subset \mathscr{A}$ ist.

Minimalität: Angenommen $\mathscr{A}'$ ist σ-Algebra mit $\mathscr{G} \subset \mathscr{A}'$. Dann ist $\mathscr{A}'$ ein zulässiges $\mathscr{F}$ in (*). Insbesondere gilt $\mathscr{A} \subset \mathscr{A}'$. Somit ist $\mathscr{A}$ minimal, d. h. eindeutig und die Bezeichnung $\mathscr{A} = \sigma(\mathscr{G})$ ist sinnvoll. □

2.5 Bemerkung.

a) Für eine σ-Algebra $\mathscr{A}$ gilt $\sigma(\mathscr{A}) = \mathscr{A}$.

b) Für jede Menge $A \subset E$ gilt $\sigma(\{A\}) = \{\emptyset, A, A^c, E\}$.
c) Für beliebige $\mathscr{G} \subset \mathscr{H} \subset \mathscr{A}$ gilt $\sigma(\mathscr{G}) \subset \sigma(\mathscr{H}) \subset \sigma(\mathscr{A})$.
Denn: $\mathscr{G} \subset \mathscr{H} \implies \mathscr{G} \subset \mathscr{H} \subset \sigma(\mathscr{H}) \implies \sigma(\mathscr{G}) \subset \sigma(\mathscr{H})$ wegen der Minimalität.

Im $\mathbb{R}^d$ (oder in allgemeinen topologischen Räumen) spielt die von der *Topologie* erzeugte σ-Algebra eine besondere Rolle. Bezeichnet $B_\epsilon(x) = \{y \in \mathbb{R}^d \mid |x-y| < \epsilon\}$ die offene Kugel mit Radius ϵ und Mittelpunkt x, dann gilt

$$U \subset \mathbb{R}^d \text{ offen} \iff \forall x \in U \; \exists \epsilon > 0 : B_\epsilon(x) \subset U.$$

Das System der offenen Mengen $\mathscr{O} = \mathscr{O}(\mathbb{R}^d)$ heißt *Topologie*. Abstrakt hat eine Topologie $\mathscr{O}$ auf E die folgenden Eigenschaften.

$$\emptyset, E \in \mathscr{O}, \qquad (\mathscr{O}_1)$$

$$U, V \in \mathscr{O} \implies U \cap V \in \mathscr{O}, \qquad (\mathscr{O}_2)$$

$$U_i \in \mathscr{O},\ i \in I \text{ (beliebig)} \implies \bigcup_{i \in I} U_i \in \mathscr{O}. \qquad (\mathscr{O}_3)$$

Wenn $U_n \in \mathscr{O}, n \in \mathbb{N}$, dann muss $U := \bigcap_{n \in \mathbb{N}} U_n$ nicht mehr offen sein!

2.6 Definition. Die von den offenen Mengen $\mathscr{O}$ in $\mathbb{R}^d$ erzeugte σ-Algebra $\sigma(\mathscr{O})$ heißt *Borel(sche) σ-Algebra*. Bezeichnung: $\mathscr{B}(\mathbb{R}^d)$. Eine Menge $B \in \mathscr{B}(\mathbb{R}^d)$ heißt *Borelmenge* oder *Borel-messbar*.

Die Definition 2.6 überträgt sich wörtlich auf allgemeine topologische Räume $(E, \mathscr{O})$. Daher heißt $\mathscr{B}(E) = \sigma(\mathscr{O})$ auch *topologische σ-Algebra*.

2.7 Satz. *Es seien $\mathscr{O}, \mathscr{C}, \mathscr{K}$ die offenen, abgeschlossenen und kompakten Mengen des $\mathbb{R}^d$. Dann gilt*

$$\mathscr{B}(\mathbb{R}^d) = \sigma(\mathscr{O}) = \sigma(\mathscr{C}) = \sigma(\mathscr{K}).$$

Beweis. [✍] Vgl. auch den Beweis der folgenden Aussage. □

Die Borelmengen werden von vielen verschiedenen Mengensystemen erzeugt. Für uns sind die folgenden Erzeuger besonders wichtig:

$$\mathscr{I}^o = \{(a_1, b_1) \times \cdots \times (a_d, b_d) \mid a_n, b_n \in \mathbb{R}\} \quad \text{offene »Rechtecke«},$$

$$\mathscr{I} = \{[a_1, b_1) \times \cdots \times [a_d, b_d) \mid a_n, b_n \in \mathbb{R}\} \quad \text{halboffene »Rechtecke«};$$

sind die Eckpunkte $(a_1, \ldots, a_d), (b_1, \ldots, b_d)$ aus $\mathbb{Q}^d$, dann schreiben wir $\mathscr{I}^o_{\text{rat}}$ und $\mathscr{I}_{\text{rat}}$

Für $b < a$ vereinbaren wir, dass $(a, b) = [a, b) = \emptyset$. Weiterhin ist $A \times \cdots \times \emptyset \times \cdots \times Z = \emptyset$.

2.8 Satz. *Auf $\mathbb{R}^d$ gilt* $\quad \mathscr{B}(\mathbb{R}^d) = \sigma(\mathscr{I}) = \sigma(\mathscr{I}^o) = \sigma(\mathscr{I}_{rat}) = \sigma(\mathscr{I}^o_{rat})$.

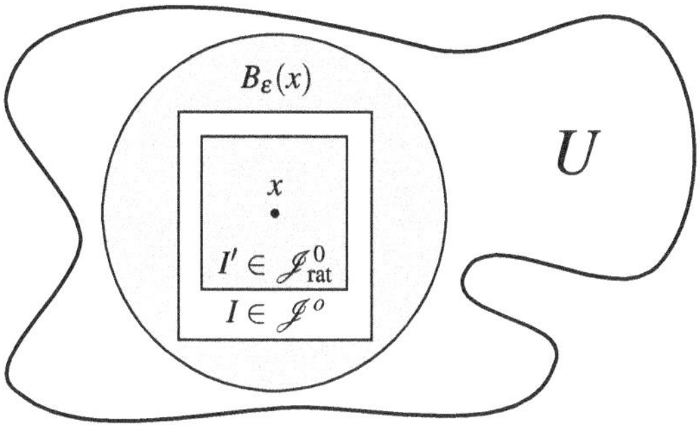

Abb. 2.1: *U* wird durch offene Rechtecke mit rationalen Eckpunkten ausgeschöpft.

Beweis. 1°) Jedes offene Rechteck ist eine offene Menge, und daher

$$\mathscr{I}^o_{\text{rat}} \subset \mathscr{I}^o \subset \mathscr{O} \implies \sigma(\mathscr{I}^o_{\text{rat}}) \subset \sigma(\mathscr{I}^o) \subset \sigma(\mathscr{O}).$$

2°) Nun sei $U \in \mathscr{O}$ offen. Dann gilt

$$U = \bigcup_{I' \in \mathscr{I}^o_{\text{rat}},\, I' \subset U} I'. \tag{*}$$

Denn: In (*) ist »$\supset$« trivial. Für »$\subset$« bemerken wir (vgl. Abb. 2.1)

$$\forall x \in U\ \exists \epsilon > 0 : B_\epsilon(x) \subset U.$$

In $B_\epsilon(x)$ finden wir ein $I \in \mathscr{I}^o$, so dass $x \in I$. Durch »Zusammendrücken« ($\mathbb{Q}^d \subset \mathbb{R}^d$ ist dicht) gibt es sogar ein $I' \in \mathscr{I}^o_{\text{rat}}$ mit $x \in I' \subset I$. Da jedes $I' \in \mathscr{I}^o_{\text{rat}}$ durch die zwei Eckpunkte der Hauptdiagonalen bestimmt ist, ist (*) eine *abzählbare* Vereinigung:

$$\#\,\mathscr{I}^o_{\text{rat}} = \#\,\mathbb{Q}^d \times \mathbb{Q}^d = \#\,\mathbb{N}.$$

Wegen (*) und (Σ_3) folgt $U \in \sigma(\mathscr{I}^o_{\text{rat}})$, also $\mathscr{O} \subset \sigma(\mathscr{I}^o_{\text{rat}})$ und damit

$$\sigma(\mathscr{O}) \subset \sigma(\mathscr{I}^o_{\text{rat}}) \subset \sigma(\mathscr{I}^o) \subset \sigma(\mathscr{O}).$$

3°) Es gilt

$$(a_1, b_1) \times \cdots \times (a_d, b_d) = \bigcup_{n \in \mathbb{N}} \left[a_1 + \tfrac{1}{n}, b_1\right) \times \cdots \times \left[a_d + \tfrac{1}{n}, b_d\right)$$
$$[\alpha_1, \beta_1) \times \cdots \times [\alpha_d, \beta_d) = \bigcap_{m \in \mathbb{N}} \left(\alpha_1 - \tfrac{1}{m}, \beta_1\right) \times \cdots \times \left(\alpha_d - \tfrac{1}{m}, \beta_d\right);$$

und somit $\mathscr{I}^o_{\text{rat}} \subset \sigma(\mathscr{I}_{\text{rat}})$ und $\mathscr{I}_{\text{rat}} \subset \sigma(\mathscr{I}^o_{\text{rat}})$. Es folgt $\sigma(\mathscr{I}^o_{\text{rat}}) = \sigma(\mathscr{I}_{\text{rat}})$ und entsprechend auch $\sigma(\mathscr{I}^o) = \sigma(\mathscr{I})$. Zusammen mit 2°gilt $\sigma(\mathscr{I}^o) = \sigma(\mathscr{I}^o_{\text{rat}})$ und alles ist gezeigt. □

2.9 Bemerkung. Für dichte Teilmengen $D \subset \mathbb{R}$ wird $\mathscr{B}(\mathbb{R})$ auch durch jedes der folgenden Systeme erzeugt:

$$\{(-\infty, a) \mid a \in D\}, \quad \{(-\infty, b] \mid b \in D\}, \quad \{(c, \infty) \mid c \in D\}, \quad \{[d, \infty) \mid d \in D\}.$$

2.10 Bemerkung. $\sigma(\mathscr{G})$ kann nur in wenigen Fällen *explizit* konstruiert werden (durch iteratives Hinzufügen von Komplementen, Vereinigungen etc. etc.). Allgemein braucht man hier transfinite (d. h. überabzählbare) Konstruktionen. Wir werden in Kapitel 4 *Dynkin-Systeme* einführen, um damit zurechtzukommen.

2.11 Bemerkung. Es gibt nicht-Borel-messbare Mengen, siehe Anhang A.1. Deren Konstruktion benötigt das Auswahlaxiom, vgl. die Diskussion in [18, Appendix G, S. 429 *ff.*] und [19, Example 7.22].

Aufgaben

1. Welche der folgenden Mengensysteme sind σ-Algebren auf $E = \{a, b, c, d\}$?

   (a) $\{a, b, c, d\}$; (b) $\{\emptyset, \{a, b, c, d\}\}$; (c) $\{\emptyset, \{a, b, c, d\}, \{a\}, \{c, d\}\}$; (d) $\mathscr{P}(\{a, b, c, d\})$.

2. Gegeben sei eine Abbildung $\xi : \Omega \to \mathbb{R}$ auf einer Menge Ω und $A, A_i \subset \Omega$ bzw. $B, B_i \subset \mathbb{R}$ wobei $i \in I$ (I ist eine beliebige Indexmenge). Wie üblich schreiben wir $\xi(A) := \{\xi(\omega) \mid \omega \in A\}$ und $\{\xi \in B\} := \xi^{-1}(B) = \{\omega \in \Omega \mid \xi(\omega) \in B\}$. Zeigen Sie:

   (a) $\{\xi \in B^c\} = \{\xi \in B\}^c$; (b) $\left\{\xi \in \bigcup_{i\in I} B_i\right\} = \bigcup_{i\in I}\{\xi \in B_i\}$; (c) $\left\{\xi \in \bigcap_{i\in I} B_i\right\} = \bigcap_{i\in I}\{\xi \in B_i\}$;

   (d) $\xi(A^c) \overset{\text{im Allg.}}{\neq} (\xi(A))^c$; (e) $\xi\left(\bigcup_{i\in I} A_i\right) = \bigcup_{i\in I} \xi(A_i)$; (f) $\xi\left(\bigcap_{i\in I} A_i\right) \subset \bigcap_{i\in I} \xi(A_i)$.

3. Gegeben seien Mengen X und Y, eine Funktion $f\colon X \to Y$ und eine σ-Algebra $\mathscr{B}$ auf Y. Zeigen Sie, dass das folgende Mengensystem eine σ-Algebra auf X ist:

   $$\mathscr{A} := f^{-1}(\mathscr{B}) := \left\{f^{-1}(B) \mid B \in \mathscr{B}\right\}.$$

4. Es sei $E = \mathbb{R}^d$, $C \subset \mathbb{R}^d$ und $\mathscr{A}$ eine σ-Algebra auf $\mathbb{R}^d$. Weiterhin sei $\mathscr{O}$ das System der offenen Mengen in $\mathbb{R}^d$. Zeigen Sie:
   (a) $\mathscr{A}_C := \{A \cap C \mid A \in \mathscr{A}\}$ ist eine σ-Algebra auf C;

   (b) $\mathscr{O}$ ist eine Topologie in $\mathbb{R}^d$ und $\mathscr{O}_C := \{U \cap C \mid U \in \mathscr{O}\}$ ist eine Topologie in C;

   (c) $\mathscr{B}(\mathbb{R}^d)_C = \mathscr{B}(C) := \sigma(\mathscr{O}_C)$.

5. Es sei $\mathscr{G} \subset \mathscr{P}(E)$ eine Familie von Teilmengen von E. Wir schreiben $\mathscr{G}_A := \{G \cap A \mid G \in \mathscr{G}\}$ für eine beliebige Teilmenge $A \subset E$. Zeigen Sie, dass die Beziehung $\sigma(\mathscr{G}_A) = \sigma(\mathscr{G})_A$ gilt.
   Bemerkung: $\mathscr{G}_A$ ist die Spur des Systems $\mathscr{G}$ auf A. Oft schreibt man auch $\mathscr{G}_A = \mathscr{G} \cap A$. Diese Notation darf nicht mit dem Schnitt von zwei Mengensystemen $\mathscr{G} \cap \{A\}$ verwechselt werden. Die Aufgabe zeigt also, dass die von einer Spurfamilie erzeugte σ-Algebra die Spur-σ-Algebra des ursprünglichen Mengensystems ist. Vgl. hierzu auch die Aufgabe 2.4.

6. Zeigen Sie, dass die Borelsche σ-Algebra auf $\mathbb{R}^n$ erzeugt wird von
   (a) den abgeschlossenen Teilmengen in $\mathbb{R}^n$;

   (b) den kompakten Teilmengen in $\mathbb{R}^n$;

   (c) dem Mengensystem $\mathbb{B} := \left\{\overline{B}_r(q),\ r \in \mathbb{Q}^+, q \in \mathbb{Q}^n\right\}$, wobei $\overline{B}_r(x) := \{y \in \mathbb{R}^n \mid |x - y| \leqslant r\}$.

7. Es sei $\mathcal{A}$ eine σ-Algebra, die nur endlich viele Elemente besitzt.
   (a) Beschreiben Sie die Struktur von $\mathcal{A}$.

(b) Kann $\mathcal{A}$ genau 7 Elemente besitzen?

Hinweis: Für die Beantwortung von (a) ist folgender Begriff hilfreich: Eine Menge $A \in \mathcal{A}$ heißt *Atom*, wenn aus $B \subset A,\ B \in \mathcal{A}$ folgt, dass $B = \emptyset$ oder $B = A$.

8. Zeigen Sie, dass es keine σ-Algebra mit abzählbar unendlich vielen Mengen gibt.

9. Es sei E eine beliebige Menge und $A \subset E$. Die Funktion $\mathbb{1}_A$, $\mathbb{1}_A(x) = 1$ bzw. $= 0$ für $x \in A$ bzw. $x \notin A$ heißt Indikatorfunktion. Zeigen Sie, dass für $A, B, A_i \subset E$, $i \in \mathbb{N}$, gilt:

(a) $\mathbb{1}_{A\cup B} + \mathbb{1}_{A\cap B} = \mathbb{1}_A + \mathbb{1}_B$; (b) $\mathbb{1}_{A\cap B} = \mathbb{1}_A \mathbb{1}_B = \min\{\mathbb{1}_A, \mathbb{1}_B\}$; (c) $\mathbb{1}_{A^c} = 1 - \mathbb{1}_A$;
(d) $\mathbb{1}_{A\cup B} = \min\{\mathbb{1}_A + \mathbb{1}_B, 1\}$; (e) $\sup_i \mathbb{1}_{A_i} = \mathbb{1}_{\cup_i A_i}$; (f) $\inf_i \mathbb{1}_{A_i} = \mathbb{1}_{\cap_i A_i}$.

10. Es sei Ω eine beliebige Menge und $A_i \subset \Omega$, $i \in \mathbb{N}$. Wir definieren den *limes inferior* und *limes superior* von Mengen:

$$\liminf_{i\to\infty} A_i := \bigcup_{k\in\mathbb{N}} \bigcap_{i\geqslant k} A_i \quad \text{und} \quad \limsup_{i\to\infty} A_i := \bigcap_{k\in\mathbb{N}} \bigcup_{i\geqslant k} A_i.$$

(a) $\liminf_{i\to\infty} \mathbb{1}_{A_i} = \mathbb{1}_{\liminf_{i\to\infty} A_i}$ und $\limsup_{i\to\infty} \mathbb{1}_{A_i} = \mathbb{1}_{\limsup_{i\to\infty} A_i}$.

(b) $\omega \in \liminf A_i \iff \omega$ liegt in schließlich allen A_i's;
$\omega \in \limsup A_i \iff \omega$ liegt in unendlich vielen A_i's.

(c) $\{\mathbb{1}_{\limsup_i A_i} = 1\} = \{\sum_i \mathbb{1}_{A_i} = \infty\}$.

3 Maße

In der Einleitung und im vorangehenden Kapitel haben wir bereits gesehen, welche Eigenschaften ein Maß besitzen sollte und auf welchen Mengensystemen Maße definiert werden können. Diese Überlegungen wollen wir nun systematisch weiterführen. Hierbei bezeichnet E eine beliebige nicht-leere Grundmenge.

3.1 Definition. Es sei $\mathscr{A}$ eine Familie von Mengen in E, so dass $\emptyset \in \mathscr{A}$. Ein *Prämaß* μ ist eine Abbildung $\mu \colon \mathscr{A} \to [0, \infty]$ mit den Eigenschaften

$$\mu(\emptyset) = 0, \tag{M_1}$$

$$\left.\begin{array}{l} (A_n)_{n\in\mathbb{N}} \subset \mathscr{A} \text{ paarweise} \\ \text{disjunkt und } \bigcup_{n\in\mathbb{N}} A_n \in \mathscr{A} \end{array}\right\} \implies \mu\Big(\dot{\bigcup_{n\in\mathbb{N}}} A_n\Big) = \sum_{n\in\mathbb{N}} \mu(A_n). \tag{M_2}$$

Wenn außerdem gilt

$$\mathscr{A} \text{ ist eine } \sigma\text{-Algebra auf } E, \tag{M_0}$$

dann nennt man μ ein *Maß*.

!

- Die Eigenschaft (M_2) heißt *σ-Additivität* oder *abzählbare Additivität*.
- Wenn $\mathscr{A}$ eine σ-Algebra ist, dann ist die Forderung $\bigcup_{n\in\mathbb{N}} A_n \in \mathscr{A}$ in (M_2) automatisch erfüllt.

Für auf- und absteigende Folgen von Mengen schreiben wir auch

$$A_n \uparrow A \iff A_1 \subset A_2 \subset A_3 \subset \dots \quad \text{und} \quad A = \bigcup\nolimits_{n\in\mathbb{N}} A_n,$$
$$B_n \downarrow B \iff B_1 \supset B_2 \supset B_3 \supset \dots \quad \text{und} \quad B = \bigcap\nolimits_{n\in\mathbb{N}} B_n.$$

3.2 Definition. Es sei $\mathscr{A}$ eine σ-Algebra auf E und μ ein Maß. Dann heißt $(E, \mathscr{A})$ *Messraum* und $(E, \mathscr{A}, \mu)$ *Maßraum*.

Ein Maß mit $\mu(E) < \infty$ heißt *endliches Maß* und $(E, \mathscr{A}, \mu)$ *endlicher Maßraum*. Gilt $\mu(E) = 1$, dann sprechen wir von einem *Wahrscheinlichkeitsmaß* (*W-Maß*) und einem *Wahrscheinlichkeitsraum* (*W-Raum*).

Gibt es eine Folge $(A_n)_{n\in\mathbb{N}} \subset \mathscr{A}$, so dass $A_n \uparrow E$ und $\mu(A_n) < \infty$, dann heißen μ und $(E, \mathscr{A}, \mu)$ *σ-endlich*.

Wir stellen im Folgenden die wichtigsten elementaren Eigenschaften von Maßen zusammen.

3.3 Satz. *Es sei μ ein Maß auf $(E, \mathscr{A})$ und $A, B, A_n, B_n \in \mathscr{A}$, $n \in \mathbb{N}$.*

a) $A \cap B = \emptyset \implies \mu(A \cup B) = \mu(A) + \mu(B)$; *(additiv)*

b) $A \subset B \implies \mu(A) \leqslant \mu(B)$; *(monoton)*

https://doi.org/10.1515/9783111342894-003

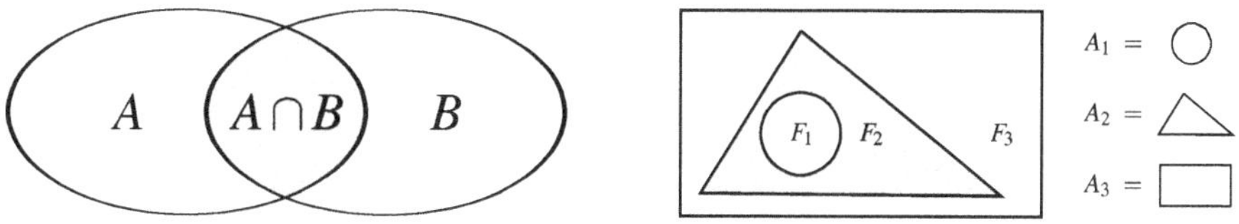

Abb. 3.1: Links: Starke Additivität von Maßen (Satz 3.3.d). **Rechts:** Stetigkeit von unten vs. σ-Additivität (Satz 3.3.f).

c) $A \subset B \;\&\; \mu(A) < \infty \implies \mu(B \setminus A) = \mu(B) - \mu(A);$

d) $\mu(A \cup B) + \mu(A \cap B) = \mu(A) + \mu(B);$ *(stark additiv)*

e) $\mu(A \cup B) \leqslant \mu(A) + \mu(B);$ *(subadditiv)*

f) $A_n \uparrow A \implies \mu(A) = \sup_{n\in\mathbb{N}} \mu(A_n) = \lim_{n\to\infty} \mu(A_n);$ *(stetig von unten)*

g) $B_n \downarrow B \;\&\; \mu(B_1) < \infty \implies \mu(B) = \inf_{n\in\mathbb{N}} \mu(B_n) = \lim_{n\to\infty} \mu(B_n);$ *(stetig von oben)*

h) $\mu\left(\bigcup_{n\in\mathbb{N}} A_n\right) \leqslant \sum_{n\in\mathbb{N}} \mu(A_n).$ *(σ-subadditiv)*

Beweis. a) Wir können die σ-Additivität verwenden, indem wir die »fehlenden« Mengen durch $\emptyset$ ergänzen:

$$\mu(A \uplus B) = \mu(A \uplus B \uplus \emptyset \uplus \emptyset \uplus \dots) \overset{(M_2)}{=} \mu(A) + \mu(B) + \mu(\emptyset) + \dots$$
$$\overset{(M_1)}{=} \mu(A) + \mu(B).$$

b) Wegen $A \subset B$ ist auch $B = A \uplus (B \setminus A) = A \uplus (B \setminus (A \cap B))$. Aus a) folgt dann

$$\mu(B) = \mu(A \uplus (B \setminus A)) = \mu(A) + \mu(B \setminus A) \geqslant \mu(A). \tag{3.1}$$

c) Subtrahiere in (3.1) $\mu(A) < \infty$ auf beiden Seiten.

d) Indem wir $A \cup B$ wie in Abbildung 3.1 zerlegen, sehen wir wegen a) und (3.1)

$$\mu(A \cup B) + \mu(A \cap B) = \mu\left(A \uplus (B \setminus (A \cap B)\right) + \mu(A \cap B)$$
$$\overset{a)}{=} \mu(A) + \underbrace{\mu(B \setminus (A \cap B)) + \mu(A \cap B)}_{=\mu(B) \text{ wegen (3.1)}}.$$

e) Dies folgt aus d), da $\mu(A \cap B) \geqslant 0$.

f) Setze $F_1 := A_1, F_2 := A_2 \setminus A_1, \dots, F_{n+1} := A_{n+1} \setminus A_n$. Da die Mengen F_n paarweise disjunkt sind, folgt für $m \to \infty$

$$A_m = \biguplus_{n=1}^{m} F_n \implies A = \biguplus_{n=1}^{\infty} F_n = \bigcup_{n=1}^{\infty} A_n$$

und

$$\mu(A) = \mu\left(\dot{\bigcup_{n=1}^{\infty}} F_n\right) \overset{(M_2)}{=} \sum_{n=1}^{\infty} \mu(F_n) = \lim_{m\to\infty} \sum_{n=1}^{m} \mu(F_n) \overset{a)}{=} \lim_{m\to\infty} \mu\left(\dot{\bigcup_{n=1}^{m}} F_n\right)$$
$$= \lim_{m\to\infty} \mu(A_m).$$

g) $B_n \downarrow B \implies (B_1 \setminus B_n) \uparrow (B_1 \setminus B)$. Da $\mu(B_1) < \infty$, gilt nach f), c)

$$\underbrace{\mu(B_1 \setminus B)}_{=\mu(B_1)-\mu(B)} = \lim_{n\to\infty} \mu(B_1 \setminus B_n) = \lim_{n\to\infty} (\mu(B_1) - \mu(B_n)) = \mu(B_1) - \lim_{n\to\infty} \mu(B_n).$$

h) $$\mu\left(\bigcup_{n=1}^{\infty} A_n\right) \overset{f)}{=} \lim_{n\to\infty} \mu(A_1 \cup \cdots \cup A_n) \overset{e)}{\leqslant} \lim_{n\to\infty} (\mu(A_1) + \cdots + \mu(A_n)) = \sum_{n=1}^{\infty} \mu(A_n).$$ □

3.4 Bemerkung. Die Aussagen von Satz 3.3 gelten auch für Prämaße, wenn das zu Grunde liegende Mengensystem groß genug ist. Genauer braucht man für

a)–e) Stabilität unter endlich vielen Wiederholungen von »∪«, »∩« und »\«;

f) $A_{n+1} \setminus A_n$, $\bigcup_{n=1}^{\infty} A_n \in \mathscr{A}$;

g) $B_1 \setminus B_n$, $B_n \setminus B_{n+1}$, $\bigcap_{n=1}^{\infty} B_n$, $B_1 \setminus \bigcap_{n=1}^{\infty} B_n \in \mathscr{A}$;

h) $\bigcup_{n=1}^{m} A_n$, $\bigcup_{n=1}^{\infty} A_n \in \mathscr{A}$.

3.5 Beispiel. a) (Dirac-Maß). Es sei $(E, \mathscr{A})$ ein beliebiger Messraum und $x \in E$ fest. Dann ist

$$\delta_x : \mathscr{A} \to \{0, 1\}, \quad \delta_x(A) := \begin{cases} 0, & x \notin A, \\ 1, & x \in A, \end{cases}$$

ist ein W-Maß, das sog. *Dirac-Maß* (auch *δ-Funktion, Einheitsmasse*).

b) Es sei $E = \mathbb{R}$ und $\mathscr{A}$ wie in Beispiel 2.3.e) (d. h. $A \in \mathscr{A} \iff A$ oder A^c abzählbar). Dann ist

$$\gamma(A) := \begin{cases} 0, & A \text{ abzählbar}, \\ 1, & A^c \text{ abzählbar}, \end{cases} \qquad A \in \mathscr{A},$$

ein W-Maß.

c) Es sei $(E, \mathscr{A})$ ein beliebiger Messraum. Dann ist

$$|A| := \begin{cases} \# A, & A \text{ endliche Menge}, \\ +\infty, & A \text{ unendliche Menge}, \end{cases} \qquad A \in \mathscr{A},$$

ein Maß, das sog. *Zählmaß*.

d) (Diskretes W-Maß) Es sei $E = \Omega = \{\omega_1, \omega_2, \dots\}$ eine beliebige abzählbare Menge, $\mathscr{A} = \mathscr{P}(\Omega)$ und $(p_n)_{n\in\mathbb{N}} \subset [0, 1]$ mit $\sum_{n=1}^{\infty} p_n = 1$. Dann ist

$$\mathbb{P}(A) := \sum_{n,\, \omega_n \in A} p_n = \sum_{n\in\mathbb{N}} p_n \delta_{\omega_n}(A), \qquad A \subset \Omega,$$

ein W-Maß, ein sog. *diskretes W-Maß*; $(\Omega, \mathscr{P}(\Omega), \mathbb{P})$ heißt *diskreter W-Raum*.

Wegen $\mathbb{P}(\{\omega_n\}) = p_n$ und $\mathbb{P}(A) = \mathbb{P}\left(\bigcup_{\omega\in A}\{\omega\}\right) = \sum_{\omega\in A}\mathbb{P}(\{\omega\})$ wird $\mathbb{P}$ bereits eindeutig durch die Werte $\mathbb{P}(\{\omega_n\})$ bzw. p_n bestimmt. Daher definiert d) bereits das allgemeinste *diskrete* W-Maß. **!**

---

e) (Triviale Maße) Es sei $(E, \mathscr{A})$ ein beliebiger Messraum. Dann sind

$$\mu(A) := \begin{cases} 0, & A = \emptyset, \\ \infty, & A \neq \emptyset, \end{cases} \qquad \text{und} \qquad \nu(A) = 0, \qquad A \in \mathscr{A},$$

Maße.

Ein Problem ist, dass wir im Augenblick nur wenige (und recht einfache) Beispiele von Maßen angeben können. Das liegt z. T. daran, dass sich σ-Algebren relativ schwer explizit beschreiben lassen – und μ muss ja für *alle* $A \in \mathscr{A}$ definiert sein!

3.6 Definition. Die Mengenfunktion λ^d auf $(\mathbb{R}^d, \mathscr{B}(\mathbb{R}^d))$, die jedem halboffenen Rechteck $\times_{n=1}^{d}[a_n, b_n) \in \mathscr{I}$, $a_n \leqslant b_n$ den Wert

$$\lambda^d\Big(\mathop{\times}_{n=1}^{d}[a_n, b_n)\Big) = \prod_{n=1}^{d}(b_n - a_n)$$

zuordnet, heißt (*d-dimensionales*) *Lebesgue-Maß*.

- λ^d ist nur auf $\mathscr{I}$ und noch nicht auf $\mathscr{B}(\mathbb{R}^d)$ definiert! **?**
- Ist λ^d ein Prämaß auf $\mathscr{I}$?
- Kann man λ^d zu einem Maß auf $\sigma(\mathscr{I})$ fortsetzen?
- Wenn ja, ist dann die Fortsetzung eindeutig?

Wir greifen an dieser Stelle der Antwort voraus: Das Lebesgue Maß existiert und ist durch seine Invarianzeigenschaften ein besonders ausgezeichnetes Maß auf $\mathbb{R}^d$. Wir schreiben $x + B = \{x + b \mid b \in B\}$ für die Verschiebung einer Menge $B \subset \mathbb{R}^d$. Eine *Bewegung* $R : \mathbb{R}^d \to \mathbb{R}^d$ ist eine Kombination aus Translationen, Drehungen und Spiegelungen. Wie üblich schreiben wir $\mathrm{GL}(d, \mathbb{R})$ für die (Gruppe der) invertierbaren linearen Abbildungen auf $\mathbb{R}^d$.

3.7 Satz. *Das Lebesgue-Maß* λ^d *existiert als Maß auf* $(\mathbb{R}^d, \mathscr{B}(\mathbb{R}^d))$ *und ist durch die Werte auf* $\mathscr{I}$ *eindeutig bestimmt. Für alle* $B \in \mathscr{B}(\mathbb{R}^d)$ *gilt*

a) λ^d *ist translationsinvariant:* $\lambda^d(x + B) = \lambda^d(B)$ *für alle* $x \in \mathbb{R}^d$.
b) λ^d *ist bewegungsinvariant:* $\lambda^d(R^{-1}(B)) = \lambda^d(B)$ *für alle Bewegungen* R *auf* $\mathbb{R}^d$.
c) $\lambda^d(M^{-1}(B)) = |\det M|^{-1}\lambda^d(B)$ *für alle* $M \in \mathrm{GL}(d, \mathbb{R})$.

---

a)–c) sind *nur* sinnvoll, wenn $x + B$, $R^{-1}(B)$, $M^{-1}(B) \in \mathscr{B}(\mathbb{R}^d)$ für alle $B \in \mathscr{B}(\mathbb{R}^d)$ gilt.

Wir zeigen abschließend, dass die σ-Additivität (M_2) und die Stetigkeit von Maßen im Prinzip äquivalente Forderungen sind. Dieses Resultat ist oft hilfreich, wenn wir nachweisen müssen, dass gewisse Mengenfunktionen schon (Prä-)Maße sind.

3.8 ♦ Lemma. *Es sei $\mathscr{A}$ eine Familie von Mengen in E, die stabil ist unter endlichen Vereinigungen und Differenzen ($A, B \in \mathscr{A} \Rightarrow A \cup B \in \mathscr{A}, A \setminus B \in \mathscr{A}$). Eine additive Mengenfunktion*[1] *$\mu\colon \mathscr{A} \to [0, \infty)$ mit $\mu(\emptyset) = 0$ ist genau dann ein Prämaß, wenn eine der folgenden Stetigkeitseigenschaften gilt ($A_n, B_n, C_n \in \mathscr{A}$):*

a) *μ ist stetig von unten: $A_n \uparrow A \in \mathscr{A} \implies \mu(A) = \lim_{n\to\infty} \mu(A_n)$.*
b) *μ ist stetig von oben: $B_n \downarrow B \in \mathscr{A} \implies \mu(B) = \lim_{n\to\infty} \mu(B_n)$.*
c) *μ ist stetig in $\emptyset$: $C_n \downarrow \emptyset \implies \lim_{n\to\infty} \mu(C_n) = 0$.*

Beweis. Aus dem Beweis von Satz 3.3 und Bemerkung 3.4 wissen wir, dass jedes Prämaß a)–c) erfüllt und dass a)$\Rightarrow$b)$\Rightarrow$c). Wir nehmen jetzt c) an und zeigen (M_2).

Sei $(A_n)_{n\in\mathbb{N}} \subset \mathscr{A}$ paarweise disjunkt und $A = \biguplus_{n=1}^{\infty} A_n \in \mathscr{A}$. Nach Voraussetzung ist $\mu(A) < \infty$. Weiter gilt $C_m := A \setminus (A_1 \uplus \cdots \uplus A_m) \in \mathscr{A}$ und $C_m \downarrow \emptyset$. Dann

$$\begin{aligned}\mu(A) &\overset{\text{additiv}}{=} \mu(A \setminus (A_1 \uplus \cdots \uplus A_m)) + \mu(A_1 \uplus \cdots \uplus A_m)\\ &\overset{\text{additiv}}{=} \mu(C_m) + \sum_{n=1}^{m} \mu(A_n) \xrightarrow[m\to\infty]{\text{c)}} \sum_{n=1}^{\infty} \mu(A_n).\end{aligned}$$ □

Aufgaben

1. Zeigen Sie, dass es sich bei den Beispielen 3.5.a)–d) tatsächlich um Maße handelt. Wenn man in 3.5.b) »abzählbar« durch »endlich« ersetzt, dann ist γ nur noch endlich additiv, aber nicht mehr σ-additiv.

2. Gegeben sei eine Menge E und eine mindestens zweielementige Menge $Y \subset E$. Welche der folgenden Mengenfunktionen definiert ein Maß auf $\mathscr{P}(E)$?

$$\mu_1 : A \mapsto \begin{cases} 1, & A \cap Y \neq \emptyset \\ 0, & A \cap Y = \emptyset \end{cases}; \qquad \mu_2 : A \mapsto \begin{cases} \infty, & A \cap Y \neq \emptyset \\ 0, & A \cap Y = \emptyset \end{cases}; \qquad \mu_3 : A \mapsto \begin{cases} \infty, & Y \subset A \\ 0, & Y \not\subset A \end{cases}.$$

3. Es sei $f\colon E \to [0, \infty]$ beliebig und $\sum_{x\in E} f(x) := \sup\left\{\sum_{x\in F} f(x) \;\middle|\; F \subset E,\ F \text{ endlich}\right\}$.
   (a) Ist $\sum_{x\in E} f(x) < \infty$, so ist die Menge $\{x \mid f(x) > 0\}$ abzählbar.
   (b) Zeigen Sie, dass durch
   $$\mu(A) := \sum_{x\in A} f(x), \quad A \in \mathscr{P}(E)$$
   ein Maß auf $\mathscr{P}(E)$ definiert wird. (Das Zählmaß und das Dirac-Maß sind Spezialfälle.)
   (c) Wann ist μ endlich bzw. σ-endlich?

4. Zeigen Sie, dass in 3.3.g) die Bedingung $\mu(B_1) < \infty$ nicht weggelassen werden kann.

1 Das heißt, dass μ die Eigenschaft aus Satz 3.3.a) besitzt.

5. (Lebesgue–Stieltjes Prämaß) Es sei $m : \mathbb{R} \to \mathbb{R}$ eine stetige wachsende Funktion; für $a, b \in \mathbb{R}$ mit $a \leqslant b$ sei $\mu(a, b] := m(b) - m(a)$. Dann ist μ ein Prämaß auf den halboffenen Intervallen.

6. Es seien $(\mu_i)_{i\in\mathbb{N}}$ Maße auf einem Messraum $(E, \mathscr{A})$. Zeigen Sie, dass $\mu := \sum_{i=1}^{\infty} 2^{-i}\mu_i$ wiederum ein Maß ist.
   Hinweis: Für den Nachweis der σ-Additivität könnte man zeigen, dass für doppelt indizierte Folgen $(\beta_{in})_{i,n\in\mathbb{N}}$ stets $\sup_i \sup_n \beta_{in} = \sup_n \sup_i \beta_{in}$ gilt.

7. (Vervollständigung) In einem Maßraum $(E, \mathscr{A}, \mu)$ heißt $A \in \mathscr{A}$ mit $\mu(A) = 0$ eine *μ-Nullmenge*. Ein Maßraum heißt vollständig, wenn alle Teilmengen von Nullmengen messbar sind. Zeigen Sie:
   (a) $\mathscr{A}^{\mu} := \{A \cup N \mid A \in \mathscr{A},\ N$ ist Teilmenge einer μ-Nullmenge aus $\mathscr{A}\}$ ist eine σ-Algebra mit $\mathscr{A} \subset \mathscr{A}^{\mu}$.
   (b) $\overline{\mu}(A^*) := \mu(A)$ für $A^* = A \cup N \in \mathscr{A}^{\mu}$ ist wohldefiniert, d. h. unabhängig von der Darstellung von A^* als $A \cup N$ bzw. $B \cup M$ mit $A, B \in \mathscr{A}$ und M, N Teilmengen von Nullmengen.
   (c) $\overline{\mu}$ ist ein Maß auf $\mathscr{A}^{\mu}$ und $\overline{\mu}(A) = \mu(A)$ für alle $A \in \mathscr{A}$.
   (d) $(E, \mathscr{A}^{\mu}, \overline{\mu})$ ist vollständig.
   Bemerkung: Üblicherweise identifiziert man $\overline{\mu}$ mit μ und nennt $(E, \mathscr{A}^{\mu}, \mu)$ die Vervollständigung von $(E, \mathscr{A}, \mu)$.
   (e) Es gilt $\mathscr{A}^{\mu} = \{A^* \subset E \mid$ es existieren $A, B \in \mathscr{A}$ mit $A \subset A^* \subset B$ und $\mu(B \setminus A) = 0\}$.
   (f) Wir schreiben $\mathscr{N}_{\mu}^* := \{N^* \subset E \mid \exists N \in \mathscr{A},\ \mu(N) = 0 : N^* \subset N,\}$ für die Familie aller Teilmengen von μ-Nullmengen. Mit $A \triangle B = (A \setminus B) \cup (B \setminus A)$ bezeichnen wir die symmetrische Differenz von A und B. Zeigen Sie, dass $\mathscr{A}^{\mu} = \sigma(\mathscr{A}, \mathscr{N}_{\mu}^*) = \left\{A \triangle N^* \mid A \in \mathscr{A},\ N^* \in \mathscr{N}_{\mu}^*\right\}$.

8. (Regularität) Es sei (E, d) ein metrischer Raum und μ ein endliches Maß auf den Borelmengen $\mathscr{B}(E)$. Wir schreiben $\mathscr{F}$ und $\mathscr{O}$ für die abgeschlossenen und offenen Mengen von E und wir definieren

$$\Sigma := \{A \subset E \mid \forall \epsilon > 0\ \exists U \in \mathscr{O},\ F \in \mathscr{F} : F \subset A \subset U,\ \mu(U \setminus F) < \epsilon\}.$$

   Zeigen Sie:
   (a) $A \in \Sigma \implies A^c \in \Sigma$ und $\mathscr{F} \subset \Sigma$.
   (b) $A, B \in \Sigma \implies A \cap B \in \Sigma$.
   (c) Σ ist eine σ-Algebra und $\mathscr{B}(E) \subset \Sigma$.
   (d) μ ist regulär, d. h. für alle $B \in \mathscr{B}(E)$ gilt $\mu(B) = \sup_{F\subset B,\, F\in\mathscr{F}} \mu(F) = \inf_{U\supset B,\, U\in\mathscr{O}} \mu(U)$.
   (e) Wenn es eine Folge kompakter Mengen $K_n \uparrow E$ gibt, dann gilt $\mu(B) = \sup_{K\subset B,\, K \text{ komp.}} \mu(K)$.

4 Eindeutigkeit von Maßen

Ehe wir die Fortsetzbarkeit von λ^d und anderen Maßen diskutieren, untersuchen wir, ob es *prinzipiell* ausreicht, Maße auf einem Erzeuger $\mathscr{G}$ einer σ-Algebra vorzugeben – z. B. λ^d auf $\mathscr{I}$. Dabei stoßen wir auf ein *grundlegendes Problem:* man kann selten $\mathscr{G}$ konstruktiv zu $\sigma(\mathscr{G})$ erweitern. Einen Ausweg bietet das folgende Hilfsmittel.

4.1 Definition. Eine Familie $\mathscr{D} \subset \mathscr{P}(E)$ heißt *Dynkin-System*, wenn gilt

$$E \in \mathscr{D}, \tag{D_1}$$

$$D \in \mathscr{D} \implies D^c \in \mathscr{D}, \tag{D_2}$$

$$(D_n)_{n\in\mathbb{N}} \subset \mathscr{D} \text{ paarweise disjunkt } \implies \dot{\bigcup_{n\in\mathbb{N}}} D_n \in \mathscr{D}. \tag{D_3}$$

Vergleicht man (D_1)–(D_3) mit (Σ_1)–(Σ_3), dann folgt sofort, dass jede σ-Algebra auch ein Dynkin-System ist. Wie in Bemerkung 2.2.a), b) sieht man, dass

$$\emptyset \in \mathscr{D} \quad \text{und} \quad A, B \in \mathscr{D},\ A \cap B = \emptyset \implies A \mathbin{\dot\cup} B \in \mathscr{D}.$$

4.2 Satz. a) *Für jede Familie $\mathscr{G} \subset \mathscr{P}(E)$ existiert ein minimales (= kleinstes) Dynkin-System $\mathscr{D}$ mit $\mathscr{G} \subset \mathscr{D}$. $\mathscr{D}$ heißt das* von $\mathscr{G}$ erzeugte Dynkin-System. *Bezeichnung: $\mathscr{D} = \delta(\mathscr{G})$.*

b) *Stets gilt $\mathscr{G} \subset \delta(\mathscr{G}) \subset \sigma(\mathscr{G})$.*

Beweis. Teil a) zeigt man wie Satz 2.4. Zu b): Da die σ-Algebra $\sigma(\mathscr{G})$ ein Dynkin-System ist, für das $\mathscr{G} \subset \sigma(\mathscr{G})$ gilt, folgt wegen der Minimalität von $\delta(\mathscr{G})$, dass $\delta(\mathscr{G}) \subset \sigma(\mathscr{G})$. □

Das folgende Lemma erklärt den Zusammenhang zwischen Dynkin-Systemen und σ-Algebren.

4.3 Lemma. *Es sei $\mathscr{D}$ ein Dynkin-System.*

$\mathscr{D}$ ist eine σ-Algebra $\iff$ $\mathscr{D}$ ist $\cap$-stabil (d. h. $C, D \in \mathscr{D} \implies C \cap D \in \mathscr{D}$).

Beweis. »$\Rightarrow$«: Ist $\mathscr{D}$ eine σ-Algebra, dann (Σ_1)–$(\Sigma_3) \Rightarrow (D_1)$–$(D_3)$, und die $\cap$-Stabilität folgt aus Bemerkung 2.2.c).

»$\Leftarrow$«: Wir müssen (Σ_3) zeigen: $(D_n)_{n\in\mathbb{N}} \subset \mathscr{D} \implies \bigcup_{n\in\mathbb{N}} D_n \in \mathscr{D}$. Setze $E_1 := D_1$ und

$$E_{n+1} := (D_{n+1} \setminus D_n) \setminus D_{n-1} \setminus \cdots \setminus D_1 = \underbrace{D_{n+1} \cap \overbrace{D_n^c}^{\in \mathscr{D}} \cap D_{n-1}^c \cap \cdots \cap D_1^c}_{\in \mathscr{D},\ \text{da } \cap\text{-stabil}}.$$

Mithin folgt $D = \bigcup_{n=1}^{\infty} D_n = \dot{\bigcup_{n=1}^{\infty}} E_n \in \mathscr{D}$. □

Erzeuger sind i. Allg. kleiner und handlicher als die davon erzeugte σ-Algebra. Daher ist der folgende Satz von großer Bedeutung.

https://doi.org/10.1515/9783111342894-004

4.4 Satz. *Wenn $\mathscr{G} \subset \mathscr{P}(E)$ $\cap$-stabil ist, dann gilt $\delta(\mathscr{G}) = \sigma(\mathscr{G})$.*

Beweis. 1⁰) Offensichtlich gilt $\delta(\mathscr{G}) \subset \sigma(\mathscr{G})$

2⁰) Wäre $\delta(\mathscr{G})$ eine σ-Algebra, dann hätten wir $\sigma(\mathscr{G}) \subset \delta(\mathscr{G})$, da ja $\sigma(\mathscr{G})$ die kleinste σ-Algebra ist, für die $\sigma(\mathscr{G}) \supset \mathscr{G}$ gilt; wegen 1⁰ ist dann $\delta(\mathscr{G}) = \sigma(\mathscr{G})$. Im Hinblick auf Lemma 4.3 reicht es also zu zeigen, dass $\delta(\mathscr{G})$ $\cap$-stabil ist.

3⁰) *Wir zeigen:* $\mathscr{D}_D := \{Q \subset E \mid Q \cap D \in \delta(\mathscr{G})\}$ ist ein Dynkin-System für jedes $D \in \delta(\mathscr{G})$.

(D_1) Klar.

(D_2) Für $Q \in \mathscr{D}_D$ gilt auch $Q^c \in \mathscr{D}_D$. Das folgt so:

$$Q^c \cap D = (Q^c \cup D^c) \cap D = (Q \cap D)^c \cap D = \Big(\underbrace{(Q \cap D)}_{\in\delta(\mathscr{G})} \,\dot\cup\, \underbrace{D^c}_{\in\delta(\mathscr{G})}\Big)^c \in \delta(\mathscr{G}).$$

(D_3) $(Q_n)_{n\in\mathbb{N}} \subset \mathscr{D}_D$ disjunkt $\implies (Q_n \cap D)_{n\in\mathbb{N}} \subset \delta(\mathscr{G})$

$$\implies \underbrace{\dot{\bigcup_{n\in\mathbb{N}}} (Q_n \cap D)}_{\in\delta(\mathscr{G})} = \Big(\dot{\bigcup_{n\in\mathbb{N}}} Q_n\Big) \cap D \in \delta(\mathscr{G}).$$

Somit ist $\dot\bigcup_{n\in\mathbb{N}} Q_n \in \mathscr{D}_D$.

4⁰) Offensichtlich ist $\mathscr{G} \subset \delta(\mathscr{G})$; da $\mathscr{G}$ $\cap$-stabil ist, gilt

$$\begin{aligned}
& \mathscr{G} \subset \mathscr{D}_G && \forall G \in \mathscr{G} \\
\implies\; & \delta(\mathscr{G}) \subset \mathscr{D}_G && \forall G \in \mathscr{G} \text{ (da } \mathscr{D}_G \text{ ein Dynkin-System ist)} \\
\implies\; & G \cap D \in \delta(\mathscr{G}) && \forall G \in \mathscr{G},\ \forall D \in \delta(\mathscr{G}) \text{ (nach Def. von } \mathscr{D}_G) \\
\implies\; & G \in \mathscr{D}_D && \forall G \in \mathscr{G},\ \forall D \in \delta(\mathscr{G}) \\
\implies\; & \mathscr{G} \subset \mathscr{D}_D && \forall D \in \delta(\mathscr{G}) \\
\implies\; & \delta(\mathscr{G}) \subset \mathscr{D}_D && \forall D \in \delta(\mathscr{G}) \text{ (da } \mathscr{D}_D \text{ ein Dynkin-System ist).}
\end{aligned}$$

Nun besagt $\delta(\mathscr{G}) \subset \mathscr{D}_D$ für alle $D \in \delta(\mathscr{G})$ gerade, dass $\delta(\mathscr{G})$ $\cap$-stabil ist. □

!

Einige Autoren verwenden *monotone Klassen*. Das sind Familien $\mathscr{M} \subset \mathscr{P}(E)$ mit

$$(M_n)_{n\in\mathbb{N}} \subset \mathscr{M}, \quad M_n \uparrow M = \bigcup_{n\in\mathbb{N}} M_n \implies M \in \mathscr{M} \qquad (MC_1)$$

$$(L_n)_{n\in\mathbb{N}} \subset \mathscr{M}, \quad L_n \downarrow L = \bigcap_{n\in\mathbb{N}} L_n \implies L \in \mathscr{M}. \qquad (MC_2)$$

Für monotone Klassen gilt folgende Aussage, die Satz 4.4 entspricht:

Satz von der monotonen Klasse. *Es sei $\mathscr{F} \subset \mathscr{P}(E)$ eine Familie von Mengen, die stabil unter Schnitten und Komplementbildung ist ($F, G \in \mathscr{F} \implies F^c, F \cap G \in \mathscr{F}$) und $\emptyset \in \mathscr{F}$. Dann gilt für jede monotone Klasse, dass aus $\mathscr{M} \supset \mathscr{F}$ sofort $\mathscr{M} \supset \sigma(\mathscr{F})$ folgt.* ([✍] Aufgabe 4.5)

Die Aussage und Beweistechnik von Satz 4.4 spielen in der Wahrscheinlichkeitstheorie eine wichtige Rolle. Wir verwenden Dynkin-Systeme zunächst nur im folgenden Satz.

4.5 Satz (Eindeutigkeitssatz für Maße). *Es seien $(E, \mathscr{A})$ ein beliebiger Messraum, μ, ν zwei Maße und $\mathscr{A} = \sigma(\mathscr{G})$ mit folgenden Eigenschaften:*

a) $\mathscr{G}$ *ist* $\cap$*-stabil,*

b) $\exists\, (G_n)_{n\in\mathbb{N}} \subset \mathscr{G},\ G_n \uparrow E,\ \forall n \in \mathbb{N} : \mu(G_n), \nu(G_n) < \infty.$

Dann gilt $\forall G \in \mathscr{G} : \mu(G) = \nu(G) \implies \forall A \in \mathscr{A} : \mu(A) = \nu(A).$

4.6 Bemerkung. a) Die Aussage von Satz 4.5 wird oft auch so geschrieben: $\mu|_{\mathscr{G}} = \nu|_{\mathscr{G}} \implies \mu = \nu$. (Dabei ist $\mu|_{\mathscr{G}}$ die Einschränkung von μ auf die Familie $\mathscr{G} \subset \mathscr{A}$.)

b) Sind μ und ν endliche Maße mit $\mu(E) = \nu(E) = c$, dann kann Bedingung b) in Satz 4.5 weggelassen werden. *Denn:* Füge o. E. E zu $\mathscr{G}$ hinzu und wähle $G_n = E$.

Beweis von Satz 4.5. Setze $\mathscr{D}_n := \{A \in \mathscr{A} \mid \mu(G_n \cap A) = \nu(G_n \cap A)\},\quad n \in \mathbb{N}.$

1⁰) *Behauptung:* $\mathscr{D}_n$ ist ein Dynkin-System.

(D_1) Klar.

(D_2) Sei $A \in \mathscr{D}_n$; dann ist $A^c \in \mathscr{D}_n$, weil gilt

$$\begin{aligned}\mu(G_n \cap A^c) = \mu(G_n \setminus A) &= \mu(G_n) - \overbrace{\mu(G_n \cap A)}^{<\infty}\\ &= \nu(G_n) - \nu(G_n \cap A)\\ &= \nu(G_n \setminus A) = \nu(G_n \cap A^c).\end{aligned}$$

(D_3) Seien $(A_m)_{m\in\mathbb{N}} \subset \mathscr{D}_n$ paarweise disjunkt. Dann folgt $\dot{\bigcup}_m A_m \in \mathscr{D}_n$ aus

$$\begin{aligned}\mu\Big(\dot{\bigcup_m} A_m \cap G_n\Big) = \mu\Big(\dot{\bigcup_m}(A_m \cap G_n)\Big) &\overset{(M_2)}{=} \sum_m \mu(A_m \cap G_n)\\ &\overset{A_m \in \mathscr{D}_n}{=} \sum_m \nu(A_m \cap G_n)\\ &= \cdots = \nu\Big(\dot{\bigcup_m} A_m \cap G_n\Big).\end{aligned}$$

2⁰) Für alle n gilt: $\quad \mathscr{D}_n \supset \mathscr{G} \implies \mathscr{D}_n \supset \underbrace{\delta(\mathscr{G}) = \sigma(\mathscr{G})}_{\mathscr{G}\ \cap\text{-stabil}} = \mathscr{A}.$

Andererseits: $\quad \mathscr{A} \supset \mathscr{D}_n \supset \sigma(\mathscr{G}) \implies \mathscr{D}_n = \mathscr{A}.$

Also: $\quad \forall n\ \forall A \in \mathscr{A} : \mu(G_n \cap A) = \nu(G_n \cap A).$

Aufgrund der Stetigkeit von Maßen (Satz 3.3.f) folgt nun

$$\mu(A) = \sup_n \mu(G_n \cap A) = \sup_n \nu(G_n \cap A) = \nu(A) \quad \forall A \in \mathscr{A}.$$ □

Weitere Anwendungen für Dynkin-Systeme

Die folgenden Resultate zeigen, dass das Lebesgue-Maß λ^d – wenn es existiert – ein besonderes Maß ist. Zur Erinnerung

$$x + B := \{x + b \mid b \in B\} \quad \text{ist die um } x \in \mathbb{R}^d \text{ verschobene Menge } B \subset \mathbb{R}^d.$$

4.7 Satz. a) *Das Lebesgue-Maß λ^d ist translationsinvariant, d. h.*

$$\lambda^d(x + B) = \lambda^d(B) \quad \forall x \in \mathbb{R}^d,\ \forall B \in \mathscr{B}(\mathbb{R}^d).$$

b) *Es sei μ ein translationsinvariantes Maß auf $(\mathbb{R}^d, \mathscr{B}(\mathbb{R}^d))$ mit $\kappa = \mu([0,1)^d) < \infty$. Dann gilt bereits $\mu = \kappa \cdot \lambda^d$.*

Beweis. Zunächst überlegen wir uns, dass $x + B \in \mathscr{B}(\mathbb{R}^d)$ für alle $B \in \mathscr{B}(\mathbb{R}^d)$ – sonst wäre a) sinnlos. Für festes $x \in \mathbb{R}^d$ setzen wir

$$\mathscr{A}_x := \left\{B \in \mathscr{B}(\mathbb{R}^d) \mid x + B \in \mathscr{B}(\mathbb{R}^d)\right\}.$$

Offenbar ist $\mathscr{A}_x$ eine σ-Algebra [✍] und $\mathscr{I} \subset \mathscr{A}_x$. Somit gilt

$$\mathscr{B}(\mathbb{R}^d) = \sigma(\mathscr{I}) \subset \sigma(\mathscr{A}_x) = \mathscr{A}_x \subset \mathscr{B}(\mathbb{R}^d).$$

a) Setze $\nu(B) := \lambda^d(x + B)$ für ein festes $x \in \mathbb{R}^d$ und $B \in \mathscr{B}(\mathbb{R}^d)$. Dann ist ν ein Maß auf $(\mathbb{R}^d, \mathscr{B}(\mathbb{R}^d))$ [✍] und

$$I = \mathop{\times}_{n=1}^{d} [a_n, b_n) \implies x + I = \mathop{\times}_{n=1}^{d} [x_n + a_n, x_n + b_n)$$

$$\text{d. h.} \qquad \nu(I) = \lambda^d(x + I) = \prod_{n=1}^{d} (b_n + x_n - a_n - x_n) = \prod_{n=1}^{d} (b_n - a_n) = \lambda^d(I).$$

Also gilt $\nu|_{\mathscr{I}} = \lambda^d|_{\mathscr{I}}$, wobei $\mathscr{I}$ ein $\cap$-stabiler Erzeuger von $\mathscr{B}(\mathbb{R}^d)$ ist (vgl. Abb. 4.1), für den außerdem $[-m, m)^d \in \mathscr{I}$, $[-m, m)^d \uparrow \mathbb{R}^d$ und $\lambda^d([-m, m)^d) = (2m)^d < \infty$ erfüllt ist. Somit können wir Satz 4.5 anwenden und erhalten, dass $\nu = \lambda^d$ gilt.

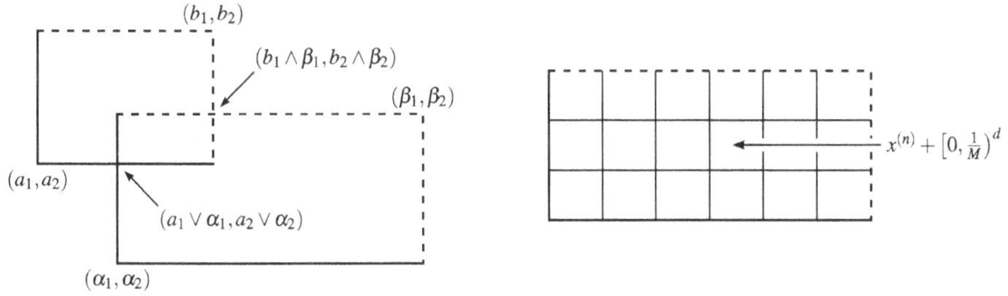

Abb. 4.1: Links: Es gilt $\times_{n=1}^d [a_n, b_n) \cap \times_{n=1}^d [\alpha_n, \beta_n) = \times_{n=1}^d [\max\{a_n, \alpha_n\}, \min\{b_n, \beta_n\})$. **Rechts:** Wir parkettieren I mit Rechtecken $x^{(n)} + \left[0, \frac{1}{M}\right)^d$ der Seitenlänge $1/M$ und mit linker unterer Ecke $x^{(n)}$. (M ist z. B. das kgV aller Nenner der a_n, b_n ...).

b) Es sei $I \in \mathscr{I}_{\text{rat}}$. Dann existieren $M, k(I) \in \mathbb{N}$ und $x^{(n)} \in \mathbb{R}^d$ mit

$$I = \bigcupdot_{n=1}^{k(I)} \left(x^{(n)} + \left[0, \tfrac{1}{M}\right)^d \right)$$

(vgl. Abb. 4.1). Da λ^d und μ translationsinvariante Maße sind, gilt

$$\mu(I) = k(I)\mu\left(\left[0, \tfrac{1}{M}\right)^d\right), \qquad \underbrace{\mu\left([0,1)^d\right)}_{=\kappa} = M^d \mu\left(\left[0, \tfrac{1}{M}\right)^d\right),$$

$$\lambda^d(I) = k(I)\lambda^d\left(\left[0, \tfrac{1}{M}\right)^d\right), \qquad \underbrace{\lambda^d\left([0,1)^d\right)}_{=1} = M^d \lambda^d\left(\left[0, \tfrac{1}{M}\right)^d\right).$$

Aus der ersten Zeile erhalten wir $\mu(I) = \dfrac{k(I)}{M^d} \cdot \mu\left([0,1)^d\right)$ und aus der zweiten Zeile ergibt sich $\lambda^d(I) = \dfrac{k(I)}{M^d}$. Zusammen haben wir $\mu(I) = \kappa \cdot \lambda^d(I)$ für alle Rechtecke $I \in \mathscr{I}_{\text{rat}}$. Aus dem Eindeutigkeitssatz 4.5 folgt dann $\mu = \kappa \cdot \lambda^d$. □

Unser nächstes Etappenziel ist der Existenzbeweis für das Lebesgue-Maß (und viele andere Maße!).

Aufgaben

1. Es sei λ^d das d-dimensionale Lebesgue-Maß auf $(\mathbb{R}^d, \mathscr{B}(\mathbb{R}^d))$.
   (a) Zeigen Sie: $(N_i)_{i \in \mathbb{N}} \subset \mathscr{B}(\mathbb{R}^d),\ \lambda^d(N_i) = 0,\ i \in \mathbb{N} \implies \lambda^d\left(\bigcup_{i \in \mathbb{N}} N_i\right) = 0$
   (b) Für alle $r \in \mathbb{R}$ gilt $\{r\} \in \mathscr{B}(\mathbb{R})$ und $\lambda^1\{r\} = 0$. (Hinweis: Stetigkeit von oben.)
   (c) Es sei E eine Ebene in $\mathbb{R}^3$. Dann gilt $E \in \mathscr{B}(\mathbb{R}^3)$ und $\lambda^3(E) = 0$. (Hinweis: Satz 3.7 und 4.7.)
   (d) Es sei N eine λ^d-Nullmenge und $M \subset N$. Ist M eine λ^d-Nullmenge?
   (e) Gegeben sei der Maßraum $(\mathbb{R}^d, \mathscr{B}(\mathbb{R}^d), \delta_a + \delta_b)$ mit $a, b \in \mathbb{R}^d$. Finde alle $\delta_a + \delta_b$-Nullmengen.
2. Es sei $k \in \mathbb{N}$ und $E = \{1, 2, \ldots, 2k-1, 2k\}$. Ist $\mathcal{F} = \{A \subset E : \#A \text{ ist gerade}\}$ ein Dynkin-System bzw. eine σ-Algebra?
3. Bestimmen Sie die Familien $\sigma(\mathscr{G})$ und $\delta(\mathscr{G})$ auf dem Grundraum $E = (0,1)$ für

   (a) $\mathscr{G} = \left\{(0, \tfrac{1}{2}), [\tfrac{1}{2}, 1)\right\}$; (b) $\mathscr{G} = \left\{(0, \tfrac{1}{2}], [\tfrac{1}{2}, 1)\right\}$.

   Hinweis: Beachten Sie die Struktur von $\sigma(\{A_1, \ldots, A_n\})$ für eine Partition $A_1, \ldots, A_n$ von E (vgl. Aufgabe 2.7), sowie $\delta(\mathscr{G}) = \delta(\mathscr{G} \cup \{\emptyset\})$ und Satz 4.4.
4. (Alternative Charakterisierung von Dynkin-Systemen) Eine Familie $\mathscr{F} \subset \mathscr{P}(E)$ ist genau dann ein Dynkin-System, wenn

$$E \in \mathscr{F}, \tag{D_1}$$

$$F, G \in \mathscr{F},\ F \subset G \implies G \setminus F \in \mathscr{F}, \tag{D_2'}$$

$$(F_n)_{n \in \mathbb{N}} \subset \mathscr{F},\ F_n \uparrow F \implies F = \bigcup_{n \in \mathbb{N}} F_n \in \mathscr{F}. \tag{D_3'}$$

5. (Satz von der monotonen Klasse) Es sei $\mathscr{M} \subset \mathscr{P}(E)$ eine monotone Klasse (MC), vgl. Seite 17, und $\mathscr{F} \subset \mathscr{P}(E)$ eine Familie von Mengen.
   (a) Es gibt eine minimale MC $m(\mathscr{F})$ mit $\mathscr{F} \subset m(\mathscr{F})$.
   (b) Es sei $\mathscr{F}$ $\complement$-stabil, d. h. $F \in \mathscr{F} \implies F^c \in \mathscr{F}$. Dann ist auch $m(\mathscr{F})$ $\complement$-stabil.
   (c) Es sei $\mathscr{F}$ $\cap$-stabil, d. h. $F, G \in \mathscr{F} \implies F \cap G \in \mathscr{F}$. Dann ist auch $m(\mathscr{F})$ $\cap$-stabil.
   Hinweis: Betrachten Sie nacheinander die Systeme
   $$\Sigma := \{M \in m(\mathscr{F}) \mid M \cap F \in m(\mathscr{F})\ \forall F \in \mathscr{F}\}$$
   $$\Sigma' := \{M \in m(\mathscr{F}) \mid M \cap N \in m(\mathscr{F})\ \forall N \in m(\mathscr{F})\}$$
   und zeigen Sie, dass dies auch monotone Klassen mit $\mathscr{F} \subset \Sigma, \Sigma'$ sind.
   (d) Beweisen Sie nun mit Hilfe der vorangehenden Teilaufgaben den folgenden

   Satz (monotone Klassen). *Es sei $\mathscr{F} \subset \mathscr{P}(E)$ eine Familie, die $\complement$-stabil und $\cap$-stabil ist und $E \in \mathscr{F}$. Dann gilt für jede monotone Klasse $\mathscr{M} \supset \mathscr{F}$ auch $\mathscr{M} \supset \sigma(\mathscr{F})$.*

6. (Approximation von σ-Algebren) Es sei $\mathscr{G}$ eine *Boolesche Algebra* auf E, d. h. $E \in \mathscr{G}$ und $\mathscr{G}$ ist stabil unter endlichen Schnitten, Vereinigungen und Komplementen. Weiter seien $\mathscr{A} = \sigma(\mathscr{G})$ und μ ein endliches Maß auf $(E, \mathscr{A})$. Wir schreiben $A \triangle B := (A \setminus B) \cup (B \setminus A)$ für die symmetrische Differenz von zwei Mengen $A, B \subset E$. Zeigen Sie:
   (a) Für jedes $\epsilon > 0$ und $A \in \mathscr{A}$ gibt es ein $G \in \mathscr{G}$ mit $\mu(A \triangle G) \leqslant \epsilon$.
   Hinweis: Die Familie $\{A \in \mathscr{A} \mid \forall \epsilon > 0\ \exists G \in \mathscr{G} : \mu(A \triangle G) \leqslant \epsilon\}$ ist ein Dynkin-System.
   (b) Es seien μ, ν endliche Maße auf $(E, \mathscr{A})$. Für jedes $\epsilon > 0$ und $A \in \mathscr{A}$ gibt es ein $G \in \mathscr{G}$ mit $\mu(A \triangle G) \leqslant \epsilon$ und $\nu(A \triangle G) \leqslant \epsilon$.
   (c) Es sei $E = \mathbb{R}^d$, $\mathscr{A} = \mathscr{B}(\mathbb{R}^d)$ und $\mu = \lambda^d$. Für eine Menge $A \in \mathscr{A}$ gilt $\mu(A) = 0$ genau dann, wenn es für jedes $\epsilon > 0$ eine Folge von Rechtecken $(I_n)_{n\in\mathbb{N}} \subset \mathscr{I}$ gibt, so dass $A \subset \bigcup_n I_n$ und $\mu\left(\bigcup_n I_n\right) \leqslant \epsilon$.

7. Es sei $(\Omega, \mathscr{A}, \mathbb{P})$ ein Wahrscheinlichkeitsraum und $\mathscr{B}, \mathscr{C} \subset \mathscr{A}$ seien σ-Algebren. $\mathscr{B}$ und $\mathscr{C}$ heißen (*stochastisch*) *unabhängig*, wenn
   $$\mathbb{P}(B \cap C) = \mathbb{P}(B)\mathbb{P}(C) \quad \text{für alle Mengen} \quad B \in \mathscr{B},\ C \in \mathscr{C}.$$
   Seien $\mathscr{B} = \sigma(\mathscr{G})$ und $\mathscr{C} = \sigma(\mathscr{H})$, wobei $\mathscr{G}$ und $\mathscr{H}$ $\cap$-stabile Mengenfamilien sind. Zeigen Sie:
   $$\mathscr{B}, \mathscr{C} \text{ sind unabhängig} \iff \mathbb{P}(G \cap H) = \mathbb{P}(G)\mathbb{P}(H) \quad \text{für alle Mengen} \quad G \in \mathscr{G},\ H \in \mathscr{H}.$$
   Hinweis: Beachten Sie die Struktur des Beweises von Satz 4.5.

8. Zeigen Sie, dass Satz 4.5 auch dann gilt, wenn die Folge $(G_n)_{n\in\mathbb{N}}$ den Raum E überdeckt (ohne gegen E aufzusteigen), d. h. wenn $E = \bigcup_n G_n$, und $\mu(G_n) = \nu(G_n) < \infty$ erfüllt.
   Hinweis: Die Mengen $G_1 \cup \cdots \cup G_n$ erfüllen die Voraussetzungen von Satz 4.5.

9. (Dilatationen) Adaptieren Sie den Beweis von Satz 4.7 und zeigen Sie, dass $t \cdot B := \{tb \mid b \in B\}$ für jede Borelmenge $B \in \mathscr{B}(\mathbb{R}^d)$ und $t > 0$ wiederum Borelsch ist. Weiter gilt
   $$\lambda^d(t \cdot B) = t^d \lambda^d(B).$$

10. (Invariante Maße) Es sei $(E, \mathscr{A}, \mu)$ ein endlicher Maßraum und $\mathscr{A} = \sigma(\mathscr{G})$ für einen $\cap$-stabilen Erzeuger $\mathscr{G}$. Weiterhin sei $\theta : E \to E$ eine Abbildung mit $\theta^{-1}(A) \in \mathscr{A}$ für alle $A \in \mathscr{A}$. Zeigen Sie, dass
   $$\forall G \in \mathscr{G} : \mu(G) = \mu(\theta^{-1}(G)) \implies \forall A \in \mathscr{A} : \mu(A) = \mu(\theta^{-1}(A)).$$

5 Existenz von Maßen

Wir wollen nun untersuchen, wie wir Prämaße (also Maße mit »zu kleinem« Definitionsbereich, d. h. keiner σ-Algebra) zu Maßen fortsetzen können. Ein ganz *typisches Beispiel* liefert das Lebesgue-Maß λ^d, das wir bislang nur auf den Rechtecken $\mathscr{I}$, aber nicht auf allen Borelmengen $\mathscr{B}(\mathbb{R}^d) = \sigma(\mathscr{I})$, vgl. Satz 2.8, definiert haben. Wenn λ^d auf $(\mathbb{R}^d, \sigma(\mathscr{I}))$ ein Maß sein soll, dann muss *mindestens* die Einschränkung $\lambda^d|_{\mathscr{I}}$ ein Prämaß sein. Es stellen sich folgende Fragen:

?

- *Wie* können wir Prämaße zu Maßen fortsetzen?
- Wann ist die Fortsetzung *eindeutig*? (Siehe dazu Kapitel 4.)

Wir beginnen mit der Frage, welche Erzeuger $\mathscr{G}$ für eine Fortsetzung geeignet sind.

5.1 Definition. Eine Familie $\mathscr{S} \subset \mathscr{P}(E)$ heißt *Halbring* auf E, wenn

$$\emptyset \in \mathscr{S}, \tag{S_1}$$

$$S, T \in \mathscr{S} \implies S \cap T \in \mathscr{S}, \tag{S_2}$$

$$\forall S, T \in \mathscr{S} \quad \exists m \in \mathbb{N},\ S_1, \dots, S_m \in \mathscr{S} \text{ disjunkt} : S \setminus T = \biguplus_{n=1}^{m} S_n. \tag{S_3}$$

Der *zentrale Satz* der Maßtheorie ist der Fortsetzungssatz von Carathéodory.

5.2 Satz (Carathéodory; Fortsetzungssatz für Maße). *Für jedes Prämaß $\mu : \mathscr{S} \to [0, \infty]$ auf einem Halbring*[2] *$\mathscr{S}$ existiert eine Fortsetzung zu einem Maß μ auf $\sigma(\mathscr{S})$.*

Die Fortsetzung ist eindeutig, wenn es eine Folge $(S_n)_{n\in\mathbb{N}}$ in $\mathscr{S}$ gibt, so dass $S_n \uparrow E$ und $\mu(S_n) < \infty$ für alle $n \in \mathbb{N}$.

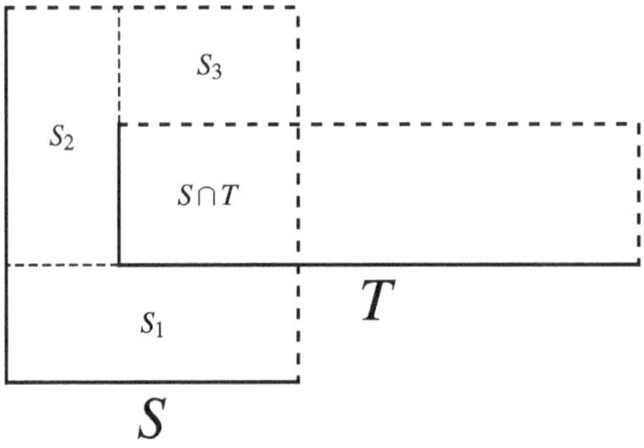

Abb. 5.1: Die Abbildung illustriert, dass die halboffenen Rechtecke $\mathscr{I}$ einen Halbring bilden (formaler Beweis in Lemma 15.1).

2 »Prämaß auf $\mathscr{S}$« bedeutet, dass $\mu(\emptyset) = 0$ und dass μ auf $\mathscr{S}$ σ-additiv ist, d. h. für alle Folgen $(S_n)_{n\in\mathbb{N}}$ disjunkter Mengen aus $\mathscr{S}$, die zudem $\biguplus_{n\in\mathbb{N}} S_n \in \mathscr{S}$ erfüllen, gilt $\mu\left(\biguplus_{n\in\mathbb{N}} S_n\right) = \sum_{n=1}^{\infty} \mu(S_n)$.

https://doi.org/10.1515/9783111342894-005

5.3 Bemerkung. Es reicht also, ein Maß μ nur auf einem Halbring $\mathscr{S}$ zu kennen, und μ muss *auch nur dort σ-additiv* sein, vgl. die Fußnote auf S. 22. Das zeigt die Stärke der Aussage von Satz 5.2: Alle Eigenschaften, einschließlich der σ-Additivität, vererben sich von $\mathscr{S}$ auf $\sigma(\mathscr{S})$.

Der Beweis des Existenzsatzes ist sehr technisch. Daher empfiehlt es sich bei der ersten Lektüre, den eigentlichen Beweis zu überspringen, und nur die grundsätzliche Herangehensweise (Beweisstrategie) zu studieren.

Beweisstrategie für Satz 5.2. Ein grundlegendes Problem ist die Frage, wie man eine Fortsetzung von μ definieren kann. Hier ist der Begriff des *äußeren Maßes* wesentlich, das zunächst auf *allen* Teilmengen von E erklärt ist. Zu $A \subset E$ betrachtet man die Überdeckungen durch Mengen aus $\mathscr{S}$ (»$\mathscr{S}$-Überdeckungen«)

$$\mathcal{C}(A) := \Big\{(S_n)_{n\in\mathbb{N}} \subset \mathscr{S} \;\Big|\; \underbrace{\textstyle\bigcup_{n\in\mathbb{N}} S_n}_{\text{nicht notwendig disjunkt oder selbst in } \mathscr{S}} \supset A\Big\},$$

und definiert eine Mengenfunktion $\mu^* : \mathscr{P}(E) \to [0,\infty]$ durch

$$\mu^*(A) := \inf\left\{\sum_{n=1}^{\infty} \mu(S_n) \;\middle|\; (S_n)_{n\in\mathbb{N}} \in \mathcal{C}(A)\right\}. \tag{5.1}$$

Gibt es keine $\mathscr{S}$-Überdeckung, dann ist $\mathcal{C}(A) = \emptyset$ und $\mu^*(A) = \inf \emptyset = \infty$.

Schritt 1: μ^* ist ein *äußeres Maß*, d. h. eine Mengenfunktion mit folgenden Eigenschaften

$$\mu^*(\emptyset) = 0, \tag{OM_1}$$

$$A \subset B \implies \mu^*(A) \leqslant \mu^*(B), \tag{OM_2}$$

$$\mu^*\left(\bigcup_{n\in\mathbb{N}} A_n\right) \leqslant \sum_{n\in\mathbb{N}} \mu^*(A_n), \tag{OM_3}$$

und μ^* setzt μ fort: $\mu^*|_{\mathscr{S}} = \mu$.

Schritt 2: Nun definiert man die *μ^*-messbaren Mengen*

$$\mathscr{A}^* := \{A \subset E \mid \mu^*(Q) = \mu^*(Q \cap A) + \mu^*(Q \setminus A) \quad \forall Q \subset E\} \tag{5.2}$$

und zeigt, dass $\mathscr{A}^*$ eine σ-Algebra ist, die $\mathscr{S}$ und somit $\sigma(\mathscr{S})$ enthält.

Schritt 3: Die Einschränkung $\mu^*|_{\mathscr{A}^*}$ ist ein Maß; insbesondere ist dann auch $\mu^*|_{\sigma(\mathscr{S})}$ ein Maß, das μ fortsetzt.

Schritt 4: Die Eindeutigkeit der Fortsetzung folgt nun aus Satz 4.5. □

♦*Beweis von Satz 5.2.* 1⁰) *Behauptung:* μ^* ist ein *äußeres Maß*.

(OM_1) Ist klar: Überdecke $\emptyset$ mit $(\emptyset, \emptyset, \emptyset \dots) \in \mathcal{C}(\emptyset)$.

(OM_2) Da $B \supset A$ folgt, dass jede $\mathscr{S}$-Überdeckung von B auch A überdeckt, d. h. es ist $\mathcal{C}(B) \subset \mathcal{C}(A)$. Daher gilt

$$\begin{aligned}\mu^*(A) &= \inf\left\{\sum_{m\in\mathbb{N}} \mu(S_m) \,\middle|\, (S_m)_{m\in\mathbb{N}} \in \mathcal{C}(A)\right\}\\ &\leqslant \inf\left\{\sum_{m\in\mathbb{N}} \mu(T_m) \,\middle|\, (T_m)_{m\in\mathbb{N}} \in \mathcal{C}(B)\right\} = \mu^*(B).\end{aligned}$$

(OM_3) Ohne Einschränkung darf $\mu^*(A_n) < \infty$ für alle $n \in \mathbb{N}$ angenommen werden; somit ist $\mathcal{C}(A_n) \neq \emptyset$. Wähle $\epsilon > 0$; wegen der Definition des Infimums existiert zu A_n eine Überdeckung $(S_m^n)_{m\in\mathbb{N}} \in \mathcal{C}(A_n)$ mit

$$\sum_{m\in\mathbb{N}} \mu(S_m^n) \leqslant \mu^*(A_n) + \frac{\epsilon}{2^n}, \qquad n \in \mathbb{N}. \tag{5.3}$$

Nun ist $(S_m^n)_{n,m\in\mathbb{N}}$ eine $\mathscr{S}$-Überdeckung von $A := \bigcup_{n\in\mathbb{N}} A_n$, d. h.

$$\begin{aligned}\mu^*(A) \leqslant \sum_{(n,m)\in\mathbb{N}\times\mathbb{N}} \mu(S_m^n) &= \sum_{n\in\mathbb{N}} \sum_{m\in\mathbb{N}} \mu(S_m^n)\\ &\overset{(5.3)}{\leqslant} \sum_{n\in\mathbb{N}} \left(\mu^*(A_n) + \frac{\epsilon}{2^n}\right)\\ &= \sum_{n\in\mathbb{N}} \mu^*(A_n) + \epsilon.\end{aligned}$$

Im Limes $\epsilon \to 0$ ergibt sich (OM_3).

2⁰) Fortsetzung von μ auf die Familie $\mathscr{S}_\cup := \{S_1 \uplus \cdots \uplus S_N \mid N \in \mathbb{N},\ S_n \in \mathscr{S}\}$: Jede additive Mengenfunktion $\overline{\mu}$ auf $\mathscr{S}_\cup$, die μ fortsetzt, erfüllt *notwendigerweise*

$$\overline{\mu}(S_1 \uplus \cdots \uplus S_N) := \sum_{n=1}^{N} \mu(S_n). \tag{5.4}$$

Wenn (5.4) wohldefiniert ist – also unabhängig von der Darstellung der Menge aus $\mathscr{S}_\cup$ ist –, dann ist (5.4) bereits eine *eindeutige* Fortsetzung. Angenommen, es gilt

$$S_1 \uplus \cdots \uplus S_N = T_1 \uplus \cdots \uplus T_M, \qquad N, M \in \mathbb{N},\ S_n, T_m \in \mathscr{S},$$

dann ist

$$S_n = S_n \cap (T_1 \uplus \cdots \uplus T_M) = \biguplus_{m=1}^{M} (S_n \cap T_m),$$

und die Additivität von μ in $\mathscr{S}$ zeigt

$$\mu(S_n) = \sum_{m=1}^{M} \mu(S_n \cap T_m).$$

Summiere über $n = 1, 2, \dots, N$, und vertausche die Reihenfolge der Summation:

$$\sum_{n=1}^{N} \mu(S_n) = \sum_{n=1}^{N} \sum_{m=1}^{M} \mu(S_n \cap T_m) = \sum_{m=1}^{M} \mu(T_m).$$

Es folgt, dass (5.4) unabhängig von der speziellen Darstellung ist.

Nach Definition ist $\mathscr{S}_\cup$ stabil unter der Vereinigung endlich vieler *disjunkter* Mengen. Wenn $S, T \in \mathscr{S}_\cup$, dann gilt (Bezeichnungen wie vorher)

$$S \cap T = (S_1 \uplus \cdots \uplus S_N) \cap (T_1 \uplus \cdots \uplus T_M) = \biguplus_{n=1}^{N} \biguplus_{m=1}^{M} \underbrace{(S_n \cap T_m)}_{\in \mathscr{S}} \in \mathscr{S}_\cup.$$

Wegen (S_3) ist $S_n \setminus T_m \in \mathscr{S}_\cup$, also

$$\begin{aligned} S \setminus T &= (S_1 \uplus \cdots \uplus S_N) \setminus (T_1 \uplus \cdots \uplus T_M) \\ &= \biguplus_{n=1}^{N} \bigcap_{m=1}^{M} (S_n \cap T_m^c) = \biguplus_{n=1}^{N} \underbrace{\bigcap_{m=1}^{M} \underbrace{S_n \setminus T_m}_{\in \mathscr{S}_\cup}}_{\in \mathscr{S}_\cup} \in \mathscr{S}_\cup, \end{aligned}$$

da $\mathscr{S}_\cup$ $\cap$- und $\uplus$-stabil ist. Somit[3]

$$S \cup T = (S \setminus T) \uplus (S \cap T) \uplus (T \setminus S) \in \mathscr{S}_\cup,$$

und wir können μ durch (5.4) auf endliche Vereinigungen von beliebigen $\mathscr{S}$-Mengen fortsetzen.

3⁰) *Wir zeigen:* $\overline{\mu}$ ist ein Prämaß auf $\mathscr{S}_\cup$. Es bleibt die σ-Additivität zu zeigen. Sei $(T_m)_{m \in \mathbb{N}} \subset \mathscr{S}_\cup$ mit $T := \biguplus_{m \in \mathbb{N}} T_m \in \mathscr{S}_\cup$. Gemäß der Definition von $\mathscr{S}_\cup$ gibt es eine Folge disjunkter Mengen $(S_n)_{n \in \mathbb{N}} \subset \mathscr{S}$ und natürliche Zahlen $0 = i(0) < i(1) < i(2) < \dots$, so dass

$$T_m = S_{i(m-1)+1} \uplus \cdots \uplus S_{i(m)}, \qquad m \in \mathbb{N},$$

und $T = U_1 \uplus \cdots \uplus U_L$, wo $U_\ell = \biguplus_{n \in J_\ell} S_n \in \mathscr{S}$, $\ell = 1, \dots, L$, und mit disjunkten Indexmengen $J_1 \uplus J_2 \uplus \cdots \uplus J_L = \mathbb{N}$. Weil μ auf $\mathscr{S}$ σ-additiv ist, gilt

$$\begin{aligned} \overline{\mu}(T) &\overset{\text{Def}}{=} \sum_{\ell=1}^{L} \mu(U_\ell) \overset{\sigma\text{-add.}}{=} \sum_{\ell=1}^{L} \sum_{n \in J_\ell} \mu(S_n) \\ &= \sum_{m \in \mathbb{N}} \sum_{n=i(m-1)+1}^{i(m)} \mu(S_n) \overset{\text{Def}}{=} \sum_{m \in \mathbb{N}} \overline{\mu}(T_m). \end{aligned}$$

3 Das zeigt, dass $\mathscr{S}_\cup$ der von $\mathscr{S}$ erzeugte Ring ist, d. h. der kleinste Ring, der $\mathscr{S}$ enthält.

4^0) *Wir zeigen:* $\mu|_{\mathscr{S}} = \mu^*|_{\mathscr{S}}$. Das Prämaß $\overline{\mu}$ ist σ-subadditiv. Daher gilt für jede Überdeckung $(S_n)_{n\in\mathbb{N}} \in \mathcal{C}(S)$ von $S \in \mathscr{S}$

$$\mu(S) = \overline{\mu}(S) = \overline{\mu}\left(\bigcup_{n\in\mathbb{N}} S_n \cap S\right) \leqslant \sum_{n\in\mathbb{N}} \overline{\mu}(S_n \cap S) = \sum_{n\in\mathbb{N}} \mu(S_n \cap S) \leqslant \sum_{n\in\mathbb{N}} \mu(S_n).$$

Das Infimum über $\mathcal{C}(S)$ zeigt $\mu(S) \leqslant \mu^*(S)$. Wählen wir $(S, \emptyset, \emptyset, \dots) \in \mathcal{C}(S)$ als Überdeckung von S, dann erhalten wir $\mu^*(S) \leqslant \mu(S)$, also $\mu|_{\mathscr{S}} = \mu^*|_{\mathscr{S}}$.

5^0) *Behauptung:* $\mathscr{S} \subset \mathscr{A}^*$. Es seien $S, T \in \mathscr{S}$; wegen (S_3) gilt

$$T = (S \cap T) \cup (T \setminus S) = (S \cap T) \cup \dot{\bigcup_{n=1}^{N}} S_n, \quad S_n \in \mathscr{S},\ n = 1, 2, \dots, N.$$

Da μ auf $\mathscr{S}$ additiv und μ^* (σ-)subadditiv ist, gilt

$$\mu^*(S \cap T) + \mu^*(T \setminus S) \leqslant \mu(S \cap T) + \sum_{n=1}^{N} \mu(S_n) = \mu(T). \tag{5.5}$$

Sei $Q \subset E$ und $(T_n)_{n\in\mathbb{N}} \in \mathcal{C}(Q)$ eine Überdeckung. Da $\mu^*(T_n) = \mu(T_n)$ gilt, können wir $T = T_n$ in (5.5) verwenden; indem wir über $n \in \mathbb{N}$ summieren, erhalten wir

$$\sum_{n\in\mathbb{N}} \mu^*(T_n \setminus S) + \sum_{n\in\mathbb{N}} \mu^*(T_n \cap S) \leqslant \sum_{n\in\mathbb{N}} \mu(T_n).$$

Wegen $Q \subset \bigcup_{n\in\mathbb{N}} T_n$ gilt

$$\begin{aligned}
\mu^*(Q \setminus S) + \mu^*(Q \cap S) &\overset{(OM_2)}{\leqslant} \mu^*\left(\bigcup_{n\in\mathbb{N}} T_n \setminus S\right) + \mu^*\left(\bigcup_{n\in\mathbb{N}} T_n \cap S\right) \\
&\overset{(OM_3)}{\leqslant} \sum_{n\in\mathbb{N}} \mu^*(T_n \setminus S) + \sum_{n\in\mathbb{N}} \mu^*(T_n \cap S) \\
&\leqslant \sum_{n\in\mathbb{N}} \mu(T_n).
\end{aligned}$$

Wir bilden nun das Infimum über $\mathcal{C}(Q)$ und erhalten

$$\mu^*(Q \setminus S) + \mu^*(Q \cap S) \leqslant \mu^*(Q) \quad \forall Q \subset E,\ S \in \mathscr{S}.$$

Die Ungleichung »$\geqslant$« folgt aus der (σ-)Subadditivität (OM_3) von μ^*; also ist $S \in \mathscr{A}^*$.

6^0) *Behauptung:* $\mathscr{A}^*$ ist eine σ-Algebra und μ^* ein Maß auf $\mathscr{A}^*$.

(Σ_1) Offensichtlich gilt $\emptyset \in \mathscr{A}^*$.

(Σ_2) Die Äquivalenz $A \in \mathscr{A}^* \iff A^c \in \mathscr{A}^*$ folgt direkt aus der Definition von $\mathscr{A}^*$.

(Σ_3) Zunächst zeigen wir: $A, A' \in \mathscr{A}^* \implies A \cup A' \in \mathscr{A}^*$. Für jedes $P \subset E$ gilt

$$\begin{aligned}
&\mu^*(P \cap (A \cup A')) + \mu^*(P \setminus (A \cup A')) \\
&\quad = \mu^*(P \cap (A \cup [A' \setminus A])) + \mu^*(P \setminus (A \cup A')) \\
&\quad \overset{(OM_3)}{\leqslant} \mu^*(P \cap A) + \mu^*(P \cap (A' \setminus A)) + \mu^*(P \setminus (A \cup A')) \\
&\quad = \mu^*(P \cap A) + \mu^*((P \setminus A) \cap A') + \mu^*((P \setminus A) \setminus A') \\
&\quad \overset{(5.2)}{=} \mu^*(P \cap A) + \mu^*(P \setminus A) \qquad (5.6) \\
&\quad \overset{(5.2)}{=} \mu^*(P). \qquad (5.6')
\end{aligned}$$

In den zwei letzten Schritten verwendeten wir die Definition (5.2) von $\mathscr{A}^*$ mit $Q \mathrel{\hat{=}} P \setminus A$ bzw. $Q \mathrel{\hat{=}} P$. Die umgekehrte Ungleichung »$\geqslant$« folgt aus (OM_3). Somit folgt $A \cup A' \in \mathscr{A}^*$.
Ist $A \cap A' = \emptyset$, dann erhalten wir aus der Gleichheit »(5.6′) = (5.6)« für $Q \subset E$ und $P := (A \uplus A') \cap Q$

$$\mu^*(Q \cap (A \uplus A')) = \mu^*(Q \cap A) + \mu^*(Q \cap A') \quad \forall Q \subset E,$$

und durch Iteration ergibt sich für paarweise disjunkte $A_1, A_2, \dots, A_N \in \mathscr{A}^*$

$$\mu^*(Q \cap (A_1 \uplus \dots \uplus A_N)) = \sum_{n=1}^{N} \mu^*(Q \cap A_n) \quad \forall Q \subset E. \tag{5.7}$$

Nun sei $A = \biguplus_{n \in \mathbb{N}} A_n$ für eine Folge $(A_n)_{n \in \mathbb{N}} \subset \mathscr{A}^*$ paarweise disjunkter Mengen. Da $A_1 \uplus \dots \uplus A_N \in \mathscr{A}^*$, folgt aus ($OM_2$) und (5.7)

$$\begin{aligned}
\mu^*(Q) &= \mu^*(Q \cap (A_1 \uplus \dots \uplus A_N)) + \mu^*(Q \setminus (A_1 \uplus \dots \uplus A_N)) \\
&\geqslant \mu^*(Q \cap (A_1 \uplus \dots \uplus A_N)) + \mu^*(Q \setminus A) \\
&= \sum_{n=1}^{N} \mu^*(Q \cap A_n) + \mu^*(Q \setminus A).
\end{aligned}$$

Die linke Seite hängt nicht von N ab. Daher folgt aus $N \to \infty$ mit (OM_3)

$$\mu^*(Q) \geqslant \sum_{n=1}^{\infty} \mu^*(Q \cap A_n) + \mu^*(Q \setminus A) \geqslant \mu^*(Q \cap A) + \mu^*(Q \setminus A). \tag{5.8}$$

Die umgekehrte Ungleichung $\mu^*(Q) \leqslant \mu^*(Q \cap A) + \mu^*(Q \setminus A)$ ergibt sich sofort aus der Subadditivität von μ^*. Somit gilt überall in (5.8) »=« und wir sehen, dass $A \in \mathscr{A}^*$. Wenn wir $Q := A$ in (5.8) wählen, folgt die σ-Additivität von μ^* auf $\mathscr{A}^*$.

Bisher wurde gezeigt: $\mathscr{A}^*$ ist ein $\cup$-stabiles Dynkin-System. Da $A \cap B = (A^c \cup B^c)^c$ gilt, ist $\mathscr{A}^*$ auch $\cap$-stabil und somit eine σ-Algebra.

7^0) *Wir zeigen:* μ^* ist ein Maß auf $\sigma(\mathscr{S})$, das μ fortsetzt. Gemäß 5^0 ist $\mathscr{S} \subset \mathscr{A}^*$, folglich gilt $\sigma(\mathscr{S}) \subset \sigma(\mathscr{A}^*) = \mathscr{A}^*$, da $\mathscr{A}^*$ eine σ-Algebra ist (vgl. 6^0). Wegen 6^0 ist $\mu^*|_{\sigma(\mathscr{S})}$ ein Maß, das (vgl. 4^0) μ fortsetzt.

8^0) Die Eindeutigkeit der Fortsetzung $\mu^*|_{\sigma(\mathscr{S})}$ folgt aus Satz 4.5. □

- Im Allgemeinen gilt: $\mathscr{A} = \sigma(\mathscr{S}) \subsetneq \mathscr{A}^*$.
- Für das Lebesgue-(Prä-)Maß λ^d und $\mathscr{S} = \mathscr{I}$ ist zwar $\mathscr{A} = \sigma(\mathscr{S}) = \mathscr{B}(\mathbb{R}^d)$, aber $\mathscr{A}^*$ sind die *Lebesgue-messbaren Mengen*, also $\mathscr{A}^* = \mathscr{B}^*(\mathbb{R}^d) = \sigma(\mathscr{B}(\mathbb{R}^d), \mathscr{N}^*)$, wobei $\mathscr{N}^*$ die Familie aller Teilmengen von Borel-messbaren Nullmengen bezeichnet (vgl. hierzu auch Aufgabe 3.7 und Kapitel 10):

$$\mathscr{N}^* = \left\{N^* \subset \mathbb{R}^d \mid \exists N \in \mathscr{B}(\mathbb{R}^d),\ \lambda^d(N) = 0 \ :\ N^* \subset N\right\}.$$

- In der Regel ist es *nicht möglich*, ein nicht-triviales Maß auf *ganz* $\mathscr{P}(E)$ zu definieren. Im Fall des Lebesgue-Maßes kennt man das *Banach–Tarski Paradox*: $B_1(0), B_2(0) \subset \mathbb{R}^d$, $d \geqslant 3$, können in endlich viele disjunkte Mengen zerlegt werden

$$B_1(0) = \biguplus_{n=1}^N S_n \quad \text{und} \quad B_2(0) = \biguplus_{n=1}^N T_n$$

wobei die Mengen S_n, T_n sogar kongruent sind, vgl. [20]. Für kongruente Mengen gilt aber

$$\lambda^d(S_n) = \lambda^d(T_n) \implies \lambda^d(B_1(0)) = \lambda^d(B_2(0)),$$

was nicht möglich ist. Somit können nicht alle S_n, T_n Borelmengen sein. (Nicht einmal in $\mathscr{B}^*(\mathbb{R}^d)$, vgl. (5.2) im Beweis von Satz 5.2).

Existenz des Lebesgue-Maßes

Wir wenden uns wieder dem Studium des Lebesgue-Maßes aus Definition 3.6 zu.

5.4 Proposition. *λ^1 ist ein Prämaß auf $\mathscr{I}$.*

Beweis. Wir schreiben $\lambda := \lambda^1$. Für $[a, a'), [b', b) \in \mathscr{I}$ mit $a < b' \leqslant a' < b$ ist

$$\lambda\left([a, a') \cup [b', b)\right) = \lambda[a, b) = b - a \leqslant (b - b') + (a' - a) = \lambda[b', b) + \lambda[a, a').$$

Das zeigt, dass λ auf $\mathscr{I}$ subadditiv ist. Wenn $a' = b'$, dann gilt in der vorausgehenden Rechnung »=«, d. h. λ ist endlich additiv.

Nun seien $I_n = [a_n, b_n)$ paarweise disjunkt und $\biguplus_{n\in\mathbb{N}} I_n = [a, b)$. Für $0 < \epsilon < b - a$ setzen wir $I_{n,\epsilon} := [a_n - 2^{-n}\epsilon, b_n)$. Die offenen Intervalle $\mathring{I}_{n,\epsilon}$ überdecken $[a, b - \epsilon]$. Wegen Kompaktheit gibt es eine endliche Teilüberdeckung, d. h. ein $N = N_\epsilon \in \mathbb{N}$ mit

$$[a, b - \epsilon) \subset [a, b - \epsilon] \subset \bigcup_{n=1}^N \mathring{I}_{n,\epsilon} \subset \bigcup_{n=1}^N I_{n,\epsilon}.$$

Da $\lambda(I_n) = \lambda(I_{n,\epsilon}) - \epsilon/2^n$ ist, gilt

$$\lambda[a,b) - \sum_{n=1}^{N} \lambda(I_n) = \epsilon + \underbrace{\lambda[a,b-\epsilon) - \sum_{n=1}^{N} \lambda(I_{n,\epsilon})}_{\leqslant 0 \text{ Subadditivität}} + \sum_{n=1}^{N} \frac{\epsilon}{2^n} \leqslant 2\epsilon. \tag{5.9}$$

Es folgt, dass für beliebiges $\epsilon > 0$

$$\lambda[a,b) \leqslant \sum_{n=1}^{N} \lambda(I_n) + 2\epsilon \leqslant \sum_{n=1}^{\infty} \lambda(I_n) + 2\epsilon$$

gilt. Andererseits können wir die Intervalle I_n, $n = 1, 2, \dots, N$, derart vergrößern, dass $I_n \subset I'_n \in \mathscr{J}$ und $\dot{\bigcup}_{n=1}^{N} I'_n = [a,b)$. Wegen der Monotonie und Additivität von λ gilt

$$\sum_{n=1}^{N} \lambda(I_n) \leqslant \sum_{n=1}^{N} \lambda(I'_n) = \lambda\left(\dot{\bigcup_{n=1}^{N}} I'_n\right) = \lambda[a,b).$$

Der Grenzübergang $N \to \infty$ und $\epsilon \to 0$ ergibt $\sum_{n\in\mathbb{N}} \lambda(I_n) = \lambda[a,b)$, d. h. λ ist σ-additiv auf $\mathscr{J}$. □

5.5 Korollar. *λ^1 ist das einzige Maß auf $\sigma(\mathscr{J}) = \mathscr{B}(\mathbb{R})$ mit $\lambda^1[a,b) = b - a$.*

Beweis. Da die halboffenen Intervalle $\mathscr{J}$ ein Halbring sind, [✍] folgt die Behauptung aus Satz 5.2. □

Man kann, z. B. mit Induktion, die Beweise von Proposition 5.4 und Korollar 5.5 auch auf höhere Dimensionen $d > 1$ übertragen, allerdings wird dann die Notation deutlich schwerfälliger. Ein Beweis findet sich z. B. in [18, Proposition 6.5, S. 47 *ff.*]. Wir werden die Existenz und Eindeutigkeit des d-dimensionalen Lebesgue-Maßes λ^d mit Hilfe des Satzes von Tonelli–Fubini in Kapitel 16 zeigen.

Die Eindeutigkeitsaussage in (der d-dimensionalen Version von) Korollar 5.5 zeigt insbesondere, dass der geometrische Volumenbegriff (Länge, Fläche, Volumen, ...) *eindeutig* ist.

Aufgaben

1. (Verteilungsfunktion; Lebesgue-Stieltjes Maß)
   (a) Es sei μ ein Maß auf $(\mathbb{R}, \mathscr{B}(\mathbb{R}))$ mit $\mu[-n,n) < \infty$ für alle $n \in \mathbb{N}$. Zeigen Sie, dass

   $$F_\mu(x) := \begin{cases} \mu[0,x), & \text{für } x \geqslant 0 \\ -\mu[x,0), & \text{für } x < 0 \end{cases}$$

   eine monoton wachsende und linksstetige Funktion $F_\mu : \mathbb{R} \to \mathbb{R}$ definiert.
   (b) Zeigen Sie, dass die Funktion F_μ aus (a) genau dann stetig in $x \in \mathbb{R}$ ist, wenn $\mu\{x\} = 0$ gilt.

(c) Es sei $F\colon \mathbb{R} \to \mathbb{R}$ eine wachsende, linksstetige Funktion. Zeigen Sie, dass

$$\nu_F[a,b) := F(b) - F(a), \qquad \forall a,b \in \mathbb{R},\ a < b,$$

eine eindeutige Fortsetzung zu einem (sog. *Lebesgue–Stieltjes*) Maß auf $\mathscr{B}(\mathbb{R})$ besitzt.
Hinweis: Zeigen Sie die Voraussetzungen von Satz 5.2 für $\mathscr{S} = \{[a,b)\ :\ a \leqslant b\}$.

(d) Folgern Sie, dass jedes Maß μ auf $(\mathbb{R}, \mathscr{B}(\mathbb{R}))$ mit $\mu[-n,n) < \infty$, $n \in \mathbb{N}$, von der Form ν_F aus Teil (b) mit einer Funktion $F = F_\mu$ wie in Teil (a) ist.

(e) Welches F gehört zum eindimensionalen Lebesgue-Maß λ?

(f) Welches F gehört zum Dirac-Maß δ_0 auf $\mathbb{R}$?

2. Es sei μ^* ein äußeres Maß auf E und $A_1, A_2, \ldots$ eine Folge disjunkter μ^*-messbarer Mengen, d. h. $A_i \in \mathcal{A}^*$, $i \in \mathbb{N}$. Dann gilt

$$\mu^*\left(Q \cap \bigcup\nolimits_i A_i\right) = \sum_{i=1}^{\infty} \mu^*(Q \cap A_i) \quad \text{für alle Mengen} \quad Q \subset E.$$

3. Beweisen Sie für $B \in \mathscr{B}(\mathbb{R}^n)$ die Äquivalenz folgender Aussagen:
(a) B ist eine λ^n-Nullmenge: $\lambda^n(B) = 0$.
(b) Für jedes $\epsilon > 0$ gibt es eine Folge halboffener Rechtecke $(I_k)_{k\in\mathbb{N}}$, die B überdeckt und für die $\sum_{k=1}^{\infty} \lambda^n(I_k) \leqslant \epsilon$ ist.

4. (Vervollständigung) In Aufgabe 3.7 wurde die Vervollständigung eines Maßraums $(E, \mathscr{A}, \mu)$ konstruiert. Wir nennen einen Maßraum vollständig, wenn alle Teilmengen von Nullmengen wiederum Nullmengen sind, d. h. insbesondere sind Teilmengen von Nullmengen automatisch messbar. Wir geben hier eine weitere Konstruktion für einen vollständigen Maßraum an. Dazu sei $(E, \mathscr{A}, \mu)$ σ-endlich, d. h. es gibt eine aufsteigende Folge $A_n \uparrow E$, $A_n \in \mathscr{A}$ und $\mu(A_n) < \infty$. Mit μ^* bezeichnen wir das äußere Maß (5.1), das wir durch $\mathscr{S} = \mathscr{A}$-Überdeckungen erhalten. Die zugehörige σ-Algebra ist dann $\mathscr{A}^*$. Zeigen Sie:
(a) Für jedes $Q \subset E$ gibt es ein $A \in \mathscr{A}$, so dass $\mu^*(Q) = \mu(A)$ und $\mu(N) = 0$ für alle $N \subset A \setminus Q$ mit $N \in \mathscr{A}$.
Hinweis: Gemäß der Definition gibt es zu Q mit $\mu^*(Q) < \infty$ eine approximierende Folge $B_k \in \mathscr{A}$ mit $B_k \supset Q$ und $\mu(B_k) \to \mu^*(Q)$; für $\mu^*(Q) = \infty$ verwende man die σ-Endlichkeit.
(b) Der Raum $(E, \mathscr{A}^*, \mu^*|_{\mathscr{A}^*})$ ist ein vollständiger Maßraum.
(c) Der Raum $(E, \mathscr{A}^*, \mu^*|_{\mathscr{A}^*})$ stimmt mit der Vervollständigung aus Aufgabe 3.7 überein.

5. Es sei $(\mathbb{R}, \mathscr{A}, \gamma)$ der Maßraum aus Beispiel 3.5.b). Verwenden Sie Satz 5.2 mit $\mathscr{S} = \mathscr{A}$ und bestimmen Sie γ^*. Zeigen Sie, dass $(0,1) \notin \mathscr{A}^*$.

6. Es sei $(E, \mathscr{A}, \mu)$ ein endlicher Maßraum, $\mathscr{B} \subset \mathscr{A}$ eine Boolesche Algebra (d. h. $\emptyset \in \mathscr{B}$, $\mathscr{B}$ ist $\cap$-, $\cup$- und $\complement$-stabil) und m sei eine additive Mengenfunktion auf $\mathscr{B}$ mit $0 \leqslant m(B) \leqslant \mu(B)$. Dann ist m ein Prämaß.

7. Es sei $E \neq \emptyset$ beliebig, $\mathscr{B} \subset \mathscr{P}(E)$ eine Boolesche Algebra (d. h. $\emptyset \in \mathscr{B}$, $\mathscr{B}$ ist $\cap$-, $\cup$- und $\complement$-stabil) und $\mathscr{K} \subset \mathscr{B}$ eine Familie von Mengen, mit folgender Eigenschaft: Wenn $(K_n)_{n\in\mathbb{N}} \subset \mathscr{K}$ einen leeren Durchschnitt $\bigcap_{n\in\mathbb{N}} K_n = \emptyset$ hat, dann gibt es ein $N \in \mathbb{N}$, so dass $\bigcap_{n=1}^{N} K_n = \emptyset$.[4]
Zeigen Sie: Wenn $\mu\colon \mathscr{B} \to [0,\infty]$ eine additive Mengenfunktion ist, so dass

$$\mu(B) = \sup\{\mu(K) \mid K \subset B,\ K \in \mathscr{K}\} \quad \text{für alle } B \in \mathscr{B},$$

(d. h. μ ist auf $\mathscr{B}$ von innen $\mathscr{K}$-regulär) dann ist μ ein Prämaß auf $\mathscr{B}$, d. h. σ-additiv auf $\mathscr{B}$.

4 Das ist die sog. »finite intersection property«. Weil kompakte Mengen typischerweise diese Eigenschaft haben, vgl. Rudin [15, Satz 2.36], nennt man $\mathscr{K}$ auch eine *kompakte Familie*.

6 Messbare Abbildungen

In diesem Kapitel seien $(E, \mathscr{A})$ und $(E', \mathscr{A}')$ zwei Messräume und $T : E \to E'$ eine Abbildung. Wir interessieren uns dafür, wann T mit den σ-Algebren $\mathscr{A}$ und $\mathscr{A}'$ *verträglich* ist – so wie eine stetige Abbildung mit den Topologien verträglich ist: »Urbilder offener Mengen sind offen.« Dieser Frage sind wir bereits im Beweis von Satz 4.7 in folgender Form begegnet

$$B \in \mathscr{B}(\mathbb{R}^d),\ x \in \mathbb{R}^d \overset{?!}{\Longrightarrow} x + B \in \mathscr{B}(\mathbb{R}^d).$$

6.1 Definition. Eine Abbildung $T : E \to E'$ heißt *$\mathscr{A}/\mathscr{A}'$-messbar* (kurz: *messbar*), wenn

$$T^{-1}(A') \in \mathscr{A} \quad \forall A' \in \mathscr{A}'. \tag{6.1}$$

- Alternative Notation für (6.1): $T^{-1}(\mathscr{A}') \subset \mathscr{A}$. Dabei ist $T^{-1}(\mathscr{A}') := \{T^{-1}(A') \mid A' \in \mathscr{A}'\}$ eine *symbolische* Kurzschreibweise. **!**
- $T : (E, \mathscr{A}) \to (E', \mathscr{A}')$ ist eine weitere Bezeichnung für »T ist $\mathscr{A}/\mathscr{A}'$-messbar«.

Mit Hilfe von Definition 6.1 können wir das Problem von Satz 3.7 so formulieren: Für die Abbildungen

$$\tau_x\colon \mathbb{R}^d \to \mathbb{R}^d,\ y \mapsto y - x \quad \text{und} \quad \tau_x^{-1} = \tau_{-x}\colon \mathbb{R}^d \to \mathbb{R}^d\ \ y \mapsto y + x$$

gilt

$$\begin{aligned} x + B \in \mathscr{B}(\mathbb{R}^d)\ \forall B \in \mathscr{B}(\mathbb{R}^d) &\iff \tau_{-x}(B) = \tau_x^{-1}(B) \in \mathscr{B}(\mathbb{R}^d)\ \forall B \in \mathscr{B}(\mathbb{R}^d) \\ &\iff \tau_x \text{ ist } \underbrace{\mathscr{B}(\mathbb{R}^d)/\mathscr{B}(\mathbb{R}^d)\text{-messbar.}}_{\text{»Borel-messbar«}} \end{aligned}$$

Die Messbarkeit von τ_x haben wir in Satz 4.7 *ad hoc* bewiesen, indem wir uns auf den Erzeuger $\mathscr{I}$ der σ-Algebra zurückgezogen haben. Das geht jedoch immer.

6.2 Lemma. *Es sei $\mathscr{A}' = \sigma(\mathscr{G}')$. Dann ist $T : E \to E'$ genau dann $\mathscr{A}/\mathscr{A}'$-messbar, wenn*

$$\forall G' \in \mathscr{G}' : T^{-1}(G') \in \mathscr{A} \qquad \left[\textit{Kurz: } T^{-1}(\mathscr{G}') \subset \mathscr{A}\right]. \tag{6.2}$$

Beweis. Da $\mathscr{G}' \subset \mathscr{A}'$ gilt (6.1)⇒(6.2). Umgekehrt gelte nun (6.2). Definiere

$$\Sigma' := \left\{A' \subset E' \mid T^{-1}(A') \in \mathscr{A}\right\}.$$

Wegen (6.2) ist $\mathscr{G}' \subset \Sigma'$; außerdem ist Σ' eine σ-Algebra. [✍] Somit findet man

$$\sigma(\mathscr{G}') \subset \Sigma' \implies \mathscr{A}' \subset \Sigma' \implies (6.1). \qquad \square$$

https://doi.org/10.1515/9783111342894-006

Der Begriff der *messbaren Abbildung* ähnelt dem der *stetigen Abbildung*. Zur Erinnerung:

$$\begin{aligned} & f\colon \mathbb{R}^d \to \mathbb{R}^n \text{ stetig.} \\ \iff & \forall x \in \mathbb{R}^d \quad \forall \epsilon > 0 \quad \exists \delta = \delta_{\epsilon,x} > 0 \quad \forall |x-y| < \delta \ : \ |f(x) - f(y)| < \epsilon; \\ \iff & \forall x \in \mathbb{R}^d \quad \forall \epsilon > 0 \quad \exists \delta = \delta_{\epsilon,x} > 0 \ : \ f(B_\delta(x)) \subset B_\epsilon(f(x)); \\ \iff & \forall U' \subset \mathbb{R}^n \text{ offen ist } : \ f^{-1}(U') \subset \mathbb{R}^d \text{ offen.} \end{aligned}$$

In allgemeinen topologischen Räumen $(E, \mathscr{O})$, $(E', \mathscr{O}')$ verwendet man die letzte Äquivalenz als Definition für die (globale) Stetigkeit einer Funktion.

$$f\colon E \to E' \text{ stetig} \overset{\text{Def}}{\iff} f^{-1}(\mathscr{O}') \subset \mathscr{O}. \tag{6.3}$$

Wiederum ist $f^{-1}(\mathscr{O}') := \{f^{-1}(U') \ : \ U' \in \mathscr{O}'\}$ symbolisch zu verstehen.

6.3 Beispiel. Jede stetige Abbildung $f\colon \mathbb{R}^d \to \mathbb{R}^n$ ist Borel- ($\mathscr{B}(\mathbb{R}^d)/\mathscr{B}(\mathbb{R}^n)$-) messbar.

Denn: $\mathscr{B}(\mathbb{R}^n) = \sigma(\mathscr{O}^n)$ für die offenen Mengen $\mathscr{O}^n$ des $\mathbb{R}^n$. Dann gilt

$$\forall U' \in \mathscr{O}^n \ : \ f^{-1}(U') \overset{\text{stetig}}{\in} \mathscr{O}^d \subset \mathscr{B}(\mathbb{R}^d) \overset{6.2}{\implies} f \text{ messbar.}$$

Achtung: Stetige Funktionen sind Borel-messbar. *Umgekehrt folgt aus der Messbarkeit nicht die Stetigkeit.* Hier ist ein typisches *Gegenbeispiel:* Die Funktion $f\colon \mathbb{R} \to \mathbb{R}$, $f(x) := \mathbb{1}_{[-2,2]}(x)$ ist messbar aber nicht stetig! Die Messbarkeit folgt aus

$$f^{-1}(B) = \begin{cases} \emptyset, & 0, 1 \notin B; \\ [-2,2], & 1 \in B,\ 0 \notin B; \\ [-2,2]^c, & 1 \notin B,\ 0 \in B; \\ \mathbb{R} & 1 \in B,\ 0 \in B. \end{cases}$$

6.4 Satz. *Es seien* $(E_n, \mathscr{A}_n)$, $n = 1, 2, 3$, *Messräume und* S, T *messbare Abbildungen*

$$(E_1, \mathscr{A}_1) \xrightarrow{\ T\ } (E_2, \mathscr{A}_2) \xrightarrow{\ S\ } (E_3, \mathscr{A}_3).$$

Dann ist auch die Komposition $S \circ T : (E_1, \mathscr{A}_1) \to (E_3, \mathscr{A}_3)$ *messbar.*

Beweis. Für alle $A \in \mathscr{A}_3$ gilt

$$(S \circ T)^{-1}(A) = T^{-1} \circ \underbrace{S^{-1}(A)}_{\in \mathscr{A}_2} \in T^{-1}(\mathscr{A}_2) \subset \mathscr{A}_1. \qquad \square$$

Oft kennen wir für eine Abbildung $T : E \to E'$ die σ-Algebra $\mathscr{A}'$ in E' und *suchen* eine σ-Algebra $\mathscr{A}$ in E, so dass T messbar wird. Derartige Fragestellungen treten typischerweise in der Wahrscheinlichkeitstheorie auf.

$(\mathbb{R}^d, \mathscr{B}(\mathbb{R}^d))$ entspricht dem (real existierenden) Raum der Beobachtungen mit einer (wenigstens theoretisch) beobachtbaren Wahrscheinlichkeitsverteilung μ. Der W-Raum $(\Omega, \mathscr{A}, \mathbb{P})$ ist dann ein mathematisches Modell und $X : \Omega \to \mathbb{R}^d$ ist eine Abbildung zwischen Modell und Realität.

Damit wir mit X und $(\Omega, \mathscr{A}, \mathbb{P})$ arbeiten können, müssen wir folgende Fragen klären: Für welches $\mathscr{A}$ wird X messbar? Wie bildet X die Maße $\mathbb{P}$ und μ ineinander ab?

6.5 Lemma (und Definition). *Es seien $(T_i)_{i\in I}$ beliebig viele Abbildungen $T_i : E \to E_i$ und $(E_i, \mathscr{A}_i)$, $i \in I$, Messräume. Dann ist*

$$\sigma(T_i \mid i \in I) := \sigma\left(\left\{A \mid \exists i \in I : A \in T_i^{-1}(\mathscr{A}_i)\right\}\right) = \sigma\left(\bigcup_{i\in I} T_i^{-1}(\mathscr{A}_i)\right)$$

die kleinste σ-Algebra in E, die alle T_i gleichzeitig messbar macht. $\sigma(T_i,\ i \in I)$ heißt die von den $(T_i)_{i\in I}$ erzeugte σ-Algebra.

Beweis. Für $i \in I$ ist $T_i : E \to E_i$ genau dann $\mathscr{A}/\mathscr{A}_i$-messbar, wenn $T_i^{-1}(\mathscr{A}_i) \subset \mathscr{A}$. Also gilt

$$\text{alle } T_i,\ i \in I, \text{ sind genau dann messbar, wenn } \underbrace{\bigcup_{i\in I} T_i^{-1}(\mathscr{A}_i)}_{\text{i. Allg. keine } \sigma\text{-Algebra}} \subset \mathscr{A}.$$

Die Minimalität folgt aus der Definition von $\sigma(\dots)$. □

Messbare Abbildungen transportieren insbesondere Maße von $(E, \mathscr{A})$ nach $(E', \mathscr{A}')$.

6.6 Satz (Bildmaß). *Es sei $T : (E, \mathscr{A}) \to (E', \mathscr{A}')$ messbar und ν ein Maß auf $(E, \mathscr{A})$. Dann definiert*

$$\nu'(A') := \nu(\underbrace{T^{-1}(A')}_{\in\mathscr{A}}), \quad A' \in \mathscr{A}', \tag{6.4}$$

ein Maß auf $(E', \mathscr{A}')$.

Beweis. (M_0) $T^{-1}(\mathscr{A}') \subset \mathscr{A}$ ist eine σ-Algebra, d. h. (6.4) wohldefiniert.
(M_1) Wir haben $A' = \emptyset \implies T^{-1}(\emptyset) = \emptyset \in \mathscr{A} \implies \nu'(\emptyset) = \nu(\emptyset) = 0$.
(M_2) Für $(A'_n)_{n\in\mathbb{N}} \subset \mathscr{A}'$ disjunkt sind die Urbilder $T^{-1}(A'_n) \in \mathscr{A}$ auch disjunkt[5]. Da ν ein Maß ist, gilt

$$\nu'\left[\dot{\bigcup_n} A'_n\right] = \nu\left[T^{-1}\left(\dot{\bigcup_n} A'_n\right)\right] = \nu\left[\dot{\bigcup_n} T^{-1}(A'_n)\right]$$
$$= \sum_n \nu\left[T^{-1}(A'_n)\right] = \sum_n \nu'(A'_n).$$ □

6.7 Definition. Das Maß ν' aus Satz 6.6 heißt *Bildmaß* (*image measure, push-forward*) von ν unter T. Übliche Bezeichnungen sind $T(\nu)$ oder $T_*\nu$ oder $\nu \circ T^{-1}$.

---

5 Klar: $T^{-1}(C \cap D) = T^{-1}(C) \cap T^{-1}(D)$

6.8 Beispiel. a) Für alle $B \in \mathscr{B}(\mathbb{R}^d)$ gilt $\lambda^d(x+B) = \lambda^d(\tau_x^{-1}(B)) = \tau_x(\lambda^d)(B)$.

b) Es sei $(\Omega, \mathscr{A}, \mathbb{P})$ ein W-Raum. Dann heißt

$$\xi : (\Omega, \mathscr{A}) \xrightarrow{\text{messbar}} (\mathbb{R}^d, \mathscr{B}(\mathbb{R}^d)) \qquad \textit{Zufallsvariable (ZV)};$$
$$\xi(\mathbb{P})(B) = \mathbb{P} \circ \xi^{-1}(B) = \mathbb{P}(\xi \in B), \quad B \in \mathscr{B}(\mathbb{R}^d) \qquad \textit{Verteilung von } \xi.$$

Wir haben hier die in der Wahrscheinlichkeitstheorie üblichen Bezeichnungen

$$\{\xi \in B\} = \xi^{-1}(B) \quad \text{und} \quad \mathbb{P}(\xi \in B) = \mathbb{P}(\{\xi \in B\})$$

verwendet.

c) Konkretes Beispiel: Zweimaliges Würfeln (z. B. beim Monopoly)

$$\Omega = \{(n,m) \mid 1 \leqslant n, m \leqslant 6\}, \quad \mathscr{A} = \mathscr{P}(\Omega), \quad \mathbb{P}(\{(n,m)\}) = \frac{1}{36},$$
$$\xi : \Omega \to \{2, 3, \ldots, 12\}, \quad \xi((n,m)) := n + m.$$

Die Verteilung von ξ (das Bildmaß unter ξ) ist in Tabelle 6.1 angegeben.

Tab. 6.1: Wahrscheinlichkeitsverteilung beim zweimaligen Würfeln

n	2	3	4	5	6	7	8	9	10	11	12
$\mathbb{P}(\xi = n)$	$\frac{1}{36}$	$\frac{1}{18}$	$\frac{1}{12}$	$\frac{1}{9}$	$\frac{5}{36}$	$\frac{1}{6}$	$\frac{5}{36}$	$\frac{1}{9}$	$\frac{1}{12}$	$\frac{1}{18}$	$\frac{1}{36}$

! Für $\mathscr{A} = \mathscr{P}(\Omega)$ ist *jede* Abbildung $\xi : (\Omega, \mathscr{P}(\Omega)) \to (\star, \star)$ messbar, da stets $\xi^{-1}(B) \in \mathscr{P}(\Omega)$ gilt.

6.9 Satz. *Es sei $T \in \mathrm{O}(d)$ eine orthogonale Matrix, d. h. $T \in \mathbb{R}^{d\times d}$, $T^\top T = \mathrm{id}_{\mathbb{R}^d}$. Dann gilt $T(\lambda^d) = \lambda^d$.*

Beweis. Jede Abbildung $T \in \mathrm{O}(d)$ ist wegen

$$\|Tx - Ty\| = \|x - y\|, \quad x, y \in \mathbb{R}^d,$$

(Lipschitz-)stetig und somit Borel-messbar. Daher ist das Bildmaß

$$\mu(B) = \lambda^d(T^{-1}(B)), \quad B \in \mathscr{B}(\mathbb{R}^d),$$

wohldefiniert und es gilt

$$\mu(x+B) = \lambda^d(T^{-1}(x+B)) \underset{T^{-1}\text{ linear}}{\overset{y=T^{-1}x}{=}} \lambda^d(y + T^{-1}(B)) \overset{3.7.a)}{=} \lambda^d(T^{-1}(B)) = \mu(B).$$

Aus Satz 4.7.b) folgt dann $\mu(B) = \kappa\lambda^d(B)$ für alle $B \in \mathscr{B}(\mathbb{R}^d)$. Wir müssen noch die Konstante κ bestimmen. Setze $B = B_1(0)$. Da $T \in \mathrm{O}(d)$, folgt

$$B_1(0) = \{x \mid \|x\| < 1\} = \{x \mid \|Tx\| < 1\} = T^{-1}(B_1(0))$$
$$\implies \lambda^d(B_1(0)) = \lambda^d(T^{-1}(B_1(0))) \overset{\text{Def}}{=} \mu(B_1(0)) = \kappa\lambda^d(B_1(0)).$$

Weil $0 < \lambda^d(B_1(0)) < \infty$ ist, ergibt sich durch Division, dass $\kappa = 1$. □

6.10 Satz. *Für $S \in \mathrm{GL}(d, \mathbb{R})$ gilt* $S(\lambda^d) = |\det S^{-1}| \cdot \lambda^d = |\det S|^{-1}\,\lambda^d$.

Beweis. Lineare Abbildungen (in endlich-dimensionalen Räumen) sind stetig, also messbar (Beispiel 6.3). Wie im Beweis von Satz 6.9 sieht man für $B \in \mathscr{B}(\mathbb{R}^d)$

$$\mu(B) := \lambda^d(S^{-1}(B)) \implies \mu(x + B) = \mu(B)$$

und wegen Satz 4.7 gilt dann schon

$$\mu(B) = \mu([0,1)^d) \cdot \lambda^d(B) = \lambda^d(S^{-1}[0,1)^d) \cdot \lambda^d(B).$$

Nun ist $S^{-1}[0,1)^d$ ein Spat (Parallelepiped) mit Kanten

$$S^{-1}e_n, \quad e_n = (\underbrace{0,\dots,0,1}_{n},0\dots), \quad n = 1,\dots,d,$$

dessen Volumen[6] bekanntlich $|\det S^{-1}|$ ist. □

6.11 Korollar. *Das Lebesgue-Maß λ^d ist invariant unter Bewegungen.*

Beweis. Eine Bewegung ist eine Komposition aus Verschiebungen τ_x und $T \in \mathbb{R}^{d\times d}$ mit $\det T = \pm 1$. Die Behauptung folgt also aus Satz 6.10. □

Aufgaben

1. Es sei $(E, \mathscr{A})$ ein Messraum, $B \subset E$, $A, A_1, A_2, \dots \in \mathscr{A}$ disjunkt. Welche der folgenden Abbildungen sind messbar?

   (a) $\mathbb{1}_A$; (b) $\mathbb{1}_B$; (c) $T : E \to \mathbb{R},\ x \mapsto \sin c$; (d) $\sum_{i=1}^{\infty} 2^{-i}\mathbb{1}_{A_i}$.

2. Es sei $E = \mathbb{Z} = \{0, \pm1, \pm2, \dots\}$. Zeigen Sie:
   (a) $\mathscr{A} := \{A \subset \mathbb{Z} \mid \forall n > 0 \mid 2n \in A \iff 2n+1 \in A\}$ ist eine σ-Algebra.
   (b) $T : \mathbb{Z} \to \mathbb{Z}$, $T(n) := n + 2$ ist $\mathscr{A}/\mathscr{A}$-messbar und bijektiv, aber T^{-1} ist nicht messbar.

3. Es sei E eine Menge und $(E_i, \mathscr{A}_i)$ Messräume, (I beliebig, $i \in I$) und $T_i : E \to E_i$ Abbildungen.
   (a) Zeigen Sie: Eine Abbildung f von einem Messraum $(F, \mathscr{F})$ nach $(E, \sigma(T_i,\ i \in I))$ ist genau dann messbar, wenn alle Abbildungen $T_i \circ f$ $\mathscr{F}/\mathscr{A}_i$-messbar sind.
   (b) Es gilt $\sigma(T_i,\ i \in I) = \bigcup_{K\subset I,\ \#K\leqslant\#\mathbb{N}} \sigma(T_k,\ k \in K)$.
   (c) Folgern Sie aus (a): Eine Funktion $f\colon \mathbb{R}^n \to \mathbb{R}^m$, $x \mapsto (f_1(x), \dots, f_m(x))$ ist genau dann messbar, wenn alle Koordinatenabbildungen $f_i : \mathbb{R}^n \to \mathbb{R}$, $i = 1, 2, \dots, m$ messbar sind.

4. Verwenden Sie Aufgabe 6.3, um folgende Aussage zu zeigen: Es sei $(E, \mathscr{A})$ ein Meßraum. Eine Abbildung $h : E \to \mathbb{C}$ ist genau dann $A/\mathscr{B}(\mathbb{C})$-messbar, falls der Realteil $\operatorname{Re} h\colon E \to \mathbb{R}$ und der Imaginärteil $\operatorname{Im} h\colon E \to \mathbb{R}$ messbar bezüglich $\mathscr{A}/\mathscr{B}(\mathbb{R})$ sind.
   Hinweis: Verwenden Sie, dass $z \mapsto (\operatorname{Re} z, \operatorname{Im} z) = \left(\frac{1}{2}(z + \overline{z}),\ \frac{1}{2i}(z - \overline{z})\right)$ eine stetige und stetig invertierbare Abbildung ist. Damit können Sie die Mengen $\mathscr{B}(\mathbb{R}^2)$ und $\mathscr{B}(\mathbb{C})$ identifizieren.

6 Hier geht ein, dass das Lebesgue-Maß das eindeutige geometrische Volumen ist. Diese Formel sollte aus der linearen Algebra bekannt sein. Ein elementarer Beweis ist im Anhang A.2 angegeben.

5. Es seien $(E, \mathscr{A})$ und $(E', \mathscr{A}')$ Messräume und $T : E \to E'$ eine Abbildung. Zeigen Sie:
   (a) $\mathbb{1}_{T^{-1}(A')}(x) = \mathbb{1}_{A'} \circ T(x) \quad \forall x \in E$;
   (b) T ist genau dann messbar, wenn $\sigma(T) \subset \mathscr{A}$;
   (c) T messbar, ν endliches Maß auf $(E, \mathscr{A}) \implies \nu \circ T^{-1}$ endliches Maß auf $(E', \mathscr{A}')$. Gilt das auch für σ-endliche Maße?
6. Es sei $(E, \mathscr{A})$ ein Messraum. $A \in \mathscr{A}$ heißt *Atom*, wenn $B \subset A, B \in \mathscr{A} \implies B = \emptyset$ oder $B = A$. Zeigen Sie: Jede messbare Funktion $f : (E, \mathscr{A}) \to (\mathbb{R}, \mathscr{B}(\mathbb{R}))$ ist konstant auf Atomen.
7. Es sei $T : E \to Y$ eine Abbildung und $\mathscr{G} \subset \mathscr{P}(Y)$. Zeigen Sie, dass $T^{-1}(\sigma(\mathscr{G})) = \sigma(T^{-1}(\mathscr{G}))$.
8. Es seien $\mathscr{E}, \mathscr{F} \subset \mathscr{P}(E)$ zwei σ-Algebren. Üblicherweise schreibt man

$$\mathscr{E} \cup \mathscr{F} := \{A \mid A \in \mathscr{E} \text{ oder } A \in \mathscr{F}\} \quad \text{und} \quad \mathscr{E} \cap \mathscr{F} := \{A \mid A \in \mathscr{E} \text{ und } A \in \mathscr{F}\}.$$

   Wir definieren noch die Familien

$$\mathscr{E} \Cup \mathscr{F} := \{E \cup F \mid E \in \mathscr{E},\ F \in \mathscr{F}\} \quad \text{und} \quad \mathscr{E} \Cap \mathscr{F} := \{E \cap F \mid E \in \mathscr{E},\ F \in \mathscr{F}\}.$$

   Zeigen Sie:
   (a) $\mathscr{E} \Cup \mathscr{F} \supset \mathscr{E} \cup \mathscr{F}$ und $\mathscr{E} \Cap \mathscr{F} \supset \mathscr{E} \cup \mathscr{F}$;
   (b) Im Allgemeinen gilt in (a) keine Gleichheit;
   (c) $\sigma(\mathscr{E} \Cup \mathscr{F}) = \sigma(\mathscr{E} \Cap \mathscr{F}) = \sigma(\mathscr{E} \cup \mathscr{F})$.

7 Messbare Funktionen

In diesem Kapitel ist $(E, \mathscr{A})$ ein beliebiger Messraum. Im Gegensatz zum vorangehenden Kapitel betrachten wir nun messbare Abbildungen mit Werten in $\mathbb{R}$.

7.1 Definition. Eine Funktion $u\colon (E, \mathscr{A}) \to (\mathbb{R}, \mathscr{B}(\mathbb{R}))$, die auch eine messbare Abbildung ist, heißt *messbare (reelle) Funktion* oder *Borel-Funktion.*

Die Klasse der messbaren Funktionen ist für die Integrationstheorie von fundamentaler Bedeutung. Zur Erinnerung:

$$\begin{aligned} u \text{ messbar} &\iff u^{-1}(B) \in \mathscr{A} \quad \forall B \in \mathscr{B}(\mathbb{R}) \\ &\overset{6.2}{\iff} u^{-1}(G) \in \mathscr{A} \quad \forall G \in \mathscr{G} \text{ wobei } \sigma(\mathscr{G}) = \mathscr{B}(\mathbb{R}). \end{aligned}$$

Meist werden wir $\mathscr{G} = \{[a, \infty) \mid a \in \mathbb{Q}\}$ wählen; wir können $[a, \infty)$ auch durch (a, ∞), $(-\infty, a)$, $(-\infty, a]$ für $a \in \mathbb{R}$ oder $\in \mathbb{Q}$ ersetzen, vgl. Bemerkung 2.9.

Bezeichnung. Für $u, v : E \to \mathbb{R}$ und $B \in \mathscr{B}(\mathbb{R})$ schreiben wir:

- $\{u \in B\} := \{x \in E \mid u(x) \in B\} = u^{-1}(B)$;
- $\{u \geqslant v\} := \{x \in E \mid u(x) \geqslant v(x)\}$ (analog für: $>$, $<$, $\leqslant$, $=$, $\neq$);
- insbesondere ist $\{u \geqslant a\} = \{u \in [a, \infty)\} = u^{-1}([a, \infty))$.

7.2 Lemma (Messbarkeitskriterium). *Eine Funktion $u\colon (E, \mathscr{A}) \to (\mathbb{R}, \mathscr{B}(\mathbb{R}))$ ist genau dann $\mathscr{A}/\mathscr{B}(\mathbb{R})$-messbar, wenn eine der folgenden Bedingungen gilt:*

a) $\{u \geqslant a\} \in \mathscr{A} \quad \forall a \in \mathbb{R}$ *oder* $\in \mathbb{Q}$;

b) $\{u > a\} \in \mathscr{A} \quad \forall a \in \mathbb{R}$ *oder* $\in \mathbb{Q}$;

c) $\{u \leqslant a\} \in \mathscr{A} \quad \forall a \in \mathbb{R}$ *oder* $\in \mathbb{Q}$;

d) $\{u < a\} \in \mathscr{A} \quad \forall a \in \mathbb{R}$ *oder* $\in \mathbb{Q}$.

In $\overline{\mathbb{R}} = [-\infty, +\infty]$ müssen wir mit den »Werten« $\pm\infty$ rechnen. Dazu erweitern wir die üblichen Rechenregeln, vgl. Tabelle 7.1.

- *Übliche Konvention:* $\dfrac{1}{\pm\infty} = 0$.
- *Besondere Konvention in der Maßtheorie:* $0 \cdot (\pm\infty) = 0$ (ist sonst nicht üblich).
- *Nicht definiert sind:* $\infty - \infty$ und $\dfrac{\pm\infty}{\pm\infty}$.
- $\overline{\mathbb{R}}$ ist kein Körper.

7.3 Definition. Die Borel σ-Algebra $\mathscr{B}(\overline{\mathbb{R}})$ auf $\overline{\mathbb{R}}$ ist definiert durch

$$B^* \in \mathscr{B}(\overline{\mathbb{R}}) \iff \begin{cases} B^* = B \cup S \text{ wobei } B \in \mathscr{B}(\mathbb{R}), \\ S \in \{\emptyset, \{+\infty\}, \{-\infty\}, \{-\infty, +\infty\}\}. \end{cases}$$

Die Definition der Borel-Mengen in $\overline{\mathbb{R}}$ ist im folgenden Sinn verträglich mit den Borel-Mengen in $\mathbb{R}$ [✍]:

7.4 Lemma. *Es gilt $\mathscr{B}(\mathbb{R}) = \mathbb{R} \cap \mathscr{B}(\overline{\mathbb{R}})$, d. h. $\mathscr{B}(\mathbb{R})$ ist die Spur-σ-Algebra* (*vgl. Beispiel* 2.3f) *bezüglich $\mathscr{B}(\overline{\mathbb{R}})$.*

https://doi.org/10.1515/9783111342894-007

Tab. 7.1: Rechenregeln in $\overline{\mathbb{R}} = [-\infty, +\infty]$ mit $x, y \in \mathbb{R}$ und $a, b \in (0, \infty)$.

$+$	**0**	x	$+\infty$	$-\infty$
0	0	x	$+\infty$	$-\infty$
y	y	$x+y$	$+\infty$	$-\infty$
$+\infty$	$+\infty$	$+\infty$	$+\infty$	$\nexists$
$-\infty$	$-\infty$	$-\infty$	$\nexists$	$-\infty$

$\cdot$	**0**	$\pm a$	$+\infty$	$-\infty$
0	0	0	0	0
$\pm b$	0	$a \cdot b$	$\pm\infty$	$\mp\infty$
$+\infty$	0	$\pm\infty$	$+\infty$	$-\infty$
$-\infty$	0	$\mp\infty$	$-\infty$	$+\infty$

Da $[-\infty, a)$ und $(b, \infty]$ *offene Umgebungen* (bezüglich der Zweipunktkompaktifizierung $[-\infty, \infty]$ von $\mathbb{R}$) der Elemente $\pm\infty$ sind, gilt auch

$$\mathscr{B}([-\infty, \infty]) = \mathscr{B}(\overline{\mathbb{R}}) = \sigma(\mathscr{O}_{\overline{\mathbb{R}}}).$$

Diese Bemerkung ist für uns nicht so wichtig, wichtiger ist vielmehr die folgende Aussage.

7.5 Lemma. *Die Borelmengen $\mathscr{B}(\overline{\mathbb{R}})$ werden von allen Intervallen $[a, \infty]$, $a \in \mathbb{R}$ oder $a \in \mathbb{Q}$, (bzw. von $(a, \infty]$, $[-\infty, a)$, $[-\infty, a]$, $a \in \mathbb{R}$ oder $a \in \mathbb{Q}$) erzeugt.*

Beweis. Setze $\Sigma := \sigma([a, \infty],\ a \in \mathbb{Q})$. Es seien $a, b \in \mathbb{Q}$ und $B \in \mathscr{B}(\mathbb{R})$. Dann gilt

- $[a, \infty] = [a, \infty) \cup \{\infty\} \in \mathscr{B}(\overline{\mathbb{R}}) \implies \Sigma \subset \mathscr{B}(\overline{\mathbb{R}})$.
- $[a, b) = [a, \infty] \setminus [b, \infty] \in \Sigma \implies \mathscr{B}(\mathbb{R}) \subset \Sigma$.
- $\{+\infty\} = \bigcap_{n \in \mathbb{N}} [n, \infty] \in \Sigma$ und $\{-\infty\} = \bigcap_{n \in \mathbb{N}} [-n, \infty]^c \in \Sigma$

  $\implies B, B \cup \{\infty\}, B \cup \{-\infty\}, B \cup \{\pm\infty\} \in \Sigma$ und somit $\mathscr{B}(\overline{\mathbb{R}}) \subset \Sigma$.

Damit ist $\Sigma = \mathscr{B}(\overline{\mathbb{R}})$ gezeigt. Die anderen Fälle behandelt man entsprechend. □

7.6 Definition. $\mathscr{L}^0 = \mathscr{L}^0(\mathscr{A})$ bzw. $\mathscr{L}^0_{\overline{\mathbb{R}}} = \mathscr{L}^0_{\overline{\mathbb{R}}}(\mathscr{A})$ bezeichnet die Menge aller messbaren Funktionen $u\colon (E, \mathscr{A}) \to (\mathbb{R}, \mathscr{B}(\mathbb{R}))$ bzw. $(\overline{\mathbb{R}}, \mathscr{B}(\overline{\mathbb{R}}))$.

7.7 Beispiel. a) $\mathbb{1}_A(x)$ ist genau dann messbar, wenn $A \in \mathscr{A}$ (d. h. wenn A messbar ist).

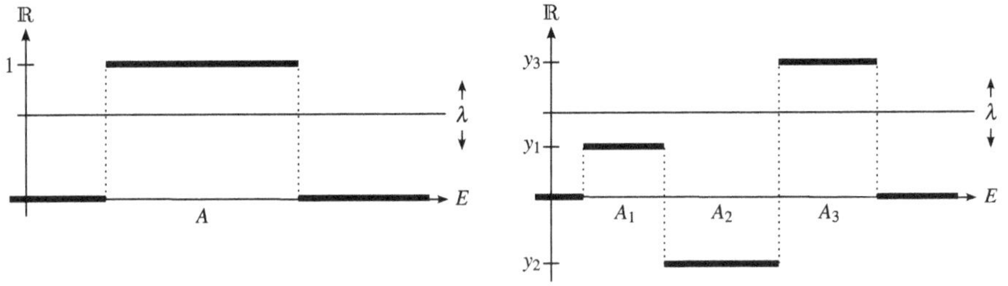

Abb. 7.1: Links: Messbarkeit der Funktion $x \mapsto \mathbb{1}_A(x)$. **Rechts:** Messbarkeit einer Treppenfunktion (mit $N = 3$ Stufen).

$$\textit{Denn:}\ \{\mathbb{1}_A > \lambda\} = \begin{cases} \emptyset, & \lambda \geqslant 1, \\ A, & 0 \leqslant \lambda < 1, \\ E, & \lambda < 0, \end{cases} \qquad \text{(vgl. Abb. 7.1).}$$

b) Es seien $A_1, \ldots, A_N \in \mathscr{A}$ *disjunkte* Mengen, $y_1, \ldots, y_N \in \mathbb{R}$. Dann ist

$$g(x) := \sum_{n=1}^{N} y_n \mathbb{1}_{A_n}(x) \quad \text{messbar.}$$

Denn: Offensichtlich ist $g(x) = 0$ für $x \in A_0 := E \setminus (A_1 \cup \cdots \cup A_N)$. Wenn wir $y_0 := 0$ setzen, gilt $g(x) = \sum_{n=0}^{N} y_n \mathbb{1}_{A_n}(x)$ und daher $\{g > \lambda\} = \dot\bigcup_{n, y_n > \lambda} A_n \in \mathscr{A}$ (vgl. Abb. 7.1).

7.8 Definition. Eine *einfache Funktion* auf $(E, \mathscr{A})$ ist eine Treppenfunktion der Form

$$g(x) = \sum_{n=0}^{N} y_n \mathbb{1}_{A_n}(x), \quad y_n \in \mathbb{R},\ A_n \in \mathscr{A} \text{ disjunkt.} \tag{7.1}$$

Wenn $A_0, A_1, \ldots, A_N$ eine Parkettierung von Ω sind, d. h. $A_0 \cup A_1 \cup \cdots \cup A_N = \Omega$, dann heißt (7.1) eine *Standarddarstellung*; $\mathcal{E} = \mathcal{E}(\mathscr{A})$ bezeichnet die Familie der einfachen Funktionen.

Die Darstellung (7.1) ist nicht eindeutig. **!**

7.9 Beispiel. a) Jede messbare Funktion $h \in \mathscr{L}^0(\mathscr{A})$ mit endlicher Wertemenge $h(E) = \{y_1, \ldots, y_m\}$ ist eine einfache Funktion. Da die Mengen

$$\{h = a\} = \{h \leqslant a\} \setminus \{h < a\} \in \mathscr{A}$$

disjunkt sind, ist nämlich $h(x) = \sum_{a \in h(E)} a \mathbb{1}_{\{h=a\}}(x)$ eine Standarddarstellung.

Folgerung: Jedes $h \in \mathcal{E}(\mathscr{A})$ besitzt eine Standarddarstellung.

b) Es gilt $f, g \in \mathcal{E}(\mathscr{A}) \implies f \pm g,\ f \cdot g \in \mathcal{E}(\mathscr{A})$.

Für die Standarddarstellungen $f = \sum_{m=0}^{M} y_m \mathbb{1}_{A_m}$ und $g = \sum_{n=0}^{N} z_n \mathbb{1}_{B_n}$ ist

$$f \pm g = \sum_m \sum_n (y_m \pm z_n) \mathbb{1}_{A_m \cap B_n} \quad \text{und} \quad f \cdot g = \sum_m \sum_n y_m z_n \mathbb{1}_{A_m \cap B_n}.$$

Beachte: $(A_m \cap B_n)_{n,m}$ ist die *gemeinsame Verfeinerung* der Partitionen $(A_m)_m$ und $(B_n)_n$. Auf jeder der Mengen $A_m \cap B_n$ sind f *und* g konstant.

c) $f \in \mathcal{E}(\mathscr{A}) \implies f^+, f^-, |f| \in \mathcal{E}(\mathscr{A})$ (vgl. Definition 7.10 und Abbildung 7.2).

7.10 Definition. Es sei $u\colon E \to \overline{\mathbb{R}}$. Dann heißt

$u^+(x) := \max(u(x), 0) = u(x) \vee 0$ — *Positivteil* der Funktion u

$u^-(x) := -\min(u(x), 0) = -(u(x) \wedge 0)$ — *Negativteil* der Funktion u

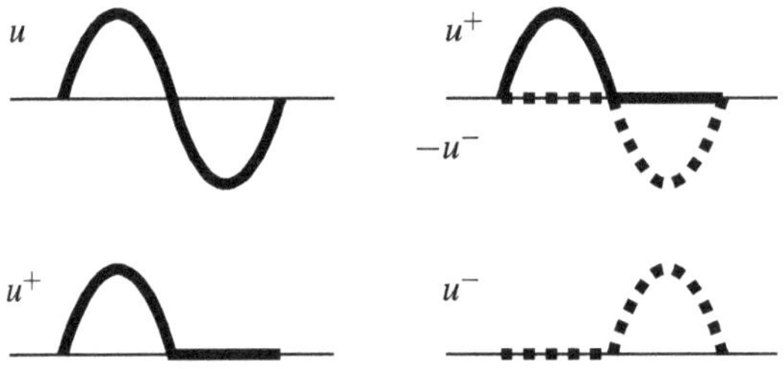

Abb. 7.2: Positiv- und Negativteil einer Funktion $u: E \to \mathbb{R}$. Offenbar gilt $u = u^+ - u^-$ und $|u| = u^+ + u^-$.

Offenbar ist jede einfache Funktion auch messbar. Wir zeigen nun, dass jede Funktion $u \in \mathscr{L}^0(\mathscr{A})$ durch einfache $\mathscr{A}$-messbare Funktionen approximiert werden kann.

7.11 Satz (Sombrero-Lemma). *Jede $\mathscr{A}/\mathscr{B}(\overline{\mathbb{R}})$-messbare Funktion $u: E \to [0,\infty]$ ist aufsteigender Limes einer Folge $f_n \in \mathcal{E}(\mathscr{A})$, $f_n \geqslant 0$, d. h.*

$$u(x) = \sup_{n\in\mathbb{N}} f_n(x), \qquad f_1 \leqslant f_2 \leqslant f_3 \leqslant \dots$$

Beweis. Setze $f_n(x) := \sum_{k=0}^{n2^n} k2^{-n} \mathbb{1}_{A_k^n}(x)$ wobei

$$A_k^n := \begin{cases} \{k2^{-n} \leqslant u < (k+1)2^{-n}\}, & k = 0, 1, 2, \dots, n2^n - 1, \\ \{u \geqslant n\}, & k = n2^n. \end{cases}$$

Offensichtlich (vgl. Abb. 7.3) gilt dann

- $f_n(x) \leqslant u(x)$;
- $|f_n(x) - u(x)| \leqslant 2^{-n} \quad \forall x \in \{u < n\}$;
- $f_n \in \mathcal{E}(\mathscr{A})$ da $A_k^n = \{k2^{-n} \leqslant u\} \cap \{u < (k+1)2^{-n}\} \in \mathscr{A}$ bzw. $\{u \geqslant n\} \in \mathscr{A}$;
- $0 \leqslant f_n \leqslant f_{n+1} \leqslant u$ und $f_n \uparrow u$ (aufsteigender Limes). □

7.12 Korollar. *Für jede $\mathscr{A}/\mathscr{B}(\overline{\mathbb{R}})$-messbare Funktion $u: E \to \overline{\mathbb{R}}$ existiert eine Folge einfacher Funktionen $(f_n)_n \subset \mathcal{E}(\mathscr{A})$, so dass $|f_n| \leqslant |u|$ und $u = \lim_n f_n$.*

Beweis. Es gilt $\{u^+ > \lambda\} = \{u > \lambda\}$ (für $\lambda \geqslant 0$) bzw. $\{u^+ > \lambda\} = E$ (für $\lambda < 0$). Das zeigt, dass $u^\pm$ positive messbare Funktionen sind, wenn u messbar ist. Die Behauptung des Korollars folgt nun, indem wir Satz 7.11 auf $u^\pm$ anwenden. □

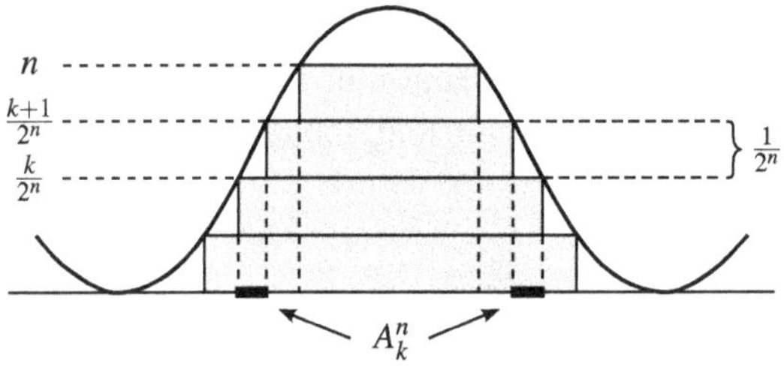

Abb. 7.3: Der Wertebereich der Funktion u wird in horizontale Stufen zerlegt.

Die folgenden Korollare zeigen grundlegende Eigenschaften messbarer Funktionen.

7.13 Korollar. *Es sei $(u_n)_{n\in\mathbb{N}} \subset \mathcal{L}^0_{\overline{\mathbb{R}}}(\mathcal{A})$ eine Folge messbarer Funktionen. Dann gilt*

$$\sup_{n\in\mathbb{N}} u_n, \quad \inf_{n\in\mathbb{N}} u_n, \quad \limsup_{n\to\infty} u_n, \quad \liminf_{n\to\infty} u_n \in \mathcal{L}^0_{\overline{\mathbb{R}}}(\mathcal{A})$$

und, wenn der Limes in $\overline{\mathbb{R}}$ existiert, $\lim_{n\to\infty} u_n \in \mathcal{L}^0_{\overline{\mathbb{R}}}(\mathcal{A})$.

!

- $\sup_n u_n$ ist die *punktweise definierte Funktion* $\sup_n u_n(x)$, $x \in E$ (analog: inf usw.).
- Zur Erinnerung: Der Limes inferior und superior sind folgendermaßen definiert:

$$\limsup_{n\to\infty} u_n(x) := \inf_m \sup_{n\geqslant m} u_n(x) = \lim_{m\to\infty} \sup_{n\geqslant m} u_n(x),$$

$$\liminf_{n\to\infty} u_n(x) := \sup_m \inf_{n\geqslant m} u_n(x) = \lim_{m\to\infty} \inf_{n\geqslant m} u_n(x),$$

$$\text{und für den Limes gilt:} \quad \underbrace{\exists \lim_{n\to\infty} u_n(x)}_{\in\mathbb{R} \text{ bzw. } \overline{\mathbb{R}}} \iff \underbrace{\liminf_{n\to\infty} u_n(x) = \limsup_{n\to\infty} u_n(x)}_{\in\mathbb{R} \text{ bzw. } \overline{\mathbb{R}}}$$

Beweis von Korollar 7.13. 1°) *Behauptung:* $\sup_n u_n \in \mathcal{L}^0_{\overline{\mathbb{R}}}(\mathcal{A})$. Das folgt aus der Gleichheit $\{\sup_n u_n > \lambda\} = \bigcup_n \underbrace{\{u_n > \lambda\}}_{\in\mathcal{A}} \in \mathcal{A}$, die man folgendermaßen beweist:

$$\begin{aligned} x \in \bigcup\nolimits_n \{u_n > \lambda\} &\iff \exists n_0 \,:\, \lambda < u_{n_0}(x) \leqslant \sup\nolimits_n u_n(x) \\ &\iff x \in \{\sup\nolimits_n u_n > \lambda\}. \end{aligned}$$

2°) Es ist $-u_n \in \mathcal{L}^0_{\overline{\mathbb{R}}}(\mathcal{A})$, da $\{-u_n > \lambda\} = \{u_n < -\lambda\} \in \mathcal{A}$.

3°) 1° und 2° zeigen $\inf_n u_n = -\sup_n(-u_n) \in \mathcal{L}^0_{\overline{\mathbb{R}}}(\mathcal{A})$. Wegen der Definition von lim inf und lim sup ist dann

$$\liminf_n u_n, \ \limsup_n u_n \in \mathcal{L}^0_{\overline{\mathbb{R}}}(\mathcal{A}).$$

4°) Wenn $\lim_n u_n$ existiert, dann gilt $\lim_n u_n = \liminf_n u_n \in \mathcal{L}^0_{\overline{\mathbb{R}}}(\mathcal{A})$. □

7.14 Korollar. $u, v : E \to \overline{\mathbb{R}}$ *seien $\mathcal{A}/\mathcal{B}(\overline{\mathbb{R}})$-messbar. Dann sind*

$$u \pm v, \quad u \cdot v, \quad u \vee v = \max\{u, v\}, \quad u \wedge v = \min\{u, v\}$$

messbar – sofern diese Ausdrücke überall definiert[7] sind.

Beweis. Nach Satz 7.11 gibt es $\mathcal{E}(\mathcal{A}) \ni f_n \to u$, $\mathcal{E}(\mathcal{A}) \ni g_n \to v$. Nun gilt

$$f_n \pm g_n, \quad f_n \cdot g_n, \quad f_n \vee g_n, \quad f_n \wedge g_n \in \mathcal{E}(\mathcal{A})$$

und für $n \to \infty$ sind die Grenzwerte $u \pm v$, $u \cdot v$, $u \vee v$, $u \wedge v$ nach Korollar 7.13 messbar.[8] □

---

7 In $\overline{\mathbb{R}}$ gibt es ja das »$\infty - \infty$«–Problem. Wegen $0 \cdot (\pm\infty) = (\pm\infty) \cdot 0 := 0$ ist das Produkt $u \cdot w$ stets definiert.

8 Beachte bei $\vee$ und $\wedge$: $a \vee b = \frac{1}{2}(a + b + |a - b|)$ und $a \wedge b = \frac{1}{2}(a + b - |a - b|)$ [✍].

7.15 Korollar. *Es ist $u \in \mathcal{L}^0_{\overline{\mathbb{R}}}(\mathscr{A})$ genau dann, wenn $u^+, u^- \in \mathcal{L}^0_{\overline{\mathbb{R}}}(\mathscr{A})$.*

7.16 Korollar. *Wenn $u, v \in \mathcal{L}^0_{\overline{\mathbb{R}}}(\mathscr{A})$, dann sind folgende Mengen messbar:*

$$\{u < v\}, \quad \{u \leqslant v\}, \quad \{u = v\}, \quad \{u \neq v\} \in \mathscr{A}.$$

Beweis. Wir definieren $\tilde{u}(x) := u(x)\mathbb{1}_{\{u<\infty\}}(x) = u(x)$ für $x \in \{u < \infty\}$ bzw. $= 0$ für $x \in \{u = \infty\}$. Wegen Korollar 7.14 ist die Funktion $\tilde{u}$ messbar. Daher gilt

$$\begin{aligned}\{u \leqslant v\} &= (\{u \leqslant v\} \cap \{u < \infty\}) \cup (\{u \leqslant v\} \cap \{u = \infty\}) \\ &= (\{\tilde{u} \leqslant v\} \cap \{u < \infty\}) \cup (\{v = \infty\} \cap \{u = \infty\}) \\ &= (\{0 \leqslant v - \tilde{u}\} \cap \{u < \infty\}) \cup (\{v = \infty\} \cap \{u = \infty\}) \in \mathscr{A}.\end{aligned}$$

Es folgt, dass auch $\{u = v\} = \{u \leqslant v\} \cap \{u \geqslant v\}$ und $\{u \neq v\} = \{u = v\}^c$ messbar sind. Den Fall $\{u < v\}$ erledigt man ganz ähnlich. □

Am Ende dieses Kapitels zeigen wir noch zwei Resultate, die für die Wahrscheinlichkeitstheorie wichtig sein werden.

7.17 ♦ Lemma (Faktorisierungslemma). *Es sei $T : (E, \mathscr{A}) \to (E', \mathscr{A}')$ messbar. Dann*

$$\left.\begin{array}{r} u\colon E \to \overline{\mathbb{R}} \text{ ist} \\ \sigma(T)/\mathscr{B}(\overline{\mathbb{R}})\text{-mb.}\end{array}\right\} \iff \left\{\begin{array}{l} u = w \circ T \text{ für eine Funktion} \\ w : (E', \mathscr{A}') \xrightarrow{\text{mb.}} (\overline{\mathbb{R}}, \mathscr{B}(\overline{\mathbb{R}}))\end{array}\right.$$

Beweis. »$\Leftarrow$«: Nach Definition ist T $\sigma(T)$-messbar. Also ist auch die Komposition

$$w \circ T : (E, \sigma(T)) \xrightarrow[\text{messbar}]{T} (E', \mathscr{A}') \xrightarrow[\text{messbar}]{w} (\overline{\mathbb{R}}, \mathscr{B}(\overline{\mathbb{R}})) \qquad \text{messbar.}$$

»$\Rightarrow$«: Es sei u $\sigma(T)$-messbar. Wir müssen ein geeignetes w finden.

1^0) Angenommen $u = \mathbb{1}_A$. Es gilt

$$\begin{aligned} A \in \sigma(T) &\iff \exists A' \in \mathscr{A}' : A = T^{-1}(A') \\ &\implies u = \mathbb{1}_A = \mathbb{1}_{T^{-1}(A')} = \mathbb{1}_{A'} \circ T.\end{aligned}$$

Damit erhalten wir $w = \mathbb{1}_{A'}$.

2^0) Nun sei $u \in \mathcal{E}(\sigma(T))$. Für eine Standarddarstellung von u finden wir mit Hilfe von 1^0 und der Linearität ein geeignetes $w \in \mathcal{E}(\mathscr{A}')$.

3^0) Schließlich sei $u \in \mathcal{L}^0_{\overline{\mathbb{R}}}(\sigma(T))$. Das Sombrero-Lemma (Satz 7.11) zeigt $u = \lim_{n\to\infty} f_n$ für eine Folge $f_n \in \mathcal{E}(\sigma(T))$. Aus Schritt 2^0 wissen wir aber, dass $f_n = w_n \circ T$ für einfache Funktionen $w_n \in \mathcal{E}(\mathscr{A}')$. Wir definieren $w := \liminf_{n\to\infty} w_n \in \mathcal{L}^0_{\overline{\mathbb{R}}}(\mathscr{A}')$. Dann gilt

$$w \circ T = \left(\liminf_{n\to\infty} w_n\right) \circ T = \lim_{n\to\infty} \underbrace{(w_n \circ T)}_{=f_n} = u. \qquad \square$$

⧫Satz über monotone Klassen

Der folgende Satz ist eine Version von Satz 4.4 für Familien von (messbaren) Funktionen.

7.18 ⧫ Satz (Satz über monotone Klassen für Funktionen). *Es sei $\mathscr{G} \subset \mathscr{P}(E)$ eine $\cap$-stabile Familie von Mengen und $\mathcal{V}$ ein Vektorraum von [beschränkten] Funktionen $u\colon E \to \mathbb{R}$, der zudem folgende Eigenschaften hat:*

i) $\mathbb{1} \in \mathcal{V}$ *und* $\mathbb{1}_G \in \mathcal{V}$ *für alle* $G \in \mathscr{G}$*;*

ii) *für jede aufsteigende Folge* $0 \leqslant u_1 \leqslant u_2 \leqslant \dots, u_n \in \mathcal{V}$, *für die* $u(x) := \sup_{n\in\mathbb{N}} u_n(x)$, $x \in E$, *endlich [bzw. beschränkt] ist, gilt* $u \in \mathcal{V}$.

Dann gilt bereits $\mathscr{L}^0(\sigma(\mathscr{G})) \subset \mathcal{V}$ [*bzw.* $\mathscr{L}^0_b(\sigma(\mathscr{G})) \subset \mathcal{V}$].[9]

Beweis. Wir zeigen zunächst, dass $\mathscr{D} := \{A \subset E \mid \mathbb{1}_A \in \mathcal{V}\}$ ein Dynkin-System ist:

(D_1) Wegen $\mathbb{1} = \mathbb{1}_E \in \mathcal{V}$ gilt $E \in \mathscr{D}$.

(D_2) Nach Definition gilt für $A \in \mathscr{D}$, dass $\mathbb{1}_A \in \mathcal{V}$. Da $\mathcal{V}$ ein Vektorraum mit $\mathbb{1} \in \mathcal{V}$ ist, folgt $\mathbb{1}_{A^c} = \mathbb{1} - \mathbb{1}_A \in \mathcal{V}$, also $A^c \in \mathscr{D}$.

(D_3) Es sei $(A_n)_{n\in\mathbb{N}} \subset \mathscr{D}$ eine Folge paarweise disjunkter Mengen. Definitionsgemäß gilt $\mathbb{1}_{A_n} \in \mathcal{V}$, und $u_n := \mathbb{1}_{A_1} + \dots + \mathbb{1}_{A_n}$ ist eine aufsteigende Folge positiver Funktionen aus $\mathcal{V}$. Wegen ii) gilt $\sup_{n\in\mathbb{N}} u_n = \mathbb{1}_{\biguplus_{n\in\mathbb{N}} \mathbb{1}_{A_n}} \in \mathcal{V}$, d. h. $\biguplus_{n\in\mathbb{N}} A_n \in \mathscr{D}$.

Nun ist $\mathscr{G} \subset \mathscr{D}$ stabil unter endlichen Schnitten, und daher $\sigma(\mathscr{G}) = \delta(\mathscr{G}) \subset \mathscr{D}$, vgl. Satz 4.4 und Satz 4.2. Insbesondere sind also alle einfachen Funktionen $\mathcal{E}(\sigma(\mathscr{G}))$ in $\mathcal{V}$ enthalten.

Mit Hilfe des Sombrero-Lemmas (Theorem 7.11) können wir $u \in \mathscr{L}^{0,+}(\sigma(\mathscr{G}))$ durch eine aufsteigende Folge von $\sigma(\mathscr{G})$-messbaren einfachen Funktionen $\mathcal{E}(\sigma(\mathscr{G})) \subset \mathcal{V}$ approximieren. Wegen ii) folgt $\mathscr{L}^{0,+}(\sigma(\mathscr{G})) \subset \mathcal{V}$. Indem wir $u = u^+ - u^- \in \mathscr{L}^0(\sigma(\mathscr{G}))$ in Positiv- und Negativteil zerlegen, erhalten wir

$$\mathscr{L}^{0,+}(\sigma(\mathscr{G})) = \mathscr{L}^{0,+}(\sigma(\mathscr{G})) - \mathscr{L}^{0,+}(\sigma(\mathscr{G})) \subset \mathcal{V}.$$

Für die Inklusion am Ende verwenden wir, dass $\mathcal{V}$ ein Vektorraum ist. Das Argument für beschränkte messbare Funktionen verläuft entsprechend. □

Aufgaben

1. Auf $E \in \mathscr{B}(\mathbb{R})$ sei die Funktion $Q : E \to \mathbb{R}$, $x \mapsto x^2$, und das Lebesgue-Maß $\lambda_E := \lambda(E \cap \cdot)$ gegeben.
   (a) Zeigen Sie, dass Q eine $\mathscr{B}(E)/\mathscr{B}(\mathbb{R})$-messbare Abbildung ist (vgl. Aufgabe 2.4).
   (b) Bestimmen Sie das Bildmaß $\nu \circ Q^{-1}$ für $E = [0,1]$, $\nu = \lambda_E$ und $E = [-1,1]$, $\nu = \frac{1}{2}\lambda_E$.
2. Gegeben sei der Messraum $(\mathbb{R}, \mathscr{B}(\mathbb{R}))$. Finden Sie $\sigma(u)$ für

   (a) $u\colon \mathbb{R} \to \mathbb{R}$, $u(x) = |x|$; (b) $u\colon \mathbb{R} \to \mathbb{R}$, $u(x) = x$;
   (c) $u\colon \mathbb{R}\times\mathbb{R} \to \mathbb{R}$, $u(x,y) = x + y$; (d) $u\colon \mathbb{R}\times\mathbb{R} \to \mathbb{R}$, $u(x,y) = x^2 + y^2$.

9 $\mathscr{L}^0_b(\sigma(\mathscr{G}))$ bezeichnet die beschränkten $\sigma(\mathscr{G})$-messbaren Funktionen.

3. Beweisen Sie, dass jede lineare Abbildung $f\colon \mathbb{R}^n \to \mathbb{R}^m$ Borel-messbar ist. Gilt das auch, wenn wir $\mathscr{B}(\mathbb{R}^m)$ und $\mathscr{B}(\mathbb{R}^n)$ vervollständigen?

4. Beweisen Sie, dass $\mathscr{B}(\overline{\mathbb{R}})$ aus Definition 7.3 eine σ-Algebra ist, und zeigen Sie Lemma 7.4.

5. (a) Es sei $u\colon \mathbb{R} \to \mathbb{R}$ Borel-messbar. Zeigen Sie: $|u|$, u^+, u^- sind messbar. Gilt die Umkehrung?

   (b) Es sei $u\colon \mathbb{R} \to \mathbb{R}$ differenzierbar. Sind dann u und u' messbar?

6. Es sei $(f_i)_{i\in I}$ (I beliebig) eine Familie von Abbildungen von einer gemeinsamen Menge E nach $\mathbb{R}$. Zeigen Sie:
   (a) $\{\sup_i f_i > \lambda\} = \bigcup_i \{f_i > \lambda\}$; (b) $\{\sup_i f_i < \lambda\} \subset \bigcap_i \{f_i < \lambda\}$;
   (c) $\{\sup_i f_i \geqslant \lambda\} \supset \bigcup_i \{f_i \geqslant \lambda\}$; (d) $\{\sup_i f_i \leqslant \lambda\} = \bigcap_i \{f_i \leqslant \lambda\}$;
   (e) $\{\inf_i f_i > \lambda\} \subset \bigcap_i \{f_i > \lambda\}$; (f) $\{\inf_i f_i < \lambda\} = \bigcup_i \{f_i < \lambda\}$;
   (g) $\{\inf_i f_i \geqslant \lambda\} = \bigcap_i \{f_i \geqslant \lambda\}$; (h) $\{\inf_i f_i \leqslant \lambda\} \supset \bigcup_i \{f_i \leqslant \lambda\}$.

7. Zeigen Sie, dass die Konvergenz im Sombrero-Lemma (Satz 7.11) sogar gleichmäßig ist, falls die Funktion u beschränkt ist, d. h. $|u(x)| \leqslant c$ für alle x und eine Konstante $c \geqslant 0$.

8. Zeigen Sie, dass im Beweis des Faktorisierungslemmas (Lemma 7.17) im Allgemeinen nicht mit $\lim_n w_n$ (an Stelle von $\liminf w_n$) gearbeitet werden kann.
   Hinweis: Finden Sie eine Folge von Funktionen $(w_n)_n$ und eine Abbildung T, so dass $(w_n \circ T)_n$ konvergiert und $(w_n)_n$ divergiert.

9. Zeigen Sie, dass jede monotone Funktion $u\colon \mathbb{R} \to \mathbb{R}$ Borel-messbar ist. Wann gilt $\sigma(u) = \mathscr{B}(\mathbb{R})$?

10. Zeigen Sie, dass jede linksseitig (oder rechtsseitig) stetige Funktion $u\colon \mathbb{R} \to \mathbb{R}$ Borel-messbar ist.

11. Auf E sei eine σ-Algebra $\mathscr{A} = \sigma(\mathscr{G})$ gegeben, wo $\mathscr{G} = \{G_i \mid i \in \mathbb{N}\}$. Definiere $g := \sum_{i=1}^{\infty} 2^{-i} \mathbb{1}_{G_i}$. Dann gilt $\sigma(g) = \mathscr{A}$.

12. Es sei $(\Omega, \mathscr{A})$ ein Messraum und $X : \mathbb{R} \times \Omega \to \mathbb{R}$ eine Abbildung, so dass $\omega \mapsto X(t, \omega)$ $\mathscr{A}/\mathscr{B}(\mathbb{R})$ messbar ist und $t \mapsto X(t, \omega)$ linksseitig (oder rechtsseitig) stetig ist. Zeigen Sie, dass auch die folgenden Funktionen messbar sind:

$$t \mapsto X(t, \omega) \quad \text{und} \quad \omega \mapsto \sup_{t\in\mathbb{R}} X(t, \omega).$$

   Hinweis: Approximieren Sie $t \mapsto X(t, \omega)$ durch Treppenfunktionen.

13. Es sei $(E, \mathscr{A}, \mu)$ ein Maßraum und $(E, \mathscr{A}^\mu, \overline{\mu})$ seine Vervollständigung (Aufgabe 3.7). Zeigen Sie, dass eine Funktion $\phi\colon E \to \mathbb{R}$ genau dann $\mathscr{A}^\mu/\mathscr{B}(\mathbb{R})$-messbar ist, wenn es zwei $\mathscr{A}/\mathscr{B}(\mathbb{R})$-messbare Funktionen $f, g : E \to \mathbb{R}$ mit $f \leqslant \phi \leqslant g$ und $\mu\{f \neq g\} = 0$ gibt.
    Hinweis: Verwenden Sie zunächst Treppenfunktionen und dann das Sombrero-Lemma.

8 Das Integral positiver messbarer Funktionen

In diesem Kapitel seien $(E, \mathscr{A}, \mu)$ ein beliebiger Maßraum und $\mathcal{E}(\mathscr{A})$, $\mathscr{L}^0(\mathscr{A})$, $\mathscr{L}^0_{\overline{\mathbb{R}}}(\mathscr{A})$ die Familien der einfachen bzw. messbaren Funktionen. Die positiven (d. h. »$\geqslant 0$«) Elemente dieser Mengen bezeichnen wir mit $\mathcal{E}^+(\mathscr{A})$, $\mathscr{L}^{0,+}(\mathscr{A})$ und $\mathscr{L}^{0,+}_{\overline{\mathbb{R}}}(\mathscr{A})$. Wir wollen, dass das Integral die »Fläche unter einer Kurve« beschreibt.

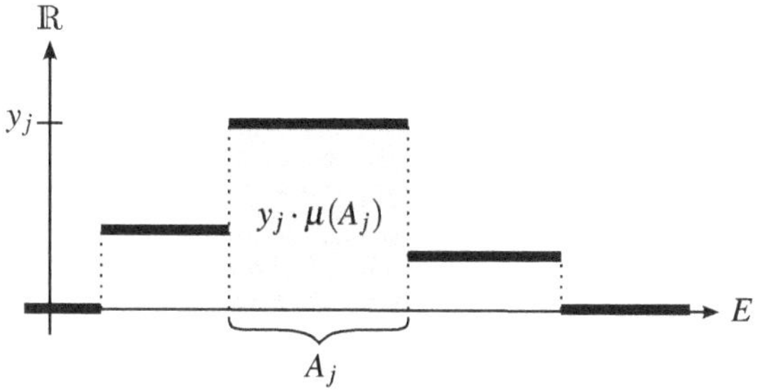

Abb. 8.1. Das Integral einer positiven Treppenfunktion.

Daher (vgl. Abbildung 8.1) ist folgende Definition naheliegend.

$$0 \leqslant f = \underbrace{\sum_{m=0}^{M} y_m \mathbb{1}_{A_m}}_{\text{Standarddarstellung}} \xrightarrow{\text{Integral}} \sum_{m=0}^{M} y_m \mu(A_m) \qquad (0 \cdot \infty = 0).$$

Problem: Ist das so definierte Integral wohldefiniert? **?**

8.1 Lemma. *Es seien* $f = \sum_{m=0}^{M} y_m \mathbb{1}_{A_m} = \sum_{n=0}^{N} z_n \mathbb{1}_{B_n}$ *zwei Standarddarstellungen von* $f \in \mathcal{E}^+(\mathscr{A})$. *Dann gilt*

$$\sum_{m=0}^{M} y_m \mu(A_m) = \sum_{n=0}^{N} z_n \mu(B_n).$$

Beweis. Wegen $E = A_0 \mathbin{\dot\cup} \cdots \mathbin{\dot\cup} A_M = B_0 \mathbin{\dot\cup} \cdots \mathbin{\dot\cup} B_N$ gilt

$$A_m = \dot{\bigcup_{n=0}^{N}} (A_m \cap B_n) \quad \text{und} \quad B_n = \dot{\bigcup_{m=0}^{M}} (A_m \cap B_n)$$

und, da für $A_m \cap B_n \neq \emptyset$ die Gleichheit $y_m = z_n$ besteht,

$$\begin{aligned}
\sum_{m=0}^{M} y_m \mu(A_m) &= \sum_{m=0}^{M} y_m \sum_{n=0}^{N} \mu(A_m \cap B_n) \\
&= \sum_{m=0}^{M} \sum_{n=0}^{N} \underbrace{y_m \mu(A_m \cap B_n)}_{= z_n \mu(A_m \cap B_n)} \\
&= \sum_{n=0}^{N} \sum_{m=0}^{M} z_n \mu(A_m \cap B_n) = \sum_{n=0}^{N} z_n \mu(B_n).
\end{aligned}$$ ☐

https://doi.org/10.1515/9783111342894-008

Jede positive Funktion in $\mathcal{E}$ besitzt eine Standarddarstellung; daher ist folgende Definition sinnvoll.

8.2 Definition. Es sei $f = \sum_{m=0}^{M} y_m \mathbb{1}_{A_m} \in \mathcal{E}^+(\mathscr{A})$ in Standarddarstellung. Dann heißt

$$I_\mu(f) := \sum_{m=0}^{M} y_m \mu(A_m) \in [0, \infty]$$

das (μ-)*Integral von* f.

Tatsächlich hat I_μ bereits die wesentlichen Eigenschaften, die wir von einem Integral erwarten.

8.3 Lemma. *Es seien* $f, g \in \mathcal{E}^+(\mathscr{A})$. *Dann gilt*

a) $I_\mu(\mathbb{1}_A) = \mu(A), \quad A \in \mathscr{A};$

b) $I_\mu(\lambda f) = \lambda I_\mu(f), \quad \lambda \geqslant 0;$ (*positiv homogen*)

c) $I_\mu(f + g) = I_\mu(f) + I_\mu(g);$ (*additiv*)

d) $f \leqslant g \implies I_\mu(f) \leqslant I_\mu(g).$ (*monoton*)

Beweis. Die Eigenschaften a), b) sind klar.

c) Wenn $f = \sum_{m=0}^{M} y_m \mathbb{1}_{A_m}$, $g = \sum_{n=0}^{N} z_n \mathbb{1}_{B_n}$ Standarddarstellungen sind, dann ist

$$f + g = \sum_{m=0}^{M} \sum_{n=0}^{N} (y_m + z_n) \mathbb{1}_{A_m \cap B_n} \in \mathcal{E}^+(\mathscr{A})$$

auch eine Standarddarstellung (Beispiel 7.9.b). Dann gilt auch

$$\begin{aligned} I_\mu(f + g) &= \sum_{m=0}^{M} \sum_{n=0}^{N} (y_m + z_n) \mu(A_m \cap B_n) \\ &= \sum_{m=0}^{M} \sum_{n=0}^{N} y_m \mu(A_m \cap B_n) + \sum_{m=0}^{M} \sum_{n=0}^{N} z_n \mu(A_m \cap B_n) \\ &= \sum_{m=0}^{M} y_m \sum_{n=0}^{N} \mu(A_m \cap B_n) + \sum_{n=0}^{N} z_n \sum_{m=0}^{M} \mu(A_m \cap B_n) \\ &= \sum_{m=0}^{M} y_m \mu(A_m) + \sum_{n=0}^{N} z_n \mu(B_n) \\ &= I_\mu(f) + I_\mu(g). \end{aligned}$$

d) Für $f \leqslant g$ gilt $g = f + \underbrace{(g - f)}_{\in \mathcal{E}^+(\mathscr{A})}$ und nach Teil c) ist dann

$$I_\mu(g) = I_\mu(f) + \underbrace{I_\mu(g - f)}_{\geqslant 0} \geqslant I_\mu(f). \qquad \square$$

Allgemeine $u \in \mathscr{L}^{0,+}_{\overline{\mathbb{R}}}(\mathscr{A})$ lassen sich mit Hilfe des Sombrero-Lemmas 7.11 durch aufsteigende Folgen von $\mathcal{E}^+$-Funktionen approximieren. Insbesondere gibt es positive einfache Funktionen unterhalb einer positiven messbaren Funktion.

8.4 Definition. Das (μ-)*Integral* von $u \in \mathscr{L}^{0,+}_{\overline{\mathbb{R}}}(\mathscr{A})$ ist gegeben durch

$$\int u\,d\mu := \sup\{I_\mu(g) \mid g \in \mathcal{E}(\mathscr{A}),\ 0 \leqslant g \leqslant u\} \in [0,\infty]. \tag{8.1}$$

Wenn wir die Integrationsvariable hervorheben wollen, dann schreiben wir auch

$$\int u(x)\,\mu(dx) \quad \text{oder} \quad \int u(x)\,d\mu(x).$$

Beachte: (8.1) ist stets wohldefiniert, da wir Werte in $[0,\infty]$ zulassen. **!**

8.5 Lemma. *Das Integral* $\int \cdots d\mu$ *aus Definition 8.4 setzt* $I_\mu(\cdot)$ *fort:*

$$\forall f \in \mathcal{E}^+(\mathscr{A}) : \int f\,d\mu = I_\mu(f).$$

Beweis. Sei $f \in \mathcal{E}^+(\mathscr{A})$. Dann ist $g := f \leqslant f$ zulässig im Supremum in (8.1), d. h.

$$I_\mu(f) \leqslant \sup\{I_\mu(g) \mid g \in \mathcal{E}(\mathscr{A}),\ 0 \leqslant g \leqslant f\} = \int f\,d\mu.$$

Umgekehrt gilt: $\mathcal{E}^+(\mathscr{A}) \ni g \leqslant f \implies I_\mu(g) \leqslant I_\mu(f)$, d. h.

$$\int f\,d\mu = \sup_{g \leqslant f,\ g \in \mathcal{E}^+} I_\mu(g) \leqslant I_\mu(f).$$ □

Der folgende Satz ist der erste in einer Reihe von sogenannten *Konvergenzsätzen*, die die Vertauschung von Integration und Grenzwerten behandeln.

8.6 Satz (Beppo Levi, BL). *Es sei* $(u_n)_{n\in\mathbb{N}} \subset \mathscr{L}^{0,+}_{\overline{\mathbb{R}}}(\mathscr{A})$ *eine aufsteigende Folge positiver messbarer Funktionen*

$$0 \leqslant u_1 \leqslant u_2 \leqslant u_3 \leqslant \ldots \leqslant u_n \leqslant u_{n+1} \leqslant \ldots$$

Dann ist $u := \sup_{n\in\mathbb{N}} u_n \in \mathscr{L}^{0,+}_{\overline{\mathbb{R}}}(\mathscr{A})$ *positiv und messbar und es gilt*

$$\int \sup_{n\in\mathbb{N}} u_n\,d\mu = \sup_{n\in\mathbb{N}} \int u_n\,d\mu. \tag{8.2}$$

- $u_n \leqslant u_{n+1}$ bedeutet, dass $u_n(x) \leqslant u_{n+1}(x)$ für alle $x \in E$.
- $u_n \uparrow u$ ist kurz für $u_n \leqslant u_{n+1} \leqslant \ldots$ und $u = \lim_{n\to\infty} u_n = \sup_{n\in\mathbb{N}} u_n$ (aufsteigender Limes).

Beweis. In Korollar 7.13 sahen wir, dass $u = \sup_n u_n \in \mathscr{L}^0_{\overline{\mathbb{R}}}(\mathscr{A})$.

1°) *Behauptung:* $u, w \in \mathscr{L}^{0,+}_{\overline{\mathbb{R}}},\ u \leqslant w \implies \int u\,d\mu \leqslant \int w\,d\mu$. Wenn $u \leqslant w$, dann gilt für jede einfache Funktion f mit $f \leqslant u$ auch $f \leqslant w$. Daher ist

$$\begin{aligned}\int u\,d\mu &= \sup\{I_\mu(f) \mid f \leqslant u,\ f \in \mathcal{E}^+\}\\ &\leqslant \sup\{I_\mu(g) \mid g \leqslant w,\ g \in \mathcal{E}^+\} = \int w\,d\mu.\end{aligned}$$

2⁰) *Behauptung:* $\sup_n \int u_n \, d\mu \leqslant \int \sup_n u_n \, d\mu$. Nach 1⁰) ist das Integral monoton. Daher folgt

$$\forall m : u_m \leqslant \sup_n u_n \overset{1^0}{\Longrightarrow} \forall m : \int u_m \, d\mu \leqslant \underbrace{\int \sup_n u_n \, d\mu}_{\text{unabhängig von } m}$$

$$\Longrightarrow \sup_m \int u_m \, d\mu \leqslant \int \sup_n u_n \, d\mu.$$

3⁰) *Behauptung:* $f \leqslant u,\ f \in \mathcal{E}^+ \Longrightarrow I_\mu(f) \leqslant \sup_n \int u_n \, d\mu$. Wähle $f \in \mathcal{E}^+$ mit $f \leqslant u$ und ein festes $\alpha \in (0,1)$.

$$u = \sup_n u_n \Longrightarrow \forall x \quad \exists N(x,\alpha) \in \mathbb{N} \quad \forall n \geqslant N(x,\alpha) : \alpha f(x) \leqslant u_n(x)$$

$$\Longrightarrow B_n := \underbrace{\{x \mid \alpha f(x) \leqslant u_n(x)\}}_{\in \mathscr{A}} \uparrow E \quad (\text{für } n \to \infty)$$

$$\Longrightarrow \alpha \mathbb{1}_{B_n} \cdot f \overset{\text{Def } B_n}{\leqslant} \mathbb{1}_{B_n} \cdot u_n \overset{\mathbb{1}_{B_n} \leqslant 1}{\leqslant} u_n.$$

Für alle einfachen Funktionen der Form $f = \sum_{m=0}^{M} y_m \mathbb{1}_{A_m}$ gilt nun

$$\alpha \sum_{m=0}^{M} y_m \mu(B_n \cap A_m) = I_\mu(\alpha \mathbb{1}_{B_n} \cdot f) \leqslant \int u_n \, d\mu \leqslant \underbrace{\sup_m \int u_m \, d\mu}_{\text{unabhängig von } n}.$$

Die rechte Seite hängt nicht von n ab. Nach Konstruktion gilt $B_n \uparrow E$. Wenn wir auf der linken Seite $n \to \infty$ streben lassen, sehen wir $\mu(B_n \cap A_m) \to \mu(A_m)$, und daher gilt

$$\alpha I_\mu(f) = \alpha \sum_{m=0}^{M} y_m \mu(A_m) \leqslant \sup_m \int u_m \, d\mu \quad \forall \alpha \in (0,1).$$

Da die rechte Seite nicht von α abhängt, folgt die Behauptung für $\alpha \to 1$.

4⁰) Bilde in der Aussage von 3⁰ das Supremum über alle $f \in \mathcal{E}^+$ mit $f \leqslant u$. Dann folgt

$$\int u \, d\mu = \sup I_\mu(f) \leqslant \sup_n \int u_n \, d\mu,$$

und der Satz ist gezeigt. □

Hier ist noch ein wichtiger Spezialfall von Satz 8.6.

8.7 Korollar. *Sei $u \in \mathscr{L}^{0,+}_{\overline{\mathbb{R}}}(\mathscr{A})$. Dann gilt für jede Folge $(f_n)_{n\in\mathbb{N}} \subset \mathcal{E}^+(\mathscr{A})$ mit $f_n \uparrow u$*

$$\int u \, d\mu = \lim_{n\to\infty} \int f_n \, d\mu. \tag{8.3}$$

! Oft wird (8.3) als Definition von $\int u \, d\mu$ verwendet. Dann hat man aber das Problem der *Wohldefiniertheit*: Ist das Integral unabhängig von der approximierenden Folge $(f_n)_{n\in\mathbb{N}}$? Unsere Definition (8.1) liefert das »kostenlos«. Trotzdem ist (8.3) wichtig, da es zeigt, dass das Supremum ein Limes ist, und insbesondere $u \mapsto \int u \, d\mu$ additiv ist.

8.8 Lemma. *Es seien $u, v \in \mathscr{L}^{0,+}_{\overline{\mathbb{R}}}(\mathscr{A})$. Dann gilt*

a) $\int \mathbb{1}_A \, d\mu = \mu(A) \quad \forall A \in \mathscr{A}$;

b) $\int au \, d\mu = a \int u \, d\mu \quad \forall a \geqslant 0$; *(positiv homogen)*

c) $\int (u+v) \, d\mu = \int u \, d\mu + \int v \, d\mu$; *(additiv)*

d) $u \leqslant v \implies \int u \, d\mu \leqslant \int v \, d\mu$. *(monoton)*

Beweis. Das folgt aus Lemma 8.3, Korollar 8.7 und dem Sombrero-Lemma 7.11. □

Die folgende Version des Satzes von Beppo Levi für Reihen ist oft hilfreich.

8.9 Lemma. *Für jede Folge $(v_n)_{n\in\mathbb{N}} \subset \mathscr{L}^{0,+}_{\overline{\mathbb{R}}}(\mathscr{A})$ ist $\sum_{n=1}^{\infty} v_n \in \mathscr{L}^{0,+}_{\overline{\mathbb{R}}}(\mathscr{A})$ und es gilt*

$$\sum_{n=1}^{\infty} \int v_n \, d\mu = \int \sum_{n=1}^{\infty} v_n \, d\mu \in [0, \infty].$$

Beweis. [✍] Hinweis: $\sum_{n=1}^{N} v_n \uparrow \sum_{n=1}^{\infty} v_n$ für $N \to \infty$. □

8.10 Beispiel. a) Auf einem beliebigen Messraum $(E, \mathscr{A})$ betrachten wir $\mu = \delta_y$ für ein festes $y \in E$. Dann gilt für alle $u \in \mathscr{L}^{0,+}_{\overline{\mathbb{R}}}(\mathscr{A})$

$$\int u \, d\delta_y = \int u(x) \, \delta_y(dx) = u(y). \tag{8.4}$$

Denn: Für $\mathcal{E}^+ \ni f = \sum_{n=0}^{N} \phi_n \mathbb{1}_{A_n}$ in Standarddarstellung ist

$$\int f \, d\delta_y = \sum_{n=0}^{N} \phi_n \delta_y(A_n) \overset{(*)}{=} \phi_{n_0} = f(y).$$

An der mit (*) gekennzeichneten Stelle verwenden wir, dass $E = \biguplus A_n$, d. h. wir finden ein n_0 mit $y \in A_{n_0}$. Aufgrund des Sombrero-Lemmas (Satz 7.11) gibt es eine Folge $\mathcal{E}^+ \ni f_\ell \uparrow u$, und für diese gilt

$$u(y) = \lim_{\ell\to\infty} f_\ell(y) = \lim_{\ell\to\infty} \int f_\ell \, d\delta_y \overset{\text{BL}}{=} \int u \, d\delta_y. \qquad \square$$

b) Es seien $(E, \mathscr{A}) = (\mathbb{N}, \mathscr{P}(\mathbb{N}))$ und $\mu = \sum_{\ell=1}^{\infty} a_\ell \delta_\ell$ mit $a_\ell \geqslant 0$. Wir wissen, dass

- μ ein Maß auf $\mathbb{N}$ ist.
- jede Funktion $u\colon (\mathbb{N}, \mathscr{P}(\mathbb{N})) \to (\mathbb{R}^+, \mathscr{B}(\mathbb{R}^+))$ messbar ist.
- $u(m) = \sum_{n\in\mathbb{N}} u_n \mathbb{1}_{\{n\}}(m)$ für eine geeignete Folge $(u_n)_{n\in\mathbb{N}} \subset \mathbb{R}^+$ gilt.

Somit erhalten wir

$$\int u \, d\mu = \int \sum_{n\in\mathbb{N}} u_n \mathbb{1}_{\{n\}} \, d\mu \overset{\text{BL}}{=} \sum_{n\in\mathbb{N}} u_n \int \mathbb{1}_{\{n\}} \, d\mu = \sum_{n\in\mathbb{N}} u_n \underbrace{\mu(\{n\})}_{=a_n} = \sum_{n\in\mathbb{N}} u_n a_n. \qquad \square$$

c) Insbesondere zeigt b), dass $\underbrace{\sum_{n=1}^{\infty} u_n}_{\text{Reihe}} = \underbrace{\int u \, d\nu \quad \text{mit} \quad \nu = \sum_{\ell=1}^{\infty} \delta_\ell}_{\text{Integral gegen das Zählmaß}}$.

Der folgende Konvergenzsatz für positive messbare Funktionen wird »Lemma von Fatou« genannt. Er wird oft verwendet, um die Endlichkeit gewisser Integrale zu zeigen.

8.11 Satz (Fatou). *Es sei $(u_n)_{n\in\mathbb{N}} \subset \mathcal{L}^{0,+}_{\overline{\mathbb{R}}}(\mathscr{A})$ eine Folge positiver messbarer Funktionen. Dann ist $u := \liminf_{n\to\infty} u_n \in \mathcal{L}^{0,+}_{\overline{\mathbb{R}}}(\mathscr{A})$ und es gilt*

$$\int \liminf_{n\to\infty} u_n \, d\mu \leqslant \liminf_{n\to\infty} \int u_n \, d\mu. \tag{8.5}$$

Beweis. Nach Definition ist $\liminf_{n\to\infty} u_n = \sup_{m\in\mathbb{N}} \inf_{n\geqslant m} u_n \in \overline{\mathbb{R}}$. Korollar 7.13 zeigt, dass diese Funktion messbar ist. Wegen $\inf_{n\geqslant m} u_n \uparrow u \ (m \to \infty)$ gilt

$$\begin{aligned}\int \liminf_{n\to\infty} u_n \, d\mu &\overset{\text{BL}}{=} \sup_{m\in\mathbb{N}} \underbrace{\int \inf_{n\geqslant m} u_n \, d\mu}_{\leqslant \int u_\ell \, d\mu \quad \forall \ell \geqslant m} \leqslant \sup_{m\in\mathbb{N}} \left(\inf_{\ell\geqslant m} \int u_\ell \, d\mu \right) \\ &= \liminf_{\ell\to\infty} \int u_\ell \, d\mu.\end{aligned}$$

□

! Im Beweis von Satz 8.11 wird die Positivität der u_n verwendet, um $\int \inf_{n\geqslant m} u_n \, d\mu > -\infty$ sicherzustellen. Das Lemma von Fatou gilt also auch für alle Folgen $(u_n)_{n\in\mathbb{N}}$, die die Bedingung $u_n \geqslant -w$ für alle $n \in \mathbb{N}$ und eine messbare Funktion $w \geqslant 0$ mit $\int w \, d\mu < \infty$ erfüllen.

Aufgaben

1. Der Satz von Beppo Levi (Satz 8.6) gilt für eine »wachsende Folge positiver Funktionen«. Zeigen Sie, dass die Aussage im Allgemeinen für »eine Folge wachsender positiver Funktionen« falsch ist.

2. Auf einem Maßraum $(E, \mathscr{A}, \mu)$ seien $(u_n) \subset \mathcal{L}^{0,+}(\mathscr{A})$ eine Folge positiver messbarer Funktionen. Zeigen Sie, dass

$$\int \sum_{n=0}^{\infty} u_n(x) \, \mu(dx) = \sum_{n=0}^{\infty} \int u_n(x) \, \mu(dx)$$

äquivalent zum Satz von Beppo Levi (Satz 8.6) ist.

3. Auf einem Maßraum $(E, \mathscr{A}, \mu)$ sei $u \in \mathcal{L}^{0,+}(\mathscr{A})$. Zeigen Sie, dass $A \mapsto \int \mathbb{1}_A(x) u(x) \mu(dx)$ für $A \in \mathscr{A}$ ein Maß ist.
Hinweis: Verwenden Sie Aufgabe 8.2.

4. (Fatou) Es sei $(A, \mathscr{A}, \mu)$ ein Maßraum und $(u_n)_{n\in\mathbb{N}} \subset \mathcal{L}^{0,+}(\mathscr{A})$. Wenn $u_n \leqslant u$ für alle $n \in \mathbb{N}$ und ein $u \in \mathcal{L}^{0,+}(\mathscr{A})$ mit $\int u \, d\mu < \infty$ gilt, dann gilt auch

$$\limsup_{n\to\infty} \int u_n \, d\mu \leqslant \int \limsup_{n\to\infty} u_n \, d\mu.$$

5. (Fatou für Maße) Es sei $(A, \mathscr{A}, \mu)$ ein endlicher Maßraum und $(A_i)_{i\in\mathbb{N}} \subset \mathscr{A}$. In Aufgabe 2.10 wurde der limes inferior und limes superior von Mengen eingeführt. Zeigen Sie:
(a) $\mu\Big(\liminf_{i\to\infty} A_i\Big) \overset{\text{Def}}{=} \mu\left(\bigcup_{k=1}^{\infty} \bigcap_{i\geqslant k} A_i\right) \leqslant \liminf_{i\to\infty} \mu(A_i).$

(b) $\mu\Big(\limsup\limits_{i\to\infty} A_i\Big) \overset{\text{def}}{=} \mu\left(\bigcap\limits_{k=1}^{\infty}\bigcup\limits_{i\geqslant k} A_i\right) \geqslant \limsup\limits_{i\to\infty} \mu(A_i)$.

(c) Zeigen Sie, dass die Endlichkeit des Maßes für Teil (b) wesentlich ist.

(d) $\sum\limits_{i=1}^{\infty} \mu(A_i) < \infty \implies \mu\Big(\limsup\limits_{i\to\infty} A_i\Big) = 0.$ (Lemma von Borel)

6. Es sei $(E, \mathscr{A})$ ein Messraum und $\mu_1, \mu_2, \dots$ abzählbar viele Maße. Zeigen Sie:
(a) Für jede Folge $(c_i)_i \subset [0, \infty]$ ist $\mu := \sum_i c_i \mu_i$ ein Maß auf $(E, \mathscr{A})$.
(b) Für jede Funktion $u \in \mathscr{L}^{0,+}(\mathscr{A})$ gilt $\int u \, d\mu = \sum_i c_i \int u \, d\mu_i$.
(c) Für jede Doppelfolge $(a_{ik})_{i,k\in\mathbb{N}} \subset [0, \infty)$ gilt $\sum_i \sum_k a_{ik} = \sum_k \sum_i a_{ik}$.
Hinweis: Teil (c) kann elementar oder mit Hilfe des Zählmaßes und von Teil (b) bewiesen werden.

7. (Kerne) Es seien $(E, \mathscr{A}, \mu)$ ein Maßraum und $(F, \mathscr{F})$ ein Messraum. Ein *(Maß-)Kern* oder *Übergangskern* ist eine Abbildung $N : E \times \mathscr{F} \to [0, \infty]$, so dass

$Q \mapsto N(x, Q)$ ein Maß auf $(F, \mathscr{F})$ ist für jedes feste $x \in E$;

$x \mapsto N(x, Q)$ eine messbare Funktion auf E ist für jedes feste $Q \in \mathscr{F}$.

(a) Zeigen Sie, dass $\mathscr{F} \ni Q \mapsto \mu N(Q) := \int N(x, Q) \, \mu(dx)$ ein Maß auf $(F, \mathscr{F})$ ist.
(b) Für $f \in \mathscr{L}^{0,+}(\mathscr{F})$ definieren wir $Nf(x) := \int f(y) \, N(x, dy)$. Zeigen Sie, dass $f \mapsto Nf$ additiv, positiv homogen und $\mathscr{A}/\mathscr{B}(\mathbb{R})$-messbar ist.
(c) Es sei μN das in Teil (a) definierte Maß auf $(F, \mathscr{F})$. Zeigen Sie, dass $\int f \, d(\mu N) = \int Nf \, d\mu$ für $f \in \mathscr{L}^{0,+}(\mathscr{F})$ gilt.
Hinweis: Betrachten Sie erst einfache Funktionen und verwenden Sie dann das Sombrero-Lemma.

8. Ein Maßraum $(E, \mathscr{A}, \mu)$ heißt σ-endlich, wenn es eine Folge $\mathscr{A} \ni A_i \uparrow E$ mit $\mu(A_i) < \infty$ gibt.
(a) Wenn $(E, \mathscr{A}, \mu)$ σ-endlich ist, dann gibt es eine strikt positive messbare Funktion $f > 0$ mit $\int f \, d\mu < \infty$.
(b) Zeigen Sie die sog. *Markovsche Ungleichung*: Für $u \in \mathscr{L}^{0,+}(\mathscr{A})$ gilt $\mu\{u \geqslant c\} \leqslant \frac{1}{c} \int u \, d\mu$.
(c) Verwenden Sie Teil (b), um die Umkehrung von (a) zu zeigen: Wenn es ein $f \in \mathscr{L}^{0,+}(\mathscr{A})$ mit $f > 0$ und $\int f \, d\mu < \infty$ gibt, dann ist $(E, \mathscr{A}, \mu)$ σ-endlich.
Hinweis: Betrachten Sie Funktionen der Art $f := \sum_i c_i \mathbb{1}_{A_i}$ bzw. die Mengen $A_i := \{f \geqslant 1/i\}$.

9 Das Integral messbarer Funktionen

In diesem Kapitel bezeichne $(E, \mathscr{A}, \mu)$ einen Maßraum. Wir wollen nun das Integral von $\mathscr{L}^{0,+}_{\overline{\mathbb{R}}}(\mathscr{A})$ auf $\mathscr{L}^{0}_{\overline{\mathbb{R}}}(\mathscr{A})$ fortsetzen. Da das Integral *linear* sein soll, werden wir das Integral durch *Linearität* fortsetzen. Wie bisher bezeichnen wir mit $u^{\pm} \in \mathscr{L}^{0,+}_{\overline{\mathbb{R}}}(\mathscr{A})$ den Positiv- und Negativteil von $u \in \mathscr{L}^{0}_{\overline{\mathbb{R}}}(\mathscr{A})$.

9.1 Definition. $u\colon E \to \overline{\mathbb{R}}$ heißt (μ-)*integrierbar*, wenn

$$u \in \mathscr{L}^{0}_{\overline{\mathbb{R}}}(\mathscr{A}) \quad \text{und} \quad \int u^{+}\, d\mu < \infty, \quad \int u^{-}\, d\mu < \infty.$$

In diesem Fall definieren wir

$$\int u\, d\mu := \int u^{+}\, d\mu - \int u^{-}\, d\mu \in \mathbb{R}. \tag{9.1}$$

$\int u\, d\mu$ heißt (μ-)*Integral* von u. Die Familie der μ-integrierbaren Funktionen ist $\mathscr{L}^{1}_{\overline{\mathbb{R}}}(\mu)$, mit $\mathscr{L}^{1}(\mu)$ bezeichnen wir die $\mathbb{R}$-wertigen integrierbaren Funktionen.

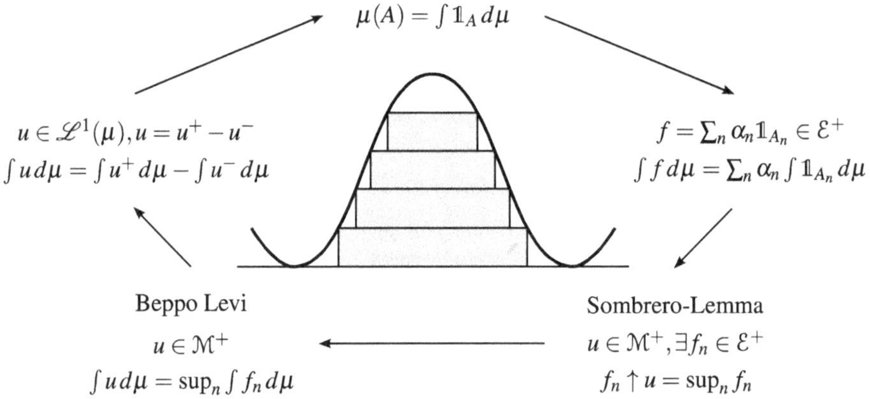

Abb. 9.1: Vom Maß zum Integral – und zurück. Die Abbildung zeigt alle Schritte, wie man vom Maß zum Integral gelangt. Da $\mu(A) = \int \mathbb{1}_A\, d\mu$, können wir aus dem Integral das ursprüngliche Maß rekonstruieren.

9.2 Bemerkung. a) Weitere Schreibweisen: $\int u\, d\mu = \int u(x)\, \mu(dx) = \int u(x)\, d\mu(x)$.

b) Wenn $\mu = \lambda^d$, dann nennen wir u *Lebesgue-integrierbar*. Üblicherweise schreibt man $\lambda^d(dx) = dx$ und $\int u(x)\, dx$ usw.

c) Die Forderung $\int u^{\pm}\, d\mu < \infty$ in Definition 9.1 schließt den Fall »$\infty - \infty$« aus. Beachte, dass wir für $u \geqslant 0$ auch $\int u\, d\mu = \infty$ zulassen, dass dann aber nur $u \in \mathscr{L}^{1}_{\overline{\mathbb{R}}}(\mu)$ gilt, wenn $\int u\, d\mu < \infty$.

https://doi.org/10.1515/9783111342894-009

d) Wenn $u = f - g$ eine weitere Darstellung von u als Differenz positiver messbarer Funktionen ist, dann ist $\int u\,d\mu = \int f\,d\mu - \int g\,d\mu$ (sofern die Differenz definiert ist). Das sieht man so: Indem wir $u^+ - u^- = f - g$ umstellen, erhalten wir $u^+ + g = u^- + f$ und beide Seiten sind in $\mathcal{L}^{0,+}_{\overline{\mathbb{R}}}$. Daher gilt

$$\int u^+\,d\mu + \int g\,d\mu = \int f\,d\mu + \int u^-\,d\mu$$
$$\iff \int u^+\,d\mu - \int u^-\,d\mu = \int f\,d\mu - \int g\,d\mu.$$

9.3 Satz (Integrabilitätskriterium). *Für eine messbare Funktion $u \in \mathcal{L}^0_{\overline{\mathbb{R}}}(\mathscr{A})$ sind folgende Aussagen äquivalent:*

a) $u \in \mathcal{L}^1_{\overline{\mathbb{R}}}(\mu)$;

b) $u^+, u^- \in \mathcal{L}^1_{\overline{\mathbb{R}}}(\mu)$;

c) $|u| \in \mathcal{L}^1_{\overline{\mathbb{R}}}(\mu)$;

d) $\exists w \in \mathcal{L}^1_{\overline{\mathbb{R}}}(\mu),\ w \geqslant 0 : |u| \leqslant w$.

Beweis. a)⇔b) Das ist gerade die Definition des Integrals.
b)⇒c) $|u| = u^+ + u^- \implies \int |u|\,d\mu = \int u^+\,d\mu + \int u^-\,d\mu < \infty$.
c)⇔d) Wähle $w := |u|$.
d)⇒b) $u^\pm \leqslant |u| \leqslant w \implies \int u^\pm\,d\mu \leqslant \int w\,d\mu < \infty$. □

Die Definition des Integrals ist so gewählt, dass sich die Eigenschaften des Integrals von $\mathcal{L}^{0,+}_{\overline{\mathbb{R}}}(\mathscr{A})$ auf $\mathcal{L}^1_{\overline{\mathbb{R}}}(\mu)$ übertragen.

9.4 Satz. *$u, w \in \mathcal{L}^1_{\overline{\mathbb{R}}}(\mu)$ und $\alpha \in \mathbb{R}$. Dann*

a) $\alpha u \in \mathcal{L}^1_{\overline{\mathbb{R}}}(\mu)$, $\int \alpha u\,d\mu = \alpha \int u\,d\mu$; *(homogen)*

b) $u + w \in \mathcal{L}^1_{\overline{\mathbb{R}}}(\mu)$ *(wenn definiert)*, $\int (u + w)\,d\mu = \int u\,d\mu + \int w\,d\mu$; *(additiv)*

c) $u \vee w, u \wedge w \in \mathcal{L}^1_{\overline{\mathbb{R}}}(\mu)$; *(Verband)*

d) $u \leqslant w \implies \int u\,d\mu \leqslant \int w\,d\mu$; *(monoton)*

e) $\left|\int u\,d\mu\right| \leqslant \int |u|\,d\mu$. *(Dreiecks-Ungl.)*

Beweis. Da u und w messbar sind, sind auch die Funktionen αu, $u + w$ (sofern definiert – »$\infty - \infty$«-Problematik!), $u \vee w$ und $u \wedge w$ wiederum messbar. Es reicht daher, die Integrierbarkeit der Beträge zu prüfen.

a) $|\alpha u| = |\alpha| \cdot |u| \in \mathcal{L}^1_{\overline{\mathbb{R}}}(\mu)$ wegen Satz 9.3 und Lemma 8.8.b). Die Formel für das Integral folgt nun aus $(\alpha u)^\pm = \alpha u^\pm$ (für $\alpha \geqslant 0$) bzw. $(\alpha u)^\pm = -\alpha u^\mp$ (für $\alpha < 0$).

b) $|u + w| \leqslant |u| + |w| \in \mathcal{L}^1_{\overline{\mathbb{R}}}(\mu)$ wegen Satz 9.3 und Lemma 8.8.c). Die Formel für das Integral folgt nun mit Hilfe von Bemerkung 9.2.d) und der Zerlegung

$$u + w = (u + w)^+ - (u + w)^- = (u^+ + w^+) - (u^- + w^-).$$

c) $|u \vee w|,\ |u \wedge w| \leqslant |u| + |w| \in \mathcal{L}^1_{\overline{\mathbb{R}}}(\mu)$.

d) Aus $u \leqslant w$ folgt $u^+ \leqslant w^+$ und $w^- \leqslant u^-$. Wegen der Monotonie des Integrals gilt $\int u\,d\mu = \int u^+\,d\mu - \int u^-\,d\mu \leqslant \int w^+\,d\mu - \int w^-\,d\mu = \int w\,d\mu$.

e) $\left|\int u\,d\mu\right| = \max\left\{\int u\,d\mu,\ -\int u\,d\mu\right\} \leqslant \max\left\{\int |u|\,d\mu,\ \int |-u|\,d\mu\right\} = \int |u|\,d\mu.$ □

9.5 Bemerkung. Wenn $\alpha u + \beta w$ in $\overline{\mathbb{R}}$ definiert ist (d. h. »$\infty - \infty$« tritt nicht auf), dann besagt Satz 9.4.a), b)

$$\int (\alpha u + \beta w)\,d\mu = \alpha \int u\,d\mu + \beta \int w\,d\mu. \qquad \text{(Linearität)}$$

Für $\mathbb{R}$-wertige integrierbare Funktionen $u, w \in \mathcal{L}^1(\mu)$ gilt das immer.

!

- $\mathcal{L}^1(\mu) = \mathcal{L}^1_{\mathbb{R}}(\mu)$ ist ein Vektorraum.
  - *Addition:* $(u + w)(x) = u(x) + w(x), \quad x \in E$
  - *skalare Multiplikation:* $(\alpha u)(x) = \alpha u(x), \quad x \in E,\ \alpha \in \mathbb{R}$
- $\mathcal{L}^1(\mu) \ni u \mapsto \int u\,d\mu$ ist positives lineares Funktional.

9.6 Beispiel (Fortsetzung von Beispiel 3.5 und 8.10).

a) Sei $(E, \mathscr{A})$ ein beliebiger Messraum und $y \in E$ fest. Dann gilt

$\int u(x)\,\delta_y(dx) = u(y)$ und $u \in \mathcal{L}^1_{\overline{\mathbb{R}}}(\delta_y) \iff u \in \mathcal{L}^0_{\overline{\mathbb{R}}}(\mathscr{A})$ und $|u(y)| < \infty$.

b) Im Maßraum $(\mathbb{N}, \mathscr{P}(\mathbb{N}), \mu = \sum_1^\infty \alpha_n \delta_n)$ sind *alle* Funktionen $u\colon \mathbb{N} \to \mathbb{R}$ messbar. Wegen 8.10.b) gilt

$$\int |u|\,d\mu = \textstyle\sum_{n=1}^\infty \alpha_n |u(n)|$$

und es folgt $u \in \mathcal{L}^1(\mu) \iff \sum_1^\infty \alpha_n |u(n)| < \infty$.
Für $\alpha_1 = \alpha_2 = \cdots = 1$ ist $\mathcal{L}^1(\mu)$ der *Raum aller absolut-summierbaren Folgen:*[10]

$$\mathcal{L}^1\left(\textstyle\sum_{n\in\mathbb{N}} \delta_n\right) = \ell^1(\mathbb{N}) = \left\{(u_n)_{n\in\mathbb{N}} \mid \textstyle\sum_{n=1}^\infty |u_n| < \infty\right\}.$$

c) Es sei $(\Omega, \mathscr{A}, \mathbb{P})$ ein W-Raum und $Y : \Omega \to \mathbb{R}$ eine Zufallsvariable (d. h. eine messbare Funktion). Dann heißt

$$\mathbb{E}Y := \int Y\,d\mathbb{P}$$

der *Erwartungswert* von Y (wenn $Y \in \mathcal{L}^1(\mathbb{P})$).
Wichtiger Sonderfall: Es sei $\sup_{\omega\in\Omega} |Y(\omega)| < \infty$, d. h. Y sei *beschränkt*. Dann gilt

$$\int |Y|\,d\mathbb{P} \leqslant \int \sup_{\omega\in\Omega} |Y(\omega)|\,\mathbb{P}(d\omega) = \sup_{\omega\in\Omega} |Y(\omega)| \underbrace{\int 1\,\mathbb{P}(d\omega)}_{=\mathbb{P}(\Omega)=1} < \infty.$$

Konsequenz: Für jede beschränkte Zufallsvariable $Y : \Omega \to \mathbb{R}$ gilt $Y \in \mathcal{L}^1(\mathbb{P})$ und $\mathbb{E}Y$ existiert.

⚡ Die Umkehrung der Aussage c) ist falsch! Betrachte, z. B. in b) die Folge $\alpha_n = 2^{-n}$ (damit erhalten wir einen W-Raum) und $u = Y : \mathbb{N} \to \mathbb{R}$ mit $Y(n) = n$. Dann ist Y nicht beschränkt, aber $\mathbb{E}Y = \sum_1^\infty n2^{-n}$ konvergiert.

---

10 Das ist ein wichtiger *Folgenraum* in der Funktionalanalysis!

9.7 Definition. Es sei $u \in \mathscr{L}^1_{\overline{\mathbb{R}}}(\mu)$ oder $u \in \mathscr{L}^{0,+}_{\overline{\mathbb{R}}}(\mathscr{A})$. Dann

$$\int_A u\,d\mu := \int \underbrace{u\mathbb{1}_A}_{\text{messbar wg. 7.14}}\,d\mu = \int u(x)\mathbb{1}_A(x)\,\mu(dx) \quad \forall A \in \mathscr{A}.$$

Beachte: Es ist $\int_E u\,d\mu = \int u\,d\mu$, da ja $\mathbb{1}_E \equiv 1$. **!**

Definition 9.7 erlaubt es uns insbesondere, das Integral als Funktion des Integrationsbereichs zu verstehen, also $A \mapsto \int_A \cdots$, und dadurch viele neue Maße und Mengenfunktionen zu konstruieren, z. B. wie im folgenden Lemma. [✍]

9.8 Lemma. *Es sei* $u \in \mathscr{L}^{0,+}_{\overline{\mathbb{R}}}(\mathscr{A})$. *Dann ist*

$$\nu(A) := \int_A u\,d\mu := \int u\mathbb{1}_A\,d\mu, \qquad A \in \mathscr{A},$$

ein Maß auf $(E, \mathscr{A})$. *Das Maß* ν *heißt* Maß mit der Dichte(funktion) u (bzgl. μ).

9.9 Bemerkung. Folgende Bezeichnungen sind üblich: $\nu = u \cdot \mu$ oder $d\nu = u \cdot d\mu$. Oft schreibt man $u = \frac{d\nu}{d\mu}$. Diese Bezeichnung kommt vom Hauptsatz der Differential- und Integralrechnung:

$$U(x) - U(a) = \int_a^x u(y)\,dy \implies \frac{dU}{dx} = u$$

Mit den Bezeichnungen $\lambda = \lambda^1$ und $\lambda(dx) = dx$ erhalten wir

$$\frac{d(u\lambda)}{d\lambda} = \frac{dU}{dx} = u.$$

Die positive Dichte $u \geqslant 0$ induziert das Maß ν:

$$\nu(a,b] = U(b) - U(a) = \int_{(a,b]} u\,d\lambda.$$

Aufgaben

1. Es sei $u\colon (E,\mathscr{A}) \to (\mathbb{R}, \mathscr{B}(\mathbb{R}))$ eine messbare Funktion. Zeigen Sie, dass für ein Maß μ

$$u \in \mathscr{L}^1(\mu) \iff \sum_{n\in\mathbb{Z}} 2^n \mu\left\{2^n \leqslant |u| < 2^{n+1}\right\} < \infty.$$

2. (Komplexwertige Integranden) Es sei $(E, \mathscr{A}, \mu)$ ein Maßraum und $\mathbb{C}$ der Körper der komplexen Zahlen. Wir bezeichnen mit $x = \operatorname{Re} z$ und $y = \operatorname{Im} z$ den Real- bzw. Imaginärteil von $z = x + iy \in \mathbb{C}$ und mit $\mathscr{O}_\mathbb{C}$ die Euklidische Topologie auf $\mathbb{C}$, die die »übliche« Konvergenz in $\mathbb{C}$ beschreibt. Weiter sei $g : \mathbb{C} \to \mathbb{R}^2$, $z = x + iy \mapsto (x, y)$. Zeigen Sie:
   (a) $\mathscr{C} := g^{-1}(\mathscr{B}(\mathbb{R}^2)) := \{g^{-1}(B) \mid \mathscr{B}(\mathbb{R}^2)\}$ stimmt mit $\mathscr{B}(\mathbb{C}) := \sigma(\mathscr{O}_\mathbb{C})$ überein.

(b) Eine Abbildung $h : E \to \mathbb{C}$ ist genau dann $\mathscr{A}/\mathscr{C}$-messbar, wenn $\operatorname{Re} h$ und $\operatorname{Im} h$ $\mathscr{A}/\mathscr{B}(\mathbb{R})$-messbar sind.

Eine Funktion $h : E \to \mathbb{C}$ heißt μ-integrierbar, falls $\operatorname{Re} h$ und $\operatorname{Im} h$ μ-integrierbar sind; wir schreiben $\mathscr{L}^1_{\mathbb{C}}(\mu)$ für die komplexwertigen μ-integrierbaren Funktionen. Das Integral ist definiert als $\int h\,d\mu := \int \operatorname{Re} h\,d\mu + i \int \operatorname{Im} h\,d\mu$. Dann gilt:

(c) $h \mapsto \int h\,d\mu$ definiert auf $\mathscr{L}^1_{\mathbb{C}}(\mu)$ eine $\mathbb{C}$-lineare Abbildung.

(d) $\operatorname{Re} \int h\,d\mu = \int \operatorname{Re} h\,d\mu$ und $\operatorname{Im} \int h\,d\mu = \int \operatorname{Im} h\,d\mu$.

(e) $\left|\int h\,d\mu\right| \leqslant \int |h|\,d\mu$.
Hinweis: Da $\int h\,d\mu \in \mathbb{C}$ gibt es ein $\theta \in (-\pi, \pi]$, so dass $e^{i\theta} \int h\,d\mu \geqslant 0$.

(f) $\mathscr{L}^1_{\mathbb{C}}(\mu) = \left\{h : E \to \mathbb{C} \mid h \text{ ist } \mathscr{A}/\mathscr{C}\text{-messbar und } |h| \in \mathscr{L}^1_{\mathbb{R}}(\mu)\right\}$.

3. (Reihenvergleichskriterium)Es sei $(E, \mathscr{A}, \mu)$ ein endlicher Maßraum. Zeigen Sie:
   (a) $u \in \mathscr{L}^1(\mu) \iff u \in \mathscr{L}^0(\mathscr{A})$ & $\sum_{i=0}^{\infty} \mu\{|u| \geqslant i\} < \infty$;
   (b) $\sum_{i=1}^{\infty} \mu\{|u| \geqslant i\} \leqslant \int |u|\,d\mu \leqslant \sum_{i=0}^{\infty} \mu\{|u| \geqslant i\}$.

4. Es sei $(\Omega, \mathscr{A}, \mathbb{P})$ ein Wahrscheinlichkeitsraum. Zeigen Sie, dass eine $\mathbb{P}$-integrierbare Funktion nicht beschränkt sein muss.

5. Eine messbare Funktion $u\colon E \to \overline{\mathbb{R}}$ heißt *quasi-integrierbar*, wenn

$$\int u\,d\mu := \int u^+\,d\mu - \int u^-\,d\mu$$

in $\overline{\mathbb{R}}$ existiert, d. h. wenn wenigstens eines der Integrale $\int u^{\pm}\,d\mu$ endlich ist.
   (a) Überlegen Sie sich, welche der Eigenschaften von Satz 9.4 sich auf quasi-integrierbare Funktionen übertragen lassen.
   (b) Es sei $(u_n)_{n\in\mathbb{N}}$ eine monoton wachsende Folge von quasi-integrierbaren Funktionen, so dass $\int u_1^-\,d\mu < \infty$. Zeigen Sie, dass $\lim_n \int u_n\,d\mu = \int \lim_n u_n\,d\mu$.
   (c) Formulieren und beweisen Sie Teilaufgabe (b) für eine monoton fallende Folge quasi-integrierbarer Funktionen.
   (d) Es sei $u\colon E \to \overline{\mathbb{R}}$ eine messbare Funktion und $f \in \mathscr{L}^1(\mu)$. Wenn $u \leqslant f$ (oder $f \leqslant u$) gilt, dann ist u quasi-integrierbar.
   (e) Es sei $u\colon E \to (0, \infty)$ für ein $p > 0$ integrierbar. Zeigen Sie, dass $\log u$ quasi-integrierbar ist.

6. (Fatou – verallgemeinert) Es sei $(E, \mathscr{A}, \mu)$ ein Maßraum und $(u_i)_{i\in\mathbb{N}}, (v_i)_{i\in\mathbb{N}}, (w_i)_{i\in\mathbb{N}} \subset \mathscr{L}^0(\mathscr{A})$.
   (a) Wenn es ein $u \in \mathscr{L}^1(\mu)$ mit $u_i(x) \geqslant u(x)$, $i \in \mathbb{N}$, $x \in E$ gibt, dann gilt:

$$\liminf_{i\to\infty} \int u_i(x)\,\mu(dx) \geqslant \int \liminf_{i\to\infty} u_i(x)\,\mu(dx)$$

   (b) Wenn es ein $v \in \mathscr{L}^1(\mu)$ mit $v_i(x) \leqslant v(x)$, $i \in \mathbb{N}$, $x \in E$ gibt, dann gilt:

$$\int \limsup_{i\to\infty} v_i(x)\,\mu(dx) \geqslant \limsup_{i\to\infty} \int v_i(x)\,\mu(dx)$$

   (c) Wenn $w(x) = \lim_i w_i(x)$ für alle $x \in E$ existiert und wenn $|w_i(x)| \leqslant g(x)$ für ein $g \in \mathscr{L}^1(\mu)$ und alle $x \in E$ gilt, dann ist $w \in \mathscr{L}^1(\mu)$ und

$$\int w(x)\,\mu(dx) = \int \lim_{i\to\infty} w_i(x)\,\mu(dx) = \lim_{i\to\infty} \int w_i(x)\,\mu(dx).$$

   (d) Zeigen Sie durch ein Gegenbeispiel, dass die halbseitige Beschränktheit durch integrierbare Funktionen eine wesentliche Annahme in (a) und (b) ist.

7. (Satz von Egorov) Es sei $(E, \mathscr{A}, \mu)$ ein endlicher Maßraum und $f_n : E \to \mathbb{R}$, $n \in \mathbb{N}$, eine Folge messbarer Funktionen.
   (a) $C_f := \{x \in E \mid f(x) = \lim_n f_n(x) \text{ existiert}\} = \bigcap_{k=1}^{\infty} \bigcup_{\ell=1}^{\infty} \bigcap_{m,n=\ell}^{\infty} \left\{|f_m - f_n| \leqslant \frac{1}{k}\right\}$.
   (b) Wir nehmen an, dass $\mu(E \setminus C_f) = 0$, d. h. $f_n(x) \xrightarrow[n\to\infty]{} f(x)$ für alle x außerhalb einer Nullmenge. Dann gilt für die Mengen $A_n^k := \bigcup_{\ell=1}^{n} \bigcap_{m=\ell}^{\infty} \left\{|f_m - f| \leqslant \frac{1}{k}\right\}$
   $$\forall \epsilon > 0\ \forall k \in \mathbb{N}\ \exists n(k, \epsilon) \in \mathbb{N} : \mu(E \setminus A_{n(k,\epsilon)}^k) \leqslant \epsilon 2^{-k}.$$
   (c) **Satz** (Egorov). *Auf einem endlichen Maßraum sei $(f_n)_{n\in\mathbb{N}}$ eine Folge messbarer Funktionen, die punktweise (überall oder außerhalb einer Menge vom Maß Null) gegen eine Funktion f konvergiert. Dann gibt es für jedes $\epsilon > 0$ eine Menge $A_\epsilon \in \mathscr{A}$, $\mu(E \setminus A_\epsilon) \leqslant \epsilon$, so dass $f_n \to f$ gleichmäßig auf A_ϵ (also: $\lim_{n\to\infty} \sup_{x\in A_\epsilon} |f_n(x) - f(x)| = 0$).*
   (d) Geben Sie ein Beispiel an, dass die Voraussetzung $\mu(E) < \infty$ für den Satz von Egorov wesentlich ist (betrachten Sie etwa das Zählmaß auf $\mathbb{N}$ oder das Lebesgue-Maß auf $\mathbb{R}$).

8. (Vervollständigung von $\mathscr{L}^1$) Es sei $(E, \mathscr{A}, \mu)$ ein Maßraum und $(E, \mathscr{A}^\mu, \mu)$ seine Vervollständigung, vgl. Aufgabe 3.7. Verwenden Sie Aufgabe 3.7.(e), um folgendes Resultat zu zeigen:
   $$f \in \mathscr{L}^1(E, \mathscr{A}^\mu, \mu) \iff \begin{cases} \forall \epsilon > 0 \quad \exists g_\epsilon, h_\epsilon \in \mathscr{L}^1(E, \mathscr{A}, \mu) : \\ g_\epsilon \leqslant f \leqslant h_\epsilon \quad \text{und} \quad \int (h_\epsilon - g_\epsilon)\, d\mu \leqslant \epsilon; \end{cases}$$
   $$\iff \begin{cases} \exists g, h \in \mathscr{L}^1(E, \mathscr{A}, \mu) : \\ g \leqslant f \leqslant h \quad \text{und} \quad \int (h - g)\, d\mu = 0. \end{cases}$$

10 Nullmengen

Es sei $(E, \mathscr{A}, \mu)$ ein beliebiger Maßraum. In diesem Kapitel beschäftigen wir uns mit (messbaren) Mengen, die von dem Maß μ »nicht gesehen« werden und in diesem Sinn Ausnahmemengen sind.

10.1 Definition. a) Die *(messbaren) Nullmengen* sind $\mathscr{N}_\mu := \{N \in \mathscr{A} \mid \mu(N) = 0\}$.
b) Eine Eigenschaft $\Pi(x)$ gilt *(μ-)fast überall* (*μ-f. ü.*) oder *für (μ-)fast alle* x, wenn

$$\{x \in E \mid \Pi(x) \text{ gilt nicht}\} \subset N \in \mathscr{N}_\mu.$$

- Die (Ausnahme-)Menge $\{x \in E \mid \Pi(x) \text{ gilt nicht}\}$ muss nicht messbar sein.
- $u = w$ f. ü. $\iff \{u \neq w\} \subset N \in \mathscr{N}_\mu$.
- u, w messbar, $u = w$ f. ü. $\iff \{u \neq w\} \in \mathscr{N}_\mu$.
- $u = w$ f. ü. erlaubt z. B., dass u messbar und w beliebig ist. Dann kann $\{u \neq w\} \notin \mathscr{A}$ auftreten.

10.2 Satz. *Es sei $u \in \mathscr{L}^0_{\overline{\mathbb{R}}}(\mathscr{A})$. Dann gilt*
a) $\int |u|\,d\mu = 0 \iff |u| = 0$ *f. ü.* $\iff \mu\{u \neq 0\} = 0$.
b) $N \in \mathscr{N}_\mu \implies \int_N u\,d\mu = 0$.

Beweis. Wir beginnen mit b). Wegen $|u| \wedge n \uparrow |u|$ $(n \to \infty)$ folgt mit dem Satz von Beppo Levi (Satz 8.6) und Satz 9.3

$$\left|\int_N u\,d\mu\right| = \left|\int u \mathbb{1}_N\,d\mu\right| \leqslant \int |u| \mathbb{1}_N\,d\mu \overset{\text{BL}}{=} \sup_{n \in \mathbb{N}} \underbrace{\int (|u| \wedge n) \mathbb{1}_N\,d\mu}_{\leqslant \int n \mathbb{1}_N\,d\mu = n\mu(N) = 0} = 0.$$

Nun zu a). Offensichtlich sind »$|u| = 0$ f. ü.«, »$u = 0$ f. ü.« und »$\mu\{u \neq 0\} = 0$« gleichwertig. Es genügt daher, die erste Äquivalenz von a) zu zeigen.

»$\Leftarrow$«: $\displaystyle\int |u|\,d\mu = \int_{\{u \neq 0\}} |u|\,d\mu + \int_{\{u = 0\}} |u|\,d\mu = \underbrace{\int_{\{u \neq 0\}} |u|\,d\mu}_{=0 \text{ wg. b)}} + \underbrace{\int_{\{u = 0\}} 0\,d\mu}_{=0} = 0.$

»$\Rightarrow$«: Hier brauchen wir die sogenannte *Markov-Ungleichung*: Für alle $A \in \mathscr{A}$ und $c > 0$ gilt

$$\begin{aligned}
\mu\left(\{|u| \geqslant c\} \cap A\right) &= \int \mathbb{1}_{\{|u| \geqslant c\} \cap A}\,d\mu \\
&= \int_A \frac{c}{c} \mathbb{1}_{\{|u| \geqslant c\}}\,d\mu \\
&\leqslant \int_A \frac{|u|}{c} \mathbb{1}_{\{|u| \geqslant c\}}\,d\mu \leqslant \frac{1}{c} \int_A |u|\,d\mu.
\end{aligned}$$

Insbesondere haben wir für $A = E$

$$\mu(|u| > 0) = \mu\Big(\bigcup_{n \in \mathbb{N}} \{|u| \geqslant \tfrac{1}{n}\}\Big) \leqslant \sum_{n \in \mathbb{N}} \mu\{|u| \geqslant \tfrac{1}{n}\} \leqslant \sum_{n \in \mathbb{N}} n \underbrace{\int |u|\,d\mu}_{=0} = 0. \qquad \square$$

https://doi.org/10.1515/9783111342894-010

10.3 Korollar. *Es seien $u, w \in \mathscr{L}^0_{\overline{\mathbb{R}}}(\mathscr{A})$ mit $u = w$ f. ü.*

a) $u, w \geqslant 0 \implies \int u\,d\mu = \int w\,d\mu \in [0, \infty]$.

b) $u \in \mathscr{L}^1_{\overline{\mathbb{R}}}(\mu) \implies w \in \mathscr{L}^1_{\overline{\mathbb{R}}}(\mu)$ *und* $\int u\,d\mu = \int w\,d\mu$.

Beweis. Da u, w messbar sind, gilt $\{u \neq w\} \in \mathscr{N}_\mu$. Daher

a)
$$\int u\,d\mu = \int_{\{u=w\}} u\,d\mu + \underbrace{\int_{\{u\neq w\}} u\,d\mu}_{=0 \text{ wg. Satz 10.2}} = \int_{\{u=w\}} w\,d\mu + \underbrace{\int_{\{u\neq w\}} w\,d\mu}_{=0 \text{ wg. Satz 10.2}} = \int w\,d\mu.$$

b) $u = w$ f. ü. gibt sofort $u^\pm = w^\pm$ f. ü.; Teil a) für $u^\pm, w^\pm$ zeigt die Behauptung. □

10.4 Korollar. *Für $u \in \mathscr{L}^0_{\overline{\mathbb{R}}}(\mathscr{A})$ und $w \in \mathscr{L}^1_{\overline{\mathbb{R}}}(\mu)$ gilt*

$$|u| \leqslant w \text{ f. ü.} \implies u \in \mathscr{L}^1_{\overline{\mathbb{R}}}(\mu).$$

Beweis. Es ist

$$\int |u|\,d\mu = \int_{|u|\leqslant w} |u|\,d\mu + \int_{|u|>w} |u|\,d\mu \leqslant \int_{|u|\leqslant w} w\,d\mu + 0 \leqslant \int w\,d\mu$$

und daraus folgt dann $u \in \mathscr{L}^1_{\overline{\mathbb{R}}}(\mu)$. □

10.5 Korollar (Markov-Ungleichung). *Für $u \in \mathscr{L}^0_{\overline{\mathbb{R}}}(\mathscr{A})$ gilt*

$$\mu(\{|u| \geqslant c\} \cap A) \leqslant \frac{1}{c} \int_A |u|\,d\mu, \quad c > 0,\ A \in \mathscr{A},$$

$$\mu(|u| \geqslant c) \leqslant \frac{1}{c} \int |u|\,d\mu, \quad c > 0.$$

Beweis. Vgl. Beweis von 10.2.a) »⟹«. □

10.6 Korollar. *Jedes $u \in \mathscr{L}^1_{\overline{\mathbb{R}}}(\mu)$ ist f. ü. reellwertig. Insbesondere existiert ein $\tilde{u} \in \mathscr{L}^1_{\mathbb{R}}(\mu)$ mit $u = \tilde{u}$ f. ü.*

Beweis. Definiere $N := \{|u| = \infty\} = \bigcap_{n\in\mathbb{N}} \{|u| \geqslant n\} \in \mathscr{A}$. Aufgrund der Maßstetigkeit (Satz 3.3.g) gilt

$$\mu(N) = \lim_{n\to\infty} \mu(|u| \geqslant n) \overset{10.5}{\leqslant} \lim_{n\to\infty} \frac{1}{n} \underbrace{\int |u|\,d\mu}_{<\infty} = 0.$$

Daher erfüllt die Funktion $\tilde{u} := u\mathbb{1}_{N^c} : E \to \mathbb{R}$ die Behauptung. □

Konsequenz: Wir können $\mathscr{L}^1_{\overline{\mathbb{R}}}$ stets durch $\mathscr{L}^1 = \mathscr{L}^1_{\mathbb{R}}$ ersetzen, m. a. W. $\mathscr{L}^1_{\overline{\mathbb{R}}}$ ist – bis auf Nullmengen – ein Vektorraum, und wir dürfen das »$\infty - \infty$« Problem (bei allen abzählbaren Operationen!) vernachlässigen. **!**

♦Vervollständigung von Maßräumen und Integralen

Durch die Hinzunahme von Teilmengen von μ-Nullmengen ändert sich im Wesentlichen nur die σ-Algebra, aber nicht das Maß. Diese »Vervollständigung« eines Maßraums kann in manchen Situationen vorteilhaft sein, wenn man Messbarkeitsprobleme vermeiden will.

10.7 Definition. Es sei $(E, \mathscr{A}, \mu)$ ein Maßraum und $\mathscr{N}_\mu$ die messbaren Nullmengen. Mit

$$\mathscr{N}_\mu^* := \{N^* \subset E \mid \exists N \in \mathscr{N}_\mu,\ N^* \subset N\}$$

werden die (nicht notwendig $\mathscr{A}$-messbaren) Teilmengen von μ-Nullmengen bezeichnet.

a) Der Maßraum $(E, \mathscr{A}, \mu)$ heißt *vollständig*, wenn $\mathscr{N}_\mu^* \subset \mathscr{A}$.

b) Die *Vervollständigung* des Maßraums $(E, \mathscr{A}, \mu)$ ist der kleinste vollständige Maßraum $(E, \overline{\mathscr{A}}, \overline{\mu})$, so dass $\mathscr{A} \subset \overline{\mathscr{A}}$ und $\overline{\mu}|_{\mathscr{A}} = \mu$. Die Vervollständigung wird mit $(E, \mathscr{A}^\mu, \mu)$ bezeichnet.

! In einem vollständigen Maßraum sind alle Teilmengen von Nullmengen messbare Mengen.

Wir werden nun zeigen, dass jeder Maßraum vervollständigt werden kann.

10.8 Satz. *Jeder Maßraum $(E, \mathscr{A}, \mu)$ besitzt eine Vervollständigung $(E, \mathscr{A}^\mu, \mu)$. Es gilt*

$$\mathscr{A}^\mu := \{A^* \subset E \mid \exists A, B \in \mathscr{A},\ A \subset A^* \subset B,\ \mu(B \setminus A) = 0\} \tag{10.1}$$

$$\mu(A^*) := \frac{1}{2}\left(\mu(A) + \mu(B)\right), \quad A^* \in \mathscr{A}^\mu. \tag{10.2}$$

Die σ-Algebra $\mathscr{A}^\mu$ lässt auch durch $\mathscr{A}^\mu = \sigma\left(\mathscr{A}, \mathscr{N}_\mu^*\right)$ darstellen.

Beweis. Wir müssen zeigen, dass (10.1) und (10.2) die kleinste vollständige Erweiterung von $(E, \mathscr{A}, \mu)$ ergeben. In diesem Beweis bezeichnen wir mit $\overline{\mu}$ die durch (10.2) definierte Fortsetzung von μ auf $\mathscr{A}^\mu$.

1^0) $\mathscr{A}^\mu$ ist eine σ-Algebra, denn

(Σ_1) $\emptyset \in \mathscr{A}^\mu$ ist klar;

(Σ_2) Wenn $A^* \in \mathscr{A}^\mu$, dann gibt es Mengen $A, B \in \mathscr{A}$ mit $A \subset A^* \subset B$ und $B \setminus A \in \mathscr{N}_\mu$. Insbesondere ist $A^c \supset (A^*)^c \supset B^c$, wobei $A^c, B^c \in \mathscr{A}$ und

$$B^c \setminus A^c = B^c \cap (A^c)^c = A \cap B^c = A \setminus B \in \mathscr{N}_\mu.$$

Es folgt $(A^*)^c \in \mathscr{A}^\mu$.

(Σ_3) Es sei $(A_n^*)_{n\in\mathbb{N}} \subset \mathscr{A}^\mu$ und $A_n \subset A_n^* \subset B_n$ mit $A_n, B_n \in \mathscr{A}$ und $B_n \setminus A_n \in \mathscr{N}_\mu$. Dann gilt

$$A := \bigcup_{n\in\mathbb{N}} A_n \subset \bigcup_{n\in\mathbb{N}} A_n^* \subset \bigcup_{n\in\mathbb{N}} B_n =: B,$$

also sind $A, B \in \mathscr{A}$ und

$$B \setminus A = \bigcup_{n\in\mathbb{N}} (B_n \setminus A) \subset \bigcup_{n\in\mathbb{N}} (B_n \setminus A_n) \in \mathscr{N}_\mu.$$

Im letzten Schritt verwenden wir die σ-Subadditivität des Maßes μ (Satz 3.3.h):

$$\mu\left(\bigcup_{n\in\mathbb{N}} B_n \setminus A_n\right) \leqslant \sum_{n\in\mathbb{N}} \mu(B_n \setminus A_n) = 0.$$

Daher folgt, dass $\bigcup_{n\in\mathbb{N}} A_n^* \in \mathscr{A}^\mu$.

2^0) Die durch (10.2) erklärte Fortsetzung $\overline{\mu}$ ist wohldefiniert, d. h. unabhängig von der Darstellung von $A^* \in \mathscr{A}^\mu$. Wir nehmen an, dass $A_i \subset A^* \subset B_i$, $i = 1, 2$, für $A_i, B_i \in \mathscr{A}$ mit $B_i \setminus A_i \in \mathscr{N}_\mu$ gilt. Wegen $\mu(B_i) = \mu(A_i) \in [0, \infty]$ und $A_1 \cup A_2 \subset A^* \subset B_1 \cap B_2$ erhalten wir

$$\mu(B_1 \cap B_2) \leqslant \mu(B_i) = \mu(A_i) \leqslant \mu(A_1 \cup A_2) \leqslant \mu(B_1 \cap B_2), \qquad i = 1, 2.$$

Es folgt, dass $\mu(B_1) = \mu(B_2) = \mu(A_1) = \mu(A_2)$. Mithin ist $\overline{\mu}$ wohldefiniert. Dass durch $\overline{\mu}$ ein Maß auf $\mathscr{A}^\mu$ definiert wird, ist offensichtlich.

3^0) $\mathscr{A}^\mu = \sigma\left(\mathscr{A}, \mathscr{N}_\mu^*\right)$. Die Definition von $\mathscr{A}^\mu$ zeigt, dass sowohl $\mathscr{A} \subset \mathscr{A}^\mu$ als auch $\mathscr{N}_\mu^* \subset \mathscr{A}^\mu$. Daher folgt $\sigma\left(\mathscr{A}, \mathscr{N}_\mu^*\right) \subset \mathscr{A}^\mu$.

Wenn $A^* \in \mathscr{A}^\mu$, dann gibt es Mengen $A, B \in \mathscr{A}$ mit $A \subset A^* \subset B$ und $B \setminus A \in \mathscr{N}_\mu$. Daher gilt $A^* = A \cup (A^* \setminus A)$, wobei $A^* \setminus A \in \mathscr{N}_\mu^*$. Folglich ist $A^* \in \sigma\left(\mathscr{A}, \mathscr{N}_\mu^*\right)$, also $\mathscr{A}^\mu \subset \sigma\left(\mathscr{A}, \mathscr{N}_\mu^*\right)$.

Insbesondere zeigt diese Darstellung, dass $\mathscr{A}^\mu$ die kleinstmögliche σ-Algebra ist, die in einer Vervollständigung von $(E, \mathscr{A}, \mu)$ auftreten kann. □

Wir können nun die Struktur integrierbarer Funktionen bezüglich eines vervollständigten Maßraums charakterisieren.

10.9 Satz. *Es seien $(E, \mathscr{A}, \mu)$ ein Maßraum und $(E, \mathscr{A}^\mu, \mu)$ seine Vervollständigung. Die folgenden Aussagen sind äquivalent:*

a) $u \in \mathscr{L}^1(E, \mathscr{A}^\mu, \mu)$.

b) $\forall \epsilon > 0 \quad \exists f_\epsilon, g_\epsilon \in \mathscr{L}^1(E, \mathscr{A}, \mu) \ : \ f_\epsilon \leqslant u \leqslant g_\epsilon$ *und* $\int (g_\epsilon - f_\epsilon)\, d\mu \leqslant \epsilon$.

c) $\exists f, g \in \mathscr{L}^1(E, \mathscr{A}, \mu) \ : \ f \leqslant u \leqslant g$ *und* $\int (g - f)\, d\mu = 0$.

Insbesondere gibt es zu $u \in \mathscr{L}^{0,+}(E, \mathscr{A}^\mu, \mu)$ ein $f \in \mathscr{L}^{0,+}(E, \mathscr{A}, \mu)$, so dass $f \leqslant u$ und $\mu\{f \neq u\} = 0$.

Beweis. a)⇒c): Jedes $u \in \mathscr{L}^1(E, \mathscr{A}^\mu, \mu)$ wird durch $u = u^+ - u^-$ in einen Positiv- und Negativteil $u^\pm \in \mathscr{L}^1(E, \mathscr{A}^\mu, \mu)$ zerlegt. Daher reicht es aus, die Aussage für positive u zu zeigen. Nach Definition von $\mathscr{L}^1(E, \mathscr{A}^\mu, \mu)$ gibt es für $u \geqslant 0$ eine Folge einfacher Funktionen $u_n \in \mathcal{E}(\mathscr{A}^\mu)$ mit $u_n \uparrow u$ und $\sup_{n\in\mathbb{N}} \int u_n\, d\mu = \int u\, d\mu$.

Weil $u_n = \sum_{i=1}^{k(n)} a_{i,n} \mathbb{1}_{A_{i,n}^*}$ mit $a_{i,n} \geqslant 0$ und $A_{i,n}^* \in \mathscr{A}^\mu$ gilt, finden wir mit Hilfe von Satz 10.8 Mengen $A_{i,n}, B_{i,n} \in \mathscr{A}$, so dass $A_{i,n} \subset A_{i,n}^* \subset B_{i,n}$ und $\mu(B_{i,n} \setminus A_{i,n}) = 0$. Wenn wir mit diesen Mengen einfache Funktionen mit Treppenstufenhöhe $a_{i,n}$ konstruieren, erhalten wir Funktionen

$$f_n, g_n \in \mathcal{E}(\mathscr{A})^+, \quad f_n \leqslant u_n \leqslant g_n \quad \text{und} \quad \int (g_n - f_n)\, d\mu = 0.$$

Wir definieren nun

$$f := \limsup_{n\to\infty} f_n \vee f_1 \quad \text{und} \quad g := \liminf_{n\to\infty} g_n \wedge g_1.$$

Diese Funktionen sind $\mathscr{A}$-messbar (Korollar 7.13), und es gilt wegen $u_n \uparrow u$

$$0 \leqslant f_1 \leqslant f \leqslant u \leqslant g \leqslant g_1.$$

Weil $\liminf_n g_n - \limsup_n f_n \leqslant \liminf_n (g_n - f_n)$ [✍] erhalten wir mit dem Lemma von Fatou

$$\int (g - f)\, d\mu \leqslant \int \liminf_{n\to\infty} (g_n - f_n)\, d\mu \overset{8.11}{\leqslant} \liminf_{n\to\infty} \underbrace{\int (g_n - f_n)\, d\mu}_{=0} = 0,$$

und wegen $\int g_1\, d\mu < \infty$ sind $f, g \in \mathscr{L}^1(E, \mathscr{A}, \mu)$, vgl. Satz 9.3.d).

b)⇒a). Ausgehend von $f_\epsilon \leqslant u \leqslant g_\epsilon$, $\epsilon > 0$, definieren wir

$$f := \limsup_{n\to\infty} f_{1/n} \vee f_1 \quad \text{und} \quad g := \liminf_{n\to\infty} g_{1/n} \wedge g_1.$$

Diese Funktionen sind $\mathscr{A}$-messbar (Korollar 7.13), und es gilt

$$f_1 \leqslant f \leqslant u \leqslant g \leqslant g_1.$$

Für beliebiges $a \in \mathbb{R}$ sehen wir, dass

$$\{u > a\} = (\{u > a\} \cap \{u = g\}) \cup (\{u > a\} \cap \{u < g\}) = \{g > a\} \cup \{a < u < g\}.$$

Die Menge $\{g > a\}$ ist $\mathscr{A}$-messbar. Weiter gilt $\{a < u < g\} \subset \{u < g\} \subset \{f < g\}$. Mit dem Lemma von Fatou erhalten wir

$$\int (g - f)\, d\mu = \int \liminf_n (g_{1/n} - f_{1/n})\, d\mu \leqslant \liminf_n \underbrace{\int (g_{1/n} - f_{1/n})\, d\mu}_{\leqslant 1/n} = 0,$$

also folgt aus Satz 10.2.a), dass $\mu\{g > f\} = \mu\{g - f > 0\} = 0$. Mit Satz 10.8 erhalten wir, dass $\{u > a\} \in \sigma(\mathscr{A}, \mathscr{N}_\mu^*) = \mathscr{A}^\mu$, und daher ist u messbar bezüglich $\mathscr{A}^\mu$. Nach Voraussetzung sind $f_1, g_1 \in \mathscr{L}^1(E, \mathscr{A}, \mu) \subset \mathscr{L}^1(E, \mathscr{A}^\mu, \mu)$ und $|u| \leqslant |f_1| + |g_1|$; daher folgt die Integrierbarkeit von u.

Der Zusatz folgt aus der Bemerkung, dass der Beweis von $\int (g - f)\, d\mu = 0$ in der Richtung a)⇒c) nur die Messbarkeit von $u \geqslant 0$, aber nicht die Integrierbarkeit $\int u\, d\mu < \infty$ verwendet. Aus $\int (g-f)\, d\mu = 0$ folgt auch $\mu\{u = f\} \leqslant \mu\{g-f > 0\} = 0$, vgl. Satz 10.2.a). □

Aufgaben

1. Es sei $(E, \mathscr{A}, \mu)$ ein Maßraum und $u, v \in \mathscr{L}^1(\mu)$. Zeigen Sie:

$$\int_A u\,d\mu = \int_A v\,d\mu \quad \forall A \in \mathscr{A} \iff u = v \quad \text{fast überall.}$$

Hinweis: Betrachten Sie z. B. $A = \{u \geqslant v\}$.

2. In Aufgabe 10.1 sei nun $\mathscr{A} = \sigma(\mathscr{G})$, wobei $\mathscr{G}$ ein $\cap$-stabiler Erzeuger ist, so dass eine aufsteigende Folge $(G_n)_{n\in\mathbb{N}} \subset \mathscr{G}$, $G_n \uparrow E$, mit $\mu(G_n) < \infty$ existiert. Zeigen Sie:

$$\int_G u\,d\mu = \int_G v\,d\mu \quad \forall G \in \mathscr{G} \iff u = v \quad \text{fast überall.}$$

Hinweis: Eindeutigkeitssatz für Maße für $G \mapsto \int_G (u^+ + v^-)\,d\mu$ und Aufgabe 10.1.

3. Vergleichen Sie die beiden folgenden Aussagen:
   (a) Die Funktion u ist fast überall stetig.
   (b) Die Funktion u stimmt fast überall mit einer stetigen Funktion überein.

4. Es sei $(E, \mathscr{A}, \mu)$ ein Maßraum. Zeigen Sie die folgenden Varianten der Markovschen Ungleichung (Korollar 10.6): Für positive Konstanten $c, \alpha > 0$ gilt
   (a) $\mu\{|u| > c\} \leqslant \frac{1}{c} \int |u|\,d\mu$;
   (b) $\mu\{|u| > c\} \leqslant \frac{1}{c^p} \int |u|^p\,d\mu \quad (0 < p < \infty)$;
   (c) $\mu\{u > \alpha \int u\,d\mu\} \leqslant 1/\alpha,\ u \geqslant 0$;
   (d) $\mu\{|u| > c\} \leqslant \frac{1}{\phi(c)} \int \phi(|u|)\,d\mu \quad (\phi > 0$ wachsend);
   (e) $\mu\{|u| < c\} \leqslant \frac{1}{\psi(c)} \int \psi(|u|)\,d\mu \quad (\psi > 0$ fallend);
   (f) (Chebyshevsche Ungleichung) Es sei $\mu = \mathbb{P}$ ein W-Maß, $X : E \to \mathbb{R}$ eine messbare Funktion (»Zufallsvariable«), $\mathbb{E}X = \int X\,d\mathbb{P}$ der Erwartungswert und $\mathbb{V}X := \mathbb{E}\left((X - \mathbb{E}X)^2\right)$ die Varianz. Dann gilt: $\mathbb{P}\left(|X - \mathbb{E}X| \geqslant \alpha\sqrt{\mathbb{V}X}\right) \leqslant \alpha^{-2}$.

5. (Vervollständigung) Es sei $(E, \mathscr{A}, \mu)$ ein endlicher Maßraum. Wir definieren für jede Menge $Q \subset E$ das innere bzw. äußere Maß

$$\mu^*(Q) := \inf\{\mu(A) \mid A \in \mathscr{A},\ A \supset Q\} \quad \text{und} \quad \mu_*(Q) := \sup\{\mu(A) \mid A \in \mathscr{A},\ A \subset Q\}.$$

Zeigen Sie:
   (a) $\mu_*(Q) \leqslant \mu^*(Q)$ und $\mu_*(Q) + \mu^*(Q^c) = \mu(E)$.
   (b) $\mu^*(Q \cup R) \leqslant \mu^*(Q) + \mu^*(R)$ und $\mu_*(Q) + \mu_*(R) \leqslant \mu_*(Q \uplus R)$.
   (c) Zu jedem $Q \subset E$ gibt es Mengen $Q_*, Q^* \in \mathscr{A}$ mit $\mu(Q_*) = \mu_*(Q)$ und $\mu(Q^*) = \mu^*(Q)$.
   Hinweis: Wegen der Definition des Infimums gibt es messbare Mengen $Q^n \supset Q$ mit $\mu(Q^n) - \mu^*(Q) \leqslant 1/n$; betrachten Sie nun $\bigcap Q^n$.
   (d) Die Familie $\mathscr{A}^* := \{Q \subset E \mid \mu_*(Q) = \mu^*(Q)\}$ ist eine σ-Algebra.
   (e) Der Maßraum $(E, \mathscr{A}^*, \overline{\mu})$ mit $\overline{\mu} := \mu^*|_{\mathscr{A}^*} = \mu_*|_{\mathscr{A}^*}$ ist die Vervollständigung von $(E, \mathscr{A}, \mu)$ (vgl. Aufgabe 3.7, 5.4).

6. Es sei μ ein σ-endliches Maß auf dem Messraum $(E, \mathscr{A})$. Konstruieren Sie ein Wahrscheinlichkeitsmaß $\mathbb{P}$ auf $(E, \mathscr{A})$, das dieselben Nullmengen wie μ hat.

7. Es sei $(E, \mathscr{A}, \mu)$ ein Maßraum. Für $u, w \in \mathscr{L}^1(\mu)$ definieren wir

$$u \sim w :\iff \mu(\{u \neq w\}) = 0.$$

(a) Beweisen Sie, dass »∼« eine Äquivalenzrelation ist.

(b) Wir schreiben $[u] := \{w \in \mathscr{L}^1(\mu) \mid w \sim u\}$ für die Äquivalenzklasse mit Repräsentant u. Zeigen Sie, dass

$$L^1(\mu) := \mathscr{L}^1(\mu)/_\sim := \left\{[u] \mid u \in \mathscr{L}^1(\mu)\right\}$$

ein Vektorraum ist bzgl. der Operationen

$$[u] + [w] := [u + w], \qquad \alpha[u] := [\alpha u], \qquad \alpha \in \mathbb{R},\ u, w \in \mathscr{L}^1(\mu).$$

(c) Zeigen Sie, dass

$$\|[u]\|_{L^1(\mu)} := \inf\{\|w\|_{\mathscr{L}^1(\mu)} \mid w \in [u]\}$$

eine Norm auf $L^1(\mu)$ definiert und dass

$$\|[u]\|_{L^1(\mu)} = \|u\|_{\mathscr{L}^1(\mu)}, \qquad u \in \mathscr{L}^1(\mu).$$

8. Es seien $u, v : E \to \overline{\mathbb{R}}$ quasi-integrierbare Funktionen, vgl. Aufgabe 9.5. Wenn $\int u\,d\mu + \int v\,d\mu$ in $\overline{\mathbb{R}}$ existiert, dann ist $u + v$ f. ü. in $\overline{\mathbb{R}}$ definiert, quasi-integrierbar und $\int (u + v)\,d\mu = \int u\,d\mu + \int v\,d\mu$.

9. Es seien $(a_n)_n, (b_n)_n$ zwei reelle Folgen. Zeigen Sie, dass

$$\liminf_n a_n + \liminf_n b_n \leqslant \liminf_n (a_n + b_n) \quad \text{und} \quad \liminf_n a_n - \limsup_n b_n \leqslant \liminf_n (a_n - b_n).$$

11 Konvergenzsätze

In diesem Kapitel ist $(E, \mathscr{A}, \mu)$ ein Maßraum. Wir untersuchen nun die Möglichkeit, Grenzwerte und Integrale zu vertauschen. Da das Integral selbst als Grenzprozess definiert wurde (vgl. Definition 8.4), ist das eine weitere Variation des bekannten Themas »Vertauschung von Limiten«. Zwei solcher Aussagen kennen wir schon: Den Satz von Beppo Levi (Satz 8.6) und das Lemma von Fatou (Satz 8.11).

Gute Konvergenzsätze sind auch einer der Gründe, warum das Lebesgue-Integral gegenüber der Riemannschen Theorie bevorzugt wird.[11]

11.1 Beispiel. Das Standardbeispiel für eine nicht Riemann-integrierbare Funktion ist die *Dirichletsche Sprungfunktion*

$$f(x) = \mathbb{1}_{\mathbb{Q}\cap[0,1]}(x) = \begin{cases} 1, & x \in [0,1] \cap \mathbb{Q}, \\ 0, & \text{sonst.} \end{cases}$$

Da Ober- und Unterintegrale[12] nicht übereinstimmen, $\int^* f\,dx \neq \int_* f\,dx$, ist f *nicht Riemann-integrierbar*. Es ist nicht schwer einzusehen, dass $\mathbb{1}_{[0,1]}$ die kleinste Oberfunktion und $0 \cdot \mathbb{1}_{[0,1]}$ die größte Unterfunktion ist. Insbesondere ist also $\int^* f\,dx = 1$ und $\int_* f\,dx = 0$.

Für den *Lebesgueschen Zugang* wählen wir eine Abzählung $(q_n)_{n\in\mathbb{N}} = \mathbb{Q} \cap [0,1]$ und erhalten

$$\int f\,d\lambda = \int \sup_n \mathbb{1}_{\{q_1,\dots,q_n\}}(x)\,\lambda(dx) \stackrel{\text{BL}}{=} \sup_n \underbrace{\int \mathbb{1}_{\{q_1,\dots,q_n\}}(x)\,\lambda(dx)}_{=\lambda\{q_1,\dots,q_n\}=\sum_{m=1}^n \lambda\{q_m\}=0} = 0.$$

Wegen $\mathbb{Q} \cap [0,1] \in \mathscr{B}(\mathbb{R})$ ist f messbar und $f \in \mathscr{L}^1(\lambda)$.

Wir beginnen mit einer Verallgemeinerung des Satzes von Beppo Levi auf Funktionen mit beliebigem Vorzeichen.

11.2 Satz (monotone Konvergenz). a) *Es sei $(u_n)_{n\in\mathbb{N}} \subset \mathscr{L}^1(\mu)$ eine monoton aufsteigende Folge integrierbarer Funktionen: $u_1 \leqslant u_2 \leqslant \dots$ und $u := \sup_n u_n$. Dann gilt*

$$u \in \mathscr{L}^1_{\bar{\mathbb{R}}}(\mu) \iff \sup_{n\in\mathbb{N}} \int u_n\,d\mu < \infty.$$

In diesem Fall ist

$$\int u\,d\mu = \int \sup_{n\in\mathbb{N}} u_n\,d\mu = \sup_{n\in\mathbb{N}} \int u_n\,d\mu \in \mathbb{R}. \qquad (\sup_{n\in\mathbb{N}} = \lim_{n\to\infty})$$

11 Die Entwicklung des Integralbegriffs wurde im 19. Jhdt. wesentlich durch die Theorie der Fourierreihen beeinflusst. Das trifft sowohl auf das Riemann–Integral (ca. 1860) als auch auf das Lebesgue-Integral (ca. 1900) zu.

12 Ein kurzer Abriss der Riemann–Integration mit Hilfe von Ober- und Unterintegralen wird am Anfang von Kapitel 13 gegeben.

https://doi.org/10.1515/9783111342894-011

b) *Es sei* $(w_n)_{n\in\mathbb{N}} \subset \mathcal{L}^1(\mu)$ *eine monoton absteigende Folge integrierbarer Funktionen:* $w_1 \geqslant w_2 \geqslant \dots$ *und* $w := \inf_n w_n$*. Dann gilt*

$$w \in \mathcal{L}^1_{\overline{\mathbb{R}}}(\mu) \iff \inf_{n\in\mathbb{N}} \int w_n \, d\mu > -\infty.$$

In diesem Fall ist

$$\int w \, d\mu = \int \inf_{n\in\mathbb{N}} w_n \, d\mu = \inf_{n\in\mathbb{N}} \int w_n \, d\mu \in \mathbb{R}. \qquad (\inf_{n\in\mathbb{N}} = \lim_{n\to\infty})$$

Beweis. Für $u_n := -w_n$ ergibt sich b) aus a). Daher reicht es aus a) zu zeigen. Der Grenzwert u ist messbar und

$$\begin{aligned} &0 \leqslant u_n - u_1 \in \mathcal{L}^1(\mu), \quad u_n - u_1 \uparrow u - u_1 \\ \overset{\text{BL}}{\Longrightarrow}\ &0 \leqslant \sup_n \int (u_n - u_1)\, d\mu = \int (u - u_1)\, d\mu. \end{aligned} \qquad (*)$$

Fall 1 »$\Longrightarrow$«: Da $u_1, u \in \mathcal{L}^1_{\overline{\mathbb{R}}}(\mu)$, gilt wegen (*)

$$\sup_n \int u_n \, d\mu - \int u_1 \, d\mu = \int u \, d\mu - \int u_1 \, d\mu \implies \sup_n \int u_n \, d\mu = \int u \, d\mu < \infty.$$

Fall 2 »$\Longleftarrow$«: Wenn $\sup_n \int u_n \, d\mu < \infty$, dann gilt wieder wegen (*)

$$u - u_1 \in \mathcal{L}^1_{\overline{\mathbb{R}}}(\mu) \implies u = (u - u_1) + u_1 \in \mathcal{L}^1_{\overline{\mathbb{R}}}(\mu)$$

(beachte, dass u_1 reellwertig ist, d. h. der Fall »$\infty - \infty$« kann nicht auftreten!), und $\sup_n \int u_n \, d\mu = \int u \, d\mu$ folgt wie in Fall 1. □

Der wohl wichtigste Konvergenzsatz ist der *Satz von Lebesgue*, der auch als *Satz von der dominierten Konvergenz* bekannt ist.

11.3 Satz (Lebesgue; dominierte Konvergenz). *Es sei* $(u_n)_{n\in\mathbb{N}} \subset \mathcal{L}^0(\mathscr{A})$ *eine Folge von messbaren Funktionen mit*

- ▸ $u_n(x) \xrightarrow[n\to\infty]{} u(x)$ *für alle* x
- ▸▸ $|u_n(x)| \leqslant w(x)$ *für ein* $w \in \mathcal{L}^1_{\overline{\mathbb{R}}}(\mu)$ *für alle* $n \in \mathbb{N}$ *und alle* x

(w *heißt Majorante). Dann gilt* $u_n, u \in \mathcal{L}^1_{\overline{\mathbb{R}}}(\mu)$ *und*

a) $\displaystyle\lim_{n\to\infty} \int |u - u_n| \, d\mu = 0;$

b) $\displaystyle\lim_{n\to\infty} \int u_n \, d\mu = \int \lim_{n\to\infty} u_n \, d\mu = \int u \, d\mu.$

Beweis. 1⁰) *Behauptung:* $u \in \mathcal{L}^1_{\overline{\mathbb{R}}}(\mu)$. Das folgt mit dem Kriterium 9.3.d) aus

$$|u_n| \leqslant w \quad \text{und} \quad |u| = \big|\lim_{n\to\infty} u_n\big| = \lim_{n\to\infty} |u_n| \leqslant w,$$

da auch $u \in \mathcal{L}^0_{\overline{\mathbb{R}}}(\mathscr{A})$ (Limes messbarer Funktionen).

2^0) a)$\Rightarrow$b): Das folgt aus

$$\left|\int u\,d\mu - \int u_n\,d\mu\right| = \left|\int (u - u_n)\,d\mu\right| \overset{9.4.e)}{\leqslant} \int |u - u_n|\,d\mu \xrightarrow[n\to\infty]{a)} 0.$$

3^0) Zeige a): Wegen $|u_n - u| \leqslant |u_n| + |u| \leqslant 2w$ gilt $2w - |u_n - u| \geqslant 0$ und mit Fatous Lemma (Satz 8.11) erhalten wir

$$\begin{aligned}
\int 2w\,d\mu &= \int \Big(2w - \underbrace{\lim_{n\to\infty} |u - u_n|}_{=0}\Big)\,d\mu \\
&= \int \lim_{n\to\infty}(\inf)\Big(2w - |u - u_n|\Big)\,d\mu \\
&\leqslant \liminf_{n\to\infty} \int \Big(2w - |u - u_n|\Big)\,d\mu \\
&= \int 2w\,d\mu - \limsup_{n\to\infty} \int |u - u_n|\,d\mu.
\end{aligned}$$

Daraus folgt $\limsup_{n\to\infty} \int |u - u_n|\,d\mu = 0$, mithin $\lim_{n\to\infty} \int |u - u_n|\,d\mu = 0$. □

11.4 Bemerkung. a) Wir dürfen in 11.3 ►, ►► »für alle x« durch »f. ü.« ersetzen. Dann ist

$$N = \Big\{x \;\Big|\; \lim_{n\to\infty} u_n(x) \text{ ex. nicht}\Big\} \cup \bigcup_{n\in\mathbb{N}} \{x \mid |u_n(x)| > w(x)\}$$

eine μ-Nullmenge. Die Funktionen $u\mathbb{1}_{N^c}$, $u_n\mathbb{1}_{N^c}$ erfüllen dann die Voraussetzungen von Satz 11.3 *für alle* x. Da $\mu(N) = 0$ ist, gilt auch $\int u_n\mathbb{1}_{N^c}\,d\mu = \int u_n\,d\mu$ und wir erhalten die Aussage des Satzes auch in diesem Fall.

b) Die Existenz einer Majorante in 11.3 ►► ist wesentlich.

Gegenbeispiel: Betrachte auf $(E, \mathscr{A}, \mu) = ([0, 1], \mathscr{B}[0, 1], dx)$ die Funktionen

$$u_n(x) := n\mathbb{1}_{[0,\frac{1}{n}]}(x) \xrightarrow[n\to\infty]{} \infty\mathbb{1}_{\{0\}}(x) \overset{\text{f. ü.}}{=} 0,$$

aber für alle $n \in \mathbb{N}$ gilt

$$\int u_n(x)\,dx = n\lambda\left[0, \tfrac{1}{n}\right] \overset{\forall n}{=} 1 \neq 0 = \int \infty\mathbb{1}_{\{0\}}(x)\,dx.$$

Aufgaben

1. Übertragen Sie den Beweis von Satz 11.3 auf die folgende Situation: Auf einem Maßraum $(E, \mathscr{A}, \mu)$ sei $(u_n)_{n\in\mathbb{N}} \subset \mathscr{L}^0(\mathscr{A})$, so dass $\lim_n u_n = u$ und $|u_n| \leqslant g$ für ein $g \geqslant 0$ mit $g^p \in \mathscr{L}^1(\mu)$, $p > 0$. Dann gilt $\lim_n \int |u_n - u|^p\,d\mu = 0$.

2. Es sei $(u_n)_{n\in\mathbb{N}}$ eine Folge integrierbarer Funktionen auf $(E, \mathscr{A}, \mu)$, so dass $\sum_{n=1}^{\infty} \int |u_n|\,d\mu < \infty$. Zeigen Sie, dass die Reihe $\sum_{n=1}^{\infty} u_n$ fast überall gegen eine reellwertige Funktion u konvergiert; in diesem Fall

gilt:

$$\int \sum_{n=1}^{\infty} u_n \, d\mu = \sum_{n=1}^{\infty} \int u_n \, d\mu.$$

Hinweis: Zeigen Sie mittels Beppo Levi, dass $\sum_{n=1}^{\infty} u_n(x)$ für fast alle $x \in E$ absolut konvergiert, und nutzen Sie anschließend dominierte Konvergenz.)

3. Es sei $(u_n)_{n\in\mathbb{N}}$ eine Folge in $\mathscr{L}^1_+(E, \mathscr{A}, \mu)$, die gegen 0 absteigt: $u_n \geqslant u_{n+1} \geqslant \ldots \downarrow 0$. Zeigen Sie, dass $\sum_{n=1}^{\infty}(-1)^n u_n$ konvergiert, eine integrierbare Funktion $u \in \mathscr{L}^1(\mu)$ definiert, und dass

$$\int \sum_{n=1}^{\infty} (-1)^n u_n \, d\mu = \sum_{n=1}^{\infty} (-1)^n \int u_n \, d\mu.$$

4. Es sei μ ein endliches Maß auf $([0,\infty), \mathscr{B}[0,\infty))$. Bestimmen Sie $\lim_{r\to\infty} \int_{[0,\infty)} e^{-rx}\, \mu(dx)$.

5. Es sei λ das Lebesgue-Maß in $\mathbb{R}^n$.
   (a) Es sei $f \in \mathscr{L}^1(\lambda)$ und $K \subset \mathbb{R}^n$ kompakt. Zeigen Sie: $\lim_{|x|\to\infty} \int_{K+x} |f| \, d\lambda = 0$.
   (b) Es sei f eine gleichmäßig stetige Funktion und $|f|^p \in \mathscr{L}^1(\lambda)$ für ein $p > 0$. Dann gilt $\lim_{|x|\to\infty} f(x) = 0$.

6. Es sei λ das Lebesgue-Maß auf $\mathbb{R}^n$ und $f \in \mathscr{L}^1(\lambda)$. Zeigen Sie:
   (a) Für jedes $\epsilon > 0$ gibt es ein $B \in \mathscr{B}(\mathbb{R}^n)$, $\lambda(B) < \infty$, so dass $\sup_B |f| < \infty$ und $\int_{B^c} |f| \, d\lambda < \epsilon$.
   (b) Folgern Sie aus Teil (a), dass $\lim_{\lambda(B)\to 0} \int_B |f| \, d\lambda = 0$.

7. Es sei $(E, \mathscr{A}, \mu)$ ein Maßraum und $(u_n)_{n\in\mathbb{N}} \subset \mathscr{L}^1(\mu)$ eine gleichmäßig konvergente Folge.
   (a) Zeigen Sie: Wenn $\mu(E) < \infty$, dann gilt $\lim_n \int u_n \, d\mu = \int \lim_n u_n \, d\mu$.
   (b) Angenommen wir wissen, dass $u = \lim_n u_n \in \mathscr{L}^1(\mu)$ und $\lim_n \int u_n \, d\mu$ existiert. Gilt dann $\lim_n \int u_n \, d\mu = \int u \, d\mu$?

8. Es sei $f \in \mathscr{L}^1(0,1)$ positiv und monoton. Finden Sie $\lim_n \int_0^1 f(t^n)\, dt$.

9. Es sei $f \in \mathscr{L}^1(0,1)$. Finden Sie $\lim_n \int_0^1 t^n f(t)\, dt$.

10. Zeigen Sie: $\displaystyle\int_0^{\infty} \frac{\sin t}{e^t - 1}\, dt = \sum_{n=1}^{\infty} \frac{1}{n^2+1}.$

11. Es sei $f\colon \mathbb{R} \to \mathbb{R}$ eine Borel-messbare Funktion und $x \mapsto e^{\lambda x} f(x)$ sei integrierbar für alle $\lambda \in \mathbb{R}$. Zeigen Sie, dass für alle $z \in \mathbb{C}$

$$\int_{\mathbb{R}} e^{zx} f(x)\, dx = \sum_{n=0}^{\infty} \frac{z^n}{n!} \int_{\mathbb{R}} x^n f(x)\, dx.$$

12. Zeigen Sie folgenden Satz von W. H. Young, der auch als *Lemma von Pratt* bekannt ist:

Satz. (Young; Pratt) *Auf einem Maßraum $(E, \mathscr{A}, \mu)$ seien $(f_n)_n$, $(g_n)_n$ und $(G_n)_n$ drei Folgen integrierbarer Funktionen, die folgende Annahmn erfüllen:*
- $\lim_n f_n = f$, $\lim_n g_n = g$, $\lim_n G_n = G$ *punktweise auf E;*
- $g_n \leqslant f_n \leqslant G_n$ *für alle n;*
- $\lim_n \int g_n \, d\mu = \int g \, d\mu \in \mathbb{R}$ *und* $\lim_n \int G_n \, d\mu = \int G \, d\mu \in \mathbb{R}$.

Dann gilt $\lim_n \int f_n \, d\mu = \int f \, d\mu \in \mathbb{R}$.

13. Es sei $(E, \mathscr{A}, \mu)$ ein Maßraum und $f \in \mathscr{L}^1(\mu)$. Zeigen Sie: Für jedes $\epsilon > 0$ existiert ein $\delta > 0$, so dass
$$A \in \mathscr{A}, \; \mu(A) < \delta \implies \left| \int_A f \, d\mu \right| \leqslant \int_A |f| \, d\mu < \epsilon.$$

14. Es sei $(E, \mathscr{A}, \mu)$ ein Maßraum und $\mathscr{A}_0 = \{A \in \mathscr{A} \mid \mu(A) < \infty\}$. Eine Folge $(u_n)_{n \in \mathbb{N}} \subset \mathscr{L}^0(\mu)$ *konvergiert in Wahrscheinlichkeit*, wenn es ein $u \in \mathscr{L}^0(\mu)$ gibt, so dass für alle $\epsilon > 0$ und $A \in \mathscr{A}_0$ gilt: $\lim_{n \to \infty} \mu(\{|u - u_n| \geqslant \epsilon\} \cap A) = 0$.[13] Notation: $u_n \xrightarrow{\mu} u$.
    (a) Zeigen Sie, dass die Konvergenz $u_n(x) \to u(x)$ für μ-fast alle $x \in E$ die Konvergenz $u_n \xrightarrow{\mu} u$ impliziert.
    (b) Zeigen Sie, dass $u_n \xrightarrow{\mu} u \iff \forall A \in \mathscr{A}_0 : \int_A |u - u_n| \wedge 1 \, d\mu \to 0$.
    (c) Zeigen Sie, dass der Satz von der dominierten Konvergenz (Satz 11.3) $u_n \to u$ auch gilt, wenn wir punktweise Konvergenz durch Konvergenz in Wahrscheinlichkeit ersetzen.
    Anleitung:
    - $u_n \xrightarrow{\mu} u \iff |u_n - u| \xrightarrow{\mu} 0$, d. h. wir können $u = 0$ annehmen.
    - Beachte $\int_E |u_n| \, d\mu = \int_E |u_n| \wedge w \, d\mu$ für die Majorante w aus Satz 11.3.
    - Zerlege $E = \{|u_n| \leqslant \epsilon\} \cup (\{|u_n| > \epsilon\} \cap \{w > R\}) \cup (\{|u_n| > \epsilon\} \cap \{w \leqslant R\})$ für beliebige $\epsilon, R > 0$. Eliminiere u_n in den ersten beiden Integralen und verwende die Konvergenz in Wahrscheinlichkeit für das dritte Integral.
    - Verwende nun (zweimal) dominierte Konvergenz für $\epsilon \to 0$ bzw. $R \to \infty$.

13 Wegen $\mu(A) < \infty$ könnten wir μ durch das W-Maß $\overline{\mu} := \mu/\mu(A)$ ersetzen, daher »Konvergenz in Wahrscheinlichkeit«. Wenn $\lim_{n \to \infty} \mu\{|u - u_n| \geqslant \epsilon\} = 0$ für alle $\epsilon > 0$ gilt, spricht man von »Konvergenz dem Maße nach«. Für unendliche Maße μ gibt es einige subtile Unterschiede zwischen diesen beiden Konvergenzbegriffen, vgl. [19].

12 Parameter-Integrale

In diesem und im folgenden Kapitel zeigen wir einige wichtige Anwendungen der Konvergenzsätze. Hier untersuchen wir die Frage, unter welchen Bedingungen sich die Stetigkeit und Differenzierbarkeit eines Integranden (bezüglich eines Parameters) auf das Integral vererbt. Wie immer ist $(E, \mathscr{A}, \mu)$ ein Maßraum.

$$\begin{array}{ccc} \mu\text{-integrierbar} & & \\ \downarrow & & \\ u(t,x) & \longrightarrow & V(t) = \int u(t,x)\,\mu(dx) \\ \uparrow & & \uparrow \\ \text{stetig / differenzierbar!} & & \text{stetig? / differenzierbar?} \end{array}$$

Offenbar handelt es sich wieder um ein Problem vom Typ Grenzwert–Vertauschung.

12.1 Satz (Stetigkeitslemma). *Es sei* $u\colon (a,b) \times E \to \mathbb{R}$, $(a,b) \subset \mathbb{R}$ *offen, und*

a) $x \mapsto u(t,x)$ *ist in* $\mathscr{L}^1(\mu)$ $\quad \forall t \in (a,b)$ *fest;*

b) $t \mapsto u(t,x)$ *ist stetig* $\quad \forall x \in E$ *fest;*

c) $|u(t,x)| \leqslant w(x)$ $\quad \forall (t,x) \in (a,b) \times E$ *und ein* $w \in \mathscr{L}^1(\mu)$.

Dann ist $t \mapsto V(t) := \int u(t,x)\,\mu(dx)$ *stetig für alle* $t \in (a,b)$.

Beweis. Wegen Annahme c) ist V wohldefiniert. Die Funktion $V(\cdot)$ ist genau dann an der Stelle t stetig, wenn $V(t_n) \to V(t)$ für jede Folge $(t_n)_{n\in\mathbb{N}} \subset (a,b)$ mit $t_n \to t$ gilt.[14] Sei also t fest und $(t_n)_n \subset (a,b)$ eine Folge mit $t_n \to t$. Setze $u_n(x) := u(t_n, x)$. Dann ist

- $u_n \in \mathscr{L}^1(\mu)$ wegen a)
- $u_n(x) \xrightarrow[n\to\infty]{} u(t,x)$ wegen b)
- $|u_n(x)| \leqslant w(x)$ wegen c).

Der Satz von Lebesgue (Satz 11.3) zeigt

$$V(t_n) = \int u(t_n, \cdot)\,d\mu = \int u_n\,d\mu \xrightarrow[n\to\infty]{\text{dom. Konv.}} \int u(t,\cdot)\,d\mu \stackrel{\text{Def}}{=} V(t). \qquad \square$$

Eine ähnlich einfache Idee, wenn auch mit einem etwas aufwendigeren Beweis, hat der folgende Satz.

12.2 Satz (Differenzierbarkeitslemma). *Es sei* $u\colon (a,b) \times E \to \mathbb{R}$, $(a,b) \subset \mathbb{R}$ *offen, und*

a) $x \mapsto u(t,x)$ *ist in* $\mathscr{L}^1(\mu)$ $\quad \forall t \in (a,b)$ *fest;*

b) $t \mapsto u(t,x)$ *ist diff'bar* $\quad \forall x \in E$ *fest;*

c) $|\partial_t u(t,x)| \leqslant w(x)$ $\quad \forall (t,x) \in (a,b) \times E$ *und ein* $w \in \mathscr{L}^1(\mu)$.

Dann ist $t \mapsto V(t) := \int u(t,x)\,\mu(dx)$ *differenzierbar in* $t \in (a,b)$ *und es gilt*

$$\frac{d}{dt} V(t) = \frac{d}{dt} \int u(t,x)\,\mu(dx) = \int \frac{\partial}{\partial t} u(t,x)\,\mu(dx). \tag{12.1}$$

---

14 Stetigkeit ist eine *lokale* Eigenschaft, d. h. nur eine (kleine) Umgebung von t ist relevant.

https://doi.org/10.1515/9783111342894-012

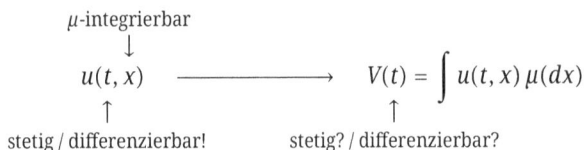

Beweis. Wir zeigen die Differenzierbarkeit von V und (12.1) für ein festes $t \in (a, b)$.

Wähle $(t_n)_{n\in\mathbb{N}} \subset (a, b)$ mit $t_n \to t$, $t_n \neq t$, und setze

$$u_n(x) := \frac{u(t_n, x) - u(t, x)}{t_n - t} \xrightarrow[n\to\infty]{\text{wg. b)}} \partial_t u(t, x).$$

Insbesondere ist $x \mapsto \partial_t u(t, x)$ messbar (Limes messbarer Funktionen) und die rechte Seite von (12.1) ist wohldefiniert. Nach dem Mittelwertsatz gilt

$$|u_n(x)| = \left|\partial_s u(s, x)\big|_{s=\theta}\right| \overset{\text{c)}}{\leqslant} w(x) \quad \forall n, \forall x.$$

Daher ist $u_n \in \mathscr{L}^1(\mu)$ und wir können dominierte Konvergenz in dem mit (#) gekennzeichneten Schritt anwenden:

$$\begin{aligned} V'(t) = \lim_{n\to\infty} \frac{V(t_n) - V(t)}{t_n - t} &= \lim_{n\to\infty} \int \frac{u(t_n, x) - u(t, x)}{t_n - t}\, \mu(dx) \\ &= \lim_{n\to\infty} \int u_n(x)\, \mu(dx) \\ &\overset{(\#)}{=} \int \lim_{n\to\infty} u_n(x)\, \mu(dx) \\ &= \int \partial_t u(t, x)\, \mu(dx). \end{aligned}$$

□

Für das folgende Beispiel benötigen wir eine Tatsache, die wir erst im nächsten Kapitel 13 beweisen werden: *Eine Riemann-integrierbare Funktion f ist auch Lebesgue-integrierbar. In diesem Fall gilt, dass Riemann-$\int f(x)\,dx$ = Lebesgue-$\int f(x)\,dx$.*

Somit stehen uns alle Rechenregeln der Riemannschen Theorie zur Verfügung.

12.3 Beispiel. Es sei $f_\alpha(x) := x^\alpha$, $x > 0$, $\alpha \in \mathbb{R}$. Dann gilt

a) $f_\alpha \in \mathscr{L}^1((0, 1), dx) \iff \alpha > -1$;

b) $f_\alpha \in \mathscr{L}^1((1, \infty), dx) \iff \alpha < -1$.

Beweis. a) Da $x \mapsto x^\alpha$ stetig ist, ist $x^\alpha \mathbb{1}_{(0,1)}(x)$ Borel-messbar. Daher ($(R)\int \dots$ bezeichnet das Riemann–Integral) haben wir

$$\begin{aligned} \int_{(0,1)} x^\alpha\, dx &\overset{\text{BL}}{=} \lim_{n\to\infty} \int \overbrace{\mathbb{1}_{[1/n,1)}(x)\, x^\alpha}^{\text{Riemann-int'bar}}\, dx = \lim_{n\to\infty} (\mathrm{R})\int_{1/n}^{1} x^\alpha\, dx \\ &= \lim_{n\to\infty} \frac{x^{\alpha+1}}{\alpha+1}\bigg|_{1/n}^{1} = \frac{1}{\alpha+1} < \infty \quad (\iff \alpha > -1). \end{aligned}$$

b) wird ganz ähnlich bewiesen. [✍] □

12.4 Beispiel. Die Funktion $f(x) := x^\alpha e^{-\beta x}$, $x > 0$, ist Lebesgue-integrierbar auf $(0, \infty)$, wenn $\alpha > -1$ und $\beta > 0$.

Beweis. 1^0) Da f stetig auf $(0, \infty)$ ist, ist f auch Borel-messbar.

2°) Mit der exp-Reihe sehen wir für alle $x > 0$ und $\beta > 0$

$$\frac{(\beta x)^N}{N!} \leqslant \sum_{n=0}^{\infty} \frac{(\beta x)^n}{n!} = e^{\beta x} \implies e^{-\beta x} \leqslant \frac{N!}{\beta^N} x^{-N}$$

und somit

$$f(x) = x^a e^{-\beta x} \leqslant \underbrace{x^a \mathbb{1}_{(0,1)}(x)}_{\in \mathcal{L}^1 \text{ wenn } a>-1} + \frac{N!}{\beta^N} \underbrace{x^{a-N} \mathbb{1}_{[1,\infty)}(x)}_{\in \mathcal{L}^1 \text{ wenn } a-N<-1};$$

aber $a - N < -1$ ist stets möglich, da $N \in \mathbb{N}$ beliebig ist. □

12.5 Beispiel (Eulersche Γ-Funktion). Die Gamma-Funktion ist definiert durch

$$\Gamma(t) = \int_{(0,\infty)} x^{t-1} e^{-x} \, dx, \qquad t > 0. \tag{12.2}$$

a) Γ ist stetig in $(0, \infty)$.
b) Γ ist beliebig oft differenzierbar in $(0, \infty)$.
c) $t\Gamma(t) = \Gamma(t + 1)$, insbesondere ist $n! = \Gamma(n + 1)$.
d) $\ln \Gamma(t)$ ist konvex.

Beweis. Wir zeigen hier nur a), b) (und auch nur für die erste Ableitung), der Rest bleibt als Übung. [✍]

Beispiel 12.4 zeigt, dass $\Gamma(t)$, $t > 0$, wohldefiniert ist. Da *Stetigkeit* und *Differenzierbarkeit* lokale Eigenschaften sind, zeigen wir a), b) für alle t in beliebigen Intervallen $(a, b) \subset [a, b] \subset (0, \infty)$ – nur so können wir die Majoranten im Stetigkeits- und Differenzierbarkeitslemma finden.

a) Wir verwenden Satz 12.1. Sei $t \in (a, b)$ fest. Dann

$$u(t, x) := x^{t-1} e^{-x}, \quad u(t, \cdot) \in \mathcal{L}^1((0, \infty), dx) \quad \text{(Beispiel 12.4)}$$

und $t \mapsto u(t, x)$ ist stetig. Weiter:

$$\begin{aligned} x^{t-1} e^{-x} &\leqslant x^{t-1} \mathbb{1}_{(0,1)}(x) + N! x^{t-1-N} \mathbb{1}_{[1,\infty)}(x) \\ &\leqslant x^{a-1} \mathbb{1}_{(0,1)}(x) + N! \underbrace{x^{b-1-N}}_{\leqslant x^{-2} \text{ wenn } N = N(b) \text{ groß}} \mathbb{1}_{[1,\infty)}(x) \end{aligned}$$

und somit gibt es eine Majorante, die gleichmäßig in $t \in (a, b)$ ist (die aber von a, b abhängen darf). Daher können wir Satz 12.1 lokal auf (a, b) anwenden.

Das zeigt die Stetigkeit von Γ im Intervall (a, b). Da $0 < a < b < \infty$ beliebig sind, folgt die Stetigkeit von Γ auf $(0, \infty)$.

b) Wir verwenden Satz 12.2. Es sei $t \in (a, b)$ fest. Dann ist
- $u(t, \cdot)$ integrierbar;
- $u(\cdot, x)$ differenzierbar;

▸ $\partial_t u(t,x) = \partial_t\left(x^{t-1}e^{-x}\right) = x^{t-1}e^{-x}\ln x$.
Wir müssen noch eine Majorante finden. Für jedes $x \in (1,\infty)$ gilt

$$\ln x \leqslant x \implies |\partial_t u(t,x)| \leqslant x^t e^{-x} \leqslant x^b e^{-x} \overset{\text{vgl. 12.4}}{\in} \mathscr{L}^1([1,\infty),dx)$$

und für $x \in (0,1)$ haben wir $|\ln x| = \ln\frac{1}{x}$ und somit

$$|\partial_t u(t,x)| = e^{-x}\,x^{t-1}\,\ln\tfrac{1}{x} \leqslant x^{a-1}\,\ln\tfrac{1}{x} = x^{a-1-\epsilon}\,x^{\epsilon}\ln\tfrac{1}{x}.$$

Hier ist $a-1-\epsilon > -1$, was für kleines $\epsilon > 0$ stets möglich ist, da $a > 0$. Nun ist

$$M := \sup_{x\in(0,1)} x^{\epsilon}\ln\tfrac{1}{x} < \infty.^{15}$$

Somit gilt für alle $t \in (a,b)$

$$|\partial_t u(t,x)| \leqslant Mx^{a-1-\epsilon}\mathbb{1}_{(0,1)}(x) + x^b e^{-x}\mathbb{1}_{[1,\infty)}(x) \in \mathscr{L}^1((0,\infty),dx).$$

Jetzt greift Satz 12.2 und wir erhalten

$$\Gamma'(t) = \int_{(0,\infty)} x^{t-1}\,e^{-x}\,\ln x\,dx.$$

Da $0 < a < b < \infty$ beliebig sind, folgt die Differenzierbarkeit von Γ auf dem Intervall $(0,\infty)$. □

Aufgaben

1. Es seien μ ein Maß auf $(\mathbb{R},\mathscr{B}(\mathbb{R}))$, $u\colon \mathbb{R}\to\mathbb{C}$ eine messbare (vgl. Aufgabe 9.2) Funktion und dx das Lebesgue-Maß auf $\mathbb{R}$.
   (a) Finden Sie Bedingungen für μ und u, so dass die *Fouriertransformationen*

   $$\widehat{\mu}(\xi) := \frac{1}{2\pi}\int_{\mathbb{R}} e^{-ix\xi}\,\mu(dx) \quad\text{und}\quad \widehat{u}(\xi) := \frac{1}{2\pi}\int_{\mathbb{R}} e^{-ix\xi}u(x)\,dx$$

   existieren bzw. stetig sind bzw. n-fach differenzierbar sind.
   (b) Überlegen Sie sich, dass $\widehat{\mu}(\xi)$ genau dann zweimal differenzierbar ist, wenn $\int x^2\,\mu(dx) < \infty$. **Hinweis:** Für die Richtung »⟹« verwenden Sie das Lemma von Fatou und die Tatsache, dass

   $$x^2 = 2x^2\lim_{h\to 0}\frac{1-\cos(2hx)}{(2hx)^2}.$$

2. Es sei μ ein Maß auf $(\mathbb{R},\mathscr{B}(\mathbb{R}))$ und $u \in \mathscr{L}^1(\mu)$, $u > 0$. Zeigen Sie, dass $x \mapsto \int_{(0,x)} u(t)\,\mu(dt)$ genau dann an der Stelle $x = x_0$ stetig ist, wenn $\mu\{x_0\} = 0$.

---

15 Die Funktion ist stetig und $\lim_{x\to 0} x^{\epsilon}\ln\frac{1}{x} \overset{x=e^{-t}}{=} \lim_{t\to\infty} e^{-\epsilon t}t = 0$ für $\epsilon > 0$.

3. Mit Hilfe von $\phi \in \mathscr{L}^1([0,1], dx)$ definieren wir $f(t) := \int_{[0,1]} |\phi(x) - t|\, dx$. Zeigen Sie:
   (a) f ist stetig.
   (b) f ist differenzierbar an der Stelle $t \in \mathbb{R}$ genau dann, wenn $\lambda\{\phi = t\} = 0$.
4. Es sei $f(t) := \int_0^\infty x^{-2} \sin^2 x\, e^{-tx}\, dx,\ t \geqslant 0$.
   (a) Zeigen Sie, dass f auf $[0,\infty)$ stetig und auf $(0,\infty)$ zweimal differenzierbar ist.
   (b) Finden Sie f'' und berechnen Sie $\lim_{t\to\infty} f(t)$ und $\lim_{t\to\infty} f'(t)$.
   (c) Verwenden Sie die vorangehenden Teilaufgaben, um eine einfache Darstellung für f zu finden.
5. Es sei $\phi\colon \mathbb{R} \to \mathbb{R}$ eine hinreichend glatte Funktion mit kompaktem Träger $\operatorname{supp}\phi \subset [-M, M]$.
   (a) Es sei $\phi \in C^1$. Berechnen Sie das Cauchysche Hauptwertintegral (»valeur principale«):

$$\operatorname{vp}\int \frac{\phi(x)}{x}\, dx = \lim_{\epsilon\to 0} \int\limits_{|x|>\epsilon} \frac{\phi(x)}{x}\, dx.$$

   (b) Es sei $\phi \in C^2$. Berechnen Sie das »partie finie«-Integral:

$$\operatorname{pf}\int \frac{\phi(x)}{x^2}\, dx = \lim_{\epsilon\to 0}\left(\int\limits_{|x|>\epsilon} \frac{\phi(x)}{x^2}\, dx - 2\frac{\phi(0)}{\epsilon}\right).$$

   (c) Es sei $\phi \in C^2$. Berechnen Sie das »partie finie«-Integral auf $[0,\infty)$:

$$\operatorname{pf}\int \frac{\phi(x)\mathbb{1}_{(0,\infty)}(x)}{x^2}\, dx = \lim_{\epsilon\to 0}\left(\int_\epsilon^\infty \frac{\phi(x)}{x^2}\, dx - \frac{\phi(0)}{\epsilon} + \phi'(0)\log\epsilon\right).$$

   (d) Wie würde man $\operatorname{pf}\int \frac{\phi(x)}{x^k}\, dx$ für $\phi \in C^k$ und $k = 3, 4, 5, \ldots$ definieren?
   Hinweis: Verwenden Sie eine Taylor-Entwicklung für ϕ um $x = 0$ und wählen Sie eine geeignete Form des Restglieds in der Entwicklung

$$\phi(x) = \sum_{i=0}^{n-1} \partial^i\phi(0)\frac{x^i}{i!} + x^n\psi(x).$$

Weitere Aufgaben zum Thema »parameterabhängige Integrale« finden sich im folgenden Kapitel.

13 Riemann vs. Lebesgue

Die Lebesguesche Integrationstheorie wurde entwickelt, weil der Riemannsche Integralbegriff sich für viele Anwendungen als zu eng erwies. In diesem Kapitel zeigen wir, dass das Lebesgue-Integral das Riemann–Integral fortsetzt. Das erlaubt es uns, in vielen Situationen Stammfunktionen »Riemannsch« zu berechnen und so die Vorzüge beider Theorien zu verbinden. Wir werden auch eine notwendige und hinreichende Charakterisierung aller Riemann-integrierbaren Funktionen angeben (dazu benötigt man interessanterweise den Begriff der Lebesgue-Nullmenge). Wir schreiben

$$\text{R- / L-integrierbar} = \text{Riemann- / Lebesgue-integrierbar},$$

$$(\mathrm{R})\int_a^b \cdots = \text{Riemann–Integral}, \qquad \int_{[a,b]} \cdots = \text{Lebesgue-Integral}.$$

Zunächst erinnern wir kurz an die Definition des Riemann–Integrals. Auf einem endlichen Intervall $[a,b] \subset \mathbb{R}$ sei eine beschränkte Funktion $u\colon [a,b] \to \mathbb{R}$ gegeben. Dann heißt

$$\begin{aligned}
&\Pi = \{a = t_0 < t_1 < \cdots < t_k = b\} && \text{Partition von } [a,b];\\
&S_\Pi[u] = \sum_{n=1}^{k} m_n(t_n - t_{n-1}) \quad \text{wo} \quad m_n := \inf_{[t_{n-1},t_n]} u && \text{(Darbouxsche) Untersumme;}\\
&S^\Pi[u] = \sum_{n=1}^{k} M_n(t_n - t_{n-1}) \quad \text{wo} \quad M_n := \sup_{[t_{n-1},t_n]} u && \text{(Darbouxsche) Obersumme.}
\end{aligned}$$

13.1 Definition. Eine beschränkte Funktion $u\colon [a,b] \to \mathbb{R}$ heißt *R-integrierbar*, wenn

$$\int_* u := \sup_\Pi S_\Pi[u] = \inf_\Pi S^\Pi[u] =: \int^* u \in \mathbb{R}.$$

Der gemeinsame Wert $(\mathrm{R})\int_a^b u(x)\,dx := \int_* u = \int^* u$ ist das *R-Integral* von u.

Offensichtlich haben wir

$$S_\Pi[u] = \sum_{n=1}^{k} m_n(t_n - t_{n-1}) = \sum_{n=1}^{k} m_n \int \mathbb{1}_{[t_{n-1},t_n)}\,d\lambda = \int \underbrace{\sum_{n=1}^{k} m_n \mathbb{1}_{[t_{n-1},t_n)}}_{=:\ \sigma_u^\Pi \leqslant u,\ \sigma_u^\Pi \in \mathcal{E}} d\lambda$$

und entsprechend ist

$$S^\Pi[u] = \int \Sigma_u^\Pi\,d\lambda, \qquad u \leqslant \Sigma_u^\Pi \in \mathcal{E}.$$

Für jede Verfeinerung $\Pi' \supset \Pi$ der Partition Π gilt dann

$$\sigma_u^\Pi \leqslant \sigma_u^{\Pi'} \leqslant \Sigma_u^{\Pi'} \leqslant \Sigma_u^\Pi \overset{\Pi\uparrow}{\Longrightarrow} \sigma_u^\Pi \uparrow, \quad \Sigma_u^\Pi \downarrow .$$

https://doi.org/10.1515/9783111342894-013

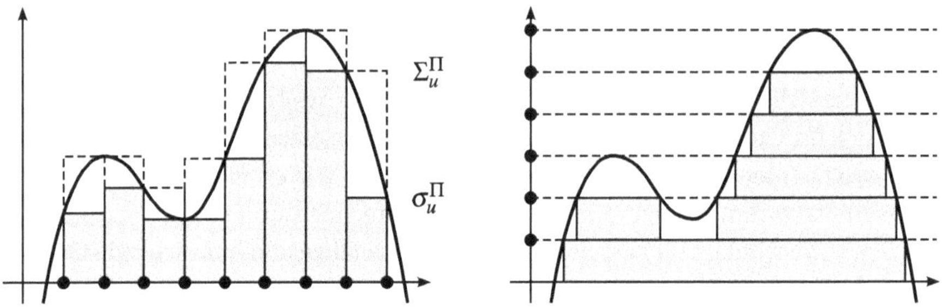

Abb. 13.1: Beim R-Integral werden die Stützstellen t_n im Definitionsbereich des Integranden fest gewählt, während beim Lebesgue-Integral der Wertebereich fest aufgeteilt wird, und somit die Werte von u die Partitionierung des Definitionsbereichs bestimmen.

13.2 Satz. *Es sei* $u\colon [a,b] \to \mathbb{R}$ *Borel-messbar und R-integrierbar. Dann*

$$u \in \mathscr{L}^1(\lambda) \quad \textit{und} \quad (\mathrm{R})\int_a^b u(x)\,dx = \int_{[a,b]} u\,d\lambda.$$

Beweis. Es sei u R-integrierbar. Dann gibt es eine Folge von Partitionen Π_n mit

$$\lim_{n\to\infty} S_{\Pi_n}[u] = \int_* u = \int^* u = \lim_{n\to\infty} S^{\Pi_n}[u].$$

Wir dürfen o. E. annehmen, dass $\Pi_n \subset \Pi_{n+1} \subset \dots$ (sonst betrachten wir $\Pi_1 \cup \dots \cup \Pi_n$). Daher gilt

$$\sigma_u := \sup_n \sigma_u^{\Pi_n} \leqslant u \leqslant \inf_n \Sigma_u^{\Pi_n} =: \Sigma_u$$

und mit monotoner Konvergenz (MK) sehen wir

$$\int_* u \overset{\text{Def}}{=} \lim_n S_{\Pi_n}[u] = \lim_n \int_{[a,b]} \sigma_u^{\Pi_n}\,d\lambda \overset{\text{MK}}{=} \int_{[a,b]} \sigma_u\,d\lambda,$$

$$\int^* u \overset{\text{Def}}{=} \lim_n S^{\Pi_n}[u] = \lim_n \int_{[a,b]} \Sigma_u^{\Pi_n}\,d\lambda \overset{\text{MK}}{=} \int_{[a,b]} \Sigma_u\,d\lambda. \tag{*}$$

Es folgt

$$\int \underbrace{(\Sigma_u - \sigma_u)}_{\geqslant 0}\,d\lambda = 0 \implies \{u \neq \Sigma_u\} \cup \{u \neq \sigma_u\} \subset \{\sigma_u \neq \Sigma_u\} \in \mathscr{N}_\lambda$$

$$\implies u = \Sigma_u \text{ f. ü. mit } \Sigma_u \in \mathscr{L}^1(\lambda) \text{ wegen (*).}$$

Da u zudem Borel-messbar war, erhalten wir $u \in \mathscr{L}^1(\lambda)$. □

Der Beweis von Satz 13.2 zeigt noch mehr: Wenn u R-integrierbar (aber nicht notwendig Borel-messbar) ist, dann gibt es eine messbare Funktion $\Sigma_u \in \mathscr{L}^1(\lambda)$ mit $u = \Sigma_u$ f. ü. und $(\mathrm{R})\int_a^b u(x)\,dx = \int \Sigma_u\,d\lambda$.

13.3 Satz. *Es sei* $u\colon [a,b] \to \mathbb{R}$ *beschränkt. Dann gilt*

$$u \text{ R-integrierbar} \iff \begin{cases} \{x \in [a,b] \mid u(x) \text{ ist unstetig}\} \\ \text{ist (Teilmenge einer) } \lambda\text{-Nullmenge.} \end{cases}$$

Die Menge der Stetigkeitsstellen $\{x \mid u \text{ stetig in } x\}$ einer beliebigen Funktion $u\colon [a,b] \to \mathbb{R}$ ist sogar eine Borelmenge, vgl. Anhang A.3.

Beweis von Satz 13.3. »$\Rightarrow$«: Für eine R-integrierbare Funktion u seien Π_n und σ_u, Σ_u wie im Beweis von Satz 13.2. Wegen der Eigenschaften von sup und inf gilt

$$\begin{aligned} &\forall \epsilon > 0 \quad \forall x \in [a,b] \quad \exists n(\epsilon, x) \in \mathbb{N},\ t_{n_0-1}, t_{n_0} \in \Pi_{n(\epsilon,x)} : \\ &\quad \text{a)}\ x \in [t_{n_0-1}, t_{n_0}] \\ &\quad \text{b)}\ \left|\sigma_u^{\Pi_n}(x) - \sigma_u(x)\right| + \left|\Sigma_u^{\Pi_n}(x) - \Sigma_u(x)\right| \leqslant \epsilon \quad \forall n \geqslant n(\epsilon, x). \end{aligned}$$

Somit erhalten wir für $x \in [a,b] \setminus \bigcup_{n\in\mathbb{N}} \Pi_n$ und t_{n_0-1}, t_{n_0} wie oben

$$\begin{aligned} \forall y \in (t_{n_0-1}, t_{n_0}) : |u(x) - u(y)| &\leqslant M_{n_0} - m_{n_0} \\ &= \Sigma_u^{\Pi_{n(\epsilon,x)}}(x) - \sigma_u^{\Pi_{n(\epsilon,x)}}(x) \\ &\leqslant \epsilon + |\Sigma_u(x) - \sigma_u(x)|. \end{aligned}$$

Nun gilt $\{\Sigma_u \neq \sigma_u\} \in \mathcal{N}_\lambda$ da u R-integrierbar ist (vgl. Beweis von 13.2), und daher ist

$$\{x \mid u(x) \text{ ist unstetig}\} \subset \underbrace{\bigcup_{n\in\mathbb{N}} \Pi_n}_{\text{abzählbar}, \in \mathcal{N}_\lambda} \cup \overbrace{\{\Sigma_u \neq \sigma_u\}}^{\in \mathcal{N}_\lambda} \in \mathcal{N}_\lambda.$$

»$\Leftarrow$«: Umgekehrt sei $\{x \mid u(x) \text{ ist unstetig}\}$ Teilmenge einer Nullmenge.

$$\begin{aligned} &\forall x \notin \{u \text{ unstetig}\} \quad \forall \Pi \subset [a,b] \text{ Partition} \quad \exists k = k(x,\Pi) : x \in [t_{k-1}, t_k] \\ &\implies \Sigma_u(x) - \sigma_u(x) \leqslant M_k - m_k \xrightarrow[|\Pi| := \max_i |t_i - t_{i-1}| \downarrow 0]{u \text{ stetig in } x} 0 \\ &\implies \{\Sigma_u = \sigma_u\} \supset \{u \text{ stetig}\} \\ &\implies \underbrace{\{\Sigma_u \neq \sigma_u\}}_{\text{messbar !}} \subset \{u \text{ unstetig}\} \\ &\implies \{\Sigma_u \neq \sigma_u\} \in \mathcal{N}_\lambda \\ &\implies \int^* u \overset{\text{Def}}{=} \int \Sigma_u \, d\lambda = \int \sigma_u \, d\lambda \overset{\text{Def}}{=} \int_* u. \end{aligned}$$

Es folgt, dass die Funktion u R-integrierbar ist. □

Die Sätze 13.2 und 13.3 gelten i. Allg. *nicht für uneigentliche* Riemann–Integrale.

Aufgaben

1. Zeigen Sie, dass $\int_0^\infty x^n e^{-x}\,dx = n!$ für alle $n \in \mathbb{N}$ gilt.
   Hinweis: Zeigen Sie $\int_0^\infty e^{-xt}\,dx = \frac{1}{t}$, $t > 0$, und differenzieren Sie diese Identität.
2. (a) Zeigen Sie, dass $\int_{(0,1)} (x \ln x)^k \,\lambda(dx) = (-1)^k \left(\frac{1}{k+1}\right)^{k+1} \Gamma(k+1)$ für alle $k = 0, 1, 2, \dots$ gilt.
   (b) Verwenden Sie Teil (a), um $\int_{(0,1)} x^{-x}\,\lambda(dx) = \sum_{k=1}^\infty k^{-k}$ zu zeigen.
3. Zeigen Sie, dass die Funktion $x \mapsto e^{-x^a}$, $x \geqslant 0$, für jedes $a > 0$ Lebesgue-integrierbar ist.
4. Untersuchen Sie, ob die folgenden Funktionen auf den angegebenen Intervallen Lebesgue-integrierbar sind:
   (a) $f(x) = \frac{\sin(x)}{x}$, $[1,\infty)$; (b) $g(x) = \frac{\sin(x^2)}{x^2}$, $[1,\infty)$; (c) $h(x) = \frac{\cos(x)}{\sqrt{x}}$, $(0,1]$;
   (d) $i(x) = \frac{\sin(x)}{x}$, $(0,1]$; (e) $j(x) = \frac{1}{x}$, $(0,1]$; (f) $k(x) = \frac{\sin(ax)}{e^x-1}$, $(0,\infty)$.
   Was würde sich ändern, wenn wir stattdessen $\left[\frac{1}{2}, 2\right]$ wählen?
   Hinweis: Betrachten Sie zunächst $f_n = f\mathbb{1}_{[1,n]}$ bzw. $h_n = h\mathbb{1}_{[1/n,1]}$ etc. und nutzen Sie monotone Konvergenz sowie Aussagen über den Zusammenhang von Riemann- und Lebesgue-Integralen.
5. Beweisen Sie folgende Gleichheit: $\int_0^\infty \frac{\sin(ax)}{e^x-1}\,dx = \sum_{n=1}^\infty \frac{a}{a^2+n^2}$.
   Hinweis: Verwenden Sie die geometrische Reihe und bestimmen Sie $\operatorname{Im} e^{-x(n-ia)}$.
6. Berechnen Sie den Grenzwert $\lim_{n\to\infty} \int_0^1 \frac{1+nx^2}{(1+x^2)^n}\,dx$.
7. Es sei $f(t) = \int_0^\infty \arctan\left(\frac{t}{\sinh x}\right) dx$, $t > 0$, wobei $\sinh x = \frac{1}{2}(e^x - e^{-x})$.
   (a) Zeigen Sie, dass f auf $(0,\infty)$ differenzierbar, dass aber $f'(0+)$ nicht existiert.
   (b) Finden Sie eine geschlossene Darstellung für f' sowie für $f(0)$ und $\lim_{t\to\infty} f(t)$.
8. Finden Sie eine Folge von Riemann-integrierbaren Funktionen $(u_n)_{n\in\mathbb{N}}$, so dass $u(x) = \lim_n u_n(x)$ für alle $x \in \mathbb{R}$ existiert, aber nicht mehr Riemann-integrierbar ist.
9. Eine Funktion $u\colon (a,b) \to \mathbb{R}$, $-\infty \leqslant a < b \leqslant \infty$, heißt uneigentlich Riemann-integrierbar, wenn sie für alle Intervalle $[c,d] \subset (a,b)$ Riemann-integrierbar ist und $\lim_{c\to a,\, d\to b} \int_c^d u(x)\,dx$ existiert.
   Zeigen Sie: Jede messbare, uneigentlich Riemann-integrierbare Funktion $u\colon (0,\infty) \to [0,\infty)$ ist Lebesgue-integrierbar.
10. (Fresnelsche Integrale) Zeigen Sie, dass die folgenden Integrale als uneigentliche Riemann-Integrale existieren

$$\int_0^\infty \sin(x^2)\,dx \quad \text{und} \quad \int_0^\infty \cos(x^2)\,dx.$$

    Existieren diese Integrale auch als Lebesgue-Integrale?
    Bemerkung: Mit Hilfe des Residuenkalküls kann man zeigen, dass beide Integrale den Wert $\sqrt{\frac{\pi}{8}}$ haben.
11. (Frullanisches Integral) Es sei $f\colon (0,\infty) \to \mathbb{R}$ eine stetige Funktion mit $\lim_{x\to 0+} f(x) = m$ und $\lim_{x\to\infty} f(x) = M$. Zeigen Sie, dass das uneigentliche Riemann-Integral

$$\lim_{\substack{r\to 0\\ R\to\infty}} \int_r^R \frac{f(bx) - f(ax)}{x}\,dx = (M - m)\ln\frac{b}{a}, \qquad a, b > 0,$$

    existiert. Existiert das Integral auch im Lebesgueschen Sinne?
    Hinweis: Mittelwertsatz für Riemann-Integrale.

12. (Integralsinus) Gegeben sei die Funktion $f(x) := \frac{\sin x}{x}$, $x \geqslant 1$. Zeigen Sie:
   (a) f ist nicht Lebesgue-integrierbar auf $[1, \infty)$.
   (b) f ist uneigentlich Riemann-integrierbar auf $[1, \infty)$, d. h. es existiert der Grenzwert

$$\lim_{R\to\infty} \int_1^R \frac{\sin x}{x}\, dx.$$

   Tipp: Verwenden Sie partielle Integration.

   (c) Existiert auch das uneigentliche Integral $\int_0^\infty \frac{\sin x}{x}\, dx$?

Bemerkung: Diese Aufgabe zeigt, dass das Lebesgue-Integral nicht das Riemann-Integral ersetzt.

14 Die Räume $\mathscr{L}^p$ und L^p

Es sei $(E, \mathscr{A}, \mu)$ ein Maßraum. Analog zu den integrierbaren Funktionen $\mathscr{L}^1(E, \mathscr{A}, \mu)$ führen wir nun die p-fach integrierbaren Funktionen ein. Diese Räume spielen auch in der Funktionalanalysis eine große Rolle.

14.1 Definition. Es sei $p \in [1, \infty)$. Dann sind

$$\mathscr{L}^p(E, \mathscr{A}, \mu) = \left\{u\colon E \to \mathbb{R} \;\middle|\; u \text{ messbar, } \int |u|^p \, d\mu < \infty\right\}, \qquad (1 \leqslant p < \infty)$$

$$\mathscr{L}^\infty(E, \mathscr{A}, \mu) = \left\{u\colon E \to \mathbb{R} \mid u \text{ messbar, } \exists c > 0,\ \mu\{|u| \geqslant c\} = 0\right\} \qquad (p = \infty)$$

die Räume der *p-fach integrierbaren Funktionen.* Wir schreiben

$$\|u\|_{L^p} = \left(\int |u|^p \, d\mu\right)^{1/p}, \qquad (1 \leqslant p < \infty)$$

$$\|u\|_{L^\infty} = \inf\{c > 0 \mid \mu\{|u| \geqslant c\} = 0\}. \qquad (p = \infty)$$

Je nachdem, ob wir das Maß μ, die Grundmenge E oder die Messbarkeit bezüglich $\mathscr{A}$ hervorheben möchten, schreiben wir auch $\mathscr{L}^p(\mu)$, $\mathscr{L}^p(E)$, $\mathscr{L}^p(\mathscr{A})$ oder nur $\mathscr{L}^p$.

Die Abbildung $u \mapsto \|u\|_{L^p}$, $p \in [1, \infty]$, verhält sich fast wie eine Norm (vgl. Bem. 14.6.b)):
a) $\|u\|_{L^p} = 0 \iff u = 0$ f. ü. (Satz 10.2.a) für $p < \infty$, trivial für $p = \infty$).
b) $\|\alpha u\|_{L^p} = |\alpha| \|u\|_{L^p}$, $\alpha \in \mathbb{R}$.

Nur die Dreiecksungleichung für die Norm ist nicht offensichtlich. Dazu benötigen wir eine elementare Ungleichung, die direkt aus Abb. 14.1 abgelesen werden kann.

14.2 Lemma (Youngsche Ungleichung). *Die Exponenten $p, q \in (1, \infty)$ seien konjugiert, d. h. $p^{-1} + q^{-1} = 1$ (also: $q = p/(p-1)$). Dann*

$$AB \leqslant \frac{A^p}{p} + \frac{B^q}{q}, \qquad A, B \geqslant 0. \tag{14.1}$$

Zusatz: In (14.1) *gilt »=« genau dann, wenn $B = A^{p-1}$.*

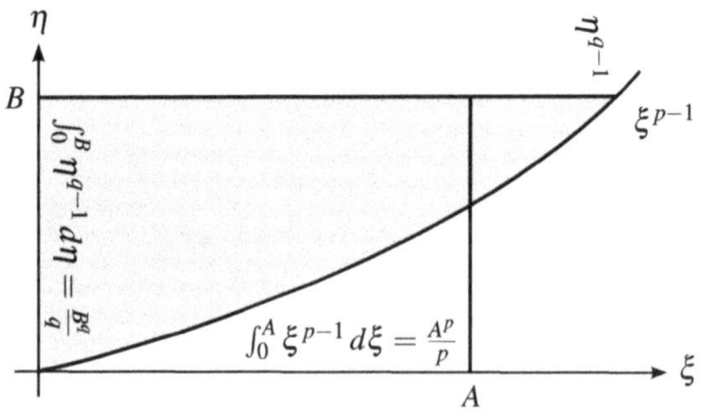

Abb. 14.1: Youngsche Ungleichung.

https://doi.org/10.1515/9783111342894-014

Mit Hilfe der Youngschen Ungleichung können wir die folgende fundamentale Ungleichung für Integrale beweisen.

14.3 Satz (Höldersche Ungleichung). *Für $u \in \mathscr{L}^p(\mu)$ und $w \in \mathscr{L}^q(\mu)$ mit $\frac{1}{p} + \frac{1}{q} = 1$, $p, q \in [1, \infty]$, gilt $u \cdot w \in \mathscr{L}^1(\mu)$ und*

$$\left| \int uw \, d\mu \right| \leqslant \int |uw| \, d\mu \leqslant \|u\|_{L^p} \|w\|_{L^q}. \tag{14.2}$$

Beweis. Die erste Ungleichung in (14.2) ist klar, die zweite Ungleichung folgt so:

Fall 1: $p, q \in (1, \infty)$. Setze

$$A := \frac{|u(x)|}{\|u\|_{L^p}}, \qquad B := \frac{|w(x)|}{\|w\|_{L^q}}.$$

Wegen (14.1) erhalten wir

$$\frac{|u(x)w(x)|}{\|u\|_{L^p}\|w\|_{L^q}} \leqslant \frac{|u(x)|^p}{p\|u\|_{L^p}^p} + \frac{|w(x)|^q}{q\|w\|_{L^q}^q}.$$

Wir integrieren nun auf beiden Seiten

$$\int \frac{|u(x)w(x)|}{\|u\|_{L^p}\|w\|_{L^q}} \, \mu(dx) \leqslant \frac{\int |u(x)|^p \, \mu(dx)}{p\|u\|_{L^p}^p} + \frac{\int |w(x)|^q \, \mu(dx)}{q\|w\|_{L^q}^q} = \frac{1}{p} + \frac{1}{q} = 1$$

woraus die behauptete Ungleichung durch Multiplikation mit $\|u\|_{L^p}\|w\|_{L^q}$ folgt.

Fall 2: $p = 1, q = \infty$. Definitionsgemäß haben wir $\|w\|_{L^\infty} \geqslant |w|$ f. ü., also

$$\int |uw| \, d\mu \leqslant \|w\|_{L^\infty} \int |u| \, d\mu.$$ □

14.4 Korollar (Cauchy–Schwarz Ungleichung). *Für $u, w \in \mathscr{L}^2(\mu)$ gilt $u \cdot w \in \mathscr{L}^1(\mu)$ und*

$$\int |uw| \, d\mu \leqslant \|u\|_{L^2}\|w\|_{L^2}. \tag{14.3}$$

Beweis. Verwende Satz 14.3 mit $p = q = 2$. □

14.5 Korollar (Minkowski-Ungleichung). *Für beliebige $u, w \in \mathscr{L}^p(\mu)$ und $p \in [1, \infty]$ gilt $u + w \in \mathscr{L}^p(\mu)$, sowie*

$$\|u + w\|_{L^p} \leqslant \|u\|_{L^p} + \|w\|_{L^p}. \tag{14.4}$$

Beweis. Der Fall $p = \infty$ ist eine Übung. [✍] Sei $p \in [1, \infty)$. Zunächst folgt die p-fache Integrierbarkeit aus

$$\begin{aligned} |u + w|^p &\leqslant (|u| + |w|)^p \leqslant (2\max\{|u|, |w|\})^p = 2^p \max\{|u|^p, |w|^p\} \\ &\leqslant 2^p(\underbrace{|u|^p}_{\in \mathscr{L}^1(\mu)} + \underbrace{|w|^p}_{\in \mathscr{L}^1(\mu)}) \in \mathscr{L}^1(\mu). \end{aligned}$$

Weiterhin haben wir

$$\begin{aligned}\int |u+w|^p \, d\mu &= \int |u+w| \cdot |u+w|^{p-1} \, d\mu \\ &\leqslant \int |u| \cdot |u+w|^{p-1} \, d\mu + \int |w| \cdot |u+w|^{p-1} \, d\mu \\ &\qquad \text{(für } p = 1 \text{ endet der Beweis hier } \square\text{)} \\ &\overset{\text{Hölder}}{\leqslant} \|u\|_{L^p} \| |u+w|^{p-1} \|_{L^q} + \|w\|_{L^p} \| |u+w|^{p-1} \|_{L^q}.\end{aligned}$$

Da $q = p/(p-1)$ gilt auch

$$\| |u+w|^{p-1} \|_{L^q} = \left(\int |u+w|^{(p-1)q} \, d\mu \right)^{1/q} = \left(\int |u+w|^p \, d\mu \right)^{1-1/p},$$

und die Behauptung folgt durch Division mit $\| |u+w|^{p-1} \|_{L^q}$. □

14.6 Bemerkung. a) Korollar 14.5 besagt insbesondere, dass für $u, w \in \mathscr{L}^p(\mu)$ und $\alpha, \beta \in \mathbb{R}$ wiederum $\alpha u + \beta w \in \mathscr{L}^p(\mu)$ gilt, d. h. $\mathscr{L}^p(\mu)$ ist ein Vektorraum.

b) $\|u\|_{L^p} = 0 \iff u = 0$ f. ü., d. h. $\mathscr{L}^p(\mu)$ ist nur ein *quasi-normierter Raum*, da nicht notwendig $u \equiv 0$ gilt. Es gibt aber ein *Standardverfahren*, um $\mathscr{L}^p(\mu)$ zu einem echten normierten Raum zu machen.

- $u, w \in \mathscr{L}^p(\mu)$ sind äquivalent, $u \sim w$, $\overset{\text{Def}}{\iff} \mu(u \neq w) = 0$.
- $[u] = \{w \in \mathscr{L}^p(\mu) \mid w \sim u\}$ Äquivalenzklasse mit Repräsentant u.
- $\|[u]\|_{L^p} := \inf \{\|w\|_{L^p} \mid w \in [u]\} \overset{10.3.b)}{=} \|u\|_{L^p}$.
- $L^p(\mu) = \mathscr{L}^p(\mu)/_\sim = \{[u] \mid u \in \mathscr{L}^p(\mu)\}$.
- $L^p(\mu)$ ist ein Vektorraum [✍] und $\|[u]\|_{L^p}$ darauf eine Norm.

Und hier ist die übliche *Standardschlamperei* (der wir uns aber anschließen werden): Es ist üblich, von *L^p-Funktionen* zu sprechen und $[u]$ mit einem guten Repräsentanten $u_0 \in [u]$ zu identifizieren. Beachte

$$[u] = [u_0] \quad \text{für beliebige } u_0 \in [u].$$

- Es reicht aus, mit den Repräsentanten von L^p-Funktionen zu rechnen.
- Jeder Repräsentant ist nur bis auf eine Nullmenge bestimmt.
- $L^p_{\mathbb{R}} = L^p_{\overline{\mathbb{R}}}$, da gilt $u: E \to \overline{\mathbb{R}}$, $u \in \mathscr{L}^p_{\overline{\mathbb{R}}}(\mu) \implies |u|^p < \infty$ f. ü. $\implies |u| < \infty$ f. ü.

---

c) $u, w \in L^p(\mu)$. Dann sind Ausdrücke der Art

$$u = w, \quad u \neq w, \quad u \leqslant w, \ldots$$

stets *bis auf eine Ausnahme-Nullmenge*, also »f. ü.« zu verstehen.

d) $u \in \mathscr{L}^p(\mu) \iff u$ messbar und $|u|^p \in \mathscr{L}^1(\mu)$.

Wir wollen nun $\mathscr{L}^p(\mu)$ als quasi-normierten Raum studieren.

14.7 Definition (L^p-Konvergenz). Es seien $(u_n)_{n\in\mathbb{N}} \subset \mathscr{L}^p(\mu)$, $u \in \mathscr{L}^p(\mu)$, $p \in [1,\infty]$.

a) Die Folge $(u_n)_{n\in\mathbb{N}}$ *konvergiert in* L^p gegen $u \in \mathscr{L}^p(\mu)$, wenn $\lim\limits_{n\to\infty} \|u_n - u\|_{L^p} = 0$.
Wir schreiben $u_n \xrightarrow[n\to\infty]{L^p} u$ oder $L^p\text{-}\lim\limits_{n\to\infty} u_n = u$.

b) Die Folge $(u_n)_{n\in\mathbb{N}}$ heißt L^p*-Cauchy-Folge*, wenn

$$\forall \epsilon > 0 \quad \exists N = N_\epsilon \in \mathbb{N} \quad \forall n, m \geqslant N : \|u_n - u_m\|_{L^p} \leqslant \epsilon.$$

14.8 Bemerkung. a) Jede in L^p konvergente Folge $(u_n)_{n\in\mathbb{N}}$ ist auch eine Cauchy-Folge. Wenn u den L^p-Grenzwert bezeichnet, dann sehen wir mit der Minkowski-Ungleichung $\|u_n - u_m\|_{L^p} \leqslant \|u_n - u\|_{L^p} + \|u - u_m\|_{L^p}$; die rechte Seite konvergiert für $m, n \to \infty$ gegen Null.

b) Es sei $(u_n)_{n\in\mathbb{N}} \subset \mathscr{L}^p(\mu)$ eine Folge, die für alle (oder μ-fast alle) $x \in E$ einen *punktweisen* Grenzwert $u(x) = \lim_{n\to\infty} u_n(x)$ hat. Dann folgt i. Allg. *nicht* die L^p-Konvergenz!
Hinreichend wäre, wenn *zusätzlich* $|u_n| \leqslant w \in \mathscr{L}^p\ \forall n$ (Satz 11.3 bzw. Satz 14.12).

Wir zeigen nun die Umkehrung von 14.8.a): Der Raum $\mathscr{L}^p(\mu)$, $p \in [1,\infty]$, ist vollständig. Zur Vorbereitung brauchen wir folgendes Hilfsresultat.

14.9 Lemma. *Es seien* $(u_n)_{n\in\mathbb{N}} \subset \mathscr{L}^p(\mu)$, $p \in [1,\infty]$, $u_n \geqslant 0$. *Dann*

$$\left\| \sum_{n=1}^{\infty} u_n \right\|_{L^p} \leqslant \sum_{n=1}^{\infty} \|u_n\|_{L^p}.$$

Beweis. Wir verwenden die Minkowski-Ungleichung N mal:

$$\left\| \sum_{n=1}^{N} u_n \right\|_{L^p} \leqslant \sum_{n=1}^{N} \|u_n\|_{L^p} \leqslant \sum_{n=1}^{\infty} \|u_n\|_{L^p}.$$

Da $\sum_{n=1}^N u_n \uparrow \sum_{n=1}^\infty u_n$ $(N \to \infty)$, folgt mit Beppo Levi

$$\begin{aligned}\sup_N \left\| \sum_{n=1}^{N} u_n \right\|_{L^p}^p &= \sup_N \int \left(\sum_{n=1}^{N} u_n \right)^p d\mu = \int \left(\sup_N \sum_{n=1}^{N} u_n \right)^p d\mu \\ &= \int \left(\sum_{n=1}^{\infty} u_n \right)^p d\mu = \left\| \sum_{n=1}^{\infty} u_n \right\|_{L^p}^p. \end{aligned}$$ □

14.10 Satz (Riesz–Fischer). *Der Raum* $\mathscr{L}^p(\mu)$, $p \in [1,\infty]$, *ist vollständig, d. h. jede Cauchy-Folge* $(u_n)_{n\in\mathbb{N}} \subset \mathscr{L}^p(\mu)$ *konvergiert gegen ein* $u \in \mathscr{L}^p(\mu)$.

Beweis. 1^0) Hauptproblem: Wie sieht der Grenzwert u aus? Nach Annahme ist $(u_n)_{n\in\mathbb{N}}$ eine Cauchy-Folge, und daher existieren natürliche Zahlen

$$1 < n(1) < n(2) < \cdots < n(k) < \ldots$$

mit

$$\|u_{n(k+1)} - u_{n(k)}\|_{L^p} < 2^{-k} \quad \forall k \in \mathbb{N}.$$

Wir finden u, indem wir $u_{n(k+1)}$ als Teleskopsumme schreiben:

$$u_{n(k+1)} = \sum_{i=0}^{k} \left(u_{n(i+1)} - u_{n(i)}\right), \qquad u_{n(0)} := 0.$$

Falls $u_n \xrightarrow{L^p} u$ gilt, dann gilt auch $u_{n(k+1)} \xrightarrow{L^p} u$, d. h.

$$u = \sum_{i=0}^{\infty} \left(u_{n(i+1)} - u_{n(i)}\right)$$

ist ein Kandidat für den Grenzwert.

2⁰) u ist wohldefiniert. Das folgt aus

$$\left\| \sum_{i=0}^{\infty} \left|u_{n(i+1)} - u_{n(i)}\right| \right\|_{L^p} \overset{14.9}{\leqslant} \sum_{i=0}^{\infty} \left\|u_{n(i+1)} - u_{n(i)}\right\|_{L^p} \leqslant \left\|u_{n(1)}\right\|_{L^p} + \sum_{n=1}^{\infty} 2^{-n}$$

$$\overset{10.6}{\Longrightarrow} \left(\sum_{i=0}^{\infty} \left|u_{n(i+1)} - u_{n(i)}\right|\right)^p < \infty \quad \text{f. ü.}$$

$$\Longrightarrow \sum_{i=0}^{\infty} \left(u_{n(i+1)} - u_{n(i)}\right) \quad \text{konvergiert f. ü. absolut.}$$

Also ist u f. ü. definiert, und auf der Ausnahmemenge setzen wir $u = 0$.

3⁰) *Wir zeigen:* $u_{n(k)} \xrightarrow{L^p} u$. Es gilt

$$\begin{aligned}\left\|u - u_{n(k)}\right\|_{L^p} &= \left\| \sum_{i=k}^{\infty} \left(u_{n(i+1)} - u_{n(i)}\right) \right\|_{L^p} \leqslant \left\| \sum_{i=k}^{\infty} \left|u_{n(i+1)} - u_{n(i)}\right| \right\|_{L^p} \\ &\overset{14.9}{\leqslant} \sum_{i=k}^{\infty} \left\|u_{n(i+1)} - u_{n(i)}\right\|_{L^p} \\ &\leqslant \sum_{i=k}^{\infty} 2^{-i} \xrightarrow[k\to\infty]{} 0.\end{aligned}$$

4⁰) *Wir zeigen:* $u_n \xrightarrow{L^p} u$. Für alle $\epsilon > 0$ und $n, n(k) \geqslant N_\epsilon$ gilt

$$\begin{aligned}\|u - u_n\|_{L^p} &\leqslant \left\|u - u_{n(k)}\right\|_{L^p} + \left\|u_{n(k)} - u_n\right\|_{L^p} \\ &\leqslant \left\|u - u_{n(k)}\right\|_{L^p} + \epsilon \\ &\xrightarrow[k\to\infty]{} 0 + \epsilon \xrightarrow[\epsilon\to 0]{} 0.\end{aligned}$$

□

Der Beweis von Satz 14.10 zeigt auch:

14.11 Korollar. *Es sei* $(u_n)_{n\in\mathbb{N}} \subset \mathscr{L}^p(\mu)$, $p \in [1, \infty]$, $u_n \xrightarrow{L^p} u$, *dann existiert eine Teilfolge* $(u_{n(k)})_{k\in\mathbb{N}}$, *so dass* $u_{n(k)}(x) \xrightarrow[k\to\infty]{} u(x)$ *für fast alle* x.

Wir notieren noch die L^p-Version des Konvergenzsatzes von Lebesgue (Satz 11.3).

14.12 Satz (L^p-dominierte Konvergenz). *Es sei* $(u_n)_{n\in\mathbb{N}} \subset \mathscr{L}^p(\mu)$, $p \in [1,\infty)$. *Wenn*

- ► $u_n(x) \xrightarrow[n\to\infty]{} u(x)$ *f. ü.,*
- ►► $|u_n| \leqslant w$ *f. ü. für alle* $n \in \mathbb{N}$ *und ein* $w \in \mathscr{L}^p(\mu)$,

dann ist $u \in \mathscr{L}^p(\mu)$ *und es gilt*

a) $\|u - u_n\|_{L^p} \xrightarrow[n\to\infty]{} 0.$

b) $\|u_n\|_{L^p} \xrightarrow[n\to\infty]{} \|u\|_{L^p}.$

Beweis. [✍] Hinweis: $u \in \mathscr{L}^p \iff u$ messbar und $|u|^p \in \mathscr{L}^1$. Beachte wo Nullmengen auftreten und wie sie sich aufbauen. Wende den Satz von der dominierten Konvergenz auf $|u - u_n|^p \to 0$ an. □

Konvergenz in L^p $\left(\lim_{n\to\infty} \|u - u_n\|_{L^p} = 0\right)$ $\neq$ Konvergenz der L^p-Normen $\left(\lim_{n\to\infty} \|u_n\|_{L^p} = \|u\|_{L^p}\right)$. **!**

Den genauen Zusammenhang zwischen der »Normkonvergenz« und »Konvergenz der Normen« gibt der folgende Satz von F. Riesz.

14.13 Satz (Riesz). *Es sei* $(u_n)_{n\in\mathbb{N}} \subset \mathscr{L}^p(\mu)$, $p \in [1,\infty)$. *Wenn* $u_n(x) \xrightarrow[n\to\infty]{} u(x)$ *f.ü. und* $u \in \mathscr{L}^p(\mu)$, *dann gilt*

$$\lim_{n\to\infty} \|u - u_n\|_{L^p} = 0 \iff \lim_{n\to\infty} \|u_n\|_{L^p} = \|u\|_{L^p}.$$

Beweis. »$\Rightarrow$«: Es ist $\|u_n\|_{L^p} = \|u_n - u + u\|_{L^p} \leqslant \|u_n - u\|_{L^p} + \|u\|_{L^p}$. Indem wir die Rollen von u_n und u vertauschen, erhalten wir die *Dreiecks-Ungleichung »nach unten«*

$$\left| \|u_n\|_{L^p} - \|u\|_{L^p} \right| \leqslant \|u_n - u\|_{L^p},$$

woraus die Behauptung unmittelbar folgt.

»$\Leftarrow$«: Wegen $|u_n - u|^p \leqslant 2^p(|u_n|^p + |u|^p)$ können wir Fatous Lemma auf die Funktionen $2^p(|u_n|^p + |u|^p) - |u_n - u|^p \geqslant 0$ anwenden, und erhalten

$$\begin{aligned} 2^{p+1} \int |u|^p \, d\mu &= \int \liminf_{n\to\infty} \{2^p(|u_n|^p + |u|^p) - |u_n - u|^p\} \, d\mu \\ &\leqslant \liminf_{n\to\infty} \left(\int 2^p |u_n|^p \, d\mu + \int 2^p |u|^p \, d\mu - \int |u_n - u|^p \, d\mu \right) \\ &= \underbrace{2^p \int |u|^p \, d\mu + 2^p \int |u|^p \, d\mu}_{=2^{p+1} \int |u|^p \, d\mu} - \underbrace{\limsup_{n\to\infty} \int |u_n - u|^p \, d\mu}_{=0, \text{ vergleiche beide Seiten!}}. \end{aligned}$$

Daher ist $\lim_{n\to\infty} \int |u_n - u|^p \, d\mu = 0$, da für positive Folgen $a_n \geqslant 0$ aus $\limsup_n a_n = 0$ sofort $\lim_n a_n = 0$ folgt. □

14.14 Beispiel. Es sei $\mu = \sum_{n=1}^{\infty} \delta_n$ das Zählmaß auf $(\mathbb{N}, \mathscr{P}(\mathbb{N}))$. Der zugehörige L^p-Raum ist ein Folgenraum, der *Raum der p-summierbaren Folgen*:

$$\begin{aligned} \ell^p(\mathbb{N}) &= \mathscr{L}^p(\mu) = \{u\colon \mathbb{N} \to \mathbb{R} \mid \|u\|_{L^p} < \infty\} && (1 \leqslant p < \infty)\\ &= \left\{(u_n)_{n\in\mathbb{N}} \subset \mathbb{R} \mid \sum_{n=1}^{\infty} |u_n|^p < \infty\right\} \\ \ell^\infty(\mathbb{N}) &= \left\{u\colon \mathbb{N} \to \mathbb{R} \mid \sup_{n\in\mathbb{N}} |u_n| < \infty\right\} && (p = \infty) \end{aligned}$$

Die Hölder- und Minkowski-Ungleichungen für das Zählmaß werden dann zu den aus der Analysis bekannten Ungleichungen für Reihen.

Hölder-Ungleichung (für Reihen):

$$\sum_{n=1}^{\infty} |a_n b_n| \leqslant \begin{cases} \left(\sum_{n=1}^{\infty} |a_n|^p\right)^{1/p} \left(\sum_{n=1}^{\infty} |b_n|^q\right)^{1/q} & \text{für} \quad \frac{1}{p} + \frac{1}{q} = 1,\ p, q \in (1, \infty), \\ \sup_{n\in\mathbb{N}} |b_n| \sum_{n=1}^{\infty} |a_n| & \text{für} \quad p = 1,\ q = \infty. \end{cases}$$

Minkowski-Ungleichung (für Reihen):

$$\left(\sum_{n=1}^{\infty} |a_n + b_n|^p\right)^{1/p} \leqslant \left(\sum_{n=1}^{\infty} |a_n|^p\right)^{1/p} + \left(\sum_{n=1}^{\infty} |b_n|^p\right)^{1/p} \qquad (1 \leqslant p < \infty)$$

$$\sup_{n\in\mathbb{N}} |a_n + b_n| \leqslant \sup_{n\in\mathbb{N}} |a_n| + \sup_{n\in\mathbb{N}} |b_n| \qquad (p = \infty)$$

Wir wollen nun noch eine praktische Konvexitätsungleichung herleiten. Dazu benötigen wir ein einleuchtendes – aber unangenehm zu beweisendes – Resultat.

$$V : (a, b) \to \mathbb{R} \textit{ konvex} \overset{\text{Def}}{\iff} V(tx + (1 - t)y) \leqslant tV(x) + (1 - t)V(y) \quad \forall x, y \in (a, b),\ t \in (0, 1).$$

$$\Lambda : (a, b) \to \mathbb{R} \textit{ konkav} \overset{\text{Def}}{\iff} -\Lambda \text{ konvex}.$$

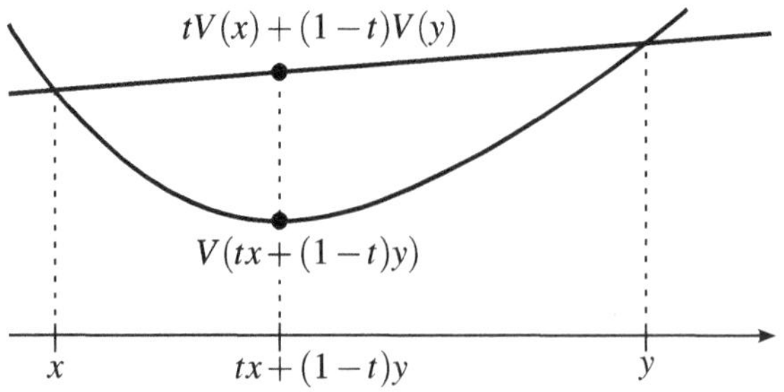

Abb. 14.2: Konvexe Funktion.

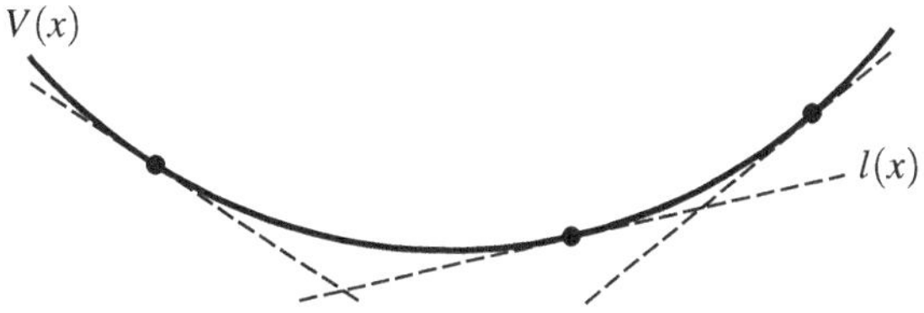

Abb. 14.3: Jede konvexe Funktion ist die obere Einhüllende affin-linearer Funktionen.

Lemma. ([18, Lemma 13.12, S. 125*f.*]) . *Es sei* $V : (a, b) \to \mathbb{R}$ *konvex. Dann gilt*

a) $V(x) = \sup\{\ell(x) \mid \ell \text{ affin-linear}, \ \forall y : \ell(y) \leqslant V(y)\}$.

b) *V ist stetig und hat an jeder Stelle* $x \in (a, b)$ *einseitige Ableitungen.*

14.15 Satz (Jensen-Ungleichung). *Es sei* $V : [0, \infty) \to [0, \infty)$ *konvex,* μ *ein W-Maß auf* $(E, \mathscr{A})$. *Dann gilt*

$$V\left(\int u\,d\mu\right) \leqslant \int V(u)\,d\mu \quad \forall u \in \mathscr{L}^{0,+}(\mathscr{A}).$$

Beweis. $V(u) = \mathbb{1}_{\{u=0\}}V(0) + \mathbb{1}_{\{u>0\}}V(u)$ ist messbar, da $V|_{(0,\infty)}$ stetig ist. Daher sind alle Integrale definiert. Weiter sei $V(\infty) := \lim_{x\to\infty} V(x)$. Ist $\int V(u)\,d\mu = \infty$, dann ist nichts zu zeigen. Sei also $\int V(u)\,d\mu < \infty$.

Für eine affin-lineare Funktion $\ell(x) = \alpha x + \beta$ gilt

$$\ell\left(\int u\,d\mu\right) = \alpha \int u\,d\mu + \beta \underset{\int \beta\,d\mu = \beta}{\overset{\text{W-Maß}}{=}} \int (\alpha u + \beta)\,d\mu = \int \ell(u)\,d\mu.$$

Somit (ℓ bezeichnet stets eine affin-lineare Funktion)

$$V\left(\int u\,d\mu\right) = \sup_{\ell\leqslant V} \ell\left(\int u\,d\mu\right) = \sup_{\ell\leqslant V} \int \ell(u)\,d\mu \overset{\ell\leqslant V}{\leqslant} \int V(u)\,d\mu.$$ □

Wir erwähnen noch einige wichtige Spezialfälle.

14.16 Beispiel. Es sei μ ein W-Maß und ν, ρ beliebige Maße.

a) $\left|\int u\,d\mu\right|^p \leqslant \left(\int |u|\,d\mu\right)^p \leqslant \int |u|^p\,d\mu \qquad (p \geqslant 1).$

b) $\exp\left(\int u\,d\mu\right) \leqslant \int \exp(u)\,d\mu.$

c) »Jensen konkav«: $u \in \mathscr{L}^1_+(\mu)$, $\Lambda : [0, \infty) \to [0, \infty)$ konkav (z. B. $\sqrt{x}$). Dann gilt

$$\int \Lambda(u)\,d\mu \leqslant \Lambda\left(\int u\,d\mu\right).$$

d) Oft kann man durch geschickte Normierungen die Jensensche Ungleichung auch für allgemeinere Maße anwenden. Für $\kappa := \nu(E) < \infty$ ist $\mu := \kappa^{-1}\nu$ ein W-Maß. Dann gilt

$$V\left(\int u\,d\nu\right) = V\left(\int \kappa u\,d\mu\right) \leqslant \int V(\kappa u)\,d\mu = \frac{1}{\kappa}\int V(\kappa u)\,d\nu.$$

Für ein beliebiges Maß ρ wählen wir $f \in \mathscr{L}^1(\rho), f > 0$ und $\kappa = \int f\, d\rho < \infty$. Dann ist $\mu := \kappa^{-1} f \rho$ ein W-Maß, und

$$V\left(\int u\, d\rho\right) = V\left(\int \kappa \frac{u}{f}\, d\mu\right) \leqslant \int V\left(\kappa \frac{u}{f}\right) d\mu = \frac{1}{\kappa} \int V\left(\kappa \frac{u}{f}\right) f\, d\rho.$$

Aufgaben

1. Es sei $(E, \mathscr{A}, \mu)$ ein endlicher Maßraum und $1 \leqslant q \leqslant p \leqslant \infty$. Zeigen Sie, dass

$$\|u\|_q \leqslant \mu(E)^{\frac{1}{q}-\frac{1}{p}} \|u\|_{L^p},$$

und folgern Sie, dass $\mathscr{L}^p(\mu) \subset \mathscr{L}^q(\mu)$ für $p \geqslant q \geqslant 1$.

2. Es sei $(E, \mathscr{A}, \mu)$ ein Maßraum, $1 \leqslant p \leqslant r \leqslant q \leqslant \infty$ und $\lambda = \left(\frac{1}{r} - \frac{1}{q}\right) / \left(\frac{1}{p} - \frac{1}{q}\right)$. Zeigen Sie:

$$\|u\|_{L^r} \leqslant \|u\|_{L^p}^{\lambda} \cdot \|u\|_{L^q}^{1-\lambda} \quad \text{und} \quad \mathscr{L}^p(\mu) \cap \mathscr{L}^q(\mu) \subset \mathscr{L}^r(\mu).$$

3. (Verallgemeinerte Hölder-Ungleichung) Zeigen Sie, dass in einem Maßraum $(E, \mathscr{A}, \mu)$

$$\int |u_1 \cdot u_2 \ldots u_n|\, d\mu \leqslant \|u_1\|_{L^{p_1}} \cdot \|u_2\|_{L^{p_2}} \ldots \|u_n\|_{L^{p_n}}$$

für alle messbaren $u_i \in \mathscr{L}^0(\mathscr{A})$ und alle $p_i \in (1, \infty)$ mit $\sum_i p_i^{-1} = 1$ gilt.

4. Es seien $(E, \mathscr{A}, \mu)$ ein endlicher Maßraum und $u \in \mathscr{L}^1(\mu)$ mit $u > 0$ und $\int u\, d\mu = 1$. Zeigen Sie:

$$\int (\log u)\, d\mu \leqslant \mu(E) \log \frac{1}{\mu(E)}.$$

Wie lautet die entsprechende Aussage für ein Wahrscheinlichkeitsmaß?

5. Es sei $(E, \mathscr{A}, \mu)$ ein Maßraum und $f, g \in \mathscr{L}^p(\mu)$. Finden Sie Bedingungen dafür, dass
   (a) $fg, f + g$ und αf, $\alpha \in \mathbb{R}$, wieder in $\mathscr{L}^p(\mu)$ sind.
   (b) Zeigen Sie, dass $\mathscr{L}^1(\mu)$ und $\mathscr{L}^2(\mu)$ keine Funktionenalgebren sind.
   (c) Zeigen Sie die *Dreiecksungleichung nach unten*: $\big| \|f\|_{L^p} - \|g\|_{L^p} \big| \leqslant \|f - g\|_{L^p}$.

6. Es sei Ω eine Menge mit mindestens zwei Elementen und $B, B^c \subset \Omega$ seien nicht leer.
   (a) Bestimmen Sie alle messbaren Abbildungen $u\colon (\Omega, \{\emptyset, \Omega\}) \to (\mathbb{R}, \mathscr{A})$, wenn (i) $\mathscr{A} := \{\emptyset, \mathbb{R}\}$, (ii) $\mathscr{A} := \mathscr{B}(\mathbb{R})$, (iii) $\mathscr{A} := \mathscr{P}(\mathbb{R})$.
   (b) Charakterisieren Sie für alle $p > 0$ den Raum $\mathscr{L}^p(\Omega, \sigma(B), \mu)$.

7. Für welche $p \geqslant 1$ ist $u(x) := 1/(x^\alpha + x^\beta)$, $x, \alpha, \beta > 0$, p-fach Lebesgue-integrierbar?

8. Zeigen Sie, dass $(u_n)_{n\in\mathbb{N}} \subset \mathscr{L}^2(E, \mathscr{A}, \mu)$ genau dann in $\mathscr{L}^2$ konvergiert, wenn $\lim_{n,m} \int u_n u_m\, d\mu$ existiert.

9. Es sei $(E, \mathscr{A}, \mu)$ ein Maßraum und $u \in \bigcap_{p\geqslant 1} \mathscr{L}^p(\mu)$. Zeigen Sie, dass $\lim_{p\to\infty} \|u\|_{L^p} = \|u\|_{L^\infty}$ (für unbeschränktes u gilt $\|u\|_{L^\infty} = \infty$).

10. Es sei $(E, \mathscr{A}, \mu)$ ein Wahrscheinlichkeitsraum und $\|u\|_{\mathscr{L}^q} < \infty$ für ein $q > 0$. Zeigen Sie, dass $\lim_{p\to 0} \|u\|_{L^p} = \exp\left(\int \log |u|\, d\mu\right)$ (wir setzen $e^{-\infty} = 0$).

11. Es seien $(E, \mathscr{A}, \mu)$ ein Maßraum, $p \in (0,1)$ und $\frac{1}{q} = 1 - \frac{1}{p}$. Zeigen Sie, dass für $u, v \in \mathscr{L}^p(\mu)$ und $w \in \mathscr{L}^q(\mu)$ mit $u, v, w > 0$

$$\|uw\|_{L^1} \geqslant \|u\|_{L^p}\|w\|_{L^q} \quad \text{und} \quad \|u+v\|_{L^p} \geqslant \|u\|_{L^p} + \|v\|_{L^p}.$$

12. Es sei $(E, \mathscr{A}, \mu)$ ein Maßraum und $p, q \in (1, \infty)$ mit $\frac{1}{p} + \frac{1}{q} = 1$. Beweisen Sie, dass

$$\|f\|_{L^p} = \sup\left\{\left|\int f \cdot g \, d\mu\right| \;\middle|\; g \in L^q(\mu),\ \|g\|_{L^q} \leqslant 1\right\}$$

für alle $f \in L^p(\mu)$ gilt.
Hinweise: Für »$\geqslant$« verwenden Sie die Hölder-Ungleichung. Für »$\leqslant$« benötigen Sie eine Funktion h, so dass $f(x)h(x) = |f(x)|^p$ für alle $x \in E$. Wählen Sie eine Konstante $c > 0$, so dass $g(x) := c \cdot h(x)$ die Bedingungen $\|g\|_{L^p} \leqslant 1$ und $\int f \cdot g \, d\mu = \|f\|_{L^p}$ erfüllt.

13. Zeigen Sie, dass für $u\colon E \to [-\infty, \infty]$ mit $u \in \mathscr{L}^\infty(\mu)$ gilt:
   (a) $\|u\|_{L^\infty} = \sup\{c \mid \mu(\{|u| \geqslant c\}) > 0\}$.
   (b) $\mu(\{|u| > \|u\|_{L^\infty}\}) = 0$.
   (c) Wenn $[u] \in L^\infty(\mu)$, dann existiert ein $v \in [u]$ mit $|v(x)| \leqslant \|u\|_{L^\infty}$ für alle $x \in E$.
   (d) Zeigen Sie, dass $\|u\|_{L^\infty}$ eine Norm auf $L^\infty(\mu)$ ist und dass der so definierte normierte Raum vollständig ist.

15 Produktmaße

In diesem Kapitel wollen wir Maße auf endlichen Produkträumen konstruieren. Die zu Grunde liegende Idee lässt sich anhand des Lebesgue-Maßes sehr einfach erklären:

$$\lambda^2\left([a_1, b_1) \times [a_2, b_2)\right) = (b_1 - a_1)(b_2 - a_2) = \lambda^1[a_1, b_1) \cdot \lambda^1[a_2, b_2)$$

d. h. das Lebesguesche (Prä-)Maß im $\mathbb{R}^2$ ist das Produkt von eindimensionalen Lebesgueschen (Prä-)Maßen. Für allgemeinere Mengen können wir so argumentieren: Unsere Vorüberlegung legt nahe, dass $\lambda^2(d(x,y)) = \lambda^2(dx \times dy) = \lambda^1(dx)\lambda^1(dy)$ gilt. Somit ist für beliebige $B \in \mathscr{B}(\mathbb{R}^2)$ – vgl. Abb. 15.1 –

$$\begin{aligned}\lambda(B) = \int_{\mathbb{R}^2} \mathbb{1}_B(x,y)\,\lambda^2(d(x,y)) &= \int_{\mathbb{R}\times\mathbb{R}} \mathbb{1}_B(x,y)\,\lambda^1(dx)\lambda^1(dy)\\ &= \int_{\mathbb{R}} \left\{ \int_{\mathbb{R}} \mathbb{1}_B(x,y_0)\,\lambda^1(dx) \right\} \lambda^1(dy_0).\end{aligned}$$

?

- Gilt $\mathscr{B}(\mathbb{R}) \times \mathscr{B}(\mathbb{R}) = \mathscr{B}(\mathbb{R} \times \mathbb{R})$?
- Können wir $\lambda^1(A)\lambda^1(B) = \lambda^2(A \times B)$, $A, B \in \mathscr{B}(\mathbb{R})$, zu einem Maß erweitern? Wenn ja, dann haben wir einen Existenzbeweis für λ^2.

Zur Erinnerung. Es seien $\mathscr{A}, \mathscr{B}$ Mengensysteme auf E bzw. F, I eine beliebige Indexmenge und $A, A', A_i \in \mathscr{A}$, $B, B', B_i \in \mathscr{B}$ $(i \in I)$. Dann gelten folgende Beziehungen für die kartesischen Produkte: [✍]

$$\begin{aligned}\left(\textstyle\bigcup_i A_i\right) \times B &= \textstyle\bigcup_i (A_i \times B)\\ \left(\textstyle\bigcap_i A_i\right) \times B &= \textstyle\bigcap_i (A_i \times B)\\ (A \times B) \cap (A' \times B') &= (A \cap A') \times (B \cap B')\\ A^c \times B &= (E \times B) \setminus (A \times B)\\ A \times B \subset A' \times B' &\iff A \subset A' \text{ und } B \subset B'.\end{aligned}$$

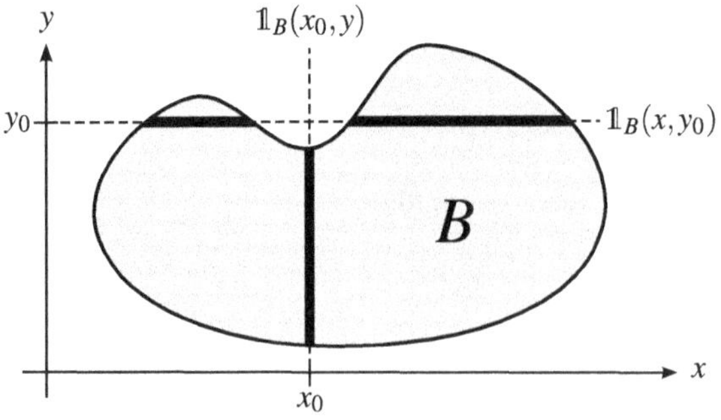

Abb. 15.1: Das Cavalieri-Prinzip für Produktmaße.

https://doi.org/10.1515/9783111342894-015

Bezeichnung: $\mathscr{A} \times \mathscr{B} = \{A \times B \mid A \in \mathscr{A},\ B \in \mathscr{B}\}$. Das ist i. Allg. *keine* σ-Algebra. [✍]

!

15.1 Lemma. *Es seien $\mathscr{A}$ und $\mathscr{B}$ Halbringe (Definition 5.1), dann ist $\mathscr{A} \times \mathscr{B}$ ein Halbring.*

Beweis. Wir überprüfen die Eigenschaften (S_1)–(S_3) für $\mathscr{A} \times \mathscr{B}$. Dazu seien $A, A' \in \mathscr{A}$ und $B, B' \in \mathscr{B}$.

(S_1) Wir haben $\emptyset = \emptyset \times \emptyset \in \mathscr{A} \times \mathscr{B}$.

(S_2) Die Schnittstabilität folgt aus

$$(A \times B) \cap (A' \times B') = (A \cap A') \times (B \cap B') \in \mathscr{A} \times \mathscr{B}. \tag{*}$$

(S_3) Es gilt

$$\begin{aligned}(A \times B)^c &= \{(x,y) \mid x \notin A,\ y \in B \ \text{ oder } \ x \in A,\ y \notin B \ \text{ oder } \ x \notin A,\ y \notin B\}\\ &= (A^c \times B) \mathbin{\dot\cup} (A \times B^c) \mathbin{\dot\cup} (A^c \times B^c).\end{aligned}$$

Wegen (*) ist

$$\begin{aligned}&(A{\times}B) \setminus (A' \times B')\\ &\quad= (A \times B) \cap (A' \times B')^c\\ &\quad= \left[(A \setminus A') \times (B \cap B')\right] \mathbin{\dot\cup} \left[(A \cap A') \times (B \setminus B')\right] \mathbin{\dot\cup} \left[(A \setminus A') \times (B \setminus B')\right].\end{aligned}$$

Nach Voraussetzung sind $A \setminus A'$ und $B \setminus B'$ endliche disjunkte Vereinigungen von Mengen aus $\mathscr{A}$ bzw. $\mathscr{B}$. Daraus folgt die Behauptung. □

15.2 Definition. Es seien $(E, \mathscr{A})$, $(F, \mathscr{B})$ Messräume. Dann heißt

$$\mathscr{A} \otimes \mathscr{B} := \sigma(\mathscr{A} \times \mathscr{B}) \qquad \textit{Produkt-}\sigma\textit{-Algebra},$$

$$(E, \mathscr{A}) \otimes (F, \mathscr{B}) := (E \times F, \mathscr{A} \otimes \mathscr{B}) \qquad \textit{Produkt-Messraum}.$$

Wir wollen nun wiederum alles auf die Erzeuger der σ-Algebren zurückführen. Das folgende Lemma besagt: »Das Produkt der Erzeuger ist der Erzeuger des Produkts«.

15.3 Lemma. *Es seien $\mathscr{A} = \sigma(\mathscr{G})$ und $\mathscr{B} = \sigma(\mathscr{H})$ mit $(G_n)_{n\in\mathbb{N}} \subset \mathscr{G}$, $G_n \uparrow E$ und $(H_m)_{m\in\mathbb{N}} \subset \mathscr{H}$, $H_m \uparrow F$. Dann gilt $\sigma(\mathscr{G} \times \mathscr{H}) = \sigma(\mathscr{A} \times \mathscr{B}) = \mathscr{A} \otimes \mathscr{B}$.*

Beweis. 1°) Aus $\mathscr{G} \times \mathscr{H} \subset \mathscr{A} \times \mathscr{B} \subset \mathscr{A} \otimes \mathscr{B}$ folgt $\sigma(\mathscr{G} \times \mathscr{H}) \subset \sigma(\mathscr{A} \times \mathscr{B}) \overset{\text{Def}}{=} \mathscr{A} \otimes \mathscr{B}$.

2°) *Behauptung:* $\Sigma := \{A \in \mathscr{A} \mid \forall H \in \mathscr{H} : A \times H \in \sigma(\mathscr{G} \times \mathscr{H})\}$ ist eine σ-Algebra. Um das zu zeigen, seien $S, S_n \in \Sigma$ und $H \in \mathscr{H}$. Dann gilt

- $E \times H = \bigcup_n \underbrace{G_n \times H}_{\in\sigma(\mathscr{G}\times\mathscr{H})} \in \sigma(\mathscr{G} \times \mathscr{H}) \implies E \in \Sigma.$
- $S^c \times H = \underbrace{E \times H}_{\in\sigma(\mathscr{G}\times\mathscr{H})} \setminus \underbrace{S \times H}_{\in\sigma(\mathscr{G}\times\mathscr{H})} \in \sigma(\mathscr{G} \times \mathscr{H}) \implies S^c \in \Sigma.$
- $\left(\bigcup_n S_n\right) \times H = \bigcup_n \underbrace{(S_n \times H)}_{\in\sigma(\mathscr{G}\times\mathscr{H})} \in \sigma(\mathscr{G} \times \mathscr{H}) \implies \bigcup_n S_n \in \Sigma.$

Insbesondere ist $\mathscr{G} \subset \Sigma \subset \mathscr{A} = \sigma(\mathscr{G})$ und daher $\Sigma = \mathscr{A}$. Aufgrund der Definition von Σ gilt nun $\mathscr{A} \times \mathscr{H} \subset \sigma(\mathscr{G} \times \mathscr{H})$.

3⁰) Ähnlich wie in 2⁰ zeigt man $\mathscr{G} \times \mathscr{B} \subset \sigma(\mathscr{G} \times \mathscr{H})$.

4⁰) Für $A \in \mathscr{A}$ und $B \in \mathscr{B}$ gilt

$$A \times B = (A \times F) \cap (E \times B) = \bigcup_{n,m} \underbrace{(A \times H_m)}_{\in \mathscr{A} \times \mathscr{H} \subset \sigma(\mathscr{G} \times \mathscr{H})} \cap \overbrace{(G_n \times B)}^{\in \mathscr{G} \times \mathscr{B} \subset \sigma(\mathscr{G} \times \mathscr{H})} \in \sigma(\mathscr{G} \times \mathscr{H}).$$

Das zeigt $\mathscr{A} \times \mathscr{B} \subset \sigma(\mathscr{G} \times \mathscr{H})$, woraus $\mathscr{A} \otimes \mathscr{B} \overset{\text{Def}}{=} \sigma(\mathscr{A} \times \mathscr{B}) \subset \sigma(\mathscr{G} \times \mathscr{H})$ folgt. □

Nun betrachten wir zwei Maßräume $(E, \mathscr{A}, \mu)$ und $(F, \mathscr{B}, \nu)$. Wir wollen auf $\mathscr{A} \otimes \mathscr{B}$ ein Maß ρ durch die Vorschrift

$$\rho(A \times B) := \mu(A)\nu(B), \qquad A \in \mathscr{A},\ B \in \mathscr{B},$$

erklären.

15.4 Satz (Eindeutigkeit von Produktmaßen). *Es seien $(E, \mathscr{A}, \mu)$, $(F, \mathscr{B}, \nu)$ σ-endliche[16] Maßräume mit $\mathscr{A} = \sigma(\mathscr{G})$, $\mathscr{B} = \sigma(\mathscr{H})$ und*

▸ *$\mathscr{G}, \mathscr{H}$ sind $\cap$-stabil;*

▸▸ $\exists G_n \in \mathscr{G},\ H_m \in \mathscr{H},\ G_n \uparrow E,\ H_m \uparrow F,\ \mu(G_n) < \infty,\ \nu(H_m) < \infty.$

Dann gibt es höchstens ein Maß ρ auf $(E \times F, \mathscr{A} \otimes \mathscr{B})$, so dass

$$\rho(G \times H) = \mu(G)\nu(H), \qquad G \in \mathscr{G},\ H \in \mathscr{H}.$$

Beweis. Wir führen die Aussage auf den Eindeutigkeitssatz für Maße (Satz 4.5) zurück.

▸ $\mathscr{G} \times \mathscr{H}$ erzeugt $\mathscr{A} \otimes \mathscr{B}$ (Lemma 15.3).

▸ $\mathscr{G} \times \mathscr{H}$ ist $\cap$-stabil.

▸ $G_n \times H_n \uparrow E \times F$, $G_n \times H_n \in \mathscr{G} \times \mathscr{H}$ und $\rho(G_n \times H_n) = \mu(G_n)\nu(H_n) < \infty$. □

Das eigentliche Problem ist die *Existenz* von Produktmaßen.

15.5 Satz (Existenz von Produktmaßen). *Es seien $(E, \mathscr{A}, \mu)$, $(F, \mathscr{B}, \nu)$ σ-endliche[16] Maßräume. Dann hat*

$$\rho\colon \mathscr{A} \times \mathscr{B} \to [0, \infty], \quad \rho(A \times B) := \mu(A)\nu(B)$$

eine eindeutige Fortsetzung zu einem σ-endlichen Maß auf $\mathscr{A} \otimes \mathscr{B}$.
Für alle $C \in \mathscr{A} \otimes \mathscr{B}$ gilt

$$\rho(C) = \int_E \left\{ \int_F \mathbb{1}_C(x, y)\, \nu(dy) \right\} \mu(dx) = \int_F \left\{ \int_E \mathbb{1}_C(x, y)\, \mu(dx) \right\} \nu(dy).$$

---

16 Ein Maßraum $(E, \mathscr{A}, \mu)$ heißt σ-endlich, wenn es eine Folge $(A_n)_n \subset \mathscr{A}$ gibt, so dass $A_n \uparrow E$ und $\mu(A_n) < \infty$.

Insbesondere sind die folgenden Funktionen $\mathscr{A}$- bzw. $\mathscr{B}$-messbar:

$$y \mapsto \mathbb{1}_C(x,y), \qquad x \mapsto \mathbb{1}_C(x,y),$$
$$x \mapsto \int_F \mathbb{1}_C(x,y)\,\nu(dy), \qquad y \mapsto \int_E \mathbb{1}_C(x,y)\,\mu(dx).$$

Beweis. 1⁰) Die *Eindeutigkeit* folgt aus Satz 15.4 mit $\mathscr{G} = \mathscr{A}$ und $\mathscr{H} = \mathscr{B}$.

2⁰) Da μ, ν σ-endlich sind, gibt es $C_n := A_n \times B_n \uparrow E \times F$ mit $\mu(A_n), \nu(B_n) < \infty$. Wir sagen, dass eine Menge $D \in \mathscr{A} \otimes \mathscr{B}$ zur Familie $\mathscr{D}_n$ gehört, wenn

i) $x \mapsto \mathbb{1}_{D\cap C_n}(x,y), y \mapsto \mathbb{1}_{D\cap C_n}(x,y)$ messbar sind;
ii) $y \mapsto \int \mathbb{1}_{D\cap C_n}(x,y)\,\mu(dx), x \mapsto \int \mathbb{1}_{D\cap C_n}(x,y)\,\nu(dy)$ messbar sind;
iii) $\iint \mathbb{1}_{D\cap C_n}(x,y)\,\mu(dx)\nu(dy) = \iint \mathbb{1}_{D\cap C_n}(x,y)\,\nu(dy)\mu(dx)$.

3⁰) *Wir zeigen:* $\mathscr{A} \times \mathscr{B} \subset \mathscr{D}_n$. Für $A \times B \in \mathscr{A} \times \mathscr{B}$ gilt

$$\begin{aligned}\iint \mathbb{1}_{(A\times B)\cap C_n}\,d\mu\,d\nu &= \iint \mathbb{1}_{A\cap A_n}\mathbb{1}_{B\cap B_n}\,d\mu\,d\nu \\ &= \int \mu(A\cap A_n)\mathbb{1}_{B\cap B_n}\,d\nu = \mu(A\cap A_n)\nu(B\cap B_n),\end{aligned}$$

und analog:

$$\iint \mathbb{1}_{(A\times B)\cap C_n}\,d\nu\,d\mu = \nu(B\cap B_n)\mu(A\cap A_n).$$

Also gilt iii) für $A \times B$. Die Bedingungen i), ii) sind wegen der Produktstruktur offensichtlich:

$$\mathbb{1}_{A\times B}(x,y) = \mathbb{1}_A(x)\mathbb{1}_B(y), \qquad \int \mathbb{1}_{A\times B}(x,y)\,\mu(dx) = \mu(A)\mathbb{1}_B(y), \qquad \ldots$$

4⁰) *Wir zeigen:* $\mathscr{D}_n$ ist ein Dynkin-System.

(D_1) $E \times F \in \mathscr{D}_n$
(D_2) Wegen 3⁰ ist $C_m = A_m \times B_m \in \mathscr{D}_n$ für jedes m. Sei $D \in \mathscr{D}_n$. Dann gilt

$$\begin{aligned}\iint \mathbb{1}_{D^c\cap C_n}\,d\mu\,d\nu &= \int \left\{\int \left(\mathbb{1}_{C_n} - \mathbb{1}_{D\cap C_n}\right) d\mu\right\} d\nu \\ &= \iint \mathbb{1}_{C_n}\,d\mu\,d\nu - \iint \mathbb{1}_{D\cap C_n}\,d\mu\,d\nu \\ &\overset{\text{iii)}}{=} \iint \mathbb{1}_{C_n}\,d\nu\,d\mu - \iint \mathbb{1}_{D\cap C_n}\,d\nu\,d\mu \\ &= \iint \mathbb{1}_{D^c\cap C_n}\,d\nu\,d\mu.\end{aligned}$$

Somit ist $D^c \in \mathscr{D}_n$, da die Rechnung oben implizit (alle Integrale sind wohldefiniert) zeigt, dass auch i), ii) für D^c gelten.

(D_3) Es sei $(D_m)_{m\in\mathbb{N}} \subset \mathscr{D}_n$ eine Folge disjunkter Mengen und $D := \dot{\bigcup}_{m\in\mathbb{N}} D_m$. Dann

$$\begin{aligned}\iint \mathbb{1}_{D\cap C_n}\,d\mu\,d\nu &= \iint \sum_{m=1}^{\infty} \mathbb{1}_{D_m\cap C_n}\,d\mu\,d\nu \\ &\overset{2\times\mathrm{BL}}{=} \sum_{m=1}^{\infty} \iint \mathbb{1}_{D_m\cap C_n}\,d\mu\,d\nu \\ &\overset{D_m\in\mathscr{D}_n}{=} \sum_{m=1}^{\infty} \iint \mathbb{1}_{D_m\cap C_n}\,d\nu\,d\mu \\ &\overset{2\times\mathrm{BL}}{=} \iint \mathbb{1}_{D\cap C_n}\,d\nu\,d\mu.\end{aligned}$$

Somit ist $D \in \mathscr{D}_n$, da i), ii) für D bei der Summenbildung $\sum_1^\infty$ erhalten bleiben.

5^0) Wir wissen, dass $\mathscr{A} \times \mathscr{B} \subset \mathscr{D}_n \subset \mathscr{A} \otimes \mathscr{B}$ für alle $n \in \mathbb{N}$ gilt. Da $\mathscr{A} \times \mathscr{B}$ $\cap$-stabil und $\mathscr{D}_n$ ein Dynkin-System ist, gilt auch

$$\sigma(\mathscr{A} \times \mathscr{B}) \overset{4.4}{=} \delta(\mathscr{A} \times \mathscr{B}) \subset \mathscr{D}_n \quad \forall n.$$

Das heißt, dass die Aussage des Satzes für alle Mengen aus $(\mathscr{A} \otimes \mathscr{B}) \cap C_n$, $n \in \mathbb{N}$, gilt. Da $C_n \uparrow E \times F$ folgt die Behauptung für $\mathscr{A} \otimes \mathscr{B}$.

6^0) Der Beweis von (D_3) in Schritt 4^0 mit $C_n = E \times F$ zeigt, dass ρ ein Maß ist. □

15.6 Definition. $(E, \mathscr{A}, \mu)$, $(F, \mathscr{B}, \nu)$ seien σ-endliche Maßräume. Das in 15.5 konstruierte Maß $\rho := \mu \otimes \nu$ heißt *Produktmaß* und $(E, \mathscr{A}, \mu) \otimes (F, \mathscr{B}, \nu) := (E \times F, \mathscr{A} \otimes \mathscr{B}, \mu \otimes \nu)$ *Produktmaßraum*.

En passant haben wir auch das d-dimensionale Lebesgue-Maß λ^d konstruiert.

15.7 Korollar. *Für $d = m + n$ gilt*

$$(\mathbb{R}^d, \mathscr{B}(\mathbb{R}^d), \lambda^d) = \bigotimes_{i=1}^{d} (\mathbb{R}, \mathscr{B}(\mathbb{R}), \lambda^1) = (\mathbb{R}^m, \mathscr{B}(\mathbb{R}^m), \lambda^m) \otimes (\mathbb{R}^n, \mathscr{B}(\mathbb{R}^n), \lambda^n).$$

Aufgaben

1. Es seien $(E, \mathscr{A}, \mu)$ und $(F, \mathscr{B}, \nu)$ zwei σ-endliche Maßräume. Zeigen Sie, dass jedes Rechteck $A \times N$ mit $A \in \mathscr{A}$ und $N \in \mathscr{B}$ mit $\nu(N) = 0$ eine $\mu \otimes \nu$-Nullmenge ist.
2. (Vervollständigung) Es seien $(E, \mathscr{A}, \mu)$ und $(F, \mathscr{B}, \nu)$ zwei Maßräume; weiter sei $\mathscr{A} \neq \mathscr{P}(E)$ und $\mathscr{B}$ enthalte nicht-leere Nullmengen. Zeigen Sie: $(E \times F, \mathscr{A} \otimes \mathscr{B}, \mu \otimes \nu)$ muss selbst dann nicht vollständig sein, wenn $(E, \mathscr{A}, \mu)$ und $(F, \mathscr{B}, \nu)$ vollständig sind. Insbesondere sind weder $(\mathbb{R}^2, \mathscr{B}(\mathbb{R}^2), \lambda^2)$ noch $(\mathbb{R}^2, \mathscr{B}^*(\mathbb{R}^2), \overline{\lambda}^2)$ vollständig.
3. (Vervollständigung) Es seien $(E, \mathscr{A}, \mu)$ und $(F, \mathscr{B}, \nu)$ zwei Maßräume und $(E \times F, \mathscr{A} \otimes \mathscr{B}, \mu \otimes \nu)$ der Produktmaßraum. Wir schreiben $\mathscr{A}^\mu$ etc. für die μ-Vervollständigung von $\mathscr{A}$, vgl. Aufgabe 3.7. Zeigen

Sie:

$$\mathscr{A}^{\mu} \otimes \mathscr{B}^{\nu} \subset (\mathscr{A} \otimes \mathscr{B})^{\mu \otimes \nu}.$$

Die vorangehenden Aufgabe zeigt, dass diese Inklusion i. Allg. strikt ist.

4. Es sei μ ein endliches Maß auf $([0, \infty), \mathscr{B}[0, \infty))$. Zeigen Sie:
   (a) $A \in \mathscr{B}[0, \infty) \otimes \mathscr{P}(\mathbb{N})$ genau dann, wenn $A = \bigcup_n B_n \times \{n\}$ für eine Folge $(B_n)_{n \in \mathbb{N}} \subset \mathscr{B}[0, \infty)$.
   (b) Es existiert genau ein Maß π auf $\mathscr{B}[0, \infty) \otimes \mathscr{P}(\mathbb{N})$, so dass $\pi(B \times \{n\}) = \int_B e^{-t} t^n / n! \, \mu(dt)$.
5. Es seien μ, ν zwei σ-endliche Maße auf $(\mathbb{R}, \mathscr{B}(\mathbb{R}))$. Zeigen Sie:
   (a) Die Menge $D := \{x \in \mathbb{R} \mid \mu\{x\} > 0\}$ ist (höchstens) abzählbar.
   (b) Die Diagonale $\Delta \subset \mathbb{R}^2$ hat das Maß $\mu \otimes \nu(\Delta) = \sum_{x \in D} \mu\{x\} \nu\{x\}$.

16 Der Satz von Fubini–Tonelli

Wie im vorangehenden Kapitel seien $(E, \mathscr{A}, \mu)$ und $(F, \mathscr{B}, \nu)$ zwei σ-endliche Maßräume. Wir können die Formel für $\rho(C)$ im Satz 15.5 als »Vertauschungssatz für Doppelintegrale« über eine einstufige Treppenfunktion lesen:

$$\rho(C) = \int \mathbb{1}_C \, d\mu \otimes \nu = \iint \mathbb{1}_C \, d\mu \, d\nu = \iint \mathbb{1}_C \, d\nu \, d\mu.$$

Mit den üblichen Techniken (Sombrero-Lemma, Beppo Levi; vgl. Abbildung 9.1) lässt sich diese Aussage auf positive messbare Funktionen erweitern.

16.1 Satz (Tonelli). *Es seien $(E, \mathscr{A}, \mu)$ und $(F, \mathscr{B}, \nu)$ zwei σ-endliche Maßräume. Für jede $\mathscr{A} \otimes \mathscr{B}$-messbare, positive Funktion $u \colon E \times F \to [0, \infty]$ gilt*

a) $x \mapsto u(x, y)$, $y \mapsto u(x, y)$ *(y bzw. x ist fest) sind $\mathscr{A}$- bzw. $\mathscr{B}$-messbar.*

b) $y \mapsto \int u(x, y) \, \mu(dx)$, $x \mapsto \int u(x, y) \, \nu(dy)$ *sind $\mathscr{B}$- bzw. $\mathscr{A}$-messbar.*

c) $$\int_{E \times F} u(x, y) \, \mu \otimes \nu(dx, dy) = \int_F \left\{ \int_E u(x, y) \, \mu(dx) \right\} \nu(dy) = \underbrace{\int_E \left\{ \int_F u(x, y) \, \nu(dy) \right\}}_{\substack{\text{Zwiebelschalenprinzip:} \\ \int_F \dots \nu(dy) \\ \text{wirkt wie eine Klammer}}} \mu(dx) \in [0, \infty].$$

! Integrale von positiven messbaren Funktionen darf man immer vertauschen, wenn man $+\infty$ als Wert zulässt. Wenn ein (Doppel-)Integral endlich ist, dann sind alle Integrale endlich.

Beweis. 1^0) Zunächst sei $f(x, y) = \mathbb{1}_C(x, y)$ für ein $C \in \mathscr{A} \otimes \mathscr{B}$. Für solche f folgt die Behauptung aus Satz 15.5.

2^0) Nun sei $g \in \mathcal{E}^+(\mathscr{A} \otimes \mathscr{B})$. Wir wählen eine Standarddarstellung

$$g(x, y) = \sum_{m=0}^{M} a_m \mathbb{1}_{C_m}(x, y), \quad a_m \geqslant 0, \; C_m \in \mathscr{A} \otimes \mathscr{B}.$$

Da $\mathscr{L}^0(\mathscr{A} \otimes \mathscr{B})$ ein Vektorraum ist und da Messbarkeit unter Vektorraum-Operationen erhalten bleibt, folgen a), b) (für $u = g$) aus den entsprechenden Aussagen für die einzelnen Treppenstufen.

Wegen der Linearität des Integrals gilt das auch für c).

3^0) Schließlich sei $u \in \mathscr{L}^{0,+}_{\overline{\mathbb{R}}}(\mathscr{A} \otimes \mathscr{B})$. Mit dem Sombrero-Lemma (Satz 7.11) finden wir eine Folge einfacher Funktionen $g_n \in \mathcal{E}^+(\mathscr{A} \otimes \mathscr{B})$ mit $g_n \uparrow u$. Der Satz von Beppo Levi (Satz 8.6) zeigt nun, dass die Aussagen a)–c) unter aufsteigenden Limiten bestehen bleiben. □

https://doi.org/10.1515/9783111342894-016

16.2 Korollar (Satz von Fubini). *Es seien $(E, \mathscr{A}, \mu)$, $(F, \mathscr{B}, \nu)$ zwei σ-endliche Maßräume und $u\colon E \times F \to \overline{\mathbb{R}}$ sei $\mathscr{A} \otimes \mathscr{B}$-messbar. Wenn eines der folgenden drei Integrale endlich ist*

$$\iint |u|\, d\mu\, d\nu, \qquad \iint |u|\, d\nu\, d\mu, \qquad \int |u|\, d(\mu \otimes \nu),$$

dann sind alle Integrale endlich, und es gilt

a) $u \in \mathscr{L}^1_{\overline{\mathbb{R}}}(\mu \otimes \nu)$;

b) $x \mapsto u(x, y) \in \mathscr{L}^1_{\overline{\mathbb{R}}}(\mu)$ *für ν-fast alle y;*

c) $y \mapsto u(x, y) \in \mathscr{L}^1_{\overline{\mathbb{R}}}(\nu)$ *für μ-fast alle x;*

d) $y \mapsto \int_E u(x, y)\, \mu(dx) \in \mathscr{L}^1_{\overline{\mathbb{R}}}(\nu)$;

e) $x \mapsto \int_F u(x, y)\, \nu(dy) \in \mathscr{L}^1_{\overline{\mathbb{R}}}(\mu)$;

f) $$\int_{E\times F} u(x, y)\, \mu \otimes \nu(dx, dy) = \int_F \left\{ \int_E u(x, y)\, \mu(dx) \right\} \nu(dy) = \int_E \left\{ \int_F u(x, y)\, \nu(dy) \right\} \mu(dx).$$

- »$P(x)$ gilt für μ-fast alle x« bedeutet: $\{x \mid P(x) \text{ gilt nicht}\}$ ist Teilmenge einer μ-Nullmenge.
- In Korollar 16.2 ist f) nur wegen a) sinnvoll!
- Der Satz von Fubini wird oft nur zum Nachweis der Messbarkeitsaussagen 16.2.d), e) verwendet.

!

Beweis. Satz 16.1 (Tonelli) zeigt

$$\int |u| d(\mu \otimes \nu) = \iint |u|\, d\mu\, d\nu = \iint |u|\, d\nu\, d\mu,$$

d. h. wenn *ein* Integralausdruck endlich ist, dann sind alle Integrale endlich. In diesem Fall gilt $u \in \mathscr{L}^1_{\overline{\mathbb{R}}}(\mu \otimes \nu)$.

Aus Satz 16.1 folgt auch die Messbarkeit von

$$x \mapsto u^{\pm}(x, y) \quad \text{und} \quad y \mapsto \int u^{\pm}(x, y)\, \mu(dx).$$

Da $u^{\pm} \leqslant |u|$, folgt wegen $\int_F \left\{ \int_E |u(x, y)|\, \mu(dx) \right\} \nu(dy) < \infty$, dass

$$\int_E u^{\pm}(x, y)\, \mu(dx) \leqslant \int_E |u(x, y)|\, \mu(dx) < \infty \quad (\text{für } \nu\text{-fast alle } y).$$

Weiterhin gilt

$$\int_F \int_E u^{\pm}(x, y)\, \mu(dx)\, \nu(dy) \leqslant \int_F \int_E |u|\, d\mu\, d\nu < \infty.$$

Das zeigt b), d).

c), e) folgen analog.
f) folgt aus $u = u^+ - u^-$, aus der Linearität des Integrals

$$\iint u = \iint u^+ - \iint u^-$$

und mit Satz 16.1 angewendet auf $u^\pm$. □

16.3 Beispiel (Partielle Integration (PI)). Der Satz von Fubini kann auch verwendet werden, um klassische Integrationsformeln zu zeigen. Es seien $f, g \in \mathscr{L}^0(\mathbb{R})$ Funktionen, die über jeder kompakten Menge von $\mathbb{R}$ integrierbar sind (d. h. $f, g \in L^1(K, dx)$ für alle Kompakta $K \subset \mathbb{R}$, f, g sind »lokal integrierbar«). Wir setzen

$$F(x) := \int_0^x f(t)\,dt := \begin{cases} \int f(t)\mathbb{1}_{[0,x]}(t)\,dt, & x \geqslant 0, \\ -\int f(t)\mathbb{1}_{[x,0]}(t)\,dt, & x < 0, \end{cases} \quad \text{und} \quad G(x) := \int_0^x g(t)\,dt.$$

Dann gilt für alle $-\infty < a < b < \infty$

$$F(b)G(b) - F(a)G(a) = \int_a^b f(t)G(t)\,dt + \int_a^b F(t)g(t)\,dt. \tag{16.1}$$

Beweis. Wir haben

$$\begin{aligned} \int_a^b f(t)(G(t) - G(a))\,dt &= \int_a^b f(t)\left\{\int_a^t g(s)\,ds\right\}dt \\ &= \int_a^b \int_a^b f(t)g(s)\mathbb{1}_{[a,t]}(s)\,ds\,dt \\ &\overset{\text{F}}{=} \int_a^b \int_a^b f(t)g(s)\mathbb{1}_{[s,b]}(t)\,dt\,ds \\ &= \int_a^b \left(\int_s^b f(t)\,dt\right)g(s)\,ds \\ &= \int_a^b g(s)(F(b) - F(s))\,ds. \end{aligned}$$

Durch einfaches Umstellen erhalten wir (16.1). Bei der mit »F« gekennzeichneten Gleichheit haben wir den Satz von Fubini angewendet. Beachte hierbei, dass

$$\iint_{[a,b]\times[a,b]} |f(t)g(s)|\,dt\,ds = \int_{[a,b]} |f(t)|\,dt \cdot \int_{[a,b]} |g(s)|\,ds < \infty.$$

□

16.4 Beispiel. Mit Hilfe des Satzes von Tonelli können wir ein wichtiges Integral einfach berechnen.

$$\int_{\mathbb{R}} e^{-x^2/2}\,dx = \sqrt{2\pi}. \tag{16.2}$$

Beweis. Wir setzen $I := \int_{\mathbb{R}} e^{-x^2/2}\,dx$. Dann gilt

$$I^2 = \int_{\mathbb{R}} e^{-x^2/2}\,dx \int_{\mathbb{R}} e^{-y^2/2}\,dy = \int_{-\infty}^{\infty}\int_{-\infty}^{\infty} e^{-(x^2+y^2)/2}\,dy\,dx = 4\int_0^{\infty}\int_0^{\infty} e^{-(x^2+y^2)/2}\,dy\,dx.$$

Wir dürfen diese Integrale als (uneigentliche) Riemann–Integrale behandeln. Der Variablenwechsel $y = tx$, $dy = x\,dt$ zeigt

$$I^2 = 4\int_0^{\infty}\int_0^{\infty} xe^{-x^2(1+t^2)/2}\,dt\,dx = 4\int_0^{\infty}\int_0^{\infty} xe^{-x^2(1+t^2)/2}\,dx\,dt.$$

Das innere Integral können wir durch eine Stammfunktion ausdrücken

$$I^2 = 4\int_0^{\infty}\left[-\frac{1}{1+t^2}e^{-x^2(1+t^2)/2}\right]_{x=0}^{\infty} dt = 4\int_0^{\infty}\frac{dt}{1+t^2} = 4\,[\arctan t]_0^{\infty} = 2\pi. \qquad \square$$

16.5 Beispiel (Integralsinus). $\lim\limits_{T\to\infty}\int_0^T \frac{\sin\xi}{\xi}\,d\xi = \frac{\pi}{2}.$

Beweis. Beachte, dass $\frac{1}{\xi} = \int_0^{\infty} e^{-t\xi}\,dt$ sowie $\operatorname{Im} e^{i\xi} = \sin\xi$. Der Satz von Fubini zeigt

$$\int_0^T \frac{\sin\xi}{\xi}\,d\xi = \int_0^T\int_0^{\infty} e^{-t\xi}\sin\xi\,dt\,d\xi = \int_0^{\infty}\int_0^T e^{-t\xi}\operatorname{Im} e^{i\xi}\,d\xi\,dt = \int_0^{\infty}\operatorname{Im}\int_0^T e^{-(t-i)\xi}\,d\xi\,dt.$$

Das innere Integral ergibt

$$\operatorname{Im}\left[\int_0^T e^{-(t-i)\xi}\,d\xi\right] = \operatorname{Im}\left[\frac{e^{-(t-i)\xi}}{i-t}\right]_0^T = \operatorname{Im}\left[\frac{e^{(i-t)T}-1}{i-t}\right] = \operatorname{Im}\left[\frac{(e^{(i-t)T}-1)(-i-t)}{1+t^2}\right]$$

und wir erhalten mit dem Satz von der dominierten Konvergenz (Satz 11.3)

$$\begin{aligned}
\int_0^T \frac{\sin\xi}{\xi}\,d\xi &= \int_0^{\infty}\frac{-te^{-tT}\sin T - e^{-tT}\cos T + 1}{1+t^2}\,dt \\
&\overset{s=tT}{=} \int_0^{\infty}\frac{-se^{-s}\sin T}{T^2+s^2}\,ds + \int_0^{\infty}\frac{-e^{-tT}\cos T + 1}{1+t^2}\,dt \\
&\xrightarrow[T\to\infty]{\text{dom. Konv.}} \int_0^{\infty}\frac{1}{1+t^2}\,dt = \arctan t\Big|_0^{\infty} = \frac{\pi}{2}. \qquad \square
\end{aligned}$$

Verteilungsfunktionen

Das Cavalierische Prinzip besagt, dass wir das Volumen eines Körpers durch die Summation der Volumina seiner Niveauflächen berechnen können. Das ist auch die Idee, die dem Konzept der Verteilungsfunktion zu Grunde liegt. Die Menge $\{u > t\}$ beschreibt die Werte des Definitionsbereichs einer messbaren Funktion $u\colon E \to \mathbb{R}$, wo das Niveau t übersteigt, und die Verteilungsfunktion gibt das zugehörige μ-Maß an.

16.6 Definition. Für $u \in \mathcal{L}^0(\mathscr{A})$ heißt $t \mapsto \mu^u(t) := \mu\{u > t\}$, $t \in \mathbb{R}$, (*obere*) *Verteilungsfunktion* oder *Verteilungsfunktion* (*nach oben*) von u unter μ.

!

- Man prüft schnell nach, dass $t \mapsto \mu^u(t)$ rechtsstetig ist. [✍]
- In der Wahrscheinlichkeitstheorie wird $\mu^u(t) = \mu\{u > t\}$ als Überlebensfunktion (survival function) und $\mu_u(t) := \mu\{u \leqslant t\}$ als Verteilungsfunktion bezeichnet. Um die Begriffe sauber zu trennen, sprechen wir daher von einer unteren (μ_u)/oberen (μ^u) Verteilungsfunktion bzw. von einer Verteilungsfunktion nach unten/oben.

Wir könnnen nun das Integral von u (also das »Volumen unter dem Graphen von u«) durch »Aufsummieren« der Volumina der Niveauflächen berechnen.

16.7 Satz. *Für $u \in \mathcal{L}^{0,+}(\mathscr{A})$ und ein σ-endliches Maß μ gilt*

$$\int u\,d\mu = \int_{(0,\infty)} \mu\{u > t\}\,\lambda(dt) \in [0,\infty]. \tag{16.3}$$

Beweis. Setze $U(x,t) := (u(x),t)$. Dann ist U $\mathscr{A} \otimes \mathscr{B}[0,\infty)$-messbar:

$$U^{-1}(A \times I) = u^{-1}(A) \times I \in \mathscr{A} \otimes \mathscr{B}[0,\infty) \quad \forall A \in \mathscr{B}(\mathbb{R}),\ I \in \mathscr{B}[0,\infty).$$

Insbesondere sehen wir $F = \{(x,t) \mid u(x) > t\} \in \mathscr{A} \otimes \mathscr{B}[0,\infty)$. Eine direkte Rechnung ergibt, dass $\mathbb{1}_F(x,t) = \mathbb{1}_{(0,u(x))}(t)$ ist, da $\mathbb{1}_{(0,u(x))}(t) = 1$ genau für $u(x) > t$ gilt. Mit dem Satz von Tonelli folgt nun

$$\begin{aligned}
\int u(x)\,\mu(dx) &= \int \int_0^{u(x)} dt\,\mu(dx) \\
&= \iint \mathbb{1}_{(0,u(x))}(t)\,dt\,\mu(dx) \\
&= \iint_{E\times(0,\infty)} \mathbb{1}_F(x,t)\,dt\,\mu(dx) \\
&= \int_{(0,\infty)} \underbrace{\left\{ \int_E \mathbb{1}_F(x,t)\,\mu(dx) \right\}}_{=\mu\{x \,\mid\, u(x)>t\}} dt. \qquad \square
\end{aligned}$$

16.8 Korollar. *Es sei* $\phi\colon [0,\infty) \to [0,\infty)$ *stetig differenzierbar,* $\phi(0) = 0$, $\phi' > 0$. *Dann gilt für messbare positive Funktionen* $u\colon E \to [0,\infty)$ *und ein* σ*-endliches Maß* μ

$$\int \phi \circ u \, d\mu = \int_0^\infty \phi'(s)\mu\{u > s\}\, ds \in [0,\infty]. \tag{16.4}$$

Insbesondere: $\phi \circ u \in \mathscr{L}^1(\mu) \iff \phi'(s)\,\mu\{u > s\}$ *ist R-integrierbar.*

Einen der wichtigsten Sonderfälle stellt die konvexe Funktion $\phi(t) = t^p$, $t > 0$, mit $1 \leqslant p < \infty$ dar:

$$\int_E |u|^p \, d\mu = \int_0^\infty p s^{p-1}\,\mu\{|u| > s\}\, ds, \quad p \geqslant 1. \tag{16.5}$$

Beweis. Wenn $\mu\{u > \epsilon\} = \infty$ für ein $0 < \epsilon < \phi^{-1}(\infty)$, dann sind beide Seiten von (16.4) unendlich: Für die rechte Seite ist das offensichtlich, für die linke Seite folgt dies aus der Markov-Ungleichung $\mu\{u > \epsilon\} = \mu\{\phi \circ u > \phi(\epsilon)\} \leqslant [\phi(\epsilon)]^{-1} \|\phi \circ u\|_{L^1(\mu)}$. Wir können also $\mu\{u > t\} < \infty$ für alle $t > 0$ annehmen.

Die Funktion $\phi \circ u$ ist messbar, da ϕ stetig ist. Weil ϕ monoton und $\phi(0) = 0$ ist, gilt

$$\begin{aligned}
\int \phi \circ u \, d\mu \quad &\overset{16.7}{\underset{\text{BL}}{=}} \quad \lim_{n\to\infty} \int_{(\phi(n^{-1}),\phi(n)]} \mu\{\phi(u) > t\}\,\lambda^1(dt) \\
&\overset{(*)}{=} \quad \lim_{n\to\infty} (R)\int_{\phi(n^{-1})}^{\phi(n)} \mu\{\phi(u) > t\}\, dt \\
&\overset{t=\phi(s)}{\underset{dt=\phi'(s)\,ds}{=}} \quad \lim_{n\to\infty} (R)\int_{n^{-1}}^{n} \mu\{\phi(u) > \phi(s)\}\,\phi'(s)\, ds \\
&= \quad (R)\int_0^\infty \phi'(s)\mu\{u > s\}\, ds.
\end{aligned}$$

An der Stelle (*), wo wir Riemann– und Lebesgue-Integrale gleichsetzen, gibt es eine Lücke. Hier benötigen wir nämlich, dass $t \mapsto \mu\{\phi(u) > t\}$ Lebesgue-f. ü. stetig ist. Das folgt aber sofort aus

Lemma. *Eine monotone Funktion* $\Phi\colon \mathbb{R} \to \mathbb{R}$ *hat höchstens abzählbar viele Sprünge und ist somit Lebesgue-f. ü. stetig.* [✍]

Da alles positiv ist, reicht es für die Integrierbarkeit, wenn *eines* der Integrale endlich ist. In diesem Fall dürfen wir das Integral auf der rechten Seite auch als uneigentliches Riemann-Integral interpretieren. □

Anmerkungen zur Produkt-σ-Algebra

Wir diskutieren noch eine weitere Charakterisierung der Produkt-σ-Algebra. Dazu seien $(E_n, \mathscr{A}_n)$, $n = 1, 2, 3$, Messräume und

$$\pi_n : E_1 \times E_2 \to E_n, \quad (x_1, x_2) \mapsto x_n, \quad n = 1, 2,$$

die kanonischen Koordinatenprojektionen. Nach Definition 6.5 ist

$$\sigma(\pi_1, \pi_2) = \sigma\left(\pi_1^{-1}(\mathscr{A}_1), \pi_2^{-1}(\mathscr{A}_2)\right)$$

die kleinste σ-Algebra in $E_1 \times E_2$, die π_1, π_2 simultan messbar macht.

16.9 Satz. *Es seien $(E_n, \mathscr{A}_n)$ und π_n, $n = 1, 2, 3$, wie oben.*

a) $\mathscr{A}_1 \otimes \mathscr{A}_2 = \sigma(\pi_1, \pi_2)$

b) $T : (E_3, \mathscr{A}_3) \to (E_1 \times E_2, \mathscr{A}_1 \otimes \mathscr{A}_2)$ *ist genau dann messbar, wenn die Abbildungen* $\pi_n \circ T : (E_3, \mathscr{A}_3) \to (E_n, \mathscr{A}_n)$, $n = 1, 2$, *messbar sind.*

c) *Wenn* $S : (E_1 \times E_2, \mathscr{A}_1 \otimes \mathscr{A}_2) \to (E_3, \mathscr{A}_3)$ *messbar ist, dann ist* $S(x_1, \cdot)$ $\mathscr{A}_2/\mathscr{A}_3$*-messbar und* $S(\cdot, x_2)$ $\mathscr{A}_1/\mathscr{A}_3$*-messbar.*

Beweis. a) Wegen $\pi_1^{-1}(\mathscr{A}_1) = \mathscr{A}_1 \times E_2$, $\pi_2^{-1}(\mathscr{A}_2) = E_1 \times \mathscr{A}_2$ gilt

$$\sigma(\pi_1, \pi_2) = \sigma\left(\{A_1 \times E_2,\ E_1 \times A_2 \mid A_1 \in \mathscr{A}_1,\ A_2 \in \mathscr{A}_2\}\right).$$

Insbesondere ist $\mathscr{A}_1 \times \mathscr{A}_2 \subset \sigma(\pi_1, \pi_2) \subset \mathscr{A}_1 \otimes \mathscr{A}_2$ und

$$\mathscr{A}_1 \otimes \mathscr{A}_2 \stackrel{\text{Def}}{=} \sigma(\mathscr{A}_1 \times \mathscr{A}_2) \subset \sigma(\pi_1, \pi_2) \subset \mathscr{A}_1 \otimes \mathscr{A}_2.$$

b) Aus $T : (E_3, \mathscr{A}_3) \xrightarrow{\text{messbar}} (E_1 \times E_2, \mathscr{A}_1 \otimes \mathscr{A}_2)$ folgt, dass $\pi_n \circ T$ messbar ist ($n = 1, 2$). Umgekehrt seien $\pi_n \circ T : (E_3, \mathscr{A}_3) \to (E_n, \mathscr{A}_n)$ messbar ($n = 1, 2$); dann ist

$$\begin{aligned} T^{-1}(A_1 \times A_2) &= T^{-1}\left(\pi_1^{-1}(A_1) \cap \pi_2^{-1}(A_2)\right) \\ &= T^{-1}\left(\pi_1^{-1}(A_1)\right) \cap T^{-1}\left(\pi_2^{-1}(A_2)\right) \\ &= (\pi_1 \circ T)^{-1}(A_1) \cap (\pi_2 \circ T)^{-1}(A_2) \in \mathscr{A}_3. \end{aligned}$$

Da $\mathscr{A}_1 \times \mathscr{A}_2$ die σ-Algebra $\mathscr{A}_1 \otimes \mathscr{A}_2$ erzeugt, folgt die Behauptung.

c) Sei $x_1 \in E_1$ fest. Definiere

$$y \mapsto S(x_1, y) = S \circ \iota_{x_1}(y), \quad \iota_{x_1} : E_2 \to E_1 \times E_2,\ y \mapsto (x_1, y).$$

Nun gilt

$$\iota_{x_1}^{-1}(A_1 \times A_2) = \begin{Bmatrix} \emptyset, & x_1 \notin A_1 \\ A_2, & x_1 \in A_1 \end{Bmatrix} \in \mathscr{A}_2,$$

und es folgt, dass $S \circ \iota_{x_1}$ messbar ist; $S \circ \iota_{x_2}$ behandelt man analog. □

Aufgaben

1. Zeigen Sie, dass die folgenden iterierten Integrale existieren und übereinstimmen:

$$\int_{(0,\infty)} \Big[\int_{(0,\infty)} e^{-xy} \sin(x)\sin(y)\,\lambda(dx) \Big] \lambda(dy) = \int_{(0,\infty)} \Big[\int_{(0,\infty)} e^{-xy} \sin(x)\sin(y)\,\lambda(dy) \Big] \lambda(dx).$$

Zeigen Sie, dass das Doppelintegral bezüglich $\lambda \times \lambda$ existiert.

2. Zeigen Sie, dass die folgenden iterierten Integrale existieren, aber nicht übereinstimmen. Folgern Sie daraus, dass das Doppelintegral nicht existiert.

$$\int_{(0,1)} \Big[\int_{(0,1)} \frac{x^2 - y^2}{(x^2+y^2)^2}\,\lambda(dy) \Big] \lambda(dx) \neq \int_{(0,1)} \Big[\int_{(0,1)} \frac{x^2 - y^2}{(x^2+y^2)^2}\,\lambda(dx) \Big] \lambda(dy).$$

Hinweis: Der Integrand besitzt eine Stammfunktion und der Wert des linken Integrals ist $\pi/4$. Zusatz: Zeigen Sie direkt, dass das zugehörige Doppelintegral nicht existiert.

3. Zeigen Sie, dass die folgenden iterierten Integrale existieren und übereinstimmen:

$$\int_{(-1,1)} \Big[\int_{(-1,1)} \frac{xy}{(x^2+y^2)^2}\,\lambda(dy) \Big] \lambda(dx) = \int_{(-1,1)} \Big[\int_{(-1,1)} \frac{xy}{(x^2+y^2)^2}\,\lambda(dx) \Big] \lambda(dy).$$

Zeigen Sie, dass das Doppelintegral dennoch nicht existiert.

4. Berechnen Sie $\int_0^1 \int_0^1 f(x,y)\,dx\,dy$, $\int_0^1 \int_0^1 f(x,y)\,dy\,dx$ und $\int_{[0,1]^2} |f(x,y)|\,d(x,y)$ für folgende Funktionen:

(a) $\left(x - \frac{1}{2}\right)^{-3} \mathbb{1}_{\{0<y<|x-\frac{1}{2}|\}}$; (b) $\dfrac{x-y}{(x^2+y^2)^{3/2}}$; (c) $\dfrac{1}{(1-xy)^p}$, $p > 0$.

5. Gegeben sei der Messraum $(\mathbb{R}, \mathscr{B}(\mathbb{R}))$. Weiter bezeichne $\mathbb{Q}$ die rationalen Zahlen. Für $M \subset \mathbb{R}$ definieren wir das Zählmaß auf $\mathbb{R}$ durch $\zeta_M : \mathscr{B}(\mathbb{R}) \to [0,\infty]$, $\zeta_M(A) := \#(A \cap M)$. Zeigen Sie:
   (a) Das Lebesguemaß λ und das Zählmaß $\zeta_{\mathbb{Q}}$ sind σ-endlich, das Zählmaß $\zeta_{\mathbb{R}}$ ist nicht σ-endlich.
   (b) $\int_{(0,1)} \int_{(0,1)} \mathbb{1}_{\mathbb{Q}}(x \cdot y)\,d\lambda(x)\,d\zeta_{\mathbb{R}}(y) = 0$.
   (c) $\int_{(0,1)} \int_{(0,1)} \mathbb{1}_{\mathbb{Q}}(x \cdot y)\,d\zeta_{\mathbb{R}}(y)\,d\lambda(x) = \infty$.
   (d) $\int_{(0,1)} \int_{(0,1)} \mathbb{1}_{\mathbb{Q}}(x \cdot y)\,d\zeta_{\mathbb{Q}}(y)\,d\lambda(x) = 0$.
   (e) Warum widersprechen die Befunde in (c),(d) nicht dem Satz von Fubini?

6. (a) Berechnen Sie das Integral $\int_{[0,\infty)^2} \frac{dx\,dy}{(1+y)(1+x^2y)}$.
   (b) Verwenden Sie Teil (a), um das Integral $\int_0^\infty \frac{\ln x}{x^2-1}\,dx$ auszurechnen.
   (c) Zeigen Sie mit Hilfe einer geeigneten Reihenentwicklung in Teil (b), dass $\sum_{n=0}^\infty \frac{1}{(2n+1)^2} = \frac{\pi^2}{8}$.

7. Es seien $(E_i, \mathscr{A}_i, \mu_i)$, $i = 1, 2$, zwei σ-endliche Maßräume und $f\colon E_1 \times E_2 \to \mathbb{C}$ eine messbare Funktion. Eine Funktion heißt *vernachlässigbar* (*bezüglich eines Maßes* μ), wenn $\int |f|\,d\mu = 0$. Dann sind folgende Aussagen äquivalent:
   (a) f ist $\mu_1 \otimes \mu_2$-vernachlässigbar.
   (b) Für μ_1-fast alle x_1 ist $f(x_1, \cdot)$ μ_2-vernachlässigbar.
   (c) Für μ_2-fast alle x_2 ist $f(\cdot, x_2)$ μ_1-vernachlässigbar.

8. (Dirichletsches Integral) Zeigen Sie die folgende Integralformel ($\alpha_i, a_i, p_i, x_i > 0$):

$$\int\limits_{x_i\geqslant 0,\ \sum_{i=1}^n x_i^{p_i}/a_i^{p_i}\leqslant 1}\cdots\int x_1^{\alpha_1-1}\cdots x_n^{\alpha_n-1}\,dx_1\ldots dx_n = \frac{a_1^{\alpha_1}\ldots a_n^{\alpha_n}}{p_1\ldots p_n}\cdot\frac{\Gamma\left(\frac{\alpha_1}{p_1}\cdots\frac{\alpha_n}{p_n}\right)}{\Gamma\left(1+\frac{\alpha_1}{p_1}+\cdots+\frac{\alpha_n}{p_n}\right)}.$$

Hinweis: Integraldarstellung der Eulerschen Beta-Funktion, vgl. Aufgabe 21.2.

9. Es sei $(E, \mathscr{A}, \mu)$ ein σ-endlicher Maßraum und $f\colon E \to [0, \infty)$ eine reelle Funktion. Der Subgraph von f ist die Menge $\Gamma_f := \{(x, t) \mid 0 \leqslant t \leqslant f(x)\} \subset E \times \mathbb{R}$, der Graph ist $G_f := \{(x, f(x)) \mid x \in E\}$.
   (a) f ist genau dann Borel-messbar, wenn $\Gamma_f \in \mathscr{A} \otimes \mathscr{B}(\mathbb{R})$.
   (b) Wenn f Borel-messbar ist, dann ist G_f eine $\mu \otimes \lambda^1$-Nullmenge.
   Hinweis: Satz 16.7 sowie $\{f > \lambda\} \times \{t > 0\} = \bigcup_n \{(x, \lambda + t/n) \in \Gamma_f\}$.

10. (Minkowskische Ungleichung für Doppelintegrale) Es seien $(E, \mathscr{A}, \mu)$ und $(F, \mathscr{B}, \nu)$ zwei σ-endliche Maßräume und $u\colon E \times F \to \overline{\mathbb{R}}$ eine messbare Funktion. Dann gilt für alle $p \in [1, \infty)$

$$\left(\int\limits_E\left(\int\limits_F |u(x,y)|\,\nu(dy)\right)^p \mu(dx)\right)^{1/p} \leqslant \int\limits_F\left(\int\limits_E |u(x,y)|^p\,\mu(dx)\right)^{1/p} \nu(dy).$$

   Hinweis: Wenden Sie Tonelli und Hölder auf $U_k(x) := \left(\int_F |u(x,y)|\,\nu(dy) \wedge k\right) \mathbb{1}_{A_k}(x)$ an, wobei $k \in \mathbb{N}$ und $A_k \uparrow E$ mit $\mu(A_k) < \infty$. Für den Grenzwert $k \to \infty$ verwenden Sie Beppo Levi.

11. Zeigen Sie, dass eine monotone Funktion $\phi\colon \mathbb{R} \to \mathbb{R}$ höchstens abzählbar viele Sprungstellen haben kann.

12. Die folgende Aufgabe zeigt, unter welchen Umständen Satz 16.7 und Korollar 16.8 auch für ein nicht-σ-endliches Maß μ gelten. In dieser Aufgabe ist $(E, \mathscr{A}, \mu)$ ein beliebiger Maßraum.
   (a) Es sei $f \in \mathscr{L}^{1,+}(\mu)$. Dann ist $F_n := \{f > 1/n\}$ eine aufsteigende Folge von messbaren Mengen mit $\mu(F_n) < \infty$ und $A \mapsto \mathbb{1}_{\{f>0\}} \cdot \mu(A) := \int_A \mathbb{1}_{\{f>0\}}\,d\mu$ ist ein σ-endliches Maß auf $(E, \mathscr{A})$.
   (b) Es sei $u \in \mathscr{L}^{1,+}(\mu)$. Dann gilt $\int u\,d\nu = \int_{(0,\infty)} \nu\{u > t\}\,\lambda^1(dt)$ für das Maß $\nu = \mathbb{1}_{\{u>0\}} \cdot \mu$. Folgern sie daraus, dass Satz 16.7 für beliebige Maße und integrierbares u gilt.
   (c) Beweisen Sie nun Korollar 16.8 für $\phi \circ u \in \mathscr{L}^{1,+}(\mu)$ und beliebiges μ.

17 ⧫Unendliche Produkte

Wir wollen nun Maße auf unendlichen Produkten konstruieren, wobei wir die Darstellung von Saeki [17] folgen. In diesem Kapitel sind $(\Omega_i, \mathscr{A}_i, \mathbb{P}_i)$, $i \in I$, beliebig viele Wahrscheinlichkeitsräume.

17.1 Definition. Für $\emptyset \neq K \subset I$ ist

$$\Omega_K := \bigtimes_{i \in K} \Omega_i := \left\{ f : K \to \bigcup_{i \in K} \Omega_i \;\middle|\; \forall i \in K \;:\; f(i) \in \Omega_i \right\}$$

das *Produkt* der Räume $(\Omega_i)_{i \in K}$. Weitere Bezeichnungen ($K \subset J \subset I$):

i-te Koordinate von $f \in \Omega_K$	$f(i)$;
Koordinatenprojektion	$\pi_i : \Omega_I \to \Omega_i, \quad f \mapsto f(i),\ i \in I$;
	$\pi_i^K : \Omega_K \to \Omega_i, \quad f \mapsto f(i),\ i \in K$;
Projektion auf Ω_K	$\pi_K^J : \Omega_J \to \Omega_K, \quad f \mapsto f\vert_K$;
	$\pi_K := \pi_K^I : \Omega_I \to \Omega_K$;
endliche Indexmengen	$\mathscr{H} := \mathscr{H}(I) := \{K \subset I \mid \# K < \infty\}$.

Für $\emptyset \neq L \subset K \subset J \subset I$ gilt insbesondere $\pi_i^K = \pi_{\{i\}}^K$, $\pi_i = \pi_{\{i\}}^I$, und $\pi_L^J = \pi_L^K \circ \pi_K^J$.

17.2 Definition. Das *unendliche Produkt* $\mathscr{A}_I := \bigotimes_{i \in I} \mathscr{A}_i$ der σ-Algebren $(\mathscr{A}_i)_{i \in I}$ ist

$$\mathscr{A}_I := \sigma(\pi_i,\ i \in I) = \sigma\left(\pi_i^{-1}(\mathscr{A}_i),\ i \in I\right). \tag{17.1}$$

Die Definition 17.2 ist verträglich mit der bisherigen Definition endlicher Produkte aus § 15, vgl. auch Satz 16.9. **!**

17.3 Definition. Es sei $H \subset I$ eine endliche Indexmenge. Ein *Zylinder-Rechteck mit (Koordinaten-)Basis H* (»H-Zylinder-Rechteck«) ist eine Menge $R \subset \Omega_I$ der Form

$$R = \bigtimes_{i \in I} A_i, \quad A_i = \begin{cases} \text{beliebig}, \in \mathscr{A}_i, & i \in H \\ \Omega_i, & i \notin H. \end{cases}$$

Wir schreiben $\mathscr{Z}_H^\square$ für die Menge der H-Zylinder-Rechtecke und $\mathscr{Z}^\square = \bigcup_{H \in \mathscr{H}} \mathscr{Z}_H^\square$ für alle Zylinder-Rechtecke.

Eine *Zylindermenge mit (Koordinaten-)Basis H* (»H-Zylinder«) ist eine Menge Z der Form

$$Z = \pi_H^{-1}(A), \quad A \in \mathscr{A}_H = \bigotimes_{i \in H} \mathscr{A}_i, \quad H \in \mathscr{H}.$$

Wir schreiben $\mathscr{Z}_H = \pi_H^{-1}(\mathscr{A}_H)$ für die Menge der H-Zylinder und $\mathscr{Z} = \bigcup_{H \in \mathscr{H}} \mathscr{Z}_H$ für alle Zylindermengen.

https://doi.org/10.1515/9783111342894-017

17.4 Lemma. *Die Projektion $\pi_H : \Omega_I \to \Omega_H$ ist für jedes $H \in \mathscr{H}$ messbar bezüglich $\mathscr{A}_I / \mathscr{A}_H$. Insbesondere gilt*

$$\mathscr{Z}_H^{\square} = \pi_H^{-1}\left(\bigtimes_{i\in H} \mathscr{A}_i\right) \subset \mathscr{Z}_H = \pi_H^{-1}\left(\bigotimes_{i\in H} \mathscr{A}_i\right) \subset \mathscr{A}_I$$

und $\mathscr{A}_I = \sigma(\mathscr{Z}) = \sigma(\mathscr{Z}^{\square}) = \sigma(\pi_H,\ H \in \mathscr{H}(I)) = \sigma(\pi_i,\ i \in I)$.

Beweis. Eine typische Erzeugermenge von $\mathscr{A}_H$, $H \in \mathscr{H}$, ist von der Form

$$\bigtimes_{i\in H} A_i = \bigcap_{i\in H} (\pi_i^H)^{-1}(A_i), \quad A_i \in \mathscr{A}_i,$$

und daher folgt

$$\pi_H^{-1}\Big(\bigtimes_{i\in H} A_i\Big) = \pi_H^{-1}\Big(\bigcap_{i\in H}(\pi_i^H)^{-1}(A_i)\Big) = \bigcap_{i\in H} \pi_H^{-1}\circ(\pi_i^H)^{-1}(A_i) = \underbrace{\bigcap_{i\in H}}_{\# H<\infty} \underbrace{\pi_i^{-1}(A_i)}_{\in \mathscr{A}_I} \in \mathscr{A}_I.$$

Da Meßbarkeit nur an einem Erzeuger getestet werden muss, folgt, dass π_H messbar bezüglich $\mathscr{A}_I/\mathscr{A}_H$ ist. Die Mengen $\pi_i^{-1}(\mathscr{A}_i)$ sind insbesondere Rechtecke mit Basis $\{i\}$. Also gilt

$$\begin{aligned}\mathscr{A}_I &\overset{\text{Def}}{=} \sigma(\pi_i,\ i \in I) \overset{\text{Def}}{=} \sigma\big(\pi_i^{-1}(\mathscr{A}_i),\ i \in I\big) \subset \sigma(\mathscr{Z}_H^{\square},\ H \in \mathscr{H}) \\ &\subset \sigma(\mathscr{Z}_H,\ H \in \mathscr{H}) \overset{\text{Def}}{=} \sigma\big(\pi_H^{-1}(\mathscr{A}_H),\ H \in \mathscr{H}\big) \overset{\text{Def}}{=} \sigma(\pi_H,\ H \in \mathscr{H}) \subset \mathscr{A}_I,\end{aligned}$$

d. h. wir haben überall Gleichheit, und es folgt $\mathscr{A}_I = \sigma(\mathscr{Z}^{\square}) = \sigma(\mathscr{Z})$. □

Wir betrachten nun additive Mengenfunktionen auf den Zylinder-Rechtecken.

17.5 Lemma. a) *Die Familie $\mathscr{Z}^{\square}$ ist ein Halbring mit $\Omega_I \in \mathscr{Z}^{\square}$.*
b) *Jede Mengenfunktion $\mu : \mathscr{Z}^{\square} \to [0,1]$ mit der Eigenschaft*

$$\forall (Z_n)_{n\in\mathbb{N}} \subset \mathscr{Z}^{\square}, \quad \dot{\bigcup_{n\in\mathbb{N}}} Z_n = \Omega_I \ : \ \sum_{n\in\mathbb{N}} \mu(Z_n) = 1 \tag{17.2}$$

kann eindeutig zu einem W-maß auf $\mathscr{A}_I = \sigma(\mathscr{Z}^{\square})$ erweitert werden.

Beweis. a) Ω_I ist offensichtlich eine Rechteckmenge. Für endliche Indexmengen $H \subset J$ gilt $\mathscr{Z}_H^{\square} \subset \mathscr{Z}_J^{\square}$. Weil die Eigenschaften (S_1)–(S_3) eines Halbrings nur endlich viele Mengen verwenden und weil wir deren Basismengen vereinigen können, reicht der Nachweis, dass $\mathscr{Z}_H^{\square}$ für jedes $H \in \mathscr{H}$ ein Halbring ist. Das ist aber wegen Lemma 15.1 offensichtlich, da wir $\mathscr{Z}_H^{\square}$ mit den endlichen Rechtecken $\bigtimes_{i\in H} \mathscr{A}_i$ identifizieren können.

b) 1^0) Weil $Z_1 := \Omega_I$, $Z_n := \emptyset$, $n \geqslant 2$, eine disjunkte Zerlegung von Ω_I ist, gilt nach Voraussetzung

$$1 \overset{(17.2)}{=} \mu(\Omega_I) + \sum_{n=2}^{\infty} \mu(\emptyset) \implies \mu(\Omega_I) = 1 \quad \text{und} \quad \mu(\emptyset) = 0.$$

2⁰) Wir schreiben $\mathscr{Z}^{\square}_{\cup}$ für die Familie aller endlichen Vereinigungen von Mengen aus $\mathscr{Z}^{\square}$. Es sei $U = \bigcup_{n=1}^{N} Z_n$ ein Element aus $\mathscr{Z}^{\square}_{\cup}$. Weil $\mathscr{Z}^{\square}$ ein Halbring ist, können wir $Z \setminus Z'$ für $Z, Z' \in \mathscr{Z}^{\square}$ als endliche disjunkte Vereinigung von Rechtecken schreiben. Also gilt

$$U = \bigcup_{n=1}^{N} Z_n = \biguplus_{n=1}^{N} Z_n \setminus (Z_1 \cup \cdots \cup Z_{n-1}) = \biguplus_{n=1}^{N} (\ldots (Z_n \setminus Z_{n-1}) \setminus \ldots) \setminus Z_1 = \biguplus_{m=1}^{M} R_m$$

für endlich viele paarweise disjunkte Rechtecke $R_n \in \mathscr{Z}^{\square}$. Insbesondere ist

$$U^c = \Omega_I \setminus U = \bigcup_{m=1}^{M} \Omega_I \setminus R_m \in \mathscr{Z}^{\square}_{\cup}.$$

Daher ist $\mathscr{Z}^{\square}_{\cup}$ wieder ein Halbring (und sogar eine Algebra). [✍].

3⁰) Wir werden nun μ auf $\mathscr{Z}^{\square}_{\cup}$ fortsetzen. Es sei $U = \biguplus_{n\in\mathbb{N}} Z_n \in \mathscr{Z}^{\square}_{\cup}$ mit $Z_n \in \mathscr{Z}^{\square}_{\cup}$. Die Rechnung in 2⁰ zeigt, dass $\Omega_I \setminus U = \biguplus_{n=1}^{N} S_n$ mit disjunkten Rechtecken $S_n \in \mathscr{Z}^{\square}$. Wir definieren nun

$$\overline{\mu}(U) := \sum_{n\in\mathbb{N}} \mu(Z_n).$$

Weil $(S_1, \ldots, S_N, Z_1, Z_2, Z_3, \ldots)$ eine disjunkte Zerlegung von Ω_I ist, folgt nach Voraussetzung

$$\sum_{n\in\mathbb{N}} \mu(Z_n) \overset{(17.2)}{=} \underbrace{1 - \sum_{n=1}^{N} \mu(S_n)}_{\text{unabhängig von } (Z_n)_n}$$

d. h. die Definition von $\overline{\mu}(U)$, $U \in \mathscr{Z}^{\square}_{\cup}$, hängt nicht von der Zerlegung von U ab. Damit ist $\overline{\mu}$ ein Prämaß auf $\mathscr{Z}^{\square}_{\cup}$.

Weil die Definition von $\overline{\mu}$ notwendig für die Gültigkeit der σ-Additivität ist, ist die Erweiterung $\mu \rightsquigarrow \overline{\mu}$ eindeutig.[17]

4⁰) Die eindeutige Fortsetzbarkeit von $\overline{\mu}$ auf $\sigma(\mathscr{Z}^{\square}_{\cup})$ folgt direkt aus dem Erweiterungssatz für Maße (Satz 5.2). Wir bemerken nur, dass $\mathscr{A}_I = \sigma(\mathscr{Z}^{\square}) \subset \sigma(\mathscr{Z}^{\square}_{\cup}) \subset \mathscr{A}_I$. □

Wir kommen nun zum Hauptresultat dieses Kapitels.

17.6 Satz (Kolmogorov). *Es seien $(\Omega_i, \mathscr{A}_i, \mathbb{P}_i)_{i\in I}$ beliebig viele W-Räume. Dann existiert auf $(\Omega_I, \mathscr{A}_I)$ genau ein W-Maß $\mathbb{P} = \mathbb{P}_I$ mit der Eigenschaft, dass*

$$\forall H \in \mathscr{H} \; : \; \pi_H(\mathbb{P}) = \mathbb{P}_H = \underbrace{\bigotimes_{i\in H} \mathbb{P}_i}_{\text{endliches Produkt}}. \tag{17.3}$$

Das Maß $\mathbb{P}$ heißt unendliches Produkt *der Maße $(\mathbb{P}_i)_{i\in I}$: $\mathbb{P} = \bigotimes_{i\in I} \mathbb{P}_i$.*

17 Vergleichen Sie dies mit dem Schritt 2⁰ im Beweis von Satz 5.2.

Beweis. Ohne Einschränkung sei I eine unendliche Menge, sonst wären wir in der Situation von Kapitel 15.

1⁰) Wir definieren $\mathbb{P}$ zunächst auf den Rechtecken $\mathscr{Z}^\square$. Wegen $\pi_H(\mathbb{P}) = \mathbb{P}_H = \bigotimes_{i\in H}\mathbb{P}_i$ ist notwendigerweise

$$\forall Z = \bigtimes_{i\in I} A_i \in \mathscr{Z}_H^\square \ : \ \mathbb{P}_i(Z) = \prod_{i\in H}\mathbb{P}(A_i). \tag{17.4}$$

Weil die Darstellung von $Z \in \mathscr{Z}^\square$ bis auf die Wahl der Basis eindeutig ist, und weil es eine kleinste Basis $H = \{i \in I \mid A_i \neq \Omega_i\}$ gibt, ist $\mathbb{P}$ auf $\mathscr{Z}^\square$ durch (17.4) wohldefiniert.

2⁰) Nun sei I eine abzählbare Indexmenge; o. E. sei $I = \mathbb{N}$. Wir zeigen, dass $\mu = \mathbb{P}$ die Voraussetzungen von Lemma 17.5 erfüllt.

Es seien $Z_n \in \mathscr{Z}^\square$ disjunkt mit $\Omega_I = \biguplus_{n\in\mathbb{N}} Z_n$. Nach Definition gilt

$$Z_n = \underbrace{A_{n,1}\times A_{n,2}\times\cdots\times A_{n,i(n)}}_{\text{beliebig, } A_{n,i}\in\mathscr{A}_i}\times\Omega_{i(n)+1}\times\Omega_{i(n)+2}\times\ldots$$

Wir behaupten nun, dass gilt:

$$\forall m\in\mathbb{N}\quad \forall (x_i)_{i\in\mathbb{N}}\in Z_m \ : \ \left[\prod_{i=1}^{i(m)}\mathbb{1}_{A_{n,i}}(x_i)\right]\prod_{i>i(m)}\mathbb{P}_i(A_{n,i}) = \begin{cases}1, & n=m,\\ 0, & n\neq m.\end{cases} \tag{17.5}$$

In der Tat: Für $n = m$ ist die Aussage offensichtlich. Für $n \neq m$ und $(x_i)_{i\in\mathbb{N}} \in Z_m$ gilt

$$\sum_{n=1}^{\infty}\mathbb{1}_{Z_n}\equiv 1 \quad\text{und}\quad \forall y_i\in\Omega_i,\ i>i(m)\ :\ \mathbb{1}_{Z_m}(x_1,\ldots,x_{i(m)},y_{i(m)+1},\ldots)=1.$$

Weil die Mengen Z_n, $n \in \mathbb{N}$, disjunkt sind, haben wir aber für $n \neq m$

$$0 = \mathbb{1}_{Z_n}(x_1,\ldots,x_{i(m)},y_{i(m)+1},\ldots) = \left[\prod_{i=1}^{i(m)}\mathbb{1}_{A_{n,i}}(x_i)\right]\prod_{i>i(m)}\mathbb{1}_{A_{n,i}}(y_i)$$

$$= \begin{cases} \left[\prod_{i=1}^{i(m)}\mathbb{1}_{A_{n,i}}(x_i)\right]\prod_{i>i(m)}\underbrace{\mathbb{1}_{A_{n,i}}(y_i)}_{=1=\mathbb{P}_i(A_{n,i}),\ \text{da } A_{n,i}=\Omega_i}, & \boxed{i(n)<i(m)} \\ \left[\prod_{i=1}^{i(m)}\mathbb{1}_{A_{n,i}}(x_i)\right]\prod_{i(m)<i\leqslant i(n)}\mathbb{1}_{A_{n,i}}(y_i)\prod_{i>i(n)}\overbrace{\mathbb{1}_{A_{n,i}}(y_i)}^{=1=\mathbb{P}_i(A_{n,i}),\ \text{da } A_{n,i}=\Omega_i}. & \boxed{i(n)>i(m)} \end{cases}$$

Im Fall $i(n) > i(m)$ integrieren wir noch über den mittleren Faktor. In beiden Fällen erhalten wir (17.5).

Wir nehmen nun an, dass $\sum_{n=1}^{\infty}\mathbb{P}(Z_n) < 1$ gilt. Also ist

$$\sum_{n\in\mathbb{N}}\mathbb{P}(Z_n) = \sum_{n\in\mathbb{N}}\mathbb{P}_1(A_{n,1})\cdots\mathbb{P}_k(A_{n,k})\prod_{i>k}\mathbb{P}_i(A_{n,i})$$

$$= \int_{\Omega_1}\cdots\int_{\Omega_k}\sum_{n\in\mathbb{N}}\left[\mathbb{1}_{A_{n,1}}(z_1)\cdots\mathbb{1}_{A_{n,k}}(z_k)\cdot\prod_{i>k}\mathbb{P}_i(A_{n,i})\right]\mathbb{P}_1(dz_1)\cdots\mathbb{P}_k(dz_k) < 1,$$

und es folgt, dass

$$\exists x_1 \in \Omega_1, \dots, x_k \in \Omega_k \; : \; \sum_{n=1}^{\infty} \mathbb{1}_{A_{n,1}}(x_1) \cdots \mathbb{1}_{A_{n,k}}(x_k) \prod_{i>k} \mathbb{P}_i(A_{n,i}) < 1.$$

Weil $k \in \mathbb{N}$ beliebig ist, gilt

$$\exists (x_i)_{i \in \mathbb{N}} \in \Omega_I, \quad \forall k \in \mathbb{N} \; : \; \sum_{n=1}^{\infty} \left[\prod_{i=1}^{k} \mathbb{1}_{A_{n,i}}(x_i) \right] \prod_{i>k} \mathbb{P}_i(A_{n,i}) < 1.$$

Da die Mengen Z_n, $n \in \mathbb{N}$, die Menge Ω_I zerlegen, gibt es ein m, so dass $(x_i)_{i \in \mathbb{N}} \in Z_m$. Das steht für $k = i(m)$ im Widerspruch zu (17.5) in Schritt 2^0. Das beweist (17.2) für abzählbares I.

3^0) Schließlich sei I überabzählbar. Wieder sei $(Z_n)_{n \in \mathbb{N}} \subset \mathscr{Z}^\square$ eine disjunkte Zerlegung $\biguplus_{n \in \mathbb{N}} Z_n = \Omega_I$ und die Basismengen seien $H_n \in \mathscr{H}$. Dann ist $J := \bigcup_{n \in \mathbb{N}} H_n \subset I$ abzählbar und es gilt

$$Z_n = \pi_J^{-1}(Z'_n) \quad \text{für ein } H_n\text{-Rechteck } Z'_n \subset \mathop{\times}_{j \in J} \Omega_j.$$

Wir können daher das Argument aus 2^0 auf die disjunkten Mengen $(Z'_n)_{n \in \mathbb{N}}$ anwenden und erhalten

$$\sum_{n \in \mathbb{N}} \mathbb{P}(Z_n) = \sum_{n \in \mathbb{N}} \mathbb{P}_J(Z'_n) = 1,$$

d. h. (17.2) gilt auch für überabzählbares I.

4^0) Der Beweis folgt nun sofort aus Lemma 17.5. □

Aufgaben

1. Es seien $E = \{0, 1\}$, $\mu = \frac{1}{2}(\delta_0 + \delta_1)$ und $(\Omega, \mathscr{A}, \mathbb{P}) = \bigotimes_{n \in \mathbb{N}}(E, \mathscr{P}(E), \mu)$. Für $(x_n)_n \in \Omega$ wird eine Funktion $f \colon \Omega \to [0, 1]$ definiert durch $f((x_n)_n) := \sum_n x_n 2^{-n}$. Zeigen Sie, dass $\mathbb{P} \circ f^{-1}$ das Lebesgue-Maß auf $[0, 1]$ ist.
2. Zeigen Sie, dass die im Beweis von Lemma 17.5 auftretende Familie $\mathscr{Z}_\cup^\square$ eine Algebra von Mengen (Boolesche Algebra) ist.
3. Zeigen Sie, dass $\mathscr{A}_I = \bigcup \{\mathscr{Z}_K \mid K \subset I, \; K \text{ abzählbar}\}$ gilt.

18 ♦Der Kolmogorovsche Erweiterungssatz

In diesem Kapitel werden wir die Konstruktion von Produktmaßen auf unendlichen Produkten $\Omega_I := \bigtimes_{i\in I} \Omega_i$ dahingehend verallgemeinern, dass wir Maße $\mathbb{P}_i$ nicht nur auf den einzelnen Faktoren $(\Omega_i, \mathscr{A}_i)$ vorgeben, sondern auf *allen* endlichen Produkten $(\Omega_H = \bigtimes_{i\in H} \Omega_i, \mathscr{A}_H = \bigotimes_{i\in H} \mathscr{A}_i)$, $H \in \mathscr{H}(I) = \{H \subset I \mid \# H < \infty\}$. Gesucht ist ein Maß $\mathbb{P} = \mathbb{P}_I$, das die Maße $\mathbb{P}_H$ »fortsetzt«, d. h. es gilt $\mathbb{P}_H = \pi_H(\mathbb{P}) := \mathbb{P} \circ \pi_H^{-1}$ unter der kanonischen Projektion $\pi_H \colon \bigtimes_{i\in I} \Omega_i \to \bigtimes_{i\in H} \Omega_i$. Wenn wir $\mathbb{P}_H = \bigotimes_{i\in H} \mathbb{P}_i$ vorgeben, dann sind wir wieder in der Situation von Kapitel 17, d. h. wir erhalten einen alternativen Beweis von Satz 17.6. Im Zusammenhang mit stochastischen Prozessen wurde diese Fragestellung von Kolmogorov [9, Kapitel III.4] behandelt, der hier vorgestellte Beweis orientiert sich an der Darstellung von Neveu [12] und Meyer [11].

Wir erinnern kurz an die Bezeichnungen und Definitionen aus Kapitel 17: Es seien $(\Omega_i, \mathscr{A}_i)$, $i \in I$, beliebig viele Messräume. Das Produkt $\Omega_K = \bigtimes_{i\in K} \Omega_i$, $K \subset I$, besteht aus allen Abbildungen $f \colon K \to \bigcup_{i\in K} \Omega_i$ mit $f(i) \in \Omega_i$. Wir bezeichnen für $K \subset L \subset I$ die kanonischen Projektionen mit

$$\begin{aligned} &\pi_i \colon \Omega_I \to \Omega_i, && \pi_K \colon \Omega_I \to \Omega_K, && \pi_K^L \colon \Omega_L \to \Omega_K, \\ &\pi_i(f) := f(i), && \pi_K(f) := f|_K, && \pi_K^L(g) := g|_K. \end{aligned}$$

Das Produkt Ω_K wird mit der σ-Algebra $\mathscr{A}_K = \bigotimes_{i\in K} \mathscr{A}_i := \sigma\left(\pi_i^{-1}(\mathscr{A}_i),\ i \in K\right)$ zu einem Messraum $(\Omega_K, \mathscr{A}_K)$.

Wir betrachten zwei Erzeugersysteme von $\mathscr{A}_I$, die Zylinder-Rechtecke $\mathscr{Z}^\square$ und die Zylindermengen $\mathscr{Z}$ mit endlichen Koordinatenbasen $H \in \mathscr{H}(I)$:

$$\begin{aligned} \mathscr{Z}^\square &= \bigcup_{H\in\mathscr{H}(I)} \mathscr{Z}_H^\square, \qquad Z \in \mathscr{Z}_H^\square \iff Z = \pi_H^{-1}(A),\ A \in \bigtimes_{i\in H} \mathscr{A}_i \\ \mathscr{Z} &= \bigcup_{H\in\mathscr{H}(I)} \mathscr{Z}_H, \qquad Z \in \mathscr{Z}_H \iff Z = \pi_H^{-1}(A),\ A \in \bigotimes_{i\in H} \mathscr{A}_i =: \mathscr{A}_H. \end{aligned}$$

Es gilt $\mathscr{A}_I = \sigma(\mathscr{Z}^\square) = \sigma(\mathscr{Z})$, vgl. Lemma 17.4.

Wir werden zu gegebenen Wahrscheinlichkeitsräumen $(\Omega_H, \mathscr{A}_H, \mathbb{P}_H)$, $H \in \mathscr{H}(I)$, ein Maß $\mathbb{P} = \mathbb{P}_I$ auf $(\Omega_I, \mathscr{A}_I)$ konstruieren, so dass die $\mathbb{P}_H$ die endlich-dimensionalen Projektionen von $\mathbb{P}$ sind: $\mathbb{P}_H = \pi_H(\mathbb{P}) = \mathbb{P} \circ \pi_H^{-1}$. Dazu benötigen wir folgende Verträglichkeitsbedingung:

18.1 Definition. Für jede endliche Indexmenge $H \in \mathscr{H}(I)$ sei auf jedem Produktraum $(\Omega_H, \mathscr{A}_H)$ ein Wahrscheinlichkeitsmaß $\mathbb{P}_H$ vorgegeben. Die Maße $(\mathbb{P}_H)_{H\in\mathscr{H}(I)}$ bzw. die Maßräume $(\Omega_H, \mathscr{A}_H, \mathbb{P}_H)_{H\in\mathscr{H}(I)}$ heißen *projektiv*, wenn gilt

$$\forall H \subset K,\ H, K \in \mathscr{H}(I) \ :\ \mathbb{P}_H = \pi_H^K(\mathbb{P}_K) \overset{\text{Def}}{=} \mathbb{P}_K \circ \left(\pi_H^K\right)^{-1}. \tag{18.1}$$

https://doi.org/10.1515/9783111342894-018

Für $\mathbb{P}_H = \bigotimes_{i\in H}\mathbb{P}_i$ folgt die Projektivitätsbedingung (18.1) sofort aus Schritt 1° im Beweis von Satz 17.6. Allerdings reicht (18.1) alleine nicht aus, um $\mathbb{P}$ auf $(\Omega_I, \mathscr{A}_I)$ für unendliche Indexmengen I zu konstruieren – wir benötigen weitere topologische Annahmen an die Räume Ω_i. Ein Gegenbeispiel ist in Aufgabe 18.3 angegeben.

Mit Hilfe der Verträglichkeitsbedingung kann man sofort eine endlich additive Mengenfunktion $\mathbb{P}$ auf den Zylindermengen $\mathscr{Z}$ angeben.

18.2 Lemma. *Es sei $(\Omega_H, \mathscr{A}_H, \mathbb{P}_H)$, $H \in \mathscr{H}(I)$, eine projektive Familie von Wahrscheinlichkeitsräumen. Dann gibt es auf den Zylindermengen $\mathscr{Z} \subset \mathscr{A}_I$ genau eine additive Mengenfunktion $\mathbb{P}$, so dass $\mathbb{P}_H = \pi_H(\mathbb{P})$ für alle $H \in \mathscr{H}(I)$ gilt.*

Beweis. Jedes $Z \in \mathscr{Z}$ kann in der Form $\pi_H^{-1}(A_H)$ für ein endliches $H \in \mathscr{H}(I)$ und $A_H \in \mathscr{A}_H$ geschrieben werden. Die (offensichlich eindeutige, da notwendige) Definition $\mathbb{P}(Z) := \mathbb{P}_H(A_H)$ ist aber nur dann sinnvoll, wenn sie unabhängig von der Darstellung der Zylindermenge ist. Es seien $H, K \in \mathscr{H}(I)$ und $A_H \in \mathscr{A}_H$, $A_K \in \mathscr{A}_K$, so dass $\pi_H^{-1}(A_H) = Z = \pi_K^{-1}(A_K)$. Dann gilt für jede endliche Indexmenge $L \supset H \cup K$

$$Z = \pi_H^{-1}(A_H) = (\pi_H^L \circ \pi_L)^{-1}(A_H) = \pi_L^{-1} \circ (\pi_H^L)^{-1}(A_H),$$
$$Z = \pi_K^{-1}(A_K) = (\pi_K^L \circ \pi_L)^{-1}(A_K) = \pi_L^{-1} \circ (\pi_K^L)^{-1}(A_K).$$

Mithin ist $(\pi_H^L)^{-1}(A_H) = (\pi_K^L)^{-1}(A_K)$ und wir können die Projektivität (18.1) der Familie $(\mathbb{P}_H)_{H\in\mathscr{H}(I)}$ verwenden, um die Wohldefiniertheit von $\mathbb{P}$ zu zeigen:

$$\mathbb{P}_K(A_K) = \pi_K^L(\mathbb{P}_L)(A_K) = \mathbb{P}_L((\pi_K^L)^{-1}(A_K)) = \mathbb{P}_L((\pi_H^L)^{-1}(A_H)) = \mathbb{P}_H(A_H).$$

Die Mengenfunktion $\mathbb{P}$ ist endlich additiv: Für $Z = \pi_H^{-1}(A_H)$, $W = \pi_K^{-1}(B_K) \in \mathscr{Z}$ wählen wir die Basis $L = H \cup K \in \mathscr{H}(I)$ und geeignete Mengen $A_L, B_L \in \mathscr{A}_L$, so dass $Z = \pi_L^{-1}(A_L)$ und $W = \pi_L^{-1}(B_L)$. Weil $Z \cap W = \emptyset$ genau dann gilt, wenn $A_L \cap B_L = \emptyset$, folgt

$$\mathbb{P}(Z \mathbin{\dot\cup} W) = \mathbb{P}_L(A_L \mathbin{\dot\cup} B_L) = \mathbb{P}_L(A_L) + \mathbb{P}_L(B_L) = \mathbb{P}(Z) + \mathbb{P}(W). \qquad \square$$

Wie schon im Fall der unendlichen Produkte ist die wesentliche Schwierigkeit der Nachweis, dass $\mathbb{P}$ auf $\mathscr{Z}$ ein Prämaß ist. Dafür benötigen wir einige topologische Vorbereitungen.

18.3 Definition. Es sei E eine beliebige Grundmenge. Eine Familie $\mathscr{K} \subset \mathscr{P}(E)$ heißt *kompakt*, wenn

$$\forall (K_n)_{n\in\mathbb{N}} \subset \mathscr{K}, \quad \bigcap_{n=1}^{\infty} K_n = \emptyset \implies \exists N \in \mathbb{N} : \bigcap_{n=1}^{N} K_n = \emptyset. \tag{18.2}$$

Die Familie der kompakten Mengen $\mathscr{K}$ eines toplogischen Raums $(E, \mathscr{O})$ ist eine kompakte Familie im Sinne von Definition 18.3. Die Eigenschaft (18.2) wird auch »finite intersection property« genannt, vgl. Rudin [15, Satz 2.36].

18.4 Lemma. *Es sei $\mathscr{K}$ eine kompakte Familie auf dem Raum E. Dann sind auch die Familien $\mathscr{K}_\cup$ (alle endlichen Vereinigungen von Mengen aus $\mathscr{K}$) und $\mathscr{K}_\delta$ (alle abzählbaren Durchschnitte von Mengen aus $\mathscr{K}$) kompakte Familien.*

Beweis. Der Nachweis der Kompaktheit von $\mathscr{K}_\delta$ ist eine einfache Übungsaufgabe [✍], da (abzählbare) Durchschnitte kommutieren. Wir betrachten daher nur $\mathscr{K}_\cup$. Es sei $(K_n)_{n\in\mathbb{N}} \subset \mathscr{K}_\cup$, so dass $\bigcap_{n=1}^N K_n \neq \emptyset$ für alle $N \in \mathbb{N}$. Wir müssen zeigen, dass dann auch $\bigcap_{n=1}^\infty K_n \neq \emptyset$ (das ist die Kontraposition der Eigenschaft (18.2)!).

Nach Voraussetzung ist $K_n = K_n^1 \cup \cdots \cup K_n^{i(n)}$ für $K_n^i \in \mathscr{K}$, $1 \leqslant i \leqslant i(n)$ und $i(n) \in \mathbb{N}$. Eine einfache direkte Rechnung [✍] ergibt

$$\emptyset \neq \bigcap_{n=1}^N K_n = \bigcap_{n=1}^N \bigcup_{i=1}^{i(n)} K_n^i = \bigcup_{J_N} \bigcap_{n=1}^N K_n^{k_n}, \tag{18.3}$$

wobei $J_N \subset J = \bigtimes_{n=1}^\infty \{1, 2, \dots, i(n)\}$ diejenigen Folgen $(k_1, k_2, \dots, k_N, \dots) \in J$ bezeichnet, für die $\bigcap_{n=1}^N K_n^{k_n} \neq \emptyset$ gilt. Offensichlich interessieren uns nur die ersten N Folgenglieder der Folgen in J_N.

Weil der Schnitt in (18.3) nicht leer ist, gilt $J_N \neq \emptyset$. Weiterhin ist auch klar, dass $J_N \supset J_{N+1} \supset \dots$. Wenn wir $\bigcap_{N=1}^\infty J_N \neq \emptyset$ zeigen können, dann gilt für alle $(k_n^*)_{n\in\mathbb{N}} \in \bigcap_{N=1}^\infty J_N$, dass

$$\bigcap_{n=1}^\infty K_n = \bigcap_{N=1}^\infty \bigcup_{J_N} \bigcap_{n=1}^N K_n^{k_n} \supset \bigcap_{n=1}^\infty K_n^{k_n^*} \neq \emptyset.$$

Für die Behauptung »$\neq \emptyset$« verwenden wir die Kompaktheit der Familie $\mathscr{K}$. Damit ist gezeigt, dass $\mathscr{K}_\cup$ kompakt ist.

Wir konstruieren nun eine Folge $(k_n^*)_{n\in\mathbb{N}} \in \bigcap_{N=1}^\infty J_N$. Dazu wählen wir aus jedem J_N eine Folge $(k_n^N)_{n\in\mathbb{N}}$. Es gilt

$$\begin{aligned}
(k_1^N)_{N\in\mathbb{N}} \subset \{1,2,\dots,i(1)\} &\implies \exists k_1^* \in \{1,2,\dots,i(1)\},\ \exists \mathcal{N}_1 \subset \mathbb{N},\ \#\mathcal{N}_1 = \infty\\
& \forall N \in \mathcal{N}_1 : k_1^N = k_1^*\\
(k_2^N)_{N\in\mathcal{N}_1} \subset \{1,2,\dots,i(2)\} &\implies \exists k_2^* \in \{1,2,\dots,i(2)\},\ \exists \mathcal{N}_2 \subset \mathcal{N}_1,\ \#\mathcal{N}_2 = \infty\\
& \forall N \in \mathcal{N}_2 : k_2^N = k_2^*\\
& \dots\\
(k_n^N)_{N\in\mathcal{N}_{n-1}} \subset \{1,2,\dots,i(n)\} &\implies \exists k_n^* \in \{1,2,\dots,i(n)\},\ \exists \mathcal{N}_n \subset \mathcal{N}_{n-1},\ \#\mathcal{N}_n = \infty\\
& \forall N \in \mathcal{N}_n : k_n^N = k_n^*,\\
& \dots
\end{aligned}$$

Rekursiv erhalten wir so eine Folge $(k_1^*, k_2^*, \dots, k_n^*, \dots)$ mit der Eigenschaft, dass $(k_n^*)_{n\leqslant N} = (k_n^N)_{n\leqslant N}$, d. h. $(k_n^*)_{n\in\mathbb{N}} \in J_N$ für alle $N \in \mathbb{N}$.[18] □

18 Dieses Argument zeigt, dass das unendliche Produkt $J = \bigtimes_{n=1}^\infty \{1, 2, \dots, i(n)\}$ folgenkompakt ist: Jede Folge in J hat eine konvergente Teilfolge.

18.5 Lemma. *Es sei E eine beliebige Menge, $\mathscr{A} \subset \mathscr{P}(E)$ eine Boolesche Algebra*[19] *und $\mathscr{K} \subset \mathscr{A}$ eine kompakte Familie. Eine additive Mengenfunktion $\mu : \mathscr{A} \to [0,\infty)$, die von innen $\mathscr{K}$-regulär ist, d. h.*

$$\forall A \in \mathscr{A} \ : \ \mu(A) = \sup\{\mu(K) \mid K \subset A,\ K \in \mathscr{K}\}, \tag{18.4}$$

ist ein Prämaß auf $\mathscr{A}$.

Wenn $\mathscr{A}$ von einem Halbring $\mathscr{S}$ mit $E \in \mathscr{S}$ erzeugt wird, dann reicht es aus, (18.4) *für $A \in \mathscr{S}$ zu fordern.*

Beweis. 1⁰) Wegen Lemma 3.3 müssen wir zeigen, dass μ stetig in $\emptyset$ ist. Dazu wählen wir eine Folge $(A_n)_{n\in\mathbb{N}} \subset \mathscr{A}$ mit $A_n \downarrow \emptyset$. Für festes $\epsilon > 0$ erhalten wir wegen (18.4)

$$\forall n \in \mathbb{N} \quad \exists K_n \in \mathscr{K},\ K_n \subset A_n \ : \ \mu(A_n \setminus K_n) \leqslant \frac{\epsilon}{2^n}.$$

Nach Annahme gilt $\bigcap_{n\in\mathbb{N}} K_n \subset \bigcap_{n\in\mathbb{N}} A_n = \emptyset$. Weil die Familie $\mathscr{K}$ kompakt ist, gibt es ein $N \in \mathbb{N}$, so dass $\bigcap_{n=1}^{N} K_n = \emptyset$. Daher gilt

$$A_N = A_N \setminus \bigcap_{n=1}^{N} K_n = \bigcup_{n=1}^{N} (A_N \setminus K_n) \subset \bigcup_{n=1}^{N} (A_n \setminus K_n),$$

und wir erhalten für alle $k \in \mathbb{N}$ wegen der Subadditivität von μ

$$\mu(A_{N+k}) \leqslant \mu(A_N) \leqslant \sum_{n=1}^{N} \mu(A_n \setminus K_n) \leqslant \epsilon.$$

Da $\epsilon > 0$ beliebig ist, folgt $\lim_{n\to\infty} \mu(A_n) = 0$, und die Stetigkeit in $\emptyset$ ist gezeigt.

2⁰) Nun werde $\mathscr{A}$ von einem Halbring $\mathscr{S}$ mit $E \in \mathscr{S}$ erzeugt, d. h. $\mathscr{A}$ ist die kleinste $\mathscr{S}$ enthaltende Algebra. Mit $\mathscr{S}_\cup$ und $\mathscr{K}_\cup$ bezeichnen wir die Familien von Mengen, die aus endlich vielen Vereinigungen von $\mathscr{S}$ bzw. $\mathscr{K}$-Mengen bestehen. Weil $\mathscr{S}_\cup$ selbst eine Algebra ist ([✍], vgl. Bemerkung 2.2.e), gilt $\mathscr{A} \subset \mathscr{S}_\cup$.

Wähle $A \in \mathscr{A}$. Dann ist $A = S_1 \cup \cdots \cup S_n$ für ein $n \in \mathbb{N}$ und $S_1, \ldots, S_n \in \mathscr{S}$. Weil μ $\mathscr{K}$-regulär auf $\mathscr{S}$ ist, gibt es für jedes $\epsilon > 0$ Mengen $K_i \subset S_i$, $K_i \in \mathscr{K}$, so dass $\mu(S_i \setminus K_i) \leqslant \epsilon/n$. Mithin gilt für $K := K_1 \cup \cdots \cup K_n \in \mathscr{K}_\cup$ wegen der Subadditivität von μ

$$\mu(A \setminus K) = \mu\Big(\bigcup\nolimits_{i=1}^{n} S_i \Big\backslash \bigcup\nolimits_{m=1}^{n} K_m\Big) \leqslant \mu\Big(\bigcup\nolimits_{i=1}^{n} S_i \setminus K_i\Big) \leqslant \sum_{i=1}^{n} \mu(S_i \setminus K_i) \leqslant \epsilon.$$

Das zeigt, dass μ auf $\mathscr{A}$ $\mathscr{K}_\cup$-regulär ist. Weil $\mathscr{K}_\cup$ selbst eine kompakte Klasse ist, vgl. Lemma 18.4, können wir den schon bewiesenen Teil des Lemmas auf $\mathscr{K}_\cup$ und die Algebra $\mathscr{A}$ anwenden, und erhalten, dass μ ein Prämaß auf $\mathscr{A}$ ist. □

---

19 also ein Mengensystem, das $\emptyset$ und E enthält, und stabil ist unter endlichen Schnitten, Vereinigungen und Komplementen, vgl. Bemerkung 2.2.e).

Nach diesen Vorbereitungen können wir das Hauptresultat dieses Kapitels zeigen.

18.6 Satz (Kolmogorov). *Es seien I eine beliebige Indexmenge und $(\Omega_H, \mathscr{A}_H, \mathbb{P}_H)$ Wahrscheinlichkeitsräume, $H \in \mathscr{H}(I) = \{H \subset I \mid \# H < \infty\}$. Wenn*

a) *für jedes $i \in I$ eine kompakte Familie $\mathscr{K}_i \subset \mathscr{A}_i$ existiert,*
b) *jedes $\mathbb{P}_i$ $\mathscr{K}_i$-regulär ist,*
c) *die Maße $(\mathbb{P}_H)_{H \in \mathscr{H}(I)}$ projektiv sind,*

dann gibt es genau ein Wahrscheinlichkeitsmaß $\mathbb{P}$ auf $(\Omega_I, \mathscr{A}_I) = \bigotimes_{i \in I}(\Omega_i, \mathscr{A}_i)$ mit der Eigenschaft $\mathbb{P}_H = \pi_H(\mathbb{P})$ für alle $H \in \mathscr{H}(I)$.

Das Maß $\mathbb{P}$ heißt projektiver limes der Familie *$(\mathbb{P}_H)_H$ und wird mit $\mathbb{P} = \varprojlim_H \mathbb{P}_H$ bezeichnet.*

Beweis. 1^0) In Lemma 18.2 haben wir bereits eine (eindeutige) additive Mengenfunktion $\mathbb{P}$ auf der Algebra der Zylindermengen $\mathscr{Z}$ konstruiert, die die Eigenschaft $\mathbb{P}_H = \pi_H(\mathbb{P})$ besitzt.

2^0) Um $\mathbb{P}$ von $\mathscr{Z}$ auf $\mathscr{A}_I = \sigma(\mathscr{Z})$ mit Hilfe des Carathéodoryschen Fortsetzungssatzes (Satz 5.2) fortzusetzen, müssen wir die σ-Additivität von $\mathbb{P}$ auf $\mathscr{Z}$ zeigen. Wir verwenden Lemma 18.5 für die Algebra $\mathscr{A} = \mathscr{Z}$ und den Halbring $\mathscr{S} = \mathscr{Z}^\square$.

Wir zeigen: $\mathscr{K} = \bigcup_{i \in I} \pi_i^{-1}(\mathscr{K}_i)$ ist eine kompakte Familie. Es sei $(K_n)_{n \in \mathbb{N}} \subset \mathscr{K}$ mit $\bigcap_{n \in \mathbb{N}} K_n = \emptyset$. Nach Voraussetzung ist $K_n = \pi_{i(n)}^{-1}(C_n)$ mit $C_n \in \mathscr{K}_{i(n)}$. Wir schreiben $S = \{i(n) \mid n \in \mathbb{N}\}$. Dann ist $\bigcap_{n \in \mathbb{N}} K_n = \pi_S^{-1}\left(\bigtimes_{s \in S} C_s'\right)$ für $C_s' = \bigcap_{n : i(n) = s} C_n$. Nun gilt

$$\bigcap_{n \in \mathbb{N}} K_n = \emptyset \iff \exists s \in S : C_s' = \bigcap_{n : i(n) = s} C_n = \emptyset;$$

die in der Definition von C_s' auftretenden C_n sind alle aus der kompakten Familie $\mathscr{K}_s$. Daher gibt es ein $N \in \mathbb{N}$ mit $\bigcap_{n \leqslant N : i(n) = s} C_n = \emptyset$, und es folgt auch $K_1 \cap \cdots \cap K_N = \emptyset$.

3^0) Die Familie $\mathscr{K}_\delta$ ist wiederum eine kompakte Familie (Lemma 18.4) und $\mathbb{P}$ ist auf $\mathscr{Z}^\square$ $\mathscr{K}_\delta$-regulär. Um das zu zeigen, sei $Z \in \mathscr{Z}^\square$ mit $Z = \pi_H^{-1}\left(\bigtimes_{i \in H} A_i\right)$. Für festes $\epsilon > 0$ gilt

$$\forall i \in H \quad \exists C_i \subset A_i,\ C_i \in \mathscr{K}_i : \mathbb{P}(A_i \setminus C_i) \leqslant \frac{\epsilon}{n} \qquad (n = \# H).$$

Nun gilt $K := \pi_H^{-1}\left(\bigtimes_{i \in H} C_i\right) = \bigcap_{i \in H} \pi_i^{-1}(C_i) \in \mathscr{K}_\delta$ und

$$\begin{aligned} \mathbb{P}(Z \setminus K) &= \mathbb{P}\left(\bigcap_{i \in H} \pi_i^{-1}(A_i) \setminus \bigcap_{i \in H} \pi_i^{-1}(C_i)\right) \\ &\leqslant \mathbb{P}\left(\bigcup_{i \in H} \pi_i^{-1}(A_i \setminus C_i)\right) \leqslant \sum_{i \in H} \mathbb{P}_i(A_i \setminus C_i) \leqslant \epsilon. \end{aligned}$$

Da $\epsilon > 0$ beliebig ist, folgt die $\mathscr{K}_\delta$-Regularität von $\mathbb{P}\big|_{\mathscr{Z}^\square}$.

4^0) Weil $\mathscr{Z}^\square$ ein schnittstabiler Erzeuger von $\mathscr{A}_I$ ist, folgt die Eindeutigkeit von $\mathbb{P}$ aus der Bemerkung 4.6.b) zum Eindeutigkeitssatz für Maße 4.5. □

Die entscheidende Voraussetzung für die Gültigkeit von Satz 18.6 ist die kompakte innere Regularität der Maße $\mathbb{P}_i$. In der Regel ist das eine topologische Voraussetzung. Hinreichende Bedingungen sind z. B. dass die Ω_i σ-kompakte metrische Räume (Satz A.10) oder Polnische Räume (Korollar A.11) sind. In beiden Fällen ist $\mathscr{A}_i$ die Borel-σ-Algebra.

18.7 Korollar. *Es seien $(\Omega_i, d, \mathscr{B}(\Omega_i))$, $i \in I$, beliebig viele Polnische Räume. Zu jeder projektiven Familie von W-Maßen $\mathbb{P}_H$ auf $(\Omega_H, \mathscr{B}(\Omega_H))$, $H \in \mathscr{H}(I) = \{H \subset I \mid \# H < \infty\}$, existiert genau ein Wahrscheinlichkeitsmaß auf $(\Omega_I, \mathscr{B}(\Omega_I))$ mit der Eigenschaft, dass $\mathbb{P}_H = \pi_H(\mathbb{P}) = \mathbb{P} \circ \pi_H^{-1}$ für alle $H \in \mathscr{H}(I)$.*

Aufgaben

1. Es sei E eine beliebige Grundmenge, $\mathscr{S} \subset \mathscr{A} \subset \mathscr{P}$ und $\mu : \mathscr{A} \to [0, \infty)$.
   (a) Wenn $\mathscr{A}$ die leere Menge $\emptyset$ enthält und stabil ist unter der Bildung endlicher Komplemente und endlicher Vereinigungen, dann ist $\mathscr{A}$ eine Boolesche Algebra.
   (b) Wenn $\mathscr{S}$ ein Halbring mit $E \in \mathscr{S}$ ist, dann ist $\mathscr{S}_\cup = \{S_1 \cup \cdots \cup S_n \mid n \in \mathbb{N},\ S_i \in \mathscr{S}\}$ eine Algebra. Tatsächlich ist $\mathscr{S}_\cup$ die kleinste $\mathscr{S}$ enthaltende Algebra.
   (c) Wenn $\mathscr{A}$ eine Algebra ist und wenn $\mu : \mathscr{A} \to [0, \infty)$ additiv ist (d. h. $\mu(A \uplus B) = \mu(A) + \mu(B)$), dann gilt $\mu(\emptyset) = 0$ und $\mu(C \cup D) \leqslant \mu(C) + \mu(D)$ für alle $C, D \in \mathscr{A}$.
2. Überlegen Sie sich, dass $\bigcap_{i \in \mathbb{N}} X_i \setminus \bigcap_{k \in \mathbb{N}} Y_k \subset \bigcup_{i \in \mathbb{N}} X_i \setminus Y_i$ gilt.
3. Es sei $(\Omega, \mathscr{A}, \mathbb{P})$ ein Wahrscheinlichkeitsraum und und $\mathbb{P}^*(C) := \inf\{\mathbb{P}(A) \mid A \supset C,\ A \in \mathscr{A}\}$ für ein beliebiges $C \subset \Omega$. Zeigen Sie:
   (a) $\mathbb{P}^*$ ist ein äußeres Maß (vgl. S. 23).
   (b) Nun sei $\Omega' \subset \Omega$ mit $\mathbb{P}^*(\Omega') = 1$. Dann ist $\mathscr{A}' := \Omega' \cap \mathscr{A}$ eine σ-Algebra auf Ω' und durch $\mathbb{P}'(A') := \mathbb{P}(A)$, $A' \in \mathscr{A}'$ mit $A' = \Omega' \cap A$ und $A \in \mathscr{A}$, wird auf $(\Omega', \mathscr{A}')$ ein W-Maß definiert.
   Bemerkung: $(\Omega', \mathscr{A}', \mathbb{P}')$ heißt Spur der Wahrscheinlichkeitsraums $(\Omega, \mathscr{A}, \mathbb{P})$ auf Ω'. Beachte, dass Ω' nicht als messbar vorausgesetzt wurde.

   Wir nehmen zusätzlich an, dass es eine Folge $(\Omega_n)_{n \in \mathbb{N}}$ von nicht-messbaren Mengen $\Omega_n \downarrow \emptyset$ gibt, so dass $\mathbb{P}^*(\Omega_n) = 1$. Wir schreiben $\mathbb{P}_n$ für das Spur-Maß auf $(\Omega_n, \mathscr{A}_n := \Omega_n \cap \mathscr{A})$. Weiterhin sei die Diagonale $\Delta = \{(\omega, \dots, \omega) \mid \omega \in \Omega\} \subset \Omega^n$ messbar bezüglich $\mathscr{A}^{\otimes n}$ (vgl. hierzu [19, Example 15.9]). Für $\phi_n : \Omega_n \to \times_{i=1}^n \Omega_i$, $\phi_n(\omega) = (\omega, \dots, \omega)$, definieren wir $\mathbb{P}_{(1,\dots,n)} := \phi_n(\mathbb{P}_n)$. Zeigen Sie:[20]
   (c) Die Familie von Wahrscheinlichkeitsmaßen $\left(\mathbb{P}_{(1,\dots,n)}\right)_{n \geqslant 1}$ ist eine projektive Familie.
   (d) Die Mengen $\Delta_n := \left\{\omega \in \times_{i=1}^\infty \Omega_i \mid \omega_1 = \cdots = \omega_n\right\}$ sind $\bigotimes_{i=1}^\infty \mathscr{A}_i$-messbar und es gilt $\Delta_n \downarrow \emptyset$.
   (e) Jedes Wahrscheinlichkeitsmaß μ auf $\left(\times_{i=1}^\infty \Omega_i, \bigotimes_{i=1}^\infty \mathscr{A}_i\right)$, so dass $\pi_{(1,\dots,n)}(\mu) = \mathbb{P}_{(1,\dots,n)}$ gilt, erfüllt $\mu(\Delta_n) = 1$, im Widerspruch zur Stetigkeit in $\emptyset$.
   Konsequenz: Es kann kein derartiges μ geben.

20 Diese Aufgabe ist dem Buch von Neveu [12, Aufgabe 3.3.1] entnommen.

19 Bildintegrale und Faltung

In diesem Kapitel seien $(S, \mathscr{S})$ ein Messraum, $(E, \mathscr{A}, \mu)$ ein Maßraum und $(\Omega, \mathscr{A}, \mathbb{P})$ ein W-Raum, d. h. ein Maßraum mit einem W-Maß $\mathbb{P}$. Eine (S-wertige) Zufallsvariable (ZV) ist eine messbare Funktion $X : (\Omega, \mathscr{A}) \to (S, \mathscr{S})$. Die *Verteilung* von X ist das Bildmaß von $\mathbb{P}$ unter X,

$$\mathbb{P}_X(B) := X(\mathbb{P})(B) = \mathbb{P}(X^{-1}(B)) = \mathbb{P}(X \in B), \quad B \in \mathscr{S},$$

vgl. Satz 6.6 und Definition 6.7.

Wir wollen nun eine Formel für das Integral bezüglich eines Bildmaßes finden, die wir zunächst für Wahrscheinlichkeitsmaße zeigen.

19.1 Satz (Transformationssatz). *Sei $u\colon S \to \mathbb{R}$ eine messbare Funktion und $X : \Omega \to S$ eine Zufallsvariable. Dann gilt die Formel*

$$\int_\Omega u(X(\omega))\, \mathbb{P}(d\omega) = \int_S u(s)\, \mathbb{P}_X(ds). \tag{19.1}$$

Dabei ist (19.1) *folgendermaßen zu lesen: Entweder ist $u \geqslant 0$ und* (19.1) *gilt in* $[0, \infty]$ *oder $u \in L^1(\mathbb{P}_X)$ genau dann, wenn $u(X) \in L^1(\mathbb{P})$.*

Beweis. Wie bei der Konstruktion des Integrals (vgl. Abb. 9.1 auf Seite 52) zeigen wir die Aussage erst für $u = \mathbb{1}_B$ und für einfache Funktionen, dann für positive messbare Funktionen und schließlich für integrierbare Funktionen.

1°) Zunächst sei $u = \mathbb{1}_B$ für ein $B \in \mathscr{S}$. Dann ist wegen $\mathbb{1}_{\{X \in B\}} = \mathbb{1}_{X^{-1}(B)} = \mathbb{1}_B(X)$

$$\int_S u\, d\mathbb{P}_X = \int_S \mathbb{1}_B\, d\mathbb{P}_X = \mathbb{P}_X(B) = \mathbb{P}(X \in B) = \int_\Omega \mathbb{1}_{\{X \in B\}}\, d\mathbb{P} = \int_\Omega \mathbb{1}_B(X)\, d\mathbb{P}.$$

Somit gilt (19.1) und $u(X) = \mathbb{1}_B(X) \in L^1(\mathbb{P})$ genau dann, wenn $u \in L^1(\mathbb{P}_X)$.

2°) Nun sei $u = \sum_{n=0}^N a_n \mathbb{1}_{B_n} \in \mathcal{E}^+(\mathscr{S})$ eine positive einfache Funktion. Wegen 1° und der Linearität des Integrals gilt die Aussage des Satzes für positive einfache u.

3°) Nun sei $u \in \mathscr{L}^{0,+}(\mathscr{S})$ eine positive messbare Funktion. Mit dem Sombrero-Lemma (Satz 7.11) finden wir eine Folge $u_m \in \mathcal{E}^+(\mathscr{S})$, so dass $u_m \uparrow u$. Daher zeigt

$$\int_S u\, d\mathbb{P}_X \overset{\text{BL}}{=} \sup_m \int_S u_m\, d\mathbb{P}_X \overset{2^0}{=} \sup_m \int_\Omega u_m(X)\, d\mathbb{P} = \int_\Omega u(X)\, d\mathbb{P},$$

dass (19.1) in $[0, \infty]$ für positive messbare Funktionen gilt.

https://doi.org/10.1515/9783111342894-019

4^0) Schließlich sei $u \in L^1(\mathbb{P}_X)$. Für die Zerlegung $u = u^+ - u^-$ gilt dann $u^\pm \in \mathscr{L}^{0,+}(\mathscr{S})$ und

$$\int_S u \, d\mathbb{P}_X = \int_S u^+ \, d\mathbb{P}_X - \int_S u^- \, d\mathbb{P}_X$$
$$\overset{3^0}{=} \underbrace{\int_\Omega u^+(X) \, d\mathbb{P}}_{<\infty} - \underbrace{\int_\Omega u^-(X) \, d\mathbb{P}}_{<\infty} = \int_\Omega u(X) \, d\mathbb{P}.$$

Somit haben wir (19.1) und $u(X) \in L^1(\mathbb{P})$. Die Äquivalenzaussage für die Integrierbarkeit folgt, indem wir das Argument rückwärts durchlaufen. □

In einem allgemeinen Maßraum $(E, \mathscr{A}, \mu)$ gilt die folgende Version des Transformationssatzes, die man genauso wie Satz 19.1 beweist.

19.2 Korollar. *Es seien $(E, \mathscr{A}, \mu)$ ein Maßraum, $(S, \mathscr{S})$ ein Messraum und $T : E \to S$ und $u: S \to \mathbb{R}$ messbare Abbildungen. Dann gilt die Formel*

$$\int_E u(T(x)) \, \mu(dx) = \int_S u(s) \, T(\mu)(ds). \tag{19.2}$$

Dabei ist (19.2) *folgendermaßen zu lesen: Entweder ist $u \geqslant 0$ und* (19.2) *gilt in* $[0, \infty]$ *oder $u \in L^1(T(\mu))$ genau dann, wenn $u \circ T \in L^1(\mu)$.*

19.3 Beispiel. Es sei $X : \Omega \to \mathbb{R}$ eine ZV und $u: \mathbb{R} \to \mathbb{R}$ messbar. Ist $X \in L^1(\mathbb{P})$, dann wird der *Erwartungswert* von X definiert als

$$\mathbb{E}X := \int X \, d\mathbb{P} = \int_\Omega X(\omega) \, \mathbb{P}(d\omega).$$

a) Für $X \in L^1(\mathbb{P})$ gilt $\mathbb{E}X = \int_\mathbb{R} x \, \mathbb{P}_X(dx) = \int_\mathbb{R} x \, \mathbb{P}(X \in dx)$;

b) Für $X \in L^1(\mathbb{P})$ gilt $\mathbb{E}|X| = \int_\mathbb{R} |x| \, \mathbb{P}(X \in dx)$;

c) Für $X \in L^2(\mathbb{P})$ gilt $\mathbb{V}X := \mathbb{E}\left[(X - \mathbb{E}X)^2\right] = \int_\mathbb{R} (x - \mathbb{E}X)^2 \, \mathbb{P}(X \in dx)$;
$\mathbb{V}X$ heißt *Varianz* der Zufallsvariable X.

d) X habe eine Dichte $f(x)$, d. h. $\mathbb{P}_X(dx) = f(x) \, dx$. Dann ist

$$\mathbb{E}u(X) = \int_\mathbb{R} u(y) \, \mathbb{P}(X \in dy) = \int_\mathbb{R} u(y) f(y) \, dy \quad \forall u \in L^1(f\lambda^1);$$

e) Die Verteilung von X sei $\mathbb{P}_X = \sum_{n=1}^N p_n \delta_{x_n}$. Dann ist

$$\mathbb{E}u(X) = \int_\mathbb{R} u(y) \, \mathbb{P}(X \in dy) = \sum_{n=1}^N p_n \, u(x_n).$$

19.4 Beispiel (wichtig!). Die Abbildungen

$$\sigma\colon \mathbb{R}^d \to \mathbb{R}^d,\ \ y \mapsto -y \quad \text{und} \quad \tau_x\colon \mathbb{R}^d \to \mathbb{R}^d,\ \ y \mapsto y - x$$

sind stetig und daher Borel-messbar. Die Umkehrabbildungen $\sigma^{-1} = \sigma$ und $\tau_x^{-1} = \tau_{-x}$ sind wiederum stetig und Borel-messbar. Weiter wissen wir (Satz 4.7, Satz 6.10), dass

$$\sigma(\lambda^d) = \lambda^d \quad \text{und} \quad \tau_x(\lambda^d) = \lambda^d.$$

Auf der Ebene der Integrale bedeutet das für messbare Funktionen $u\colon \mathbb{R}^d \to \mathbb{R}$

$$\begin{aligned}
\int_{\mathbb{R}^d} u(-y)\,\lambda^d(dy) &= \int_{\mathbb{R}^d} u(\sigma(y))\,\lambda^d(dy) \\
&= \int_{\mathbb{R}^d} u(y)\,\sigma(\lambda^d)(dy) = \int_{\mathbb{R}^d} u(y)\,\lambda^d(dy) \\
\int_{\mathbb{R}^d} u(y-x)\,\lambda^d(dy) &= \int_{\mathbb{R}^d} u(\tau_x(y))\,\lambda^d(dy) \\
&= \int_{\mathbb{R}^d} u(y)\,\tau_x(\lambda^d)(dy) = \int_{\mathbb{R}^d} u(y)\,\lambda^d(dy),
\end{aligned}$$

wobei die Endlichkeit/Integrierbarkeit einer Seite die der jeweils anderen Seite nach sich zieht.

Faltung

19.5 Definition. Es seien μ, ν σ-endliche Maße auf $(\mathbb{R}^d, \mathscr{B}(\mathbb{R}^d))$ und $u, w : \mathbb{R}^d \to \mathbb{R}$ messbare Funktionen. Dann heißt (wenn der entsprechende Ausdruck existiert)

a) $u * w(x) = \int u(x-y)w(y)\,\lambda^d(dy), \quad x \in \mathbb{R}^d;$

b) $u * \mu(x) = \int u(x-y)\,\mu(dy), \quad x \in \mathbb{R}^d;$

c) $\mu * \nu(B) = \iint \mathbb{1}_B(x+y)\,\mu(dx)\nu(dy), \quad B \in \mathscr{B}(\mathbb{R}^d);$

die *Faltung* von u und w bzw. u und μ bzw. μ und ν.

19.6 Bemerkung (Eigenschaften der Faltung). a) $u * w = w * u$, da

$$\begin{aligned}
u * w(x) &= \int_{\mathbb{R}^d} u(x-y)w(y)\,\lambda^d(dy) \\
&= \int_{\mathbb{R}^d} u(\sigma\circ\tau_x(y))w(\sigma\circ\tau_x\circ(\sigma\circ\tau_x)^{-1}(y))\,\lambda^d(dy) \\
&\overset{19.4}{=} \int_{\mathbb{R}^d} u(y)w(\underbrace{(\sigma\circ\tau_x)^{-1}(y)}_{=\tau_{-x}\circ\sigma(y)})\,\lambda^d(dy) \\
&= \int_{\mathbb{R}^d} u(y)w(x-y)\,\lambda^d(dy) = w * u(x).
\end{aligned}$$

b) $\mu * \nu = \nu * \mu$ gilt wegen Tonelli (Satz 16.1).

c) Die Faltung ist linear in beiden Argumenten, [✍] z. B.

$$(au + bv) * w = a(u * w) + b(v * w), \qquad a, b \in \mathbb{R}.$$

d) $\mu * \nu = \alpha(\mu \times \nu)$ wobei $\alpha : \mathbb{R}^d \times \mathbb{R}^d \to \mathbb{R}^d$, $(x, y) \mapsto \alpha(x, y) := x + y$.
Das folgt aus der Messbarkeit von α und weil für alle $B \in \mathscr{B}(\mathbb{R}^d)$ gilt, dass

$$\begin{aligned}\mu * \nu(B) &= \int_{\mathbb{R}^d}\int_{\mathbb{R}^d} \mathbb{1}_B(x + y)\,\mu(dx)\nu(dy)\\ &= \int_{\mathbb{R}^d\times\mathbb{R}^d} \mathbb{1}_B(\alpha(x, y))\,(\mu \times \nu)(d(x, y))\\ &= \int_{\mathbb{R}^d} \mathbb{1}_B(z)\,\alpha(\mu \times \nu)(dz).\end{aligned}$$

e) Es gilt $\mu * \nu(B) = \int_{\mathbb{R}^d} \mu(B - y)\,\nu(dy) = \int_{\mathbb{R}^d} \nu(B - x)\,\mu(dx)$.
Das folgt so: Wir haben $\mathbb{1}_B(x + y) = \mathbb{1}_{B-y}(x)$, da $x + y \in B \Leftrightarrow x \in B - y$. Dann

$$\begin{aligned}\mu * \nu(B) &= \int_{\mathbb{R}^d}\int_{\mathbb{R}^d} \mathbb{1}_B(x + y)\,\mu(dx)\nu(dy)\\ &= \int_{\mathbb{R}^d}\left\{\int_{\mathbb{R}^d} \mathbb{1}_{B-y}(x)\,\mu(dx)\right\}\nu(dy)\\ &= \int_{\mathbb{R}^d} \mu(B - y)\,\nu(dy).\end{aligned}$$

Die andere Formel folgt ganz analog, da $\mu * \nu = \nu * \mu$.

f) Sind μ, ν W-Maße, dann ist $\mu * \nu$ wieder ein W-Maß, denn

$$\mu * \nu(\mathbb{R}^d) = \int_{\mathbb{R}^d} \nu(\mathbb{R}^d - x)\,\mu(dx) = \int_{\mathbb{R}^d} 1\,\mu(dx) = \mu(\mathbb{R}^d) = 1.$$

g) [✍] Sind $u, w \geqslant 0$, dann gilt für die Maße mit Dichten

$$\underbrace{(u\lambda^d) * (w\lambda^d)}_{\text{Faltung von Maßen}} = \underbrace{(u * w)}_{\text{Faltung von Funktionen}}\lambda^d.$$

Die Definition von $u * w$ ist nicht ganz unproblematisch, da $y \mapsto u(x - y)w(y)$ positiv oder integrierbar sein muss. Ein einfaches Kriterium liefert der folgende Satz.

19.7 Satz (Youngsche Ungleichung). *Es sei $u \in \mathscr{L}^1(\lambda^d)$ und $w \in \mathscr{L}^p(\lambda^d)$, $p \in [1, \infty)$. Dann ist $u * w$ definiert und in $\mathscr{L}^p(\lambda^d)$. Weiter gilt $u * w = w * u$ und*

$$\|u * w\|_{L^p} \leqslant \|u\|_{L^1} \cdot \|w\|_{L^p}. \tag{19.3}$$

Beweis. Zunächst seien $u, w \geqslant 0$ messbar. Dann sind die Funktionen

$$(x,y) \mapsto x-y, \quad (x,y) \mapsto u(x-y)w(y), \quad (x,y) \mapsto u(y)w(x-y)$$

Borel-messbar. O. E. können wir $\|u\|_{L^1} > 0$ annehmen. Wegen Bemerkung 19.6.a) gilt $u * w = w * u$, und die folgende Rechnung zeigt, dass $u * w \in \mathcal{L}^p(\lambda^d)$.

$$\begin{aligned}
\|u * w\|_{L^p}^p &= \int \left(\int u(y)w(x-y)\,\lambda^d(dy) \right)^p \lambda^d(dx) \\
&= \|u\|_{L^1}^p \int \left(\int w(x-y) \frac{u(y)}{\|u\|_{L^1}}\,\lambda^d(dy) \right)^p \lambda^d(dx) \\
&\overset{\text{Jensen}}{\underset{14.16.\text{d})}{\leqslant}} \|u\|_{L^1}^p \iint w(x-y)^p \frac{u(y)}{\|u\|_{L^1}}\,\lambda^d(dy)\,\lambda^d(dx) \\
&\overset{\text{Tonelli}}{=} \|u\|_{L^1}^p \int \underbrace{\left(\int w(x-y)^p\,\lambda^d(dx) \right)}_{= \|w\|_{L^p}^p \text{ wegen Beispiel 19.4}} \frac{u(y)}{\|u\|_{L^1}}\,\lambda^d(dy) \\
&= \|u\|_{L^1}^p \, \|w\|_{L^p}^p .
\end{aligned}$$

Der allgemeine Fall folgt mit $u = u^+ - u^-$ und $w = w^+ - w^-$ aus

$$(u^+ - u^-) * w^\pm = u^+ * w^\pm - u^- * w^\pm .$$

Die Differenz ist f. ü. definiert, da $u^\pm * w^\pm \in \mathcal{L}^p(\lambda^d)$, d. h. $u^\pm * w^\pm$ ist f. ü. reellwertig. □

Die Eigenschaften von u und w können sich auf die Faltung $u * w$ vererben. I. Allg. ist $u * w$ glatter als u und w. Dazu benötigen wir das folgende (tiefere) Resultat, das wir erst später (Satz 24.10) beweisen werden. Es hängt wesentlich von der Topologie von $\mathbb{R}^d$ ab.

19.8 Lemma. *Die stetigen Funktionen mit kompaktem Träger $C_c(\mathbb{R}^d)$ sind eine dichte Teilmenge von $\mathcal{L}^p(\lambda^d)$, $p \in [1,\infty)$. D. h. für jedes $u \in \mathcal{L}^p(\lambda^d)$ existiert eine Folge $(u_n)_{n\in\mathbb{N}}$ in $C_c(\mathbb{R}^d)$ mit $\lim_{n\to\infty} \|u - u_n\|_{L^p} = 0$.*

19.9 Satz. *Es sei $u \in \mathcal{L}^p(\lambda^d)$, $p \in [1,\infty)$.*

a) $x \mapsto \int |u(x+y) - u(y)|^p \,\lambda^d(dy)$ *ist stetig.*

b) *Für $u \in \mathcal{L}^1(\lambda^d)$, $w \in \mathcal{L}^\infty(\lambda^d)$ ist $u * w$ beschränkt und stetig.*

Beweis. a) Zunächst betrachten wir $\phi \in C_c(\mathbb{R}^d)$ und $K = \operatorname{supp}\phi = \overline{\{\phi \neq 0\}}$. Das Stetigkeitslemma (Satz 12.1) zeigt für alle $x \in B_n(0)$, $n \in \mathbb{N}$, dass

$$x \mapsto I(\phi; x) := \int \underbrace{|\phi(x+y) - \phi(y)|^p}_{\leqslant 2^p \|\phi\|_\infty^p \mathbb{1}_{K+B_n(0)}(y)} \lambda^d(dy) = \|\phi(x+\cdot) - \phi(\cdot)\|_{L^p}^p$$

stetig auf $B_n(0)$ ist. Weil $n \in \mathbb{N}$ beliebig ist, folgt die Stetigkeit auf $\mathbb{R}^d$.

Da $C_c(\mathbb{R}^d)$ dicht in $\mathcal{L}^p(\lambda^d)$ ist, gibt es zu $u \in \mathcal{L}^p(\lambda^d)$ eine Folge $(\phi_n)_{n\in\mathbb{N}} \subset C_c(\mathbb{R}^d)$ mit $\lim_{n\to\infty} \|u - \phi_n\|_{L^p} = 0$. Weil für alle $x \in \mathbb{R}^d$

$$\begin{aligned}\|(\phi_n(x+\cdot) - \phi_n(\cdot)) - (u(x+\cdot) - u(\cdot))\|_{L^p} &\leqslant \|\phi_n(x+\cdot) - u(x+\cdot)\|_{L^p} + \|\phi_n - u\|_{L^p} \\ &\overset{\text{Bsp. 19.4}}{=} 2\|\phi_n - u\|_{L^p}\end{aligned}$$

gilt, konvergiert $I(\phi_n; x) \to I(u; x)$ gleichmäßig. Daher erbt $I(u; x)$ die Stetigkeit von $I(\phi_n; x)$.

b) Für $x, x' \in \mathbb{R}^d$ ist

$$\begin{aligned}\left|u * w(x) - u * w(x')\right| &\leqslant \int \left|w(y)u(x-y) - w(y)u(x'-y)\right| \lambda^d(dy) \\ &\leqslant \|w\|_{L^\infty} \|u(x - \cdot) - u(x' - \cdot)\|_{L^1} \\ &\overset{19.4}{=} \|w\|_{L^\infty} \|u(x - x' + \cdot) - u\|_{L^1}.\end{aligned}$$

Die Stetigkeit folgt aus Teil a), die Beschränktheit von $u * w$ zeigt man ganz ähnlich. □

Aufgaben

1. Es sei dx das d-dimensionale Lebesgue-Maß und $u\colon \mathbb{R}^d \to \mathbb{R}$ eine stetige Funktion mit kompaktem Träger $K \subset \mathbb{R}^d$. Zeigen Sie, dass u integrierbar ist. Bestimmen Sie für $A \in GL(\mathbb{R}^d)$ das Integral $\int u(Ax)\,dx$ und berechnen Sie $\int u(nx)\,dx$.
2. Es sei μ ein Maß auf $(\mathbb{R}^n, \mathscr{B}(\mathbb{R}^n))$ und $x, y \in \mathbb{R}^n$. Finden Sie $\delta_x * \delta_y$ und $\delta_x * \mu$.
3. Bestimmen Sie $\mathbb{1}_{[0,1]} * \mathbb{1}_{[0,1]}$ und $\mathbb{1}_{[0,1]} * \mathbb{1}_{[0,1]} * \mathbb{1}_{[0,1]}$.
4. Zeigen Sie, dass $\operatorname{supp}(u * w) \subset \overline{\operatorname{supp} u + \operatorname{supp} w}$ $\quad (A + B := \{a + b \mid a \in A,\ b \in B\})$.
5. (Mellin-Faltung in der Gruppe $((0,\infty), \cdot)$) Auf $((0,\infty), \mathscr{B}(0,\infty))$ sei $\mu(dx) = x^{-1}\,dx$. Die *Mellin-Faltung* messbarer Funktionen $u, w : (0,\infty) \to \mathbb{R}$ ist definiert als
$$u \circledast w(x) := \int_{(0,\infty)} u(xy^{-1}) w(y)\, \mu(dy).$$
   (a) Wenn $u, w \geqslant 0$, dann ist $u \circledast w = w \circledast u$ messbar und $\int_0^\infty u \circledast w\, d\mu = \int_0^\infty u\, d\mu \int_0^\infty w\, d\mu$.
   (b) Für $u \in \mathcal{L}^p(\mu)$, $p \in [1,\infty]$, $w \in \mathcal{L}^1(\mu)$ gilt $u \circledast w \in \mathcal{L}^p(\mu)$ und $\|u \circledast w\|_{L^p} \leqslant \|u\|_{L^p} \cdot \|w\|_{L^1}$.
6. (Youngsche Ungleichung) Zeigen Sie die folgende Verallgemeinerung von Satz 19.7:
$$\|u * w\|_{L^r} \leqslant \|u\|_{L^p} \|w\|_{L^q}$$
   für alle $p, q, r \in [1,\infty)$, $u \in \mathcal{L}^p(dx)$, $w \in \mathcal{L}^q(dx)$ und $1 + r^{-1} = p^{-1} + q^{-1}$.
7. (Friedrichsglättung) Es sei $\phi\colon \mathbb{R}^n \to \mathbb{R}^+$ eine C^∞-Funktion mit $\int \phi\, d\lambda^n = 1$ und $\operatorname{supp}\phi = \overline{B_1(0)}$. Definiere für $\epsilon > 0$ die Funktion $\phi_\epsilon(x) := \epsilon^{-n}\,\phi(x/\epsilon)$. Die Funktion $\phi_\epsilon \star u$ wird als *Friedrichsglättung* von $u \in \mathcal{L}^p$ bezeichnet, wobei $1 \leqslant p < \infty$. Zeigen Sie:

(a) $\phi(x) := \kappa \exp(1/(|x|^2 - 1)) \mathbb{1}_{B_1(0)}(x)$ hat für ein geeignetes $\kappa > 0$ die oben beschriebenen Eigenschaften. Bestimmen Sie κ.

(b) $\phi_\epsilon \in C_c^\infty(\mathbb{R}^n)$, $\operatorname{supp} \phi_\epsilon = \overline{B_\epsilon(0)}$ und $\|\phi_\epsilon\|_{L^1} = 1$.

(c) $\operatorname{supp} u \star \phi_\epsilon \subset \operatorname{supp} u + \operatorname{supp} \phi_\epsilon = \{y \mid \exists x \in \operatorname{supp} u : |x - y| \leqslant \epsilon\}$.

(d) $\phi_\epsilon \star u \in C^\infty \cap \mathscr{L}^p$ und $\|\phi_\epsilon \star u\|_{L^p} \leqslant \|u\|_{L^p} \qquad \forall \epsilon > 0$.

(e) $L^p\text{-}\lim_{\epsilon \to 0} \phi_\epsilon \star u = u$.
Hinweis: Unterteilen Sie den Integrationsbereich, damit Sie die gleichmäßige Beschränktheit aus Teil (d) nutzen können.

8. Eine Funktion $f\colon \mathbb{R}^d \to \mathbb{R}$ heißt *unterhalbstetig* oder *halbstetig von unten*, wenn gilt

$$\forall a \in \mathbb{R} : \{f > a\} \text{ ist offen.}$$

Hierzu äquivalent ist die Forderung, dass

$$\forall (x_n)_n \subset \mathbb{R}^d,\ \lim_n x_n = x : \liminf_n f(x_n) \geqslant f(x).$$

(a) Zeigen Sie: Wenn $u, w : \mathbb{R}^d \to [0, \infty]$ messbare Funktionen sind, dann ist die Faltung $u * w$ unterhalbstetig.

(b) Zeigen Sie: Für messbare $u, w : \mathbb{R}^d \to \overline{\mathbb{R}}$ mit $|u| * |w| < \infty$ gilt $\{u * w \neq 0\} \subset \{u \neq 0\} \cup \{w \neq 0\}$.

(c) Zeigen Sie mit Hilfe von (a) den folgenden
Satz von Steinhaus. *Es sei $B \subset \mathbb{R}^d$ eine Borelmenge mit $\lambda^d(B) > 0$. Dann enthält die Menge $B - B := \{x - y \mid x, y \in B\}$ eine (offene) Umgebung von $0 \in \mathbb{R}^d$.*

20 Der Satz von Radon–Nikodým

Es sei μ ein Maß auf dem Messraum $(E, \mathscr{A})$. Wenn $f\colon E \to [0,\infty)$ messbar ist, dann wissen wir wegen Lemma 9.8, dass

$$\nu(A) := \int_A f\,d\mu, \quad A \in \mathscr{A},$$

wieder ein Maß ist. Wir haben dafür $\nu = f\mu$ geschrieben. Wenn $\mu = \lambda^1$ das eindimensionale Lebesgue-Maß, $A = [a, x)$ ein Intervall und f eine stetige Funktion ist, dann ist der Integrand f die Ableitung der Funktion $x \mapsto \nu(x) := \nu[a,x)$; es gilt also $f(x) = \frac{d\nu(x)}{dx}$. Diese Idee werden wir nun verallgemeinern.

Gemäß Satz 10.2 gilt

$$\mu(N) = 0 \implies \nu(N) = \int_N f\,d\mu = 0,$$

d. h. $\{N \in \mathscr{A} \mid \mu(N) = 0\} = \mathscr{N}_\mu \subset \mathscr{N}_\nu$.

20.1 Definition. Es seien μ, ν zwei Maße auf $(E, \mathscr{A})$. Wenn

$$\forall N \in \mathscr{A} \;:\; \mu(N) = 0 \implies \nu(N) = 0,$$

dann heißt ν *absolutstetig* bezüglich μ. Notation: $\nu \ll \mu$.

Mithin: Wenn $\nu = f\mu$, d. h. wenn ν eine Dichte bzgl. μ hat, dann gilt stets

$$f\mu \ll \mu.$$

Es gilt aber auch die Umkehrung.

20.2 Satz (Radon–Nikodým). *Es seien μ, ν zwei endliche Maße auf $(E, \mathscr{A})$. Dann sind äquivalent:*

a) $\nu(A) = \int_A f\,d\mu$ *gilt für ein μ-f. ü. eindeutiges $f \in \mathscr{L}^{0,+}(\mathscr{A})$;*

b) $\nu \ll \mu$.

Die Dichte f heißt Radon–Nikodým Ableitung *und wird oft als* $f = \dfrac{d\nu}{d\mu}$ *geschrieben.*

Beweis. Die Richtung a)⇒b) haben wir bereits gesehen; wir zeigen nun b)⇒a). Dazu konstruieren wir eine $\mathscr{A}/\mathscr{B}(\mathbb{R})$-messbare Funktion $f \geqslant 0$, so dass

$$\int u\,d\nu = \int uf\,d\mu \quad \text{für alle} \quad u \in \mathscr{L}^{0,+}(\mathscr{A}). \tag{20.1}$$

1^0) Wir definieren $\rho := \mu + \nu$,

$$\Phi(u) := \int u^2\,d\mu + \int (1-u)^2\,d\nu, \quad u \in L^2(\rho) = L^2(\mu) \cap L^2(\nu),$$

https://doi.org/10.1515/9783111342894-020

und schreiben für das Infimum des Funktionals Φ

$$d^2 := \inf_{u \in L^2(\rho)} \Phi(u).$$

Offenbar gilt $d^2 \leqslant \Phi(0) = \int 1\,d\nu = \nu(E) < \infty$, sowie

$$\begin{aligned}
&\Phi(u+w) + \Phi(u-w) \\
&= \int \left[(u+w)^2 + (u-w)^2\right] d\mu + \int \left[((1-u)-w)^2 + ((1-u)+w)^2\right] d\nu \\
&= 2\int u^2\,d\mu + 2\int w^2\,d\mu + 2\int (1-u)^2\,d\nu + 2\int w^2\,d\nu \\
&= 2\Phi(u) + 2\|w\|^2_{L^2(\rho)}.
\end{aligned} \tag{20.2}$$

2^0) *Behauptung:* Es gibt einen Minimierer $h \in L^2(\rho) \mid d^2 = \Phi(h)$. Gemäß der Definition des Infimums existiert eine Folge $(h_n)_{n\in\mathbb{N}} \subset L^2(\rho)$ mit $d^2 = \lim_{n\to\infty} \Phi(h_n)$.

Wählen wir in (20.2) $u = \frac{1}{2}(h_n + h_m)$ und $w = \frac{1}{2}(h_n - h_m)$, dann ist

$$\begin{aligned}
d^2 + \left\|\frac{h_n - h_m}{2}\right\|^2_{L^2(\rho)} &\overset{\text{inf}}{\leqslant} \Phi\left(\frac{h_n + h_m}{2}\right) + \left\|\frac{h_n - h_m}{2}\right\|^2_{L^2(\rho)} \\
&\overset{(20.2)}{=} \frac{1}{2}\Phi(h_n) + \frac{1}{2}\Phi(h_m) \xrightarrow[n,m\to\infty]{} d^2.
\end{aligned}$$

Somit

$$\lim_{n,m\to\infty} \|h_n - h_m\|_{L^2(\rho)} = 0,$$

d. h. $(h_n)_n$ ist eine $L^2(\rho)$ Cauchy-Folge. Da $L^2(\rho)$ vollständig ist, existiert der Grenzwert $h := L^2(\rho)\text{-}\lim_{n\to\infty} h_n$.

Wir wenden (20.2) nun für $u = h_n$ und $w = h - h_n$ an:

$$\Phi(h) + d^2 \leqslant \Phi(h) + \Phi(2h_n - h) \overset{(20.2)}{=} 2\Phi(h_n) + 2\|h - h_n\|^2_{L^2(\rho)} \xrightarrow[n\to\infty]{} 2d^2 + 0,$$

d. h. $\Phi(h) = d^2$ und h minimiert $\Phi(\cdot)$.

3^0) *Behauptung:* Der Minimierer ist μ-f. ü. eindeutig. Angenommen g ist ein weiterer Minimierer, dann ergibt sich mit $u = \frac{1}{2}(h + g)$ und $w = \frac{1}{2}(h - g)$ in (20.2)

$$d^2 + \left\|\frac{h-g}{2}\right\|^2_{L^2(\rho)} \leqslant \Phi\left(\frac{h+g}{2}\right) + \left\|\frac{h-g}{2}\right\|^2_{L^2(\rho)} \overset{(20.2)}{=} \frac{1}{2}\Phi(h) + \frac{1}{2}\Phi(g) = d^2.$$

Daher ist $\|h - g\|_{L^2(\rho)} = 0$ oder $h = g$ $(\mu + \nu)$-fast überall.

4^0) *Behauptung:* Der Minimierer ist $\geqslant 0$ und $\leqslant 1$. Wegen

$$(0 \vee h \wedge 1)^2 \leqslant 0 \vee h^2 \wedge 1 \leqslant h^2 \quad \text{und}$$
$$\left[1 - (0 \vee h \wedge 1)\right]^2 = \left[0 \vee (1-h) \wedge 1\right]^2 \leqslant (1-h)^2$$

folgt aus der Definition von Φ, dass $\Phi(0 \vee h \wedge 1) \leqslant \Phi(h)$. Weil h ein Minimierer ist, gilt außerdem $d^2 \leqslant \Phi(0 \vee h \wedge 1) \leqslant \Phi(h) = d^2$, d. h. $0 \vee h \wedge 1$ ist auch ein Minimierer. Aufgrund der Eindeutigkeit folgt nun $h = 0 \vee h \wedge 1$ oder $0 \leqslant h \leqslant 1$.

5⁰) Konstruktion der Dichte. Für $u \in \mathscr{L}^{0,+}(\mathscr{A})$, $u_n := u \wedge n$ und alle $t \in \mathbb{R}$ gilt

$$\begin{aligned} 0 &\leqslant \Phi(h + tu_n) - \Phi(h) \\ &= \int \left[(h + tu_n)^2 - h^2\right] d\mu + \int \left[(1 - h - tu_n)^2 - (1 - h)^2\right] d\nu \\ &= t^2 \int u_n^2 \, d\mu + t^2 \int u_n^2 \, d\nu + 2t \int hu_n \, d\mu - 2t \int (1 - h)u_n \, d\nu \end{aligned}$$

oder, nach Division durch t^2,

$$0 \leqslant \int u_n^2 d\mu + \int u_n^2 \, d\nu + \frac{2}{t}\left(\int hu_n \, d\mu - \int (1 - h)u_n \, d\nu\right), \qquad t \in \mathbb{R} \setminus \{0\}.$$

Es folgt, dass der Ausdruck in Klammern Null sein muss, und mit Beppo Levi ist für alle $u \in \mathscr{L}^{0,+}(\mathscr{A})$

$$\int hu \, d\mu = \sup_n \int hu_n \, d\mu = \sup_n \int (1 - h)u_n \, d\nu = \int (1 - h)u \, d\nu.$$

Wählen wir $u = \mathbb{1}_N$ mit $N = \{h = 1\}$, dann gilt $\mu(N) = \int_N 1 \, d\mu = \int_N 0 \, d\nu = 0$ und es folgt $\nu(N) = 0$, $\nu \ll \mu$. Für $f := h/(1 - h)\mathbb{1}_{\{h \neq 1\}} \in \mathscr{L}^{0,+}(\mathscr{A})$ gilt

$$\begin{aligned} \int uf \, d\mu = \int h \frac{u}{1 - h} \mathbb{1}_{N^c} \, d\mu &= \int (1 - h) \frac{u}{1 - h} \mathbb{1}_{N^c} \, d\nu \\ &= \int u \, \mathbb{1}_{N^c} \, d\nu \overset{\nu(N)=0}{=} \int u \, d\nu. \end{aligned}$$

□

20.3 Korollar. *Satz 20.2 gilt auch für μ endlich und ν beliebig.*

Beweis. Wir müssen nur b)⇒a) zeigen. Wir setzen $\mathscr{F} := \{F \in \mathscr{A} \mid \nu(F) < \infty\}$. Offensichtlich ist $\mathscr{F}$ $\cup$-stabil. Daher können wir

$$c := \sup_{F \in \mathscr{F}} \mu(F) \leqslant \mu(E) < \infty$$

durch eine aufsteigende Folge $(F_n)_{n \in \mathbb{N}} \subset \mathscr{F}$ approximieren, d. h.

$$c = \mu\left(\bigcup_{n \in \mathbb{N}} F_n\right) = \sup_{n \in \mathbb{N}} \mu(F_n).$$

Setze $F_\infty := \bigcup_{n \in \mathbb{N}} F_n$. Dann ist $(\mathbb{1}_{F_\infty} \nu)$ σ-endlich und für $A \subset F_\infty^c$, $A \in \mathscr{A}$, gilt

$$\text{entweder} \quad \mu(A) = \nu(A) = 0 \qquad \text{oder} \quad 0 < \mu(A) < \nu(A) = \infty. \tag{20.3}$$

In der Tat: Wenn $\nu(A) < \infty$, dann ist $F_n \cup A \in \mathscr{F}$ für alle $n \in \mathbb{N}$. Somit gilt

$$c \geqslant \sup_{n \in \mathbb{N}} \mu(F_n \uplus A) = \sup_{n \in \mathbb{N}} (\mu(F_n) + \mu(A)) = \mu(F_\infty) + \mu(A) = c + \mu(A),$$

also $\mu(A) = 0$ und $\nu(A) = 0$, da $\nu \ll \mu$.

Wenn $\nu(A) = \infty$, dann folgt notwendigerweise (da $\nu \ll \mu$) auch $\mu(A) > 0$.

Wir definieren nun

$$\nu_n := \nu\left(\cdot \cap (F_n \setminus F_{n-1})\right), \quad \mu_n := \mu\left(\cdot \cap (F_n \setminus F_{n-1})\right). \qquad (F_0 := \emptyset)$$

Offenbar gilt $\nu_n \ll \mu_n$ für alle $n \in \mathbb{N}$. Da μ_n, ν_n endliche Maße sind, zeigt Satz 20.2 $\nu_n = f_n \mu_n$. Für

$$f(x) := \begin{cases} f_n(x) & \text{für } x \in F_n \setminus F_{n-1}, \\ \infty & \text{für } x \in F_\infty^c, \end{cases} \tag{20.4}$$

gilt $\nu = f\mu$. Da die f_n eindeutig waren, ist auch f auf der Menge F_∞ eindeutig.

Weil aber *jede* Dichte $\widetilde{f}$ von ν bezüglich μ der Beziehung

$$\nu\left(\{\widetilde{f} \leqslant n\} \cap F_\infty^c\right) = \int_{\{\widetilde{f} \leqslant n\} \cap F_\infty^c} \widetilde{f}\, d\mu \leqslant n\, \mu\left(\{\widetilde{f} \leqslant n\} \cap F_\infty^c\right) < \infty$$

genügt, zeigt (20.3), dass $\nu\left(\{\widetilde{f} \leqslant n\} \cap F_\infty^c\right) = \mu\left(\{\widetilde{f} \leqslant n\} \cap F_\infty^c\right) = 0$ für jedes $n \in \mathbb{N}$. Es folgt $\widetilde{f}|_{F_\infty^c} = \infty$. Somit ist f durch (20.4) auch auf F_∞^c eindeutig bestimmt. □

20.4 Korollar. *Satz 20.2 gilt auch für μ σ-endlich und ν beliebig.*

Beweis. Da μ σ-endlich ist, finden wir $(A_n)_{n\in\mathbb{N}} \subset \mathscr{A}$ mit $A_n \uparrow E$ und $\mu(A_n) < \infty$. Für

$$h(x) := \sum_{n=1}^{\infty} \frac{2^{-n}}{1 + \mu(A_n)} \mathbb{1}_{A_n}(x) > 0 \quad \forall x$$

haben die Maße $h\,\mu$ und μ dieselben Nullmengen. Daher gilt

$$\nu \ll \mu \iff \nu \ll h\,\mu.$$

Mit dem Satz von Beppo Levi sehen wir, dass

$$\int_E h\, d\mu = \sum_{n=1}^{\infty} \frac{2^{-n}}{1 + \mu(A_n)} \int_E \mathbb{1}_{A_n}\, d\mu = \sum_{n=1}^{\infty} \frac{\mu(A_n)}{1 + \mu(A_n)} 2^{-n} \leqslant \sum_{n=1}^{\infty} 2^{-n} = 1.$$

Nun ist $h\,\mu$ ein endliches Maß, d. h. Korollar 20.3 zeigt

$$\nu = f \cdot (h\,\mu) \overset{(*)}{=} (fh)\,\mu$$

für ein $f \in \mathcal{M}^+(\mathscr{A})$.

Überlegen wir uns noch die mit (*) gekennzeichnete Gleichheit: Für eine einfache Funktion $f = \sum_{n=0}^{N} y_n \mathbb{1}_{B_n} \geqslant 0$ gilt

$$\nu(A) = \int_A \sum_{n=0}^{N} y_n \mathbb{1}_{B_n}\, d(h\,\mu) = \sum_{n=0}^{N} y_n \int \mathbb{1}_{B_n \cap A}\, h\, d\mu = \int_A (fh)\, d\mu,$$

und der allgemeine Fall folgt dann mit dem Sombrero-Lemma und Beppo Levi.

Zur Eindeutigkeit: f ist $(h\,\mu)$-f. ü. eindeutig und damit ist fh auch μ-f. ü. eindeutig, da $h > 0$ und da μ und $h\mu$ dieselben Nullmengen haben. □

Die Lebesgue-Zerlegung

Wir betrachten nun gewissermaßen das »Gegenteil« von Absolutstetigkeit.

20.5 Definition. Zwei Maße μ, ν auf $(E, \mathscr{A})$ heißen *singulär*, wenn

$$\exists N \in \mathscr{A} \ : \ \nu(N) = 0 = \mu(N^c).$$

Wir schreiben $\mu \perp \nu$ oder $\nu \perp \mu$, wenn μ und ν singulär sind.

20.6 Beispiel. Auf $(\mathbb{R}^d, \mathscr{B}(\mathbb{R}^d))$ gilt
a) $\delta_x \perp \lambda^d$ für beliebiges $x \in \mathbb{R}^d$.
b) $f\mu \perp g\mu$ wenn $f, g \in \mathscr{L}^{0,+}$ mit $\operatorname{supp} f \cap \operatorname{supp} g = \emptyset$.

Beispiel 20.6 illustriert das Wesen der Singularität: Wenn $\mu \perp \nu$, dann »leben« μ und ν auf disjunkten Mengen von E bzw. auf Mengen, die Nullmengen für das jeweils andere Maß sind. Das kann man folgendermaßen ausdrücken.

20.7 Satz (Lebesgue-Zerlegung). *Es seien μ und ν endliche Maße auf $(E, \mathscr{A})$. Bis auf Nullmengen existiert eine eindeutige Zerlegung*

$$\nu = \nu^\circ + \nu^\perp \quad \textit{mit} \quad \nu^\circ \ll \mu \quad \textit{und} \quad \nu^\perp \perp \mu.$$

Diese Zerlegung wird Lebesgue-Zerlegung *genannt.*

Satz 20.7 gilt auch für zwei σ-endliche Maße, die Erweiterung von endlichen auf σ-endliche Maße verwendet ausschließlich Standard-Techniken, ähnlich zum Beweis von Korollar 20.4. **!**

Beweis. 1^0) *Existenz der Zerlegung:* Das Maß $\rho := \mu + \nu$ dominiert sowohl μ als auch ν. Daher können wir Satz 20.2 anwenden:

$$\forall A \in \mathscr{A} \ : \ \mu(A) \leqslant \rho(A) \implies \mu \ll \rho \overset{20.2}{\implies} \mu = f_\mu \rho,$$

$$\forall A \in \mathscr{A} \ : \ \nu(A) \leqslant \rho(A) \implies \nu \ll \rho \overset{20.2}{\implies} \nu = f_\nu \rho,$$

für geeignete Radon–Nikodým Dichten f_μ und f_ν. Weil μ, ν endliche Maße sind, gilt $f_\mu, f_\nu \in \mathscr{L}^1(\rho)$. Wir definieren

$$Y := \{f_\mu \neq 0\} \quad \text{und} \quad f(x) := \frac{f_\nu(x)}{f_\mu(x)} \mathbb{1}_Y(x),$$

sowie

$$\nu^\perp(A) := \nu(A \cap Y^c) \quad \text{und}$$

$$\nu^\circ(A) := \int_A f \, d\mu = \int_A \frac{f_\nu}{f_\mu} \mathbb{1}_Y f_\mu \, d\rho = \int_{A \cap Y} f_\nu \, d\rho = \nu(A \cap Y).$$

Es folgt, dass $\nu^\circ + \nu^\perp = \nu$ und $\nu^\circ = f\mu \ll \mu$. Weiter gilt $\nu^\perp \perp \mu$, denn auf Grund der Definition der Menge Y haben wir

$$\mu(Y^c) = \int_{Y^c} f_\mu \, d\rho = 0 \quad \text{und} \quad \nu^\perp(Y) = \nu(\underbrace{Y \cap Y^c}_{=\emptyset}) = 0.$$

2⁰) *Eindeutigkeit der Zerlegung:* Angenommen, wir haben zwei Zerlegungen $\nu = \nu_i^\circ + \nu_i^\perp$, $i = 1, 2$, mit $\nu_i^\circ \ll \mu$ und $\nu_i^\perp \perp \mu$. Dann gilt für $i = 1, 2$

$$\nu_i^\perp \perp \mu \implies \exists N_i \in \mathcal{N}_\mu : \nu_i^\perp(A) = \nu_i^\perp(A \cap N_i). \tag{20.5}$$

Wegen $\nu_i^\circ \ll \mu$ erhalten wir für $N := N_1 \cup N_2 \in \mathcal{N}_\mu$, dass $\nu_i^\circ(A \cap N) \leqslant \nu_i^\circ(N) = 0$, und es folgt für $i = 1, 2$

$$\nu(A \cap N) = \nu_i^\perp(A \cap N) \overset{(20.5)}{=} \nu_i^\perp(A \cap N \cap N_i) \overset{N_i \subset N}{=} \nu_i^\perp(A \cap N_i) \overset{(20.5)}{=} \nu_i^\perp(A).$$

Dies zeigt $\nu_1^\perp = \nu_2^\perp$ und daher $\nu_1^\circ = \nu_2^\circ$. □

♦Exkurs: Absolutstetige Funktionen

In der klassischen Theorie der reellen Funktionen einer Veränderlichen gibt es auch den Begriff der *Absolutstetigkeit.* Wir wollen in diesem Exkurs den Zusammenhang zwischen absolutstetigen Funktionen und absolutstetigen Maßen erklären.

Wir betrachten ein Intervall $[a, b] \subset \mathbb{R}$ und schreiben λ für das Lebesgue-Maß auf $([a, b], \mathscr{B}[a, b])$. Mit $\Pi = \{c = x_0 < x_1 < \cdots < x_n = d\}$ bezeichnen wir eine endliche Partition des Intervalls $[c, d] \subset [a, b]$ und $S(f; \Pi) := \sum_{i=1}^n |f(x_i) - f(x_{i-1})|$ ist die zugehörige Partitionssumme.

20.8 Definition. Es sei $f\colon [a, b] \to \mathbb{R}$ eine reelle Funktion.

a) f heißt von *beschränkter Variation* (BV), wenn $V(f; [a, b]) := \sup_\Pi S(f; \Pi) < \infty$. Das Supremum erstreckt sich über alle endlichen Partitionen des Intervalls $[a, b]$.

b) f heißt *absolutstetig* (AC), wenn folgende Bedingung erfüllt ist:

$$\forall \epsilon > 0 \;\; \exists \delta = \delta(\epsilon) > 0 \;\; \forall n \in \mathbb{N} \;\; \forall a \leqslant a_1 < b_1 \leqslant a_2 < b_2 \leqslant \ldots \leqslant a_n < b_n \leqslant b :$$
$$\sum_{i=1}^n (b_i - a_i) < \delta \implies \sum_{i=1}^n |f(b_i) - f(a_i)| < \epsilon.$$

Wir bezeichnen mit $\mathsf{BV}[a, b]$ bzw. $\mathsf{AC}[a, b]$ die Menge der Funktionen von beschränkter Variation bzw. die absolutstetigen Funktionen.

Es ist relativ einfach zu zeigen, dass $\mathsf{BV}[a, b]$ und $\mathsf{AC}[a, b]$ Vektorräume sind. Wir benötigen noch einige weitere Eigenschaften dieser Familien.

20.9 Lemma. *Es sei $f \in \mathsf{BV}[a,b]$.*

a) *Für $x \in [a,b]$ gilt $V([a,b];f) = V([a,x];f) + V([x,b];f)$.*

b) *Die Funktion $x \mapsto V([a,x];f)$, $x \in [a,b]$, ist monoton wachsend.*

c) *Es gibt monoton wachsende Funktionen $f_1, f_2 : [a,b] \to \mathbb{R}$ mit $f = f_1 - f_2$. Man kann $f_1(x) = V([a,x];f)$ und $f_2(x) = V([a,x];f) - f(x)$ wählen.*

d) *Wenn f linksstetig ist, dann ist auch $x \mapsto V(f;[a,x])$ linksstetig.*

e) *Wenn $f \in \mathsf{AC}[a,b]$, dann ist $x \mapsto V(f;[a,x])$, $x \in [a,b]$, auch absolutstetig.*

f) $\mathsf{AC}[a,b] \subset \mathsf{BV}[a,b] \cap C[a,b]$.

Beweis. a) Es sei Π eine endliche Partition von $[a,b]$ und $x \in [a,b]$. Wir können $\Pi \cup \{x\}$ in zwei Partitionen Π' von $[a,x]$ und Π'' von $[x,b]$ aufteilen. Mit der Dreiecksungleichung folgt dann

$$S(f;\Pi) \leqslant S(f;\Pi') + S(f;\Pi'') \leqslant V(f;[a,x]) + V(f;[x,b]).$$

Indem wir das Supremum über alle endlichen Partitionen von $[a,b]$ bilden, erhalten wir $V(f;[a,b]) \leqslant V(f;[a,x]) + V(f;[x,b])$.

Die umgekehrte Ungleichung folgt sofort aus der Bemerkung, dass wir jede Partition Π' von $[a,x]$ und Π'' von $[x,b]$ zu einer Partition Π von $[a,b]$ zusammenfügen können:

$$S(f;\Pi') + S(f;\Pi'') = S(f;\Pi' \cup \Pi'') \leqslant V(f;[a,b]).$$

Das Supremum über Π' und Π'' ergibt dann $V(f;[a,x]) + V(f;[x,b]) \leqslant V(f;[a,b])$.

b) Die behauptete Monotonie folgt aus Teil a), weil für alle $x < y$

$$V(f;[a,y]) = V(f;[a,x]) + V(f;[x,y]) \geqslant V(f;[a,x]).$$

c) Aus Teil b) wissen wir, dass $f_1(x) := V(f;[a,x])$ eine wachsende Funktion ist. Wir zeigen, dass $f_2(x) := V([a,x];f) - f(x)$ auch monoton wächst. Dazu sei $x < y$. Jede Partition Π von $[a,x]$ wird zu einer Partition von $[a,y]$, indem wir den Punkt $\{y\}$ hinzufügen. Daher gilt

$$S(f;\Pi) + f(y) - f(x) \leqslant S(f;\Pi) + |f(y) - f(x)| = S(f;\Pi \cup \{y\}) \leqslant V(f;[a,y]).$$

Das Supremum über alle $\Pi \subset [a,x]$ zeigt $V(f;[a,x]) + f(y) - f(x) \leqslant V(f;[a,y])$, d. h. $f_2(x) \leqslant f_2(y)$. Offensichtlich gilt $f = f_1 - f_2$, und die Aussage ist bewiesen.

d) Wir wählen $\epsilon > 0$ und $x \in (a,b]$. Weil $V(f;[a,b]) < \infty$, gibt es eine Partition Π von $[a,b]$, so dass $0 \leqslant V(f;[a,b]) - S(f;\Pi) \leqslant \epsilon$. Wegen $S(f;\Pi \cup \{x\}) \geqslant S(f;\Pi)$ können wir o. E. annehmen, dass $x \in \Pi$. Es gilt

$$\begin{aligned} V(f;[a,x]) - S(f;\Pi \cap [a,x]) &= V(f\mathbb{1}_{[a,x]};[a,b]) - S(f\mathbb{1}_{[a,x]};\Pi) \\ &\leqslant V(f;[a,b]) - S(f;\Pi) \leqslant \epsilon. \end{aligned}$$

Auf Grund der Linksstetigkeit von f gibt es ein $\delta > 0$, so dass $|f(x) - f(y)| < \epsilon$ für alle $a < x - \delta < y < x$. Für hinreichend kleines δ gilt $\Pi \cap [x - \delta, x] = \{x\}$, und wir können $x - \delta$ zu Π hinzufügen: $\Pi' := \Pi \cup \{x - \delta\}$. Für $\Pi'_y := \Pi' \cap [a, y]$ gilt dann

$$\begin{aligned}
&V(f; [a, x]) - V(f; [a, x - \delta]) \\
&\leqslant V(f; [a, x]) - S(f; \Pi'_x) - V(f; [a, x - \delta]) + S(f; \Pi'_{x-\delta}) + \left|S(f; \Pi'_x) - S(f; \Pi'_{x-\delta})\right| \\
&\leqslant 2\epsilon + 2|f(x) - f(x - \delta)| \leqslant 4\epsilon.
\end{aligned}$$

Dies zeigt, dass $V(f; [a, x])$ linksstetig ist.

e) Wir haben bereits gesehen, dass $V(f; [a, y]) - V(f; [a, x]) = V(f; [x, y])$ für alle $x \leqslant y$ gilt. Daher müssen wir zeigen, dass es zu jedem $\epsilon > 0$ ein $\delta > 0$ gibt, so dass

$$a \leqslant a_1 < b_1 < \cdots < a_n < b_n \leqslant b, \quad \sum_{i=1}^n (b_i - a_i) < \delta \implies \sum_{i=1}^n V(f; [a_i, b_i]) < 2\epsilon.$$

Für festes $\epsilon > 0$ wählen wir $\delta = \delta(\epsilon)$ wie in der Definition von $f \in \mathsf{AC}[a, b]$. Für jedes Intervall $[a_i, b_i]$, $1 \leqslant i \leqslant n$, gibt es eine Partition $\Pi^i = \left\{a_i = a_i^1 < \cdots < a_i^{n(i)} = b_i\right\}$, so dass $V(f; [a_i, b_i]) - S(f; \Pi^i) \leqslant \epsilon 2^{-i}$. Daher gilt

$$\sum_{i=1}^n V(f; [a_i, b_i]) \leqslant \sum_{i=1}^n \left[S(f; \Pi^i) + \epsilon 2^{-i}\right] \leqslant \epsilon + \sum_{i=1}^n \sum_{a_i^k, a_i^{k-1} \in \Pi^i} \left|f(a_i^k) - f(a_i^{k-1})\right|.$$

Die Doppelsumme ist durch ϵ beschränkt, weil

$$\sum_{i=1}^n \sum_{a_i^k, a_i^{k-1} \in \Pi^i} \left(a_i^k - a_i^{k-1}\right) = \sum_{i=1}^n (b_i - a_i) < \delta.$$

Daher folgt, dass $x \mapsto V(f; [a, x]) \in \mathsf{AC}[a, b]$.

f) Die Stetigkeit von $f \in \mathsf{AC}[a, b]$ folgt unmittelbar aus der Definition von AC, wenn wir $n = 1$ wählen. Gemäß der Definition von AC wählen wir $\epsilon = 1$ und $\delta = \delta(1) > 0$, und wir definieren $M := \lfloor (b - a)/\delta \rfloor + 1$ und $a_i := a + i(b - a)/M$, $i = 0, \ldots, M$. Offensichtlich gilt $a_i - a_{i-1} = (b - a)/M < \delta$, und die Definition von AC ergibt, dass $V(f; [a_{i-1}, a_i]) < 1$. Mithin folgt

$$V(f; [a, b]) \leqslant \sum_{i=1}^M V(f; [a_{i-1}, a_i]) \leqslant M. \qquad \square$$

! Mit einer Modifikation des Beweises von Lemma 20.9.e) kann man auch zeigen, dass $V(f; [a, x])$ und $f(x)$ die gleiche Stetigkeits- und Unstetigkeitsstellen haben. Außerdem ist ist $f(x)$ genau dann links- bzw. rechtsstetig an der Stelle x_0, wenn $V(f; [a, x])$ links- bzw. rechtsstetig an der Stelle x_0 ist. Einen eleganten Beweis finden Sie in [21, S. 97].

20.10 Satz. a) *Wenn $f \in \mathscr{L}^1([a,b],\lambda)$, dann ist $F(x) := \int_{[a,x]} f(t)\,\lambda(dt)$ in $\mathrm{AC}[a,b]$.*
b) *Wenn $F \in \mathrm{AC}[a,b]$, dann gibt es ein $f \in \mathscr{L}^1([a,b],\lambda)$ mit $F(x) = \int_{[a,x]} f(t)\,\lambda(dt)$.*

- Für wachsendes $F \in \mathrm{AC}[a,b]$ zeigt (der Beweis von) Satz 20.10.b), dass f die Radon-Nikodým Ableitung des von F erzeugten Maßes μ_F ist: $\mu_F[a,b) := F(b) - F(a)$, vgl. Aufgabe 5.1. **!**
- Ein beliebiges $F \in \mathrm{AC}[a,b]$ können wir wegen $\mathrm{AC}[a,b] \subset \mathrm{BV}[a,b]$ als Differenz von zwei wachsenden (links-)stetigen Funktionen $F_1 - F_2$ darstellen, vgl. Lemma 20.9, und wir erhalten zwei Radon-Nikodým Ableitungen f_1, f_2.

Beweis von Satz 20.10. a) Mit monotoner Konvergenz können wir zu $\epsilon > 0$ ein $R = R(\epsilon)$ finden, so dass

$$\int_{\{|f|>R\}} |f|\,d\lambda < \frac{\epsilon}{2}.$$

Wähle $a \leqslant a_1 < b_1 < \cdots < a_n < b_n \leqslant b$ mit $\sum_{i=1}^n (b_i - a_i) < \delta$, wobei $\delta = \epsilon/(2R)$. Es gilt

$$|F(b_i) - F(a_i)| \leqslant \int_{[a_i,b_i)} |f(t)|\,\lambda(dt) = \int_{[a_i,b_i)\cap\{|f|\leqslant R\}} |f(t)|\,\lambda(dt) + \int_{[a_i,b_i)\cap\{|f|>R\}} |f(t)|\,\lambda(dt).$$

Indem wir über $i = 1, \dots, n$ summieren, folgt

$$\begin{aligned}\sum_{i=1}^n |F(b_i) - F(a_i)| &\leqslant R\sum_{i=1}^n (b_i - a_i) + \sum_{i=1}^n \int_{[a_i,b_i)\cap\{|f|>R\}} |f(t)|\,\lambda(dt)\\ &\leqslant R\delta + \int_{\{|f|>R\}} |f(t)|\,\lambda(dt) < \epsilon.\end{aligned}$$

Daher gilt $F \in \mathrm{AC}[a,b]$.

b) Weil F absolutstetig und daher auch von beschränkter Variation ist, gilt $F = F_1 - F_2$ für zwei wachsende linksstetige Funktionen F_1, F_2, vgl. Lemma 20.9. Daher können wir die Mengenfunktionen $\mu_k[x,y) := F_k(y) - F_k(x)$, $k = 1, 2$, zu Maßen auf $\mathscr{B}[a,b]$ fortsetzen.[21] Wir zeigen nun, dass die Maße μ_k absolutstetig bezüglich des Lebesgue-Maßes λ sind.

Es sei $\epsilon > 0$ fest gewählt. Weil $F_k \in \mathrm{AC}[a,b]$ ist (Lemma 20.9.e), gilt für jede endliche Familie $a \leqslant a_i < b_i < \cdots < a_n < b_n \leqslant b$, dass

$$\sum_{i=1}^n (b_i - a_i) < \delta \implies \sum_{i=1}^n \mu_k[a_i,b_i) = \sum_{i=1}^n [F_k(b_i) - F_k(a_i)] < \epsilon.$$

---

21 [✍] vgl. Aufg. 5.1. Modifiziere den Beweis von Proposition 5.4 folgendermaßen: $[a, b-\epsilon) \rightsquigarrow [a, b-\delta)$ und $I_i^\epsilon \rightsquigarrow [a_i, b_i - \delta_i)$, wähle δ und δ_i so, dass $F(b) - F(b-\delta) \leqslant \epsilon/2$ und $F(a_i) - F(a_i - \delta_i) < \epsilon/2^i$; dies ist wegen der Linksstetigkeit von F stets möglich.

Andererseits können wir jede Lebesgue-Nullmenge N mit abzählbar vielen Intervallen $[a_i, b_i)$, $i \in \mathbb{N}$, überdecken, wobei $\sum_{i=1}^{\infty}(b_i - a_i) < \delta$. Das folgt aus Carathéodorys Erweiterungssatz (Satz 5.2), wenn wir das Lebesgue-Prämaß λ von den halboffenen Intervallen auf die Borelmengen erweitern, vgl. auch Aufgabe 5.3.

Es sei $R_n := [a_1, b_1) \cup \cdots \cup [a_n, b_n)$. Nach Definition ist $\sum_{i=1}^{n}(b_i - a_i) < \delta$. Weil $F_k \in \mathsf{AC}[a, b]$ ist, folgt mit der Subadditivität von μ_k

$$\mu_k(R_n) \leqslant \sum_{i=1}^{n} \mu_k[a_i, b_i) = \sum_{i=1}^{n} [F_k(b_i) - F_k(a_i)] < \epsilon,$$

und die Maßstetigkeit zeigt dann für $n \uparrow \infty$

$$\mu_k(N) \leqslant \mu_k\left(\bigcup\nolimits_{n\in\mathbb{N}} R_n\right) \leqslant \lim_{n\to\infty} \mu_k(R_n) \leqslant \epsilon.$$

Da $\epsilon > 0$ beliebig ist, folgt $\mu_k(N) = 0$, also $\mu_k \ll \lambda$. Daher existiert die Radon–Nikodým Ableitung $f_k = d\mu_k/d\lambda$, und die Behauptung folgt mit $f = f_1 - f_2$. □

Aufgaben

1. Es sei $(E, \mathscr{A}, \mu)$ ein σ-endlicher Maßraum und $\nu = f\mu$ für eine positive messbare Funktion.
   (a) ν ist ein endliches Maß $\iff f \in \mathscr{L}^1(\mu)$.
   (b) ν ist ein σ-endliches Maß $\iff \mu\{f = \infty\} = 0$.
2. Es seien μ, ν zwei endliche Maße auf einem Messraum $(E, \mathscr{A})$. Zeigen Sie: ν ist absolutstetig bzgl. μ genau dann, wenn für jedes $\epsilon > 0$ eine Zahl $\delta > 0$ existiert, so dass
$$\forall A \in \mathscr{A} \,:\, \mu(A) < \delta \implies \nu(A) < \epsilon.$$
3. Für $i = 1, 2$ seien μ_i, ν_i σ-endliche Maße auf $(E_i, \mathscr{A}_i)$ und es gelte $\nu_i \ll \mu_i$. Zeigen Sie: Das Produktmaß $\nu_1 \otimes \nu_2$ ist absolutstetig bzgl. $\mu_1 \otimes \mu_2$ mit der Radon–Nikodým Ableitung
$$\frac{d(\nu_1 \otimes \nu_2)}{d(\mu_1 \otimes \mu_2)}(x, y) = \frac{d\nu_1}{d\mu_1}(x)\frac{d\nu_2}{d\mu_2}(y).$$
4. Zwei Maße ρ, σ auf einem Messraum $(E, \mathscr{A})$ heißen *singulär*, wenn es eine Menge $N \in \mathscr{A}$ gibt mit $\rho(N) = \sigma(N^c) = 0$. In diesem Fall schreiben wir $\rho \perp \sigma$.
   Die Schritte (a)–(d) zeigen die sogenannte *Lebesgue-Zerlegung: Für zwei σ-endliche Maße μ, ν gibt es eine (bis auf Nullmengen eindeutige) Zerlegung $\nu = \nu^\circ + \nu^\perp$ mit $\nu^\circ \ll \mu$ und $\nu^\perp \perp \mu$.*
   (a) $\nu \ll \nu + \mu$ und $f = d\nu/d(\nu + \mu)$ existiert.
   (b) Es gilt $0 \leqslant f \leqslant 1$ und $(1 - f)\nu = f\mu$.
   (c) $\nu^\circ(A) := \nu(A \cap \{f < 1\})$ und $\nu^\perp(A) = \nu(A \cap \{f = 1\})$.
   (d) Aus $d\nu^\circ/d\mu = f/(1 - f)\mathbb{1}_{\{f<1\}}$ folgt dann die Eindeutigkeit.
5. (Signierte Maße) Es sei $(E, \mathscr{A})$ ein Messraum. Ein *signiertes Maß* ist eine σ-additive Mengenfunktion $\rho\colon \mathscr{A} \to \mathbb{R}$ mit $\rho(\emptyset) = 0$.
   (a) Wenn $\mu, \nu : \mathscr{A} \to [0, \infty)$ zwei (endliche) Maße auf $(E, \mathscr{A})$ sind, dann ist $\rho = \mu - \nu$ ein signiertes Maß.
   (b) Wenn ν ein Maß und $f \in \mathscr{L}^1(\nu)$ ist, dann ist $\sigma = f\nu$ ein signiertes Maß.

(c) Der Absolutbetrag $|\rho|(A) := \sup\{\sum_{n=1}^{\infty} |\rho(A_n)| \mid (A_n)_{n\in\mathbb{N}} \subset \mathscr{A},\ \biguplus_n A_n = A\}$ ist ein Maß.

(d) Wenn $|\rho|(A) = \infty$, dann gibt es ein $C \subset A$, $C \in \mathscr{A}$, mit $|\rho(C)| \geqslant 1$ und $|\rho|(A \setminus C) = \infty$.
Hinweis: Da $\rho(A) \in \mathbb{R}$ existiert eine Folge mit $\sum_1^n |\rho(A_i)| > 2(1+|\rho(A)|)$. Setze $B = \biguplus_{i=1}^n A_i$ wobei wir über die Mengen mit $\rho(A_i) > 0$ vereinigen. Dann gilt $|\rho(B)| \geqslant 1$ und $|\rho(A \setminus B)| \geqslant 1$ und wir können C als B oder $A \setminus B$ wählen.

(e) $|\rho|(E) < \infty$
Hinweis: Wäre $|\rho|(E) = \infty$, dann gäbe es wegen Teil (d) eine disjunkte Folge $(C_n)_n$ mit $|\rho(C_n)| \geqslant 1$; das ist im Widerspruch zur σ-Additivität von ρ.

(f) $\rho = \rho^+ - \rho^-$ wobei $\rho^+ = \frac{1}{2}(|\rho| + \rho)$ und $\rho^- = \frac{1}{2}(|\rho| - \rho)$ Maße sind.

(g) $\rho^\pm \ll |\rho|$ und $\rho^+ \perp \rho^-$. Insbesondere »leben« $\rho^\pm$ auf disjunkten Teilmengen $E^+ \uplus E^- = E$.
Hinweis: Die Dichte $d\rho^\pm/d|\rho|$ kann nur den Wert 1 annehmen.

(h) Wenn $\rho = \mu - \nu$ für zwei Maße μ, ν, dann gilt $\mu \leqslant \rho^+$ und $\nu \leqslant \rho^-$, d. h. die Zerlegung in (f) ist minimal.

(i) Es seien ρ, σ signierte Maße. Dann ist $\rho \leqslant \sigma \iff \forall A \in \mathscr{A},\ \rho(A) \leqslant \sigma(A)$. Mit $\rho \vee \sigma$ bezeichnen wir das kleinste signierte Maß, das größer ist als ρ und σ, mit $\rho \wedge \sigma$ bezeichnen wir das größte signierte Maß, das kleiner ist als ρ und σ. Zeigen Sie

$$\rho \vee \sigma(A) = \sup\{\rho(B) + \sigma(A \setminus B) \mid B \subset A,\ B \in \mathscr{A}\}, \qquad A \in \mathscr{A};$$
$$\rho \wedge \sigma(A) = \inf\{\rho(B) + \sigma(A \setminus B) \mid B \subset A,\ B \in \mathscr{A}\}, \qquad A \in \mathscr{A}.$$

(j) Für Wahrscheinlichkeitsmaße μ, ν gilt

$$|\mu - \nu|(E) = 2\sup\{\mu(A) - \nu(A) \mid A \in \mathscr{A}\} = 2\int \left(1 - \tfrac{d\nu}{d\mu}\right)^+ d\mu$$

($d\nu/d\mu$ ist eine schlampige, aber übliche Bezeichnung für $d\nu^\circ/d\mu$, vgl. Aufgabe 20.4.)

(k) Nun sei $E = \mathbb{R}^d$ und ρ ein signiertes Maß. Dann gilt

$$|\rho|(E) = \sup\left\{\int f\,d\rho \mid f \in C_c(\mathbb{R}^d),\ \|f\|_\infty \leqslant 1\right\}.$$

21 ⧫Der allgemeine Transformationssatz

In diesem Kapitel beschäftigen wir uns mit dem Variablenwechsel bei Lebesgue-Integralen. Als wichtige Anwendung betrachten wir mehrdimensionale Polarkoordinaten. Aus der Theorie des (eindimensionalen) Riemann–Integrals kennen wir die Substitutionsregel

$$\int_{\phi(a)}^{\phi(b)} u(y)\,dy = \int_a^b u(\phi(x))\,\phi'(x)\,dx, \tag{21.1}$$

wobei wir voraussetzen, dass $\phi\colon [a,b] \to [\phi(a),\phi(b)] = \phi([a,b])$ stetig differenzierbar und strikt monoton wachsend ist. Wenn wir lediglich strikte Monotonie annehmen, dann ist

$$\int_{\phi([a,b])} u(y)\,dy = \int_{[a,b]} u(\phi(x))\,|\phi'(x)|\,dx.$$

Die entsprechende Formel für Bildmaße und *affin-lineare Funktionen* $\Phi(x) = Ax + b$ mit $A \in \mathrm{GL}(d,\mathbb{R})$, $b \in \mathbb{R}^d$ kennen wir bereits aus Satz 3.7. Für Bildintegrale ergibt sich:

21.1 Lemma. *Es sei* $\Phi(x) = Ax + b$, $A \in \mathbb{R}^{d\times d}$ *mit* $\det A \neq 0$ *und* $b \in \mathbb{R}^d$. *Dann gilt*

$$\int_{\Phi(U)} u(y)\,dy = \int_U u(Ax+b)\,|\det A|\,dx, \quad u \in \mathscr{L}^1(\lambda^d),\ U \subset \mathbb{R}^d \text{ offen}. \tag{21.2}$$

Beweis. Wir wenden Korollar 19.2 auf die rechte Seite von (21.2) an:

$$\begin{aligned}\int_U u(Ax+b)|\det A|\,dx &= \int_{\mathbb{R}^d} u(\Phi(x))\mathbb{1}_{\Phi(U)}(\Phi(x))|\det A|\,dx\\ &= \int_{\mathbb{R}^d} u(y)\mathbb{1}_{\Phi(U)}(y)\,\Phi(|\det A|\cdot\lambda^d)(dy).\end{aligned}$$

Das zeigt, dass die Aussage des Lemmas äquivalent ist zu $\Phi(|\det A|\cdot\lambda^d) = \lambda^d$. Dies folgt aber aus Satz 3.7, da für alle $B \in \mathscr{B}(\mathbb{R}^d)$ wegen $\Phi^{-1}(y) = A^{-1}y - A^{-1}b$

$$\begin{aligned}\Phi(|\det A|\cdot\lambda^d)(B) = |\det A|\,\lambda^d(A^{-1}(B) - A^{-1}b) &\overset{3.7.a)}{=} |\det A|\,\lambda^d(A^{-1}(B))\\ &\overset{3.7.c)}{=} |\det A|\cdot|\det A|^{-1}\,\lambda^d(B).\end{aligned}$$ □

Wenn wir (21.2) mit der Formel für das Riemann–Integral vergleichen, sehen wir, dass $|\det A|$ gerade $|\phi'(x)|$ entspricht; in der Tat ist A die Jacobi-Matrix (d. h. Ableitung) $D\Phi(x) = \left(\frac{\partial}{\partial x_i}\Phi_k(x)\right)_{i,k=1}^d$ der affin-linearen Funktion $\Phi(x) = Ax + b$.

21.2 Definition. Es seien $U, V \subset \mathbb{R}^d$ offene Teilmengen. Eine Bijektion $\Phi\colon U \to V$ heißt C^1-*Diffeomorphismus*, wenn Φ und Φ^{-1} stetig differenzierbare Abbildungen sind. Die Ableitung an der Stelle $x \in U$, $D\Phi(x) = \left(\frac{\partial}{\partial x_i}\Phi_k(x)\right)_{i,k=1}^d$ ist die *Jacobi-Matrix*, die Determinante $\det D\Phi(x)$ heißt *Jacobi-Determinante* oder *Funktionaldeterminante*.

https://doi.org/10.1515/9783111342894-021

Da Φ stetig invertierbar ist, ist $\Psi := \Phi^{-1}$ Borel-messbar und wir sehen, dass $\Phi(B) = \Psi^{-1}(B)$, $B \in \mathscr{B}(U)$, eine Borelmenge ist. Beachte auch, dass $\mathscr{B}(U) = U \cap \mathscr{B}(\mathbb{R}^d)$, vgl. Beispiel 2.3.f). [✍]

Wir erinnern noch an den wichtigen Satz von der Umkehrabbildung aus der Analysis, vgl. Rudin [15, Theorem 9.24, S. 259 *ff.*].

21.3 Satz. *Es sei $U \subset \mathbb{R}^d$ offen. Eine Abbildung $\Phi\colon U \to \mathbb{R}^d$ ist genau dann ein C^1-Diffeomorphismus $\Phi : U \to V = \Phi(U)$, wenn*

a) *$\Phi\colon U \to \mathbb{R}^d$ injektiv ist;*

b) *Φ stetig differenzierbar ist;*

c) *$D\Phi(x)$ für alle $x \in U$ invertierbar ist.*

In diesem Fall gilt $D(\Phi^{-1})(y) = (D\Phi)^{-1}(\Phi^{-1}(y))$ für alle $y \in V$.

Eine C^1-Funktion $\Phi\colon U \to V$ hat eine Taylor-Entwicklung der Gestalt

$$\Phi(x) = \Phi(x_0) + D\Phi(x_0)(x - x_0) + o(|x - x_0|), \qquad x, x_0 \in U. \tag{21.3}$$

Damit können wir heuristisch die Form des d-dimensionalen Transformationssatzes herleiten. Wir schöpfen U durch Würfel der Kantenlänge $< \delta$ aus: $U = \biguplus_{n=1}^\infty I_n$. Mit $x_n \in I_n$ bezeichnen wir den Mittelpunkt von I_n. Dann gilt

$$\begin{aligned}
\int_V u(y)\,dy &= \sum_{n=1}^\infty \int_{\Phi(I_n)} u(y)\,dy \\
&\underset{y\in\Phi(I_n)}{\overset{y\approx\Phi(x_n)}{\approx}} \sum_{n=1}^\infty \int_{\Phi(I_n)} u(\Phi(x_n))\,dy \\
&= \sum_{n=1}^\infty u(\Phi(x_n))\,\lambda^d(\Phi(I_n)) \\
&\overset{(21.3)}{\approx} \sum_{n=1}^\infty u(\Phi(x_n))\,\lambda^d\,(\Phi(x_n) + D\Phi(x_n)\cdot(I_n - x_n)) \\
&\overset{21.1}{=} \sum_{n=1}^\infty u(\Phi(x_n))\,|\det D\Phi(x_n)|\,\lambda^d(I_n) \\
&\underset{x\in I_n}{\overset{x\approx x_n}{\approx}} \sum_{n=1}^\infty \int_{I_n} u(\Phi(x))\,|\det D\Phi(x)|\,dx \\
&\approx \int_U u(\Phi(x))\,|\det D\Phi(x)|\,dx.
\end{aligned}$$

Tatsächlich lässt sich diese heuristische Rechnung rechtfertigen.

Für $B \in \mathscr{B}(\mathbb{R}^d)$ bezeichnen wir mit $\lambda_B := \lambda^d(\cdot \cap B) = \mathbb{1}_B \cdot \lambda^d$ das d-dimensionale Lebesgue-Maß auf $(B, \mathscr{B}(B))$.

21.4 Satz (Allgemeiner Transformationssatz). *Es seien $U, V \subset \mathbb{R}^d$ offene Mengen und $\Phi\colon U \to V$ ein C^1-Diffeomorphismus. Dann ist*

$$\lambda_V = \Phi\left(|\det D\Phi(\cdot)|\,\lambda_U\right). \tag{21.4}$$

Aquivalent dazu ist die Aussage

$$\int_V u(y)\,dy = \int_U u(\Phi(x))\,|\det D\Phi(x)|\,dx, \qquad u \in \mathscr{L}^{0,+}(\mathscr{B}(V)). \tag{21.5}$$

Insbesondere gilt $u \in \mathscr{L}^1(\lambda_V)$ genau dann, wenn $|\det D\Phi|\, u \circ \Phi \in \mathscr{L}^1(\lambda_U)$.

Für den Beweis von Satz 21.4 benötigen wir einige Vorbereitungen. Wir schreiben $|x|_{\ell^\infty} := \max_{1\leqslant n\leqslant d} |x_n|$ für die Maximum-Norm eines Vektors $x = (x_1, \dots, x_d) \in \mathbb{R}^d$; $\mathscr{I}$ bezeichnet die halboffenen Rechtecke der Form $\times_{n=1}^d [a_n, b_n)$.

21.5 Lemma. *Es sei $\Phi = (\Phi_1, \dots, \Phi_d)\colon \mathbb{R}^d \to \mathbb{R}^d$ eine Lipschitz-stetige Abbildung, d. h.*

$$|\Phi(x) - \Phi(y)|_{\ell^\infty} \leqslant L|x-y|_{\ell^\infty}, \qquad x, y \in \mathbb{R}^d.$$

Dann gilt für alle $c \in \mathbb{R}^d$ und $s > 0$

$$\Phi\left(\mathop{\times}_{n=1}^{d} [c_n - s, c_n + s]\right) \subset \mathop{\times}_{n=1}^{d} [\Phi_n(c) - Ls, \Phi_n(c) + Ls]\,,$$

insbesondere ist $\lambda^d(\Phi(I)) \leqslant L^d \lambda^d(I)$ für alle Würfel (Rechtecke mit gleicher Kantenlänge) $I \in \mathscr{I}$.

Beweis. Die Behauptung folgt unmittelbar aus der Beobachtung, dass

- $\times_{n=1}^d [c_n - s, c_n + s] = \left\{y \in \mathbb{R}^d \mid |c-y|_{\ell^\infty} \leqslant s\right\}$,
- $(d-1)$-dimensionale Hyperebenen λ^d-Maß Null haben. □

21.6 Lemma. *Es seien μ, ν zwei Maße auf $(\mathbb{R}^d, \mathscr{B}(\mathbb{R}^d))$. Dann gilt*

$$\forall I \in \mathscr{I} \;:\; \mu(I) \leqslant \nu(I) < \infty \implies \forall B \in \mathscr{B}(\mathbb{R}^d) \;:\; \mu(B) \leqslant \nu(B).$$

Beweis. Wir schreiben $\mu_{\mathscr{I}}, \nu_{\mathscr{I}}$ für die Einschränkung von μ, ν auf $\mathscr{I}$. Da μ, ν Maße sind, sind $\mu_{\mathscr{I}}, \nu_{\mathscr{I}}$ Prämaße. Diese erfüllen die Voraussetzungen des Eindeutigkeitssatzes für Maße (Satz 4.5) auf dem Halbring $\mathscr{I}$, der $\mathscr{B}(\mathbb{R}^d)$ erzeugt. Somit können wir die auf $\mathscr{I}$ definierten Prämaße

$$\mu_{\mathscr{I}}, \quad \nu_{\mathscr{I}}, \quad \rho_{\mathscr{I}} := \nu_{\mathscr{I}} - \mu_{\mathscr{I}} \geqslant 0,$$

eindeutig zu Maßen μ, ν und ρ auf $\mathscr{B}(\mathbb{R}^d)$ fortsetzen (bzw. rekonstruieren). Insbesondere gilt $0 \leqslant \rho(B) = \nu(B) - \mu(B)$ für alle $B \in \mathscr{B}(\mathbb{R}^d)$, woraus die Behauptung folgt. □

21.7 Lemma. *Es seien $U, V \subset \mathbb{R}^d$ offene Mengen und $\Phi\colon U \to V$ ein C^1-Diffeomorphismus. Dann gilt*

$$\lambda_V(\Phi(I)) \leqslant \int_I |\det D\Phi(x)|\,\lambda_U(dx), \qquad I \in \mathscr{I},\ \overline{I} \subset U. \tag{21.6}$$

Beweis. Es sei $I \in \mathscr{I}$ mit $\overline{I} \subset U$. Für $A \in \mathbb{R}^{d\times d}$ bezeichne $\|A\| := \sup_{|x|_{\ell^\infty}\leqslant 1} |Ax|_{\ell^\infty}$ die mit $|\cdot|_{\ell^\infty}$ verträgliche Matrixnorm. Mit dem Satz von der inversen Abbildung (Satz 21.3) sehen wir, dass

$$L := \sup_{x\in\overline{I}} \|(D\Phi)^{-1}(x)\| \leqslant \sup_{y\in\Phi(\overline{I})} \|D(\Phi^{-1})(y)\|.$$

Da $D\Phi$ auf $\overline{I} \subset U$ gleichmäßig stetig ist, gilt

$$\forall \epsilon > 0 \quad \exists \delta > 0 : \sup_{\substack{|x-x'|_{\ell^\infty}\leqslant\delta \\ x,x'\in\overline{I}}} \|D\Phi(x) - D\Phi(x')\| \leqslant \frac{\epsilon}{L}. \tag{21.7}$$

Wir unterteilen nun $I = \biguplus_{n=1}^N I_n$ in disjunkte halboffene Würfel $I_n \in \mathscr{I}$ gleicher Kantenlänge $< \delta$. Da $D\Phi$ und $\det D\Phi$ stetig sind, gilt

$$\forall n \quad \exists x_n \in \overline{I}_n : |\det D\Phi(x_n)| = \inf_{x\in I_n} |\det D\Phi(x)|. \tag{21.8}$$

Nun ist $A_n := D\Phi(x_n)$ eine invertierbare $d\times d$-Matrix, und es gilt für die davon induzierte lineare Abbildung

$$\begin{aligned} D\left(A_n^{-1} \circ \Phi\right)(x) &= A_n^{-1} \circ (D\Phi)(x) \\ &= \mathrm{id}_d + A_n^{-1} \circ (D\Phi(x) - D\Phi(x_n)) \end{aligned}$$

(id_d ist die $d \times d$-Einheitsmatrix). Aus den Abschätzungen (21.7), (21.8) ergibt sich dann

$$\sup_{x\in\overline{I}_n} \left\|D\left(A_n^{-1} \circ \Phi\right)(x)\right\| \leqslant 1 + L\frac{\epsilon}{L} = 1 + \epsilon, \quad n = 1, \ldots, N.$$

Mit dem Mittelwertsatz finden wir für geeignete Zwischenstellen $\xi \in \overline{I}$ von $x, x' \in \overline{I}$

$$\begin{aligned} \left|A_n^{-1} \circ \Phi(x) - A_n^{-1} \circ \Phi(x')\right|_{\ell^\infty} &\leqslant \left|\left(D(A_n^{-1} \circ \Phi)(\xi)\right)(x - x')\right|_{\ell^\infty} \\ &\leqslant \left\|D(A_n^{-1} \circ \Phi)(\xi)\right\| \cdot |x - x'|_{\ell^\infty}. \end{aligned}$$

Somit ist $A_n^{-1} \circ \Phi$ Lipschitz-stetig mit Lipschitz-Konstante $1 + \epsilon$. Wegen Lemma 21.1 und Lemma 21.5 folgt dann

$$\begin{aligned} \lambda_V(\Phi(I_n)) &= \lambda_V(A_n \circ A_n^{-1} \circ \Phi(I_n)) \\ &= |\det A_n|\, \lambda_{A_n^{-1}V}(A_n^{-1} \circ \Phi(I_n)) \\ &\leqslant |\det A_n|(1 + \epsilon)^d \lambda_U(I_n). \end{aligned}$$

Nun gilt $I = \biguplus_{n=1}^N I_n$ und $|\det A_n| \leqslant |\det D\Phi(x)|$ für $x \in I_n$, also

$$\begin{aligned} \lambda_V(\Phi(I)) \leqslant \sum_{n=1}^N \lambda_V(\Phi(I_n)) &\leqslant (1 + \epsilon)^d \sum_{n=1}^N |\det A_n|\, \lambda_U(I_n) \\ &\leqslant (1 + \epsilon)^d \sum_{n=1}^N \int_{I_n} |\det D\Phi(x)|\, \lambda_U(dx) \\ &= (1 + \epsilon)^d \int_I |\det D\Phi(x)|\, \lambda_U(dx). \end{aligned}$$

Die Behauptung folgt für $\epsilon \to 0$. □

Beweis von Satz 21.4. 1^0) (21.4)⇔(21.5): Mit $u = \mathbb{1}_B$ wird (21.5) zu (21.4), während (21.5) aus (21.4) mit der üblichen Konstruktion »vom Maß zum Integral« folgt, vgl. Abb. 9.1 (S. 52). Wir zeigen also nur (21.4).

2^0) Da Φ invertierbar ist mit $\Psi := \Phi^{-1}$, können wir $\mu := \lambda_V \circ \Phi = \lambda_V \circ \Psi^{-1} = \Psi(\lambda_V)$ als Bildmaß schreiben. Andererseits ist $\nu(B) := \int_{B\cap U} |\det D\Phi(x)|\, \lambda_U(dx)$ ein Maß mit der stetigen Dichtefunktion $|\det D\Phi(x)|$.

Wir betrachten nun die Familie $\mathscr{I}_U := \{I \in \mathscr{I} \mid \bar{I} \subset U\}$. Offenbar ist $\mathscr{I}_U \subset \mathscr{I} \cap U$ ein Halbring. Weiter gilt $\mathscr{O} \cap U \subset \sigma(\mathscr{I}_U)$, weil wir für jede offene Menge U'

$$U' \cap U = \bigcup \{I \mid I \in \mathscr{I}_U \text{ mit rationalen Ecken und } I \subset U'\}$$

als abzählbare Vereinigung schreiben können. Es folgt, dass $\sigma(\mathscr{I}_U) = \mathscr{B}(U)$ gilt, weil $\mathscr{O} \cap U \subset \sigma(\mathscr{I}_U) \subset \sigma(\mathscr{I} \cap U) = \mathscr{B}(U)$, vgl. auch Aufgabe 2.4.

Gemäß Lemma 21.7 gilt $\mu \leqslant \nu$ auf $\mathscr{I}$, und Lemma 21.6 gibt dann $\mu \leqslant \nu$ auf $\mathscr{B}(U)$. Das ist bereits die Ungleichung »≤« in (21.4), die wir wegen 1^0 auch so schreiben können:

$$\int u(y)\, \lambda_V(dy) \leqslant \int u(\Phi(x))|\det D\Phi(x)|\, \lambda_U(dx), \qquad u \in \mathscr{L}^{0,+}(\mathscr{B}(V)). \tag{21.9}$$

3^0) Für die Umkehrung verwenden wir den inversen C^1-Diffeomorphismus $\Psi = \Phi^{-1}$, tauschen in (21.9) $U \leftrightarrow V$ und $x \leftrightarrow y$, und betrachten $u(x) = \mathbb{1}_{\Phi(A)} \circ \Phi(x)\, |\det D\Phi(x)|$ wo $A \in \mathscr{B}(U)$. Dann folgt

$$\begin{aligned}
\int u(x)\, \lambda_U(dx) &= \int \mathbb{1}_{\Phi(A)} \circ \Phi(x)|\det D\Phi(x)|\, \lambda_U(dx) \\
&\overset{(21.9)}{\leqslant} \int \big(\mathbb{1}_{\Phi(A)} \circ \Phi|\det D\Phi|\big) \circ \Psi(y)|\det D\Psi(y)|\, \lambda_V(dy) \\
&= \int \mathbb{1}_{\Phi(A)}(y)\, |\det(D\Phi) \circ \Psi(y)| \cdot |\det D\Psi(y)|\, \lambda_V(dy) \\
&= \int \mathbb{1}_{\Phi(A)}(y)\big|\det\big[\underbrace{(D\Phi) \circ \Psi(y) \cdot D\Psi(y)}_{\mathrm{id}_d = D(\mathrm{id}_d) = D(\Phi\circ\Psi) = (D\Phi)\circ\Psi\cdot D\Psi}\big]\big|\, \lambda_V(dy) \\
&= \int \mathbb{1}_{\Phi(A)}(y)\, \lambda_V(dy) = \lambda_V(\Phi(A)).
\end{aligned}$$

Das entspricht der Ungleichung »≥« in (21.4). □

Eine einfache Erweiterung des Transformationssatzes

Die Formel (21.1) für die Substitutionsregel gilt auch für ϕ, die nur stückweise streng monotone C^1-Funktionen sind. Das funktioniert deshalb, weil wir diese Stellen als Endpunkte der Integration wählen können und weil die Menge dieser Stellen eine Riemann– bzw. Lebesgue-Nullmenge sind. Eine entsprechende Verallgemeinerung gilt auch im $\mathbb{R}^d$ und für Abbildungen $\Phi : U \to V$, die nur *Lebesgue-fast überall C^1-Diffeomorphismen* sind. Die Behandlung der auftretenden Nullmengen verlangt etwas Vorsicht. Wir schreiben $\mathscr{N}(\lambda^d) := \{N \in \mathscr{B}(\mathbb{R}^d) \mid \lambda^d(N) = 0\}$ für die Borel-Nullmengen.

21.8 Lemma. *Es sei $\Phi : \mathbb{R}^d \to \mathbb{R}^d$ eine Lipschitz-stetige Abbildung.*

$$N^* \subset N \in \mathcal{N}(\lambda^d) \implies \exists M \in \mathcal{N}(\lambda^d) \,:\, \Phi(N^*) \subset M.$$

Beweis. Aus der Carathéodoryschen Konstruktion von λ^d wissen wir (vgl. Beweis von Satz 5.2 und Aufgabe 5.3), dass

$$N \in \mathcal{N}(\lambda^d) \iff \forall \epsilon > 0 \quad \exists I_n^\epsilon \in \mathcal{I} \,:\, N \subset \bigcup_{n=1}^\infty I_n^\epsilon \quad \text{und} \quad \sum_{n=1}^\infty \lambda^d(I_n^\epsilon) < \epsilon.$$

O. E. dürfen wir annehmen, dass die I_n^ϵ Würfel sind, sonst könnten wir sie feiner unterteilen. Lemma 21.5 zeigt nun, dass $\Phi(I_n^\epsilon) \subset J_n^\epsilon \in \mathcal{I}$ mit $\lambda^d(J_n^\epsilon) \leqslant L^d \lambda^d(I_n^\epsilon)$. Somit folgt die Behauptung, da

$$\Phi(N^*) \subset \Phi(N) \subset \bigcup_{n=1}^\infty \Phi(I_n^\epsilon) \subset \bigcup_{n=1}^\infty J_n^\epsilon \quad \text{und} \quad \sum_{n=1}^\infty \lambda^d(J_n^\epsilon) \leqslant L^d \sum_{n=1}^\infty \lambda^d(I_n^\epsilon) \leqslant L^d \epsilon. \qquad \square$$

21.9 Bemerkung. Lemma 21.8 besagt, dass unter Lipschitz-stetigen Abbildungen Φ die Nullmengen der vervollständigten Borel-σ-Algebra erhalten bleiben:

$$\mathcal{B}^*(\mathbb{R}^d) = \left\{B^* = B \cup N^* \mid B \in \mathcal{B}(\mathbb{R}^d),\ N^* \subset N \in \mathcal{B}(\mathbb{R}^d),\ \lambda^d(N) = 0\right\},$$
$$\overline{\lambda}^d(B^*) := \lambda^d(B) \quad \text{und} \quad \mathcal{N}(\overline{\lambda}^d) = \left\{N^* \mid \exists N \in \mathcal{N}(\lambda^d),\ N^* \subset N\right\}.$$

Man kann ganz einfach zeigen, [✍] dass $(\mathbb{R}^d, \mathcal{B}^*(\mathbb{R}^d), \overline{\lambda}^d)$ ein Maßraum ist.

21.10 Satz. *Es sei $B \in \mathcal{B}^*(\mathbb{R}^d)$, $U := B^\circ$ das offene Innere von B und $U' \supset B$ eine offene Umgebung. Weiter sei $\Phi\colon U' \to \mathbb{R}^d$ Lipschitz-stetig. Wenn $B \setminus U \in \mathcal{N}(\overline{\lambda}^d)$ eine Nullmenge und $\Phi : U \to \Phi(U)$ ein C^1-Diffeomorphismus ist, dann gilt*

$$\int_{\Phi(B)} u(y)\, \overline{\lambda}^d(dy) = \int_B u \circ \Phi(x)\, |\det D\Phi(x)|\, \overline{\lambda}^d(dx), \qquad u \in \mathcal{L}^{0,+}(\mathcal{B}(\Phi(B))^*). \tag{21.10}$$

Insbesondere ist $u \in \mathcal{L}^1(\overline{\lambda}^d, \Phi(B))$ genau dann, wenn $|\det D\Phi| \cdot u \circ \Phi \in \mathcal{L}^1(\overline{\lambda}^d, B)$.

Beweis. Zunächst zur Messbarkeit von $\Phi(B)$. Es gilt $\Phi(B) = \Phi(U) \cup \Phi(B \setminus U)$. Nach Lemma 21.8 ist $\Phi(B \setminus U) \in \mathcal{N}(\overline{\lambda}^d)$, während $\Phi(U)$ eine Borelmenge ist, da ja $\Phi|_U$ stetig invertierbar ist. Daher gilt $\Phi(B) \in \mathcal{B}^*(\mathbb{R}^d)$.

Der Beweis von Satz 21.4 ließe sich fast wörtlich auf die Vervollständigung $\overline{\lambda}^d$ übertragen, d. h. die Schwierigkeiten kommen von der Tatsache, dass Φ nur fast überall ein Diffeomorphismus ist.

Andererseits gilt $\overline{\lambda}^d(B \setminus U) = 0$ und daher ist $\Phi(B) \setminus \Phi(U) \subset \Phi(B \setminus U) \in \mathcal{N}(\overline{\lambda}^d)$. Nun können wir aber $\mathcal{L}^1$-Funktionen auf Nullmengen abändern, ohne das Integral zu ändern, also gilt insbesondere

$$\int_{\Phi(B)} u\, d\overline{\lambda}^d = \int_{\Phi(U)} u\, d\overline{\lambda}^d = \int_{\Phi(U)} u\, d\lambda^d,$$

sowie

$$\int \left(u\mathbb{1}_{\Phi(B)}\right) \circ \Phi\,|\det D\Phi|\,d\overline{\lambda}^d = \int \left(u\mathbb{1}_{\Phi(U)}\right) \circ \Phi\,|\det D\Phi|\,d\overline{\lambda}^d$$
$$= \int \left(u\mathbb{1}_{\Phi(U)}\right) \circ \Phi\,|\det D\Phi|\,d\lambda^d.$$

Nun folgt die Gleichheit (21.10) mit Hilfe von Satz 21.4. □

Polarkoordinaten im $\mathbb{R}^d$

Wechsel des Koordinatensystems sind eine der wichtigsten Anwendungen des allgemeinen Transformationssatzes. Zur Illustration werden wir die verallgemeinerten Polarkoordinaten (oder Kugelkoordinaten) betrachten.

21.11 Definition (Polar- oder Kugelkoordinaten). Es seien $\boldsymbol{x} = (x_1, \dots, x_d) \in \mathbb{R}^d$ und $(r, \boldsymbol{\theta}) = (r, \theta_1, \dots, \theta_{d-1})$ mit $r \in (0, \infty)$, $\theta_1, \dots, \theta_{d-2} \in (0, \pi)$ und $\theta_{d-1} \in (-\pi, \pi)$. Die *verallgemeinerten Polar-* oder *Kugelkoordinaten* sind gegeben durch

$$\Psi\colon (r, \boldsymbol{\theta}) \mapsto \boldsymbol{x} = \begin{cases} x_1 = r\cos\theta_1, \\ x_2 = r\sin\theta_1\cos\theta_2, \\ x_3 = r\sin\theta_1\sin\theta_2\cos\theta_3, \\ \cdots\cdots\cdots\cdots\cdots\cdots \\ x_{d-1} = r\sin\theta_1\sin\theta_2\dots\sin\theta_{d-2}\cos\theta_{d-1}, \\ x_d = r\sin\theta_1\sin\theta_2\dots\sin\theta_{d-2}\sin\theta_{d-1}. \end{cases} \tag{21.11}$$

Man sieht ohne Schwierigkeiten, dass $\Psi\colon V_d \to U_d$ mit den Mengen

$$V_d = (0, \infty) \times (0, \pi)^{d-2} \times (-\pi, \pi), \qquad U_d = \mathbb{R}^d \setminus \{\boldsymbol{x} \mid x_d = 0 \,\&\, x_{d-1} \leqslant 0\}.$$

Als Beispiel geben wir die ebenen und räumlichen Polarkoordinaten explizit an:

$$\Psi\colon (0, \infty) \times (-\pi, \pi) \to \mathbb{R}^2 \setminus ((-\infty, 0] \times \{0\})$$
$$x_1 = r\cos\theta_1, \qquad x_2 = r\sin\theta_1,$$

und

$$\Psi\colon (0, \infty) \times (0, \pi) \times (-\pi, \pi) \to \mathbb{R}^3 \setminus \{(x_1, x_2, x_3) \mid x_3 = 0 \,\&\, x_2 \leqslant 0\}$$
$$x_1 = r\cos\theta_1, \quad x_2 = r\sin\theta_1\cos\theta_2, \quad x_3 = r\sin\theta_1\sin\theta_2.$$

21.12 Lemma. *Die Polarkoordinatentransformation $\Psi\colon V_d \to U_d$ im $\mathbb{R}^d$ ist ein C^1-Diffeomorphismus mit der Jacobi-Determinante*

$$\det D\Psi(r, \boldsymbol{\theta}) = r^{d-1}\sin^{d-2}\theta_1\sin^{d-3}\theta_2\dots\sin\theta_{d-2}. \tag{21.12}$$

Beweis. Wir prüfen die Bedingungen a)–c) von Satz 21.3. Die *Differenzierbarkeit* von Ψ ist klar.

Die *Injektivität* zeigen wir durch Induktion nach d. Der Fall $d = 2$ ist klar. Wir nehmen an, dass die $(d-1)$-dimensionalen Polarkoordinaten eindeutig sind. Wir schreiben $\boldsymbol{x} = (x_1, x_2, \dots, x_d) = (x_1, \boldsymbol{x}') \in U_d$. Nach Induktionsannahme gibt es eindeutig bestimmte Polarkoordinaten $(\rho, \theta_2, \dots, \theta_{d-1})$, die $\boldsymbol{x}' \in \mathbb{R}^{d-1}$ darstellen. Somit gilt

$$r^2 := x_1^2 + x_2^2 + \cdots + x_d^2 = x_1^2 + \rho^2 \quad \text{und} \quad \frac{x_1}{r} \in (-1, 1).$$

Diese Gleichungen können wir eindeutig auflösen:

$$x_1 = r\cos\theta_1 \quad \text{und} \quad \rho = \sqrt{r^2 - x_1^2} = \sqrt{r^2(1-\cos^2\theta_1)} = r\sin\theta_1, \qquad \theta_1 \in (0, \pi).$$

Für die *Umkehrbarkeit* von $D\Psi(r, \boldsymbol{\theta})$ bestimmen wir die Jacobi-Determinante. Eine direkte Berechnung ist ausgesprochen unangenehm, der folgende elegante Beweis ist dem Buch von Fichtenholz [8, Band III, XVIII.676.8] entnommen.

Zunächst leiten wir aus (21.11) das folgende Gleichungssystem ab:

$$\boldsymbol{F}(r, \boldsymbol{\theta}, \boldsymbol{x}) = \begin{cases} F_1(r, \boldsymbol{\theta}, \boldsymbol{x}) = r^2 - (x_1^2 + \cdots + x_d^2) = 0, \\ F_2(r, \boldsymbol{\theta}, \boldsymbol{x}) = r^2\sin^2\theta_1 - (x_2^2 + \cdots + x_d^2) = 0, \\ F_3(r, \boldsymbol{\theta}, \boldsymbol{x}) = r^2\sin^2\theta_1\sin^2\theta_2 - (x_3^2 + \cdots + x_d^2) = 0, \\ \cdots\cdots\cdots\cdots\cdots\cdots\cdots\cdots\cdots\cdots\cdots\cdots \\ F_d(r, \boldsymbol{\theta}, \boldsymbol{x}) = r^2\sin^2\theta_1 \dots \sin^2\theta_{d-1} - x_d^2 = 0. \end{cases}$$

Wir wenden nun den Satz über implizit definierte Funktionen auf $\boldsymbol{F}(r, \boldsymbol{\theta}, \boldsymbol{x}) = 0$ an und erhalten

$$D\Psi(r, \boldsymbol{\theta}) = \frac{\partial \boldsymbol{x}}{\partial(r, \boldsymbol{\theta})} = -\left(\frac{\partial \boldsymbol{F}(r, \boldsymbol{\theta}, \boldsymbol{x})}{\partial \boldsymbol{x}}\right)^{-1} \frac{\partial \boldsymbol{F}(r, \boldsymbol{\theta}, \boldsymbol{x})}{\partial(r, \boldsymbol{\theta})}.$$

Die Funktionaldeterminanten lassen sich aber einfach berechnen, da beide Jacobi-Matrizen Dreiecksmatrizen sind: Für $\frac{\partial \boldsymbol{F}(r,\boldsymbol{\theta},\boldsymbol{x})}{\partial(r,\boldsymbol{\theta})}$ haben wir

$$\begin{pmatrix} 2r & 0 & 0 & \dots & 0 \\ * & 2r^2\cos\theta_1\sin\theta_1 & 0 & \dots & 0 \\ * & * & 2r^2\cos\theta_2\sin\theta_2\sin^2\theta_1 & \dots & 0 \\ \vdots & \vdots & \vdots & \ddots & \vdots \\ * & * & * & \dots & 2r^2\cos\theta_{d-1}\sin\theta_{d-1}\prod_{n=1}^{d-2}\sin^2\theta_n \end{pmatrix}$$

sowie

$$\frac{\partial \boldsymbol{F}(r, \boldsymbol{\theta}, \boldsymbol{x})}{\partial \boldsymbol{x}} = \begin{pmatrix} -2x_1 & * & * & \dots & * \\ 0 & -2x_2 & * & \dots & * \\ 0 & 0 & -2x_3 & \dots & * \\ \vdots & \vdots & \vdots & \ddots & \vdots \\ 0 & 0 & 0 & \dots & -2x_d \end{pmatrix}$$

und somit

$$\begin{aligned}\det D\Psi(r,\boldsymbol{\theta}) &= \frac{2^d r^{2d-1}\sin^{2d-3}\theta_1\cos\theta_1\sin^{2d-5}\theta_2\cos\theta_2\dots\sin\theta_{d-1}\cos\theta_{d-1}}{2^d x_1\dots x_d}\\ &= \frac{2^d r^{2d-1}\sin^{2d-3}\theta_1\cos\theta_1\sin^{2d-5}\theta_2\cos\theta_2\dots\sin\theta_{d-1}\cos\theta_{d-1}}{2^d r^d\sin^{d-1}\theta_1\cos\theta_1\sin^{d-2}\theta_2\cos\theta_2\dots\sin\theta_{d-1}\cos\theta_{d-1}}\\ &= r^{d-1}\sin^{d-2}\theta_1\sin^{d-3}\theta_2\dots\sin\theta_{d-2}\neq 0.\end{aligned}$$

Das zeigt zugleich, dass $D\Psi(r,\boldsymbol{\theta})$ auf V_d umkehrbar ist. □

Das folgende Korollar ist nun eine direkte Folgerung aus dem Transformationssatz (Satz 21.10), Lemma 21.12 und dem Satz von Fubini (Korollar 16.2). Die Interpretation von σ_{d-1} als geometrisches Oberflächenmaß auf der Sphäre $\mathbb{S}^{d-1}$ folgt aus dem Cavalierischen Prinzip (Satz von Fubini) und der Bemerkung, dass $\mathbb{R}^d\setminus\{0\}=\bigcup_{r>0}\partial B_r(0)$.

21.13 Korollar. *Wir bezeichnen mit $\boldsymbol{x}=\Psi(r,\boldsymbol{\theta})$ die kartesischen und mit $(r,\boldsymbol{\theta})$ die Kugelkoordinaten des $\mathbb{R}^d$; weiterhin sei $|J(r,\boldsymbol{\theta})|$ die Jacobische Determinante* (21.12). *Dann ist $u(\boldsymbol{x})\in\mathscr{L}^1(d\boldsymbol{x})$ genau dann, wenn $|J(r,\boldsymbol{\theta})|\,u(\Psi(r,\boldsymbol{\theta}))\in\mathscr{L}^1(dr\otimes d\boldsymbol{\theta})$, sowie*

$$\int_{\mathbb{R}^d} u(\boldsymbol{x})\,d\boldsymbol{x}=\int_0^\infty\int_0^\pi\int_0^\pi\cdots\int_{-\pi}^\pi u(\Psi(r,\theta_1,\theta_2\dots,\theta_{d-1}))\,|J(r,\boldsymbol{\theta})|\,d\theta_{d-1}\dots d\theta_2\,d\theta_1\,dr.$$

Bezeichnet $\mathbb{S}^{d-1}=\partial B_1(0)$ die $(d-1)$-dimensionale Sphäre im $\mathbb{R}^d$, dann ist

$$\sigma_{d-1}(\Gamma)=\int_0^\pi\int_0^\pi\cdots\int_{-\pi}^\pi \mathbb{1}_\Gamma(\Psi(1,\theta_1,\theta_2,\dots,\theta_{d-1}))\,|J(1,\boldsymbol{\theta})|\,d\theta_{d-1}\dots d\theta_2\,d\theta_1,$$

für $\Gamma\in\mathscr{B}(\mathbb{S}^{d-1})$ das kanonische Oberflächenmaß auf $\mathbb{S}^{d-1}$. Weiter gilt $u\in\mathscr{L}^1(d\boldsymbol{x})$ genau dann, wenn $r^{d-1}u(r\boldsymbol{s})\in\mathscr{L}^1(dr\otimes d\sigma_{d-1})$ und

$$\int_{\mathbb{R}^d} u(\boldsymbol{x})\,d\boldsymbol{x}=\int_0^\infty\int_{\mathbb{S}^{d-1}} r^{d-1}u(r\boldsymbol{s})\,\sigma_{d-1}(d\boldsymbol{s})\,dr.$$

Ein wichtiger Spezialfall ist die Formel für Polarkoordinaten für rotationsinvariante Funktionen.

21.14 Korollar. *Es sei $f(\boldsymbol{x})=\phi(|\boldsymbol{x}|)$ eine rotationssymmetrische Funktion. Dann ist $f(\boldsymbol{x})\in\mathscr{L}^1(d\boldsymbol{x})$ genau dann, wenn $r^{d-1}\phi(r)\in\mathscr{L}^1((0,\infty),dr)$, und es gilt*

$$\int_{\mathbb{R}^d} f(\boldsymbol{x})\,d\boldsymbol{x}=d\cdot\omega_d\int_0^\infty r^{d-1}\phi(r)\,dr,$$

wobei $d\cdot\omega_d=\sigma_{d-1}(\partial B_1(0))$ die Oberfläche der $(d-1)$-dimensionalen Einheitssphäre und $\omega_d=\lambda^d(B_1(0))$ das Volumen der d-dimensionalen Einheitskugel ist.

Beweis. Mit den Formeln aus Korollar 21.13 sehen wir, dass

$$\sigma_{d-1}(\partial B_1(0)) = \int_0^\pi \int_0^\pi \cdots \int_{-\pi}^\pi |J(1,\boldsymbol{\theta})|\, d\theta_{d-1} \dots d\theta_2\, d\theta_1$$

und

$$\lambda^d(B_1(0)) = \int_0^1 \int_0^\pi \int_0^\pi \cdots \int_{-\pi}^\pi |J(r,\boldsymbol{\theta})|\, d\theta_{d-1} \dots d\theta_2\, d\theta_1\, dr$$

$$= \int_0^1 r^{d-1}\, dr \int_0^\pi \int_0^\pi \cdots \int_{-\pi}^\pi |J(1,\boldsymbol{\theta})|\, d\theta_{d-1} \dots d\theta_2\, d\theta_1 = \frac{1}{d}\sigma_{d-1}(\partial B_1(0)). \qquad \square$$

Prinzipiell könnte man ω_d mit den Formeln im Beweis von Korollar 21.14 ausrechnen, allerdings ist folgende Technik einfacher.

Aus Symmetriegründen gilt für $d \geqslant 2$

$$\left(\int e^{-x^2}\, dx\right)^d = \int \cdots \int e^{-(x_1^2+\dots+x_d^2)}\, dx_1 \dots dx_d \overset{21.14}{=} d\cdot\omega_d \int_0^\infty r^{d-1}e^{-r^2}\, dr.$$

Da $r^{d-1}e^{-r^2}$ (uneigentlich) Riemann-integrierbar ist (vgl. § 13), ergibt sich

$$\int_0^\infty r^{d-1}e^{-r^2}\, dr \underset{ds=2r\,dr}{\overset{s=r^2}{=}} \frac{1}{2}\int_0^\infty s^{d/2-1}e^{-s}\, ds \overset{(12.2)}{=} \tfrac{1}{2}\Gamma\left(\tfrac{d}{2}\right).$$

Bekanntlich ist $\omega_2 = \pi$. Für $d = 2$ zeigen die beiden Formeln, dass $\int e^{-x^2}\, dx = \sqrt{\pi}$; wenden wir die Formeln für beliebige Dimensionen $d \geqslant 2$ an, sehen wir

$$(\sqrt{\pi})^d = d\cdot\omega_d\, \tfrac{1}{2}\Gamma\left(\tfrac{d}{2}\right) \overset{12.5.c)}{=} \omega_d\,\Gamma\left(\tfrac{d}{2}+1\right).$$

21.15 Korollar. *Die Einheitskugel im* $\mathbb{R}^d$ *hat das Volumen* $\omega_d = \pi^{d/2}/\Gamma\left(\frac{d}{2}+1\right)$ *und die Oberfläche* $d\cdot\omega_d = 2\pi^{d/2}/\Gamma\left(\frac{d}{2}\right)$.

21.16 Beispiel. (Fouriertransformation einer rotationssymmetrischen Funktion.) Es sei $u \in L^1(\mathbb{R}^d, dx)$ und $u(x) = f(|x|)$. Dann gilt

$$\int_{\mathbb{R}^d} f(|x|)\, e^{i\langle x,\xi\rangle}\, dx = \frac{(2\pi)^{d/2}}{|\xi|^{d/2-1}} \int_0^\infty f(r) r^{d/2} J_{d/2-1}(r|\xi|)\, dr, \quad \xi \in \mathbb{R}^d, \tag{21.13}$$

wobei $J_\nu(z)$ die Bessel-Funktion (der ersten Art) der Ordnung ν ist (vgl. NIST Handbook [13, S. 217 *ff.*], insbesondere S. 224, 10.9.4.)

$$J_\nu(z) = \frac{\left(\frac{z}{2}\right)^\nu}{\sqrt{\pi}\,\Gamma\left(\nu+\frac{1}{2}\right)} \int_{-1}^1 (1-t^2)^{\nu-1/2} \cos zt\, dt, \quad z \geqslant 0,\ \operatorname{Re}\nu > -\tfrac{1}{2}.$$

Beweis (Bochner [3, S. 187 *f.*]). Zu festem $\xi \in \mathbb{R}^d$ wählen wir eine Drehmatrix $R \in \mathbb{R}^{d\times d}$, so dass $R\xi = |\xi| e_1$ wo $e_1 = (1, 0, \dots, 0)$. Da $R^\top R = \mathrm{id}$, $|\det R| = 1$ und $|Rx| = |x|$, sehen wir mit Lemma 21.1

$$\int_{\mathbb{R}^d} f(|x|)\, e^{i\langle x,\xi\rangle}\, dx = \int_{\mathbb{R}^d} f(|x|)\, e^{i\langle Rx,R\xi\rangle}\, dx \overset{21.1}{=} \int_{\mathbb{R}^d} f(|Rx|)\, e^{ix_1|\xi|}\, dx$$
$$= \int_{\mathbb{R}^d} f(|x|)\, e^{ix_1|\xi|}\, dx.$$

Wir schreiben $x' = (x_2, \dots, x_d) \in \mathbb{R}^{d-1}$, $|x|^2 = |x'|^2 + x_1^2$, und wenden Korollar 21.14 auf x' an.

$$\int_{\mathbb{R}^d} f(|x|)\, e^{ix_1|\xi|}\, dx = (d-1)\omega_{d-1} \int_0^\infty \int_{\mathbb{R}} f\left(\sqrt{\rho^2 + x_1^2}\right) e^{ix_1|\xi|}\, \rho^{d-2}\, dx_1\, d\rho.$$

Wir drücken $(x_1, \rho) \in \mathbb{R} \times (0, \infty)$ in Polarkoordinaten $(r, \alpha) \in (0, \infty) \times (0, \pi)$ aus

$$\int_{\mathbb{R}^d} f(|x|)\, e^{ix_1|\xi|}\, dx = (d-1)\omega_{d-1} \int_0^\infty \int_0^\pi f(r)\, e^{ir|\xi|\cos\alpha}\, r^{d-1} \sin^{d-2}\alpha\, d\alpha\, dr$$
$$= \int_0^\infty f(r)\, r^{d/2} \left\{ (d-1)\omega_{d-1} \int_0^\pi e^{ir|\xi|\cos\alpha}\, r^{d/2-1} \sin^{d-2}\alpha\, d\alpha \right\} dr.$$

Im Klammerausdruck $\{\dots\}$ führen wir nun den Variablenwechsel $t = -\cos\alpha$ durch, wobei wir $\sin^2\alpha = 1 - t^2$ beachten. Dann sehen wir, dass die Klammer $\{\dots\}$ reell ist und den Wert $(2\pi)^{d/2} |\xi|^{-d/2+1} J_{d/2-1}(r|\xi|)$ hat. □

Aufgaben

1. (a) Zeigen Sie, dass $\int_{[0,1]^2} (1 - xy)^{-1}\, d(x, y) = \sum_{n=1}^\infty n^{-2}$.

   (b) Verwenden Sie $\binom{x}{y} = \frac{1}{\sqrt{2}}\binom{t-s}{t+s}$, um $\sum_{n=1}^\infty n^{-2} = \frac{1}{6}\pi^2$ zu zeigen (vgl. Apostol [2]).
   Hinweis: Der Variablenwechsel dreht das Koordinatensystem um 45°.

2. (Eulersche Integrale) Die Eulersche Gamma- und Beta-Funktion sind für $x, y > 0$ durch folgende Integrale definiert:

$$\Gamma(x) := \int_0^\infty e^{-t} t^{x-1}\, dt \quad \text{und} \quad B(x, y) := \int_0^1 t^{x-1}(1 - t)^{y-1}\, dt.$$

   (a) Es gilt $\Gamma(x)\Gamma(y) = 4 \int_{(0,\infty)^2} e^{-u^2-v^2} u^{2x-1} v^{2y-1}\, d(u, v)$.

   (b) Verwenden Sie (a), um $B(x, y) = \dfrac{\Gamma(x)\Gamma(y)}{\Gamma(x + y)}$ zu zeigen.

3. Berechnen Sie das Integral $\int_{x^2+y^2\leqslant 1} x^n y^m\, d(x, y)$ für alle $m, n \in \mathbb{N}$.

4. Zeigen Sie, dass (21.13) in Dimension $d = 1$ folgende Form hat:

$$\int_{\mathbb{R}} f(|x|)\, e^{ix\xi}\, dx = 2\int_0^\infty \cos(r|\xi|) f(r)\, dr, \qquad \xi \in \mathbb{R}$$

Bemerkung: $J_{-1/2}(z) = \sqrt{2}/\sqrt{\pi z}\cos z$, vgl. [13, 10.16.1, S. 228].

5. (Bogenlänge) Es sei $f\colon \mathbb{R} \to \mathbb{R}$ eine C^2-Funktion. Wir schreiben $G_f = \{(t, f(t)) \mid t \in \mathbb{R}\}$ für den Graph von f und definieren $\Phi\colon \mathbb{R} \to \mathbb{R}^2$, $\Phi(x) = (x, f(x))$. Zeigen Sie:
   (a) $\Phi\colon \mathbb{R} \to G_f$ ist ein C^1-Diffeomorphismus mit $|D\Phi(x)|^2 = 1 + (f'(x))^2$.
   (b) $\sigma := \Phi(|D\Phi|\,\lambda^1)$ ist ein Maß auf G_f.
   (c) $\int_{G_f} u(x, y)\, d\sigma(x, y) = \int_{\mathbb{R}} u(t, f(t))\sqrt{1 + (f'(t))^2}\, dt$ sofern die Integrale definiert sind.

   Das Maß σ ist das kanonische Oberflächenmaß auf G_f. Diese Bezeichnung ist auf Grund der folgenden Kompatibilität mit λ^2 gerechtfertigt: Es sei $n(x)$ eine Einheitsnormale für die Fläche G_f im Punkte $(x, f(x))$ und $\widetilde{\Phi}(x, r) := \Phi(x) + rn(x)$. Dann gilt:
   (d) $n(x) = (-f'(x), 1)/\sqrt{1 + (f'(x))^2}$ und $\det \widetilde{\Phi}(x, r) = \sqrt{1 + (f'(x))^2} - \dfrac{rf''(x)}{1 + (f'(x))^2}$. Für jedes Intervall $[c, d]$ gibt es ein $\epsilon > 0$, so dass $\widetilde{\Phi}|_{(c,d)\times(-\epsilon,\epsilon)}$ ein C^1-Diffeomorphismus ist.
   (e) Es sei $C \subset G_{f|(c,d)}$ und $r < \epsilon$ wie in Teil (d). Zeigen Sie, dass $C(r) = \widetilde{\Phi}\left(\Phi^{-1}(C) \times (-r, r)\right)$ eine Borelmenge ist.
   (f) Zeigen Sie, dass für jedes $x \in (c, d)$

$$\lim_{r\downarrow 0} \frac{1}{2r} \int_{(-r,r)} \left|\det D\widetilde{\Phi}(x, s)\right| ds = \left|\det \widetilde{\Phi}(x, 0)\right|.$$

   (g) Verwenden Sie den allgemeinen Transformationssatz (Satz 21.4), den Satz von Tonelli (Satz 16.1), Teilaufgabe (f) und dominierte Konvergenz, um folgende Formel zu zeigen:

$$\lim_{r\downarrow 0} \frac{1}{2r}\lambda^2(C(r)) = \int_{\Phi^{-1}(C)} \left|\det D\widetilde{\Phi}(x, 0)\right| dx.$$

   (h) Folgern Sie, dass $\int \sqrt{1 + (f'(t))^2}\, dt$ die Bogenlänge des Graphen G_f ist.

6. Es sei $\Phi\colon \mathbb{R}^d \to M \subset \mathbb{R}^n$, $d \leqslant n$, ein C^1-Diffeomorphismus.
   (a) Zeigen Sie, dass $\mu := \Phi(|\det D\Phi|\,\lambda^d)$ ein Maß auf M ist. Vereinfachen Sie $\int_M u\, d\mu$.
   (b) Für eine Dilatation $\theta_r : \mathbb{R}^n \to \mathbb{R}^n$, $x \mapsto rx$, $r > 0$, gilt

$$\int_M r^n u(r\xi)\, \lambda^n(d\xi) = \int_{\theta_r(M)} u(\xi)\, \mu(d\xi).$$

   (c) Nun sei $M = S^{n-1} = \{|x| = 1\}$ die Einheitssphäre in $\mathbb{R}^n$, d. h. $d = n - 1$. Zeigen Sie, dass für $u \in \mathscr{L}^1(\mathbb{R}^n)$ und $\sigma := \mu$ gilt

$$\int u(x)\lambda^n(dx) = \int_{(0,\infty)} \int_{\{|x|=r\}} u(x)\, \sigma(dx)\, \lambda^1(dr) = \int_{(0,\infty)} \int_{\{|x|=1\}} r^{n-1} u(rx)\, \sigma(dx)\, \lambda^1(dr).$$

22 ⧫Maßbestimmende Familien

Es sei $(E, \mathscr{A}, \mu)$ ein Maßraum. Wir interessieren uns nun für die Frage, ob wir ein Maß durch seine Integrationseigenschaften eindeutig bestimmen können. Zum Beispiel wird jedes Maß μ durch die Kenntnis der Integrale $\mu(A) = \int \mathbb{1}_A \, d\mu$ für alle Funktionen $\mathbb{1}_A$, $A \in \mathscr{A}$, eindeutig charakterisiert.

22.1 Definition. Es sei $(E, \mathscr{A})$ ein Messraum. Eine Familie $\mathcal{F} \subset \left\{u \mid u\colon E \xrightarrow{\text{messbar}} \mathbb{C}\right\}$ heißt *maßbestimmend*, wenn für zwei Maße μ, ν gilt

$$\forall f \in \mathcal{F} : \int |f| \, d\mu + \int |f| \, d\nu < \infty \quad \text{und} \quad \int f \, d\mu = \int f \, d\nu \implies \mu = \nu.$$

!

- Man beachte die Forderung, dass die Integrale von Funktionen in $\mathcal{F}$ endlich sind.
- Komplexwertige Integranden behandelt man, indem man den Real- und Imaginärteil separat integriert: $\int f \, d\mu = \int \operatorname{Re} f \, d\mu + i \int \operatorname{Im} f \, d\mu$. Es gelten dieselben Rechenregeln wie im Reellen. Da die Abbildung $(\operatorname{Re} z, \operatorname{Im} z) \in \mathbb{R}^2 \mapsto z \in \mathbb{C}$ bi-stetig und damit bi-messbar ist, können wir $\mathscr{B}(\mathbb{C})$ mit $\mathscr{B}(\mathbb{R}^2)$ identifizieren, und es gibt auch keine Messbarkeitsprobleme. Details finden Sie im Anhang A.4.

22.2 Beispiel. a) $\mathcal{F} = \{\mathbb{1}_G \mid G \in \mathscr{G}\}$ ist maßbestimmend, wenn $\mathscr{A} = \sigma(\mathscr{G})$ für einen $\cap$-stabilen Erzeuger $\mathscr{G}$, so dass eine Folge $(G_m)_{m\geqslant 1} \subset \mathscr{G}$ mit $G_m \uparrow E$ existiert.
Beweis: Eindeutigkeitssatz für Maße (Satz 4.5).

b) $\mathcal{F} = \left\{\mathbb{1}_K \mid K \subset \mathbb{R}^d \text{ kompakt}\right\}$ ist maßbestimmend auf $(\mathbb{R}^d, \mathscr{B}(\mathbb{R}^d))$.
Beweis: Teil a), da $\sigma(\text{kompakte Mengen}) = \mathscr{B}(\mathbb{R}^d)$ und $[-n, n]^d \uparrow \mathbb{R}^d$.

c) $\mathcal{F} = \left\{\mathbb{1}_{H_1 \cap \dots \cap H_n} \mid n \geqslant 1, H_m \in \mathscr{H} \cup \{E\}\right\}$ ist maßbestimmend wenn $\mathscr{A} = \sigma(\mathscr{H})$.
Beweis: Verwende a) mit $\mathscr{G} = \{H_1 \cap \dots \cap H_n \mid n \geqslant 1, \ H_m \in \mathscr{H} \cup \{E\}\}$.

d) $\mathcal{F} = \mathscr{L}_b^{0,+}(\mathscr{A})$ (Familie der positiven messbaren Funktionen) ist maßbestimmend.
Beweis: Es gilt $\mathbb{1}_A \in \mathscr{L}_b^{0,+}(\mathscr{A})$ für alle $A \in \mathscr{A}$.

e) Wenn $\mathcal{F}$ maßbestimmend ist, dann ist auch $\mathcal{F}' \supset \mathcal{F}$ maßbestimmend.

Wir wollen nun interessantere Familien $\mathcal{F}$ untersuchen. Dazu brauchen wir aber mehr Struktur auf dem Messraum $(E, \mathscr{A})$, z. B. eine Topologie oder eine Metrik. Viele der folgenden Aussagen gelten in polnischen Räumen[22], aber wir formulieren die Aussagen der Einfachheit halber für $(\mathbb{R}^d, \mathscr{B}(\mathbb{R}^d))$. Wir beginnen mit einer topologischen Vorbereitung. Wir schreiben

$$C_c(\mathbb{R}^d) = \left\{u\colon \mathbb{R}^d \to \mathbb{R} \ \text{stetig und } \operatorname{supp} u = \overline{\{u \neq 0\}} \text{ kompakt}\right\},$$
$$C_b(\mathbb{R}^d) = \left\{u\colon \mathbb{R}^d \to \mathbb{R} \ \text{stetig und beschränkt}\right\}.$$

Mit $C_c^+(\mathbb{R}^d)$ und $C_b^+(\mathbb{R}^d)$ bezeichnen wir die positiven Elemente in $C_c(\mathbb{R}^d)$ und $C_b(\mathbb{R}^d)$.

22 vollständig metrisierbare Räume mit abzählbarer dichter Teilmenge

https://doi.org/10.1515/9783111342894-022

22.3 Lemma (Urysohn). *Es sei $K \subset \mathbb{R}^d$ kompakt. Dann existiert eine Folge von Funktionen $(u_n)_n \subset C_c^+(\mathbb{R}^d)$ mit $u_n \downarrow \mathbb{1}_K$.*

Beweis. Der Abstand von $x \in \mathbb{R}^d$ zu einer Menge $A \subset \mathbb{R}^d$ ist $d(x, A) := \inf_{a\in A} |x - a|$, und für kompakte Mengen $K \subset \mathbb{R}^d$ ist

$$U_n := \left\{x \in \mathbb{R}^d \mid d(x, K) < \tfrac{1}{n}\right\} = K + B_{1/n}(0)$$

eine Folge von offenen Mengen mit $K = \bigcap_{n\geqslant 1} U_n$. [✍] Weiter gilt

$$d(x, A) = \inf_{a\in A} |x - a| \leqslant \inf_{a\in A} (|x - y| + |y - a|) = |x - y| + d(y, A)$$

und somit

$$|d(x, A) - d(y, A)| \leqslant |x - y|, \quad x, y \in \mathbb{R}^d.$$

Das zeigt, dass die Funktionen

$$u_n(x) := \frac{d(x, U_n^c)}{d(x, U_n^c) + d(x, K)}, \quad n \in \mathbb{N},$$

stetig sind. Außerdem gilt $u_n|_K \equiv 1$, $u_n|_{U_n^c} \equiv 0$ und $u_n(x) \downarrow \mathbb{1}_K(x)$. □

22.4 Satz. *In $(\mathbb{R}^d, \mathscr{B}(\mathbb{R}^d))$ sind die Familien $C_c^+(\mathbb{R}^d)$, $C_c(\mathbb{R}^d)$, $C_b(\mathbb{R}^d)$, $C_b^+(\mathbb{R}^d)$ maßbestimmend.*

Beweis. Es genügt, die Aussage für $C_c^+(\mathbb{R}^d)$ zu zeigen. Es gelte

$$\int u\,d\mu = \int u\,d\nu < \infty \quad \text{für alle } u \in C_c^+(\mathbb{R}^d).$$

Sei $K \subset \mathbb{R}^d$ kompakt. Wähle eine Folge $(u_n)_{n\geqslant 1} \subset C_c^+(\mathbb{R}^d)$ mit $u_n \downarrow \mathbb{1}_K$. Wegen monotoner Konvergenz gilt

$$\int \mathbb{1}_K\,d\mu = \lim_{n\to\infty} \int u_n\,d\mu = \lim_{n\to\infty} \int u_n\,d\nu = \int \mathbb{1}_K\,d\nu,$$

und die Behauptung folgt aus Beispiel 22.2.b). □

22.5 Korollar. *In $(\mathbb{R}^d, \mathscr{B}(\mathbb{R}^d))$ ist $C_c^\infty(\mathbb{R}^d)$ maßbestimmend.*

Beweis. Es seien μ, ν zwei Maße auf $(\mathbb{R}^d, \mathscr{B}(\mathbb{R}^d))$, so dass $\int u\,d\mu + \int u\,d\nu < \infty$ für alle Funktionen $u \in C_c^\infty(\mathbb{R}^d)$. Insbesondere gilt dann, dass $\mu(K) + \nu(K) < \infty$ für alle kompakten Teilmengen $K \subset \mathbb{R}^d$.

Es sei $\chi \in C_c^\infty(\mathbb{R}^d)$, $\chi \geqslant 0$, $\operatorname{supp}\chi \subset B_1(0)$ und $\int \chi\,dx = 1$. Setze

$$\chi_n(x) := n^d \chi(nx).$$

Mit dem Differenzierbarkeitslemma (Satz 12.2) sehen wir, [✍] dass

$$u \in C_c(\mathbb{R}^d) \implies u * \chi \in C_c^\infty(\mathbb{R}^d).$$

(Beachte, dass $x \notin \operatorname{supp} u + \operatorname{supp} \chi \Rightarrow u * \chi(x) = 0 \Rightarrow \operatorname{supp} u * \chi \subset \operatorname{supp} u + \operatorname{supp} \chi$ gilt.) Daher ist für $u \in C_c^+(\mathbb{R}^d)$

$$\begin{aligned}\int u * \chi_n \, d\mu &= \iint u(x-y)\chi_n(y)\, dy\, \mu(dx)\\ &= \iint u(x-y) n^d \chi(ny)\, dy\, \mu(dx)\\ &\overset{\substack{z=ny\\ dz=n^d\, dy}}{=} \iint u\left(x - n^{-1}z\right)\chi(z)\, dz\, \mu(dx)\\ &\xrightarrow[n\to\infty]{\text{dom. Konv.}} \int u(x)\,\mu(dx) \underbrace{\int \chi(z)\, dz}_{=1}.\end{aligned}$$

Daher ist für alle $u \in C_c^+(\mathbb{R}^d)$

$$\int u\, d\mu = \lim_{n\to\infty} \int u * \chi_n\, d\mu = \lim_{n\to\infty} \int u * \chi_n\, d\nu = \int u\, d\nu,$$

und wir können nun Satz 22.4 anwenden. □

Wir kommen jetzt zu einer Familie wichtiger Funktionen, die auch maßbestimmend sind:

$$e_\xi(x) = e^{i\langle x,\xi\rangle}, \quad x, \xi \in \mathbb{R}^d, \quad \langle x, \xi\rangle = \sum_{n=1}^d x_n \xi_n.$$

22.6 Lemma. *Es gilt für alle $x, \xi \in \mathbb{R}^d$ und $t > 0$*

$$g_t(x) := (2\pi t)^{-d/2}\, e^{-|x|^2/2t} \tag{22.1}$$

$$\breve{g}_t(\xi) := \int_{\mathbb{R}^d} g_t(x)\, e_\xi(x)\, dx = e^{-t|\xi|^2/2}. \tag{22.2}$$

Beweis. Offenbar genügt es wegen Fubini, den Fall $d = 1$ zu betrachten. [✍] Es gilt wegen Satz 12.2 (Differenzierbarkeitslemma)

$$\frac{d}{d\xi}\breve{g}_t(\xi) = \frac{1}{\sqrt{2\pi t}} \int_{\mathbb{R}} e^{-x^2/2t} \underbrace{\frac{d}{d\xi} e^{ix\xi}}_{=ixe^{ix\xi}}\, dx = \frac{1}{\sqrt{2\pi t}} \int_{\mathbb{R}} (-it)\frac{d}{dx}\left[e^{-x^2/2t}\right] e^{ix\xi}\, dx$$

und mit partieller Integration erhalten wir dann

$$\frac{d}{d\xi}\breve{g}_t(\xi) \overset{\text{PI}}{=} \frac{1}{\sqrt{2\pi t}} \int_{\mathbb{R}} (it) e^{-x^2/2t} \frac{d}{dx} e^{ix\xi}\, dx = \frac{1}{\sqrt{2\pi t}} \int_{\mathbb{R}} (-t\xi) e^{-x^2/2t} e^{ix\xi}\, dx = -(t\xi)\breve{g}_t(\xi).$$

Die eindeutige Lösung dieser Differentialgleichung ist $\breve{g}_t(\xi) = \breve{g}_t(0) e^{-t\xi^2/2}$. Aus Beispiel 16.4 wissen wir, dass $\breve{g}_t(0) = (2\pi t)^{-1/2} \int_{\mathbb{R}} e^{-x^2/2t}\, dx = 1$ gilt, und die Behauptung folgt. □

22.7 Satz. *In* $(\mathbb{R}^d, \mathscr{B}(\mathbb{R}^d))$ *ist* $\mathcal{F} = \left\{e_\xi(\cdot) \mid \xi \in \mathbb{R}^d\right\}$ *maßbestimmend.*

Beweis. Sei $u \in C_c^+(\mathbb{R}^d)$ und μ, ν endliche Maße (damit $\int e_\xi \, d\mu$, $\int e_\xi \, d\nu$ definiert sind). Dann gilt mit Lemma 22.6

$$\begin{aligned}
\int u * \breve{g}_t \, d\mu &= \iint u(y) e^{-\frac{1}{2}t|x-y|^2} \, dy \, \mu(dx) \\
&= \iint u(y) \int g_t(\eta) e_{x-y}(\eta) \, d\eta \, dy \, \mu(dx) \\
&\overset{\text{Fubini}}{=} \iint u(y) g_t(\eta) \underbrace{\int e_{x-y}(\eta) \, \mu(dx)}_{=\int e_{x-y}(\eta)\,\nu(dx)} \, d\eta \, dy.
\end{aligned}$$

Mithin folgt aus $\int e_\xi \, d\mu = \int e_\xi \, d\nu$ auch

$$\int u * \breve{g}_t \, d\mu = \int u * \breve{g}_t \, d\nu, \quad u \in C_c^+(\mathbb{R}^d), \ t > 0.$$

Nun gilt aber

$$\begin{aligned}
t^{d/2} \int u * \breve{g}_t \, d\mu &= \iint u(x-y) t^{d/2} e^{-\frac{1}{2}t|y|^2} \, dy \, \mu(dx) \\
&\underset{dz = t^{d/2}\,dy}{\overset{z=\sqrt{t}y}{=}} \iint u\left(x - t^{-1/2} z\right) e^{-\frac{1}{2}|z|^2} \, dz \, \mu(dx) \\
&\xrightarrow[t\to\infty]{\text{dom. Konv.}} \int u(x) \, \mu(dx) \underbrace{\int e^{-\frac{1}{2}|z|^2} \, dz}_{=(2\pi)^{d/2}}
\end{aligned}$$

(verwende $\|u\|_\infty \mathbb{1}_{\mathbb{R}^d}(x) e^{-|z|^2/2}$ als Majorante). Die Behauptung folgt nun aus Satz 22.4. □

Aufgaben

1. Es sei $\phi \in C_c^\infty(\mathbb{R}^d)$, $\operatorname{supp}\phi \subset B_1(0)$ und $\int \phi \, dx = 1$. Setze $\phi_n(x) := n^{-d}\phi(nx)$. Bestimmen Sie $\operatorname{supp}\phi_n$ und zeigen Sie, dass $\int \phi_n(x) \, dx = 1$.
2. Die folgenden Schritte zeigen, dass die Familie $\epsilon_\lambda(t) := e^{-\lambda t}$, $\lambda, t > 0$, auf $([0,\infty), \mathscr{B}[0,\infty))$ maßbestimmend ist.
   (a) Der klassische Approximationssatz von Weierstraß besagt, dass die Polynome auf $[0,1]$ gleichmäßig dicht in den stetigen Funktionen $C[0,1]$ sind (vgl. Rudin [15, Satz 7.26, S. 185]).
   (b) Betrachten Sie für $u \in C_c[0,\infty)$ die Funktion $u \circ (-\log) : (0,1] \to \mathbb{R}$ und approximieren Sie diese mit einer Folge von Polynomen p_n, $n \in \mathbb{N}$.
   (c) Zeigen Sie, dass aus $\int \epsilon_\lambda \, d\mu = \int \epsilon_\lambda \, d\nu$ auch $\int p_n(e^{-t}) \, \mu(dt) = \int p_n(e^{-t}) \, \nu(dt)$ folgt und somit $\int u \, d\mu = \int u \, d\nu$.
3. Wir betrachten das Lebesgue-Maß $dx = \lambda(dx)$ auf dem Raum $([a,b], \mathscr{B}[a,b])$. Wir nehmen an, dass es eine Funktion $f \in \mathscr{L}^1([a,b], dx)$ gibt, so dass $\int x^n f(x) \, dx = 0$ für alle $n = 0, 1, 2, \ldots$ gilt. Zeigen Sie, dass f auf $[a,b]$ Lebesgue-fast überall verschwindet.
   Hinweis: Verwenden Sie den Weierstraßschen Approximationssatz.

4. Die Haar-Funktionen $H_n : [0,1] \to \mathbb{R}$, sind für $n = 0$ bzw. $n = 2^i + k$ mit $i = 0,1,2,\ldots$ und $k = 0,1,\ldots,2^i - 1$ definiert durch

$$H_0(t) := 1 \quad \text{und} \quad H_{2^i+k}(t) := \begin{cases} 2^{i/2}, & \frac{k}{2^i} \leqslant t < \frac{2k+1}{2^{i+1}}, \\ -2^{i/2}, & \frac{2k+1}{2^{i+1}} \leqslant t < \frac{k+1}{2^i}. \end{cases}$$

Es sei $f \in L^2([0,1], dt)$. Zeigen Sie: Wenn $\int_0^1 H_n(s)f(s)\,ds = 0$ für $n = 0,1,2,\ldots$, dann gilt $f = 0$.

Hinweis: Zeigen Sie mit Induktion, dass $\int_{k/2^i}^{(k+1)/2^i} f(s)\,ds = 0$ gilt.

Bemerkung: Diese Aussage zeigt die Vollständigkeit der Familie $(H_n)_{n\geqslant 0}$ in $L^2([0,1]; dt)$. Man kann dann schnell nachrechnen, dass es sich sogar um eine Orthonormalbasis handelt.

23 ⧫Die Fouriertransformation

In diesem Kapitel betrachten wir Maße auf $(\mathbb{R}^d, \mathscr{B}(\mathbb{R}^d))$. Die Fouriertransformation (FT) ist ein universelles Hilfsmittel, das in verschiedenen mathematischen Disziplinen angewendet wird, z. B. in der Analysis, der Wahrscheinlichkeitstheorie oder der mathematischen Physik. Je nach Anwendung sind die (Normierungs-)Konventionen etwas unterschiedlich; unsere Darstellung ist so gewählt, dass die inverse Fouriertransformation mit der charakteristischen Funktion aus der Wahrscheinlichkeitstheorie übereinstimmt.

Wir bezeichnen mit $C_b(\mathbb{R}^d)$ bzw. $C_c(\mathbb{R}^d)$ die Familien der *beschränkten stetigen Funktionen* und der *stetigen Funktionen mit kompaktem Träger*; $\langle x, \xi \rangle = \sum_{n=1}^d x_n \xi_n$ ist das Euklidische Skalarprodukt von $x, \xi \in \mathbb{R}^d$.

23.1 Definition. Es sei μ ein endliches Maß auf $(\mathbb{R}^d, \mathscr{B}(\mathbb{R}^d))$. Dann heißt

$$\widehat{\mu}(\xi) := \mathcal{F}\mu(\xi) := (2\pi)^{-d} \int_{\mathbb{R}^d} e^{-i\langle x,\xi\rangle}\, \mu(dx) \tag{23.1}$$

Fouriertransformation des Maßes μ. Für $f \in L^1(dx)$ heißt

$$\widehat{f}(\xi) := \mathcal{F}f(\xi) := (2\pi)^{-d} \int_{\mathbb{R}^d} e^{-i\langle x,\xi\rangle} f(x)\, dx \tag{23.2}$$

Fouriertransformation der Funktion f.

!

- $\mu(dx) = f(x)\,dx \implies \widehat{\mu} = \widehat{f}$.
- Für $u\colon \mathbb{R}^d \to \mathbb{C}$ definiert man $\int u\,d\mu = \int \operatorname{Re} u\,d\mu + i\int \operatorname{Im} u\,d\mu$. Somit gelten dieselben Rechenregeln wie im Reellen. Da die Abbildung $(\operatorname{Re} z, \operatorname{Im} z) \in \mathbb{R}^2 \mapsto z \in \mathbb{C}$ bi-stetig und damit bi-messbar ist, können wir $\mathscr{B}(\mathbb{C})$ mit $\mathscr{B}(\mathbb{R}^2)$ identifizieren, und es gibt auch keine Messbarkeitsprobleme. Eine ausführliche Darstellung findet sich im Anhang A.4.
- (23.2) gilt für alle $f \in L^1_{\mathbb{C}}(dx)$: $f = \operatorname{Re} f + i \operatorname{Im} f$.

23.2 Beispiel. a) $\widehat{\mathbb{1}_{[a,b]}}(\xi) = \left(e^{-i\xi a} - e^{-i\xi b}\right)/2\pi i\xi, \quad a < b.$

b) $\widehat{\delta_c}(\xi) = (2\pi)^{-d} e^{-i\langle c,\xi\rangle}, \quad c \in \mathbb{R}^d.$

c) Für $g_t(x) = (2\pi t)^{-d/2} e^{-|x|^2/2t}$ ist $\widehat{g}_t(\xi) = (2\pi)^{-d} e^{-t|\xi|^2/2}$.
Nach Definition der Fouriertransformation ist

$$\widehat{g}_t(\xi) = (2\pi)^{-d} \int_{\mathbb{R}^d} (2\pi t)^{-d/2}\, e^{-|x|^2/2t}\, e^{-i\langle x,\xi\rangle}\, dx.$$

Beweis 1. Verwende (22.2): $\widehat{g}_t(\xi) = (2\pi)^{-d} \check{g}_t(-\xi) = (2\pi)^{-d} e^{-t|\xi|^2/2}$.

https://doi.org/10.1515/9783111342894-023

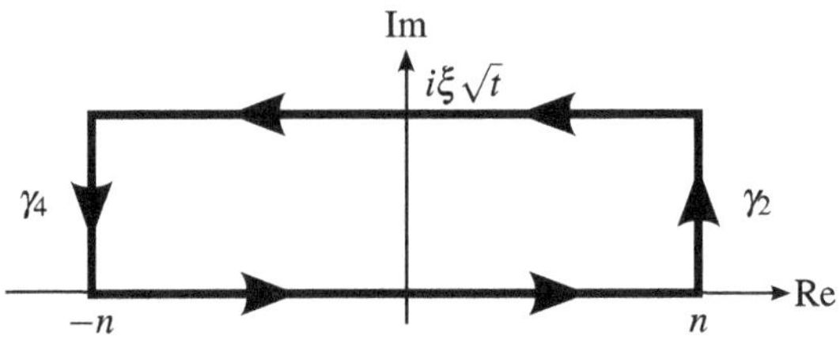

Abb. 23.1: Nach dem Cauchyschen Integralsatz gilt $\oint e^{-z^2/2}\,dz = 0$.

Beweis 2. Zunächst sei $d = 1$ angenommen. Dann gilt

$$\int_{-\infty}^{\infty} e^{-x^2/2t}\, e^{-ix\xi}\, \frac{dx}{\sqrt{2\pi t}} \overset{ty^2=x^2}{\underset{\sqrt{t}\,dy=dx}{=}} \int_{-\infty}^{\infty} e^{-y^2/2}\, e^{-iy\sqrt{t}\xi}\, \frac{dy}{\sqrt{2\pi}} = e^{-t\xi^2/2} \int_{-\infty}^{\infty} e^{-(y+i\sqrt{t}\xi)^2/2}\, \frac{dy}{\sqrt{2\pi}}.$$

Da der Integrand $z \mapsto e^{-z^2/2}$, $z \in \mathbb{C}$, holomorph ist, hängt der Wert des Integrals nicht vom Parameter ξ ab. Für $\xi = 0$ ist

$$\int_{-\infty}^{\infty} e^{-x^2/2t}\, e^{-ix\xi}\, \frac{dx}{\sqrt{2\pi t}} = e^{-t\xi^2/2} \int_{-\infty}^{\infty} e^{-y^2/2}\, \frac{dy}{\sqrt{2\pi}} \overset{(16.2)}{=} e^{-t\xi^2/2}.$$

Diese Überlegung kann man so rechtfertigen: Nach dem Cauchyschen Integralsatz gilt für den geschlossenen Integrationsweg aus Abb. 23.1 $\oint e^{-z^2/2}\,dz = 0$, d. h.

$$\int_{-n}^{n} e^{-(x+i\sqrt{t}\xi)^2/2}\, \frac{dx}{\sqrt{2\pi}} = \int_{-n}^{n} e^{-x^2/2}\, \frac{dx}{\sqrt{2\pi}} + \int_{\gamma_2\cup\gamma_4} e^{-z^2/2}\, \frac{dz}{\sqrt{2\pi}}.$$

Jedes $z \in \gamma_2$ ist von der Form $z = n + iy$, $0 < y < \sqrt{t}\xi$, und wegen $|e^{iyn}| = 1$ gilt

$$\left|\int_{\gamma_2} e^{-z^2/2}\, \frac{dz}{\sqrt{2\pi}}\right| = \left|\int_0^{\sqrt{t}\xi} e^{-(n+iy)^2/2}\, \frac{i\,dy}{\sqrt{2\pi}}\right| \leqslant \int_0^{\sqrt{t}\xi} e^{-n^2/2}\, e^{y^2/2}\, \frac{dy}{\sqrt{2\pi}}$$

$$\leqslant \sqrt{t}\xi\, e^{-n^2/2}\, e^{t\xi^2/2}\, \frac{1}{\sqrt{2\pi}} \xrightarrow[n\to\infty]{} 0.$$

Entsprechend hat man $\int_{\gamma_4} e^{-z^2/2}\,dz \xrightarrow[n\to\infty]{} 0$. Daraus folgt die Behauptung, da

$$\int_{-\infty}^{\infty} e^{-(x+i\sqrt{t}\xi)^2/2}\, \frac{dx}{\sqrt{2\pi}} = \int_{-\infty}^{\infty} e^{-x^2/2}\, \frac{dx}{\sqrt{2\pi}} \overset{(16.2)}{=} 1.$$

Den multivariaten Fall zeigt man nun mit Hilfe des Satzes von Fubini:

$$\int_{\mathbb{R}^d} (2\pi t)^{-d/2}\, e^{-|x|^2/2t}\, e^{i\langle x,\xi\rangle}\, dx = \prod_{n=1}^{d} \int_{\mathbb{R}} e^{-x_n^2/2t}\, e^{ix_n\xi_n}\, \frac{dx_n}{\sqrt{2\pi t}} = \prod_{n=1}^{d} e^{-t\xi_n^2/2} = e^{-t|\xi|^2/2}.$$

23.3 Proposition (Eigenschaften der FT). *Es sei μ ein endliches Maß auf* $(\mathbb{R}^d, \mathscr{B}(\mathbb{R}^d))$.

a) $|\widehat{\mu}(\xi)| \leqslant \widehat{\mu}(0) = (2\pi)^{-d}\mu(\mathbb{R}^d)$.

b) $\xi \mapsto \widehat{\mu}(\xi)$ *ist stetig.*

c) $\widehat{\widetilde{\mu}}(\xi) = \overline{\widehat{\mu}(\xi)}$ *wobei* $\widetilde{\mu}(A) = \mu(-A)$ *die Reflexion am Ursprung bezeichnet.*

d) $\widehat{\mu \circ T^{-1}}(\xi) = e^{-i\langle b,\xi\rangle}\,\widehat{\mu}(\lambda\xi)$ *wobei* $Ty := \lambda y + b$, $\lambda \in \mathbb{R}$, $b, y \in \mathbb{R}^d$.

Beweis. a) folgt direkt aus der Definition der FT.

b) $\widehat{\mu}(\xi) = (2\pi)^{-d}\int e^{-i\langle x,\xi\rangle}\,\mu(dx)$. Da $|e^{-i\langle x,\xi\rangle}| = 1 \in L^1(\mu)$ und da $\xi \mapsto e^{-i\langle x,\xi\rangle}$ stetig ist, folgt die Behauptung aus dem Stetigkeitslemma für Parameter-Integrale (Satz 12.1).

c) Das folgt aus d), wenn wir $b = 0$, $\lambda = -1$ setzen und $\widehat{\mu}(-\xi) = \overline{\widehat{\mu}(\xi)}$ beachten.

d) Es gilt
$$\begin{aligned}\widehat{\mu \circ T^{-1}}(\xi) &= (2\pi)^{-d}\int e^{-i\langle x,\xi\rangle}\,\mu \circ T^{-1}(dx)\\ &\overset{19.2}{=} (2\pi)^{-d}\int e^{-i\langle Tx,\xi\rangle}\,\mu(dx)\\ &= (2\pi)^{-d}\int e^{-i\langle \lambda x+b,\xi\rangle}\,\mu(dx)\\ &= e^{-i\langle b,\xi\rangle}\,\widehat{\mu}(\lambda\xi).\end{aligned}$$
□

Viele Rechenregeln der FT sind für Funktionen f einfacher als für Maße.

23.4 Korollar. *Es sei* $f \in L^1(\mathbb{R}^d, dx)$. *Dann ist* $\widehat{f} \in C_b(\mathbb{R}^d)$ *und* $|\widehat{f}(\xi)| \leqslant (2\pi)^{-d}\|f\|_{L^1}$.

a) $f(x+b)$	$(b \in \mathbb{R}^d)$	$\xrightarrow{FT}$	$e^{i\langle \xi,b\rangle}\,\widehat{f}(\xi)$
b) $f(x)\,e^{-i\langle x,b\rangle}$	$(b \in \mathbb{R}^d)$		$\widehat{f}(b+\xi)$
c) $f(\theta x)$	$(\theta > 0)$		$\theta^{-d}\,\widehat{f}(\theta^{-1}\,\xi)$
d) $f(Rx)$	$(R \in \mathrm{SO}(d))$		$\widehat{f}(R\xi)$

Beweis. Die Stetigkeit von $\xi \mapsto \widehat{f}(\xi)$ sieht man wie in Proposition 23.3.b). Für $\xi \in \mathbb{R}^d$ ist
$$(2\pi)^d\,\big|\widehat{f}(\xi)\big| = \left|\int f(x)\,e^{-i\langle x,\xi\rangle}\,dx\right| \leqslant \int \big|f(x)\,e^{-i\langle x,\xi\rangle}\big|\,dx = \int |f(x)|\,dx = \|f\|_{L^1}.$$

Die Eigenschaften a), b) sind offensichtlich; c) folgt aus
$$(2\pi)^{-d}\int f(\theta x)\,e^{-i\langle x,\xi\rangle}\,dx \underset{dy=\theta^d\,dx}{\overset{y=\theta x}{=}} (2\pi)^{-d}\int f(y)\,e^{-i\langle \theta^{-1}y,\xi\rangle}\,\theta^{-d}\,dy = \theta^{-d}\,\widehat{f}(\theta^{-1}\,\xi).$$

d) Für $R \in \mathrm{SO}(d)$ haben wir $|\det R| = 1$ und $R^{-1} = R^{\top}$, d. h.
$$\begin{aligned}(2\pi)^{-d}\int f(Rx)\,e^{-i\langle x,\xi\rangle}\,dx &= (2\pi)^{-d}\int f(y)\,e^{-i\langle R^{-1}y,\xi\rangle}\,dy\\ &= (2\pi)^{-d}\int f(y)\,e^{-i\langle y,(R^{-1})^{\top}\xi\rangle}\,dy\\ &= \widehat{f}(R\xi).\end{aligned}$$
□

Injektivität und Umkehrformeln

Die Fouriertransformation bestimmt ein endliches Maß eindeutig: $\widehat{\mu} = \widehat{\nu} \implies \mu = \nu$. Das folgt aus der Tatsache, dass die Familie $\left(e^{i\langle x,\xi\rangle}\right)_{\xi\in\mathbb{R}^d}$ maßbestimmend ist (Definition 22.1, Satz 22.7). Wir verfolgen hier eine andere Beweisstrategie, die zusätzlich Umkehrformeln für die FT liefert. Dazu benötigen wir ein klassisches Lemma.

23.5 Lemma (Integralsinus). $\displaystyle\lim_{T\to\infty}\int_0^T \frac{\sin\xi}{\xi}\,d\xi = \frac{\pi}{2}.$

Beweis. Siehe Beispiel 16.5. □

Insbesondere ist für $x, a \in \mathbb{R}$

$$\lim_{T\to\infty}\int_0^T \frac{\sin((a-x)\xi)}{\xi}\,d\xi = \lim_{T\to\infty}\int_0^{(a-x)T} \frac{\sin\eta}{\eta}\,d\eta = \begin{cases} \frac{\pi}{2}, & x < a \\ 0, & x = a \\ -\frac{\pi}{2}, & x > a \end{cases}. \tag{23.3}$$

23.6 Satz (Lévy). *Es sei μ ein endliches Maß auf* $(\mathbb{R}, \mathscr{B}(\mathbb{R}))$. *Dann gilt für alle $a < b$*

$$\frac{1}{2}\mu\{a\} + \mu(a,b) + \frac{1}{2}\mu\{b\} = \lim_{T\to\infty}\int_{-T}^T \frac{e^{ib\xi} - e^{ia\xi}}{i\xi}\,\widehat{\mu}(\xi)\,d\xi. \tag{23.4}$$

! Das hier auftretende Integral ist ein sog. *uneigentlicher Cauchyscher Hauptwert.* Mit der Verteilungsfunktion (nach unten) $F(t) = \mu(-\infty, t]$ können wir die linke Seite von (23.4) auch in der folgenden Form schreiben:

$$\frac{1}{2}(F(b) + F(b-)) - \frac{1}{2}(F(a) + F(a-)).$$

Beweis von Satz 23.6. 1⁰) Wegen $\operatorname{Im} e^{i\xi} = \sin\xi$ gilt für $a < b$:

$$\begin{aligned}
\int_{-T}^T \frac{e^{i(b-x)\xi} - e^{i(a-x)\xi}}{i\xi}\,d\xi &= \int_{-T}^0 \frac{e^{i(b-x)\xi} - e^{i(a-x)\xi}}{i\xi}\,d\xi + \int_0^T \frac{e^{i(b-x)\xi} - e^{i(a-x)\xi}}{i\xi}\,d\xi \\
&= -\int_0^T \frac{e^{-i(b-x)\xi} - e^{-i(a-x)\xi}}{i\xi}\,d\xi + \int_0^T \frac{e^{i(b-x)\xi} - e^{i(a-x)\xi}}{i\xi}\,d\xi \\
&= 2\int_0^T \frac{\sin((b-x)\xi)}{\xi}\,d\xi - 2\int_0^T \frac{\sin((a-x)\xi)}{\xi}\,d\xi.
\end{aligned}$$

Durch Zusammensetzen finden wir wegen (23.3), dass

$$\lim_{T\to\infty}\int_{-T}^T \frac{e^{i(b-x)\xi} - e^{i(a-x)\xi}}{i\xi}\,d\xi = \begin{cases} 0, & \text{wenn } x < a \text{ oder } x > b \\ \pi, & \text{wenn } x = a \text{ oder } x = b \\ 2\pi, & \text{wenn } a < x < b \end{cases}.$$

2⁰) Wir rechnen nun *formal* weiter:

$$
\begin{aligned}
\lim_{T\to\infty}\int_{-T}^{T}\frac{e^{ib\xi}-e^{ia\xi}}{i\xi}\,\widehat{\mu}(\xi)\,d\xi &= \lim_{T\to\infty}\frac{1}{2\pi}\int_{-T}^{T}\frac{e^{ib\xi}-e^{ia\xi}}{i\xi}\int e^{-ix\xi}\mu(dx)\,d\xi \\
&\overset{\text{(F)}}{=} \lim_{T\to\infty}\frac{1}{2\pi}\int\int_{-T}^{T}\frac{e^{ib\xi}-e^{ia\xi}}{i\xi}e^{-ix\xi}\,d\xi\,\mu(dx) \\
&= \lim_{T\to\infty}\frac{1}{2\pi}\int\int_{-T}^{T}\frac{e^{i(b-x)\xi}-e^{i(a-x)\xi}}{i\xi}\,d\xi\,\mu(dx) \\
&\overset{\text{(L)}}{=} \int\left[\frac{1}{2}\mathbb{1}_{\{a\}}+\mathbb{1}_{(a,b)}+\frac{1}{2}\mathbb{1}_{\{b\}}\right]d\mu \\
&= \tfrac{1}{2}\mu\{a\}+\mu(a,b)+\tfrac{1}{2}\mu\{b\}.
\end{aligned}
$$

Bei den mit (F) und (L) gekennzeichneten Umformungen wird der Satz von Fubini (Satz 16.2) bzw. Lebesgue (Satz 11.3) angewendet; die Voraussetzungen prüfen wir in den folgenden Schritten.

3⁰) Zu (F): Wegen der elementaren Ungleichung

$$\left|e^{it}-e^{is}\right| = \left|\int_s^t i\,e^{iu}\,du\right| \leqslant \int_s^t \left|i\,e^{iu}\right|du = t-s, \qquad s\leqslant t,$$

folgt

$$\int_{-T}^{T}\left|\frac{e^{i(b-x)\xi}-e^{i(a-x)\xi}}{i\xi}\right|d\xi \leqslant \int_{-T}^{T}(b-a)\,d\xi = 2(b-a)T \in L^1(\mu).$$

(Konstanten sind μ-integrierbar). Daher ist der Satz von Fubini anwendbar.

4⁰) Zu (L): Der Integrand ist von der Form $T\mapsto\int_0^T\frac{\sin u}{u}\,du$, und wegen Lemma 23.5 ist dieser Ausdruck beschränkt. Daher ist dominierte Konvergenz anwendbar. □

Mit dem Satz von Fubini erhalten wir die d-dimensionale Version von Satz 23.6. Wie bisher bezeichne $\mathscr{I}^o$ die Menge aller offenen Rechtecke in $\mathbb{R}^d$,

$$I := \bigtimes_{n=1}^{d}(a_n,b_n) \quad\text{und}\quad \partial I := \bigtimes_{n=1}^{d}[a_n,b_n]\setminus\bigtimes_{n=1}^{d}(a_n,b_n).$$

23.7 Korollar. *Es sei μ ein endliches Maß auf $(\mathbb{R}^d,\mathscr{B}(\mathbb{R}^d))$. Für alle offenen Rechtecke $I\in\mathscr{I}^o$ mit $\mu(\partial I)=0$ gilt*

$$\mu(I) = \lim_{T\to\infty}\int_{-T}^{T}\dots\int_{-T}^{T}\prod_{n=1}^{d}\frac{e^{ib_n\xi_n}-e^{ia_n\xi_n}}{i\xi_n}\,\widehat{\mu}(\xi)\,d\xi_1\dots d\xi_d. \tag{23.5}$$

23.8 Korollar. a) *Es seien μ, ν endliche Maße. Dann gilt $\widehat{\mu} = \widehat{\nu} \implies \mu = \nu$.*
b) *Es seien $f, g \in L^1(dx)$. Dann gilt $\widehat{f} = \widehat{g} \implies f = g$ fast überall.*

Beweis. a) Sei $I = (a_1, b_1)\times\cdots\times(a_d, b_d)$ und $I^\epsilon := (a_1+\epsilon, b_1-\epsilon)\times\cdots\times(a_d+\epsilon, b_d-\epsilon) \subset I$, wobei $\epsilon < \frac{1}{2}\min_{1\leqslant i\leqslant d}(b_i - a_i)$.

Da das Maß $\mu + \nu$ endlich ist, können höchstens endlich viele Mengen ∂I^ϵ Maß $> \frac{1}{n}$ haben, d. h. für höchstens abzählbar viele der ∂I^ϵ gilt $\mu(\partial I^\epsilon) + \nu(\partial I^\epsilon) > 0$ [✍]. Somit existiert eine Folge

$$I_n \uparrow I,\ \mu(\partial I_n) + \nu(\partial I_n) = 0, \quad \text{und daher} \quad \mu(I_n) \uparrow \mu(I), \quad \nu(I_n) \uparrow \nu(I).$$

Mit Korollar 23.7 sehen wir, dass

$$\mu(I) = \nu(I), \quad I \in \mathscr{I}^o.$$

Da $\mathscr{I}^o$ ein $\cap$-stabiler Erzeuger von $\mathscr{B}(\mathbb{R}^d)$ ist, folgt die Behauptung aus Satz 4.5.

b) Es gilt

$$\widehat{f} = \widehat{g} \implies \widehat{f^+ + g^-} = \widehat{f^- + g^+} \overset{\text{a)}}{\implies} (f^+ + g^-)\lambda^d = (f^- + g^+)\lambda^d.$$

Daher folgt

$$\int_B (f - g)\, d\lambda^d = 0 \quad \text{für alle } B \in \mathscr{B}(\mathbb{R}^d).$$

Wenn wir $B = \{f > g\}$ wählen, dann sehen wir $\lambda^d\{f > g\} = 0$. Entsprechend erhält man $\lambda^d\{f < g\} = 0$, mithin $f = g$ fast überall. □

Für *Funktionen* ergibt sich aus Satz 23.6 bzw. Korollar 23.7 eine Umkehrformel für die Fouriertransformation.

23.9 Korollar. *Es sei μ ein endliches Maß auf $(\mathbb{R}^d, \mathscr{B}(\mathbb{R}^d))$ und $\widehat{\mu} \in L^1(d\xi)$. Dann ist $\mu(dx) = u(x)\, dx$ mit*

$$u(x) = \int \widehat{\mu}(\xi)\, e^{i\langle x,\xi\rangle}\, d\xi. \tag{23.6}$$

Wenn $u \in L^1(dx)$ und $\widehat{u} \in L^1(d\xi)$, dann ist $u(x) = \int \widehat{u}(\xi)\, e^{i\langle x,\xi\rangle}\, d\xi$.

Beweis. Es sei $I = \bigtimes_{n=1}^d (a_n, b_n) \in \mathscr{I}^o$ mit $\mu(\partial I) = 0$. Da $\widehat{\mu}(\xi)\mathbb{1}_I(x) \in L^1(dx, d\xi)$, können wir den Satz von Fubini anwenden. Mit Korollar 23.7 sehen wir

$$\begin{aligned}\int_I u(x)\, dx &= \int_I \int \widehat{\mu}(\xi)\, e^{i\langle x,\xi\rangle}\, d\xi\, dx \\ &= \int \widehat{\mu}(\xi) \int_I e^{i\langle x,\xi\rangle}\, dx\, d\xi \\ &= \lim_{T\to\infty} \int_{[-T,T]^d} \widehat{\mu}(\xi) \prod_{n=1}^d \frac{e^{ib_n\xi_n} - e^{ia_n\xi_n}}{i\xi_n}\, d\xi = \mu(I).\end{aligned}$$

Wie in Korollar 23.8 folgt, dass $\mu(dx) = u(x)\,dx$, wobei $u \geqslant 0$, da $B \mapsto \int_B u(x)\,dx$ ein (positives) Maß definiert. Die Aussage für $u \in L^1$ folgt analog, indem wir u in $(\operatorname{Re} u)^{\pm}$ und $(\operatorname{Im} u)^{\pm}$ zerlegen. □

23.10 Definition. Es sei μ ein endliches Maß auf $(\mathbb{R}^d, \mathscr{B}(\mathbb{R}^d))$ und $u \in L^1(d\xi)$. Dann heißt

$$\check{\mu}(x) = \mathcal{F}^{-1}\mu(x) = \int_{\mathbb{R}^d} e^{i\langle x,\xi\rangle}\,\mu(d\xi) \tag{23.7}$$

inverse Fouriertransformation des Maßes μ und

$$\check{u}(x) = \mathcal{F}^{-1}u(x) = \int_{\mathbb{R}^d} e^{i\langle x,\xi\rangle}\,u(\xi)\,d\xi \tag{23.8}$$

inverse Fouriertransformation der Funktion u.

Vergleichen wir die Definitionen der Fourier- und der inversen Fouriertransformation, dann sehen wir sehr einfach [✍] folgende Zusammenhänge:

$$\check{\mu}(x) = (2\pi)^d\hat{\mu}(-x), \quad \overline{\hat{\mu}(x)} = (2\pi)^{-d}\,\check{\mu}(x) \quad \text{und} \quad \overline{\hat{u}(x)} = (2\pi)^{-d}\,\check{\bar{u}}(x).$$

Der Faltungssatz

Eine wichtige Eigenschaft der (inversen) Fouriertransformation ist, dass sie das Faltungsprodukt trivialisiert. Für zwei (endliche) Maße μ, ν hatten wir (Definition 19.5) die Faltung definiert als

$$\mu * \nu(B) = \iint \mathbb{1}_B(x+y)\,\mu(dx)\nu(dy), \quad B \in \mathscr{B}(\mathbb{R}^d).$$

Offensichtlich ist $\mu * \nu$ wiederum ein endliches Maß.

23.11 Satz (Faltungssatz). *Es seien μ, ν endliche Maße auf* $(\mathbb{R}^d, \mathscr{B}(\mathbb{R}^d))$. *Dann gilt*

$$\widehat{\mu * \nu}(\xi) = (2\pi)^d\hat{\mu}(\xi)\hat{\nu}(\xi) \quad \text{und} \quad \widetilde{\mu * \nu}(\xi) = \check{\mu}(\xi)\check{\nu}(\xi). \tag{23.9}$$

Beweis. Nach Definition der Faltung ist $\int \mathbb{1}_B(z)\,\mu * \nu(dz) = \iint \mathbb{1}_B(x+y)\,\mu(dx)\nu(dy)$. Diese Gleichheit überträgt sich durch Linearität auf (positive) einfache Funktionen $\mathcal{E}^+$, mit Hilfe des Sombrero-Lemmas und BL auf $\mathscr{L}^{0,+}$ und wieder durch Linearität auf L^1 und $L^1_{\mathbb{C}}$ (vgl. Abbildung 9.1 auf Seite 52). Somit ist

$$\begin{aligned}\int e^{-i\langle z,\xi\rangle}\,\mu * \nu(dz) &= \iint e^{-i\langle x+y,\xi\rangle}\,\mu(dx)\nu(dy)\\ &= \int e^{-i\langle x,\xi\rangle}\,\mu(dx)\int e^{-i\langle y,\xi\rangle}\,\nu(dy),\end{aligned}$$

woraus beide Formeln in (23.9) folgen. □

23.12 Satz. *Es sei μ ein endliches Maß auf $(\mathbb{R}^d, \mathscr{B}(\mathbb{R}^d))$ und $u \in L^1(\mathbb{R}^d, d\xi)$. Dann gilt*

$$\int \widehat{u}(x)\,\mu(dx) = \int u(\xi)\widehat{\mu}(\xi)\,d\xi.$$

Beweis. Nach Voraussetzung gilt

$$u \in L^1(\mathbb{R}^d, d\xi), \quad \widehat{\mu} \in C_b(\mathbb{R}^d) \quad \text{und} \quad u \in L^1(\mathbb{R}^d, d\xi) \implies \widehat{u} \in C_b(\mathbb{R}^d),$$

d. h. beide Seiten der Identität aus dem Lemma sind wohldefiniert. Daher können wir auch den Satz von Fubini anwenden:

$$\begin{aligned}\int \widehat{u}(x)\,\mu(dx) &= (2\pi)^{-d} \iint u(\xi)e^{-i\langle x,\xi\rangle}\,d\xi\,\mu(dx)\\ &= (2\pi)^{-d} \iint e^{-i\langle x,\xi\rangle}\,\mu(dx)u(\xi)\,d\xi\\ &= \int u(\xi)\widehat{\mu}(\xi)\,d\xi.\end{aligned}$$

□

Das Riemann–Lebesgue Lemma

Wir wollen nun den Wertebereich der FT auf $L^1(dx)$ bestimmen. Wir wissen bereits aus Korollar 23.4, dass $\mathcal{F}(L^1(dx)) \subset C_b(\mathbb{R}^d)$. Für $f(x) = \mathbb{1}_{[a_1,b_1)\times\cdots\times[a_d,b_d)}(x)$ gilt nach Beispiel 23.2.a)

$$\widehat{\mathbb{1}}_{[a_1,b_1)\times\cdots\times[a_d,b_d)}(\xi) = \prod_{n=1}^{d} \frac{e^{-i\xi_n a_n} - e^{-i\xi_n b_n}}{2\pi i\,\xi_n}. \tag{23.10}$$

Diese Funktion konvergiert für $|\xi| \to \infty$ gegen 0, ist also eine stetige, im Unendlichen verschwindende Funktion:

$$C_\infty(\mathbb{R}^d) := \left\{u \in C(\mathbb{R}^d) \;\middle|\; \lim_{|x|\to\infty} |u(x)| = 0\right\}.$$

23.13 Satz (Riemann–Lebesgue). *Es sei $u \in L^1(dx)$. Dann gilt $\widehat{u} \in C_\infty(\mathbb{R}^d)$.*

Beweis. Nach unseren Vorüberlegungen reicht es, $\lim_{|\xi|\to\infty} \widehat{u}(\xi) = 0$ zu zeigen. Setze $I_R := [-R, R)^d$ und wähle $u \in L^1(dx)$.

1^0) Behauptung: $\mathscr{D} := \left\{B \in \mathscr{B}(I_R) \mid \widehat{\mathbb{1}}_B \in C_\infty(\mathbb{R}^d)\right\} = \mathscr{B}(I_R)$, $R > 0$. Wir zeigen, dass $\mathscr{D}$ ein Dynkin-System ist.

- (D_1) $I_R \in \mathscr{D}$ folgt aus (23.10).
- (D_2) Sei $D \in \mathscr{D}$. Wegen (D_1) ist $\widehat{\mathbb{1}}_{D^c} = \widehat{\mathbb{1}}_{I_R} - \widehat{\mathbb{1}}_D \in C_\infty(\mathbb{R}^d)$. Es folgt $D^c \in \mathscr{D}$.
- (D_3) Sei $(D_n)_n \subset \mathscr{D}$ eine disjunkte Folge und $D = \dot\bigcup_n D_n$. Da $\sum_{n=1}^\infty \mathbb{1}_{D_n} \leqslant \mathbb{1}_{I_R}$, folgt aus dem Satz von der dominierten Konvergenz, dass $\lim_{N\to\infty} \sum_{n=1}^N \mathbb{1}_{D_n} = \mathbb{1}_D$ in $L^1(dx)$. Mithin

$$\left\|\widehat{\mathbb{1}}_D - \sum_{n=1}^N \widehat{\mathbb{1}}_{D_n}\right\|_\infty \overset{23.4}{\leqslant} (2\pi)^{-d} \left\|\mathbb{1}_D - \sum_{n=1}^N \mathbb{1}_{D_n}\right\|_{L^1} \xrightarrow[N\to\infty]{} 0$$

und $\sum_{n=1}^N \widehat{\mathbb{1}}_{D_n} \in C_\infty(\mathbb{R}^d) \implies \widehat{\mathbb{1}}_D \in C_\infty(\mathbb{R}^d) \implies D \in \mathscr{D}$.

Mit (23.10) sehen wir, dass $\mathscr{I} \cap I_R \subset \mathscr{D}$. Da $\mathscr{I} \cap I_R$ ein $\cap$-stabiler Erzeuger der Borelmengen $\mathscr{B}(I_R) = I_R \cap \mathscr{B}(\mathbb{R}^d)$ ist, folgt die Behauptung aus Satz 4.4.

2^0) Schritt 1^0 zeigt, dass $\mathcal{F}(f\mathbb{1}_{I_R}) \subset C_\infty(\mathbb{R}^d)$ für alle $f \in \mathcal{E}(\mathscr{B}(\mathbb{R}^d))$ und $R > 0$. Es sei $u \in L^1(dx)$. Nach Konstruktion des Integrals gibt es eine Folge $(f_n)_{n\in\mathbb{N}} \subset \mathcal{E}(\mathscr{B}(\mathbb{R}^d))$ mit $f_n \to u$ und $|f_n| \leqslant |u|$ (Korollar 7.12). Mit dem Satz von der dominierten Konvergenz folgt daher

$$\lim_{n\to\infty} \|u - f_n\mathbb{1}_{I_n}\|_{L^1} = 0.$$

3^0) Für festes $\epsilon > 0$ finden wir ein N_ϵ, so dass für alle $n \geqslant N_\epsilon$ und $\xi \in \mathbb{R}^d$

$$\begin{aligned} |\widehat{u}(\xi)| &\leqslant \left|\widehat{u}(\xi) - \widehat{f_n\mathbb{1}_{I_n}}(\xi)\right| + \left|\widehat{f_n\mathbb{1}_{I_n}}(\xi)\right| \\ &\overset{23.4}{\leqslant} (2\pi)^{-d} \|u - f_n\mathbb{1}_{I_n}\|_{L^1} + \left|\widehat{f_n\mathbb{1}_{I_n}}(\xi)\right| \\ &\leqslant \epsilon + \left|\widehat{f_n\mathbb{1}_{I_n}}(\xi)\right| \xrightarrow[|\xi|\to\infty]{} \epsilon \xrightarrow[\epsilon\to 0]{} 0. \end{aligned}$$ □

Die Wiener-Algebra. Konvergenz von Maßen. Satz von Plancherel

23.14 Definition. Die Familie komplexwertiger Funktionen

$$\mathcal{A}(\mathbb{R}^d) = \left\{u \in L^1(\mathbb{R}^d, dx) \mid \widehat{u} \in L^1(\mathbb{R}^d, d\xi)\right\}$$

heißt *Wiener-Algebra.*

Das folgende Lemma zeigt, dass $\mathcal{A}(\mathbb{R}^d)$ tatsächlich eine Algebra ist.

23.15 Lemma (Eigenschaften der Wiener-Algebra).

a) $u \in \mathcal{A}(\mathbb{R}^d) \iff \widehat{u} \in \mathcal{A}(\mathbb{R}^d)$.

b) $u \in \mathcal{A}(\mathbb{R}^d) \implies u \in C_\infty(\mathbb{R}^d)$.

c) $u \in \mathcal{A}(\mathbb{R}^d) \implies u \in L^p(\mathbb{R}^d)$, $1 \leqslant p < \infty$.

d) $u, w \in \mathcal{A}(\mathbb{R}^d) \implies u * w \in \mathcal{A}(\mathbb{R}^d)$.

e) $u, w \in \mathcal{A}(\mathbb{R}^d) \implies uw \in \mathcal{A}(\mathbb{R}^d)$.

Beweis. a) Das folgt aus dem Zusatz zu Korollar 23.9.

b) Folgt wegen $\mathcal{A}(\mathbb{R}^d) \subset L^1(\mathbb{R}^d)$ und a) aus Satz 23.13.

c) Wegen Teil b) gilt

$$\int |u(x)|^p\, dx \leqslant \|u\|_{L^\infty}^{p-1} \int |u(x)|\, dx < \infty.$$

d) Die Youngsche Ungleichung (Satz 19.7) und Teil c) zeigen, dass $u * w \in L^1(\mathbb{R}^d)$. Mit dem Faltungssatz (Satz 23.11) und Teil b) sehen wir

$$\|\widehat{u * w}\|_{L^1} = (2\pi)^d \|\widehat{u}\widehat{w}\|_{L^1} \leqslant (2\pi)^d \|\widehat{u}\|_{L^\infty} \|\widehat{w}\|_{L^1} < \infty.$$

e) Nach a), d) gilt $\widehat{u} * \widehat{w} \in \mathcal{A}(\mathbb{R}^d)$. Der Faltungssatz (Satz 23.11) zeigt daher

$$\widecheck{\widehat{u} * \widehat{w}} = \widecheck{\widehat{u}} \cdot \widecheck{\widehat{w}} \overset{23.9}{=} uw \overset{23.9}{\Longrightarrow} \widehat{u} * \widehat{w} = \widehat{uw}.$$

Da $\widehat{u} * \widehat{w} \in \mathcal{A}(\mathbb{R}^d)$, folgt die Behauptung aus Teil a). □

Zur Erinnerung: $g_t(x) = (2\pi t)^{-d/2} e^{-|x|^2/2t}$ hat die FT $\widehat{g}_t(\xi) = (2\pi)^{-d} e^{-t|\xi|^2/2}$ (Bsp. 23.2.c).

23.16 Lemma. *Für $u \in L^1(dx)$ ist $u * g_t \in \mathcal{A}(\mathbb{R}^d)$.*

Beweis. Da $u \in L^1(dx)$ und $g_t \in L^1(dx)$, folgt mit Hilfe der Youngschen Ungleichung (Satz 19.7) auch $u * g_t \in L^1(dx)$. Wegen $\widehat{g}_t \in L^1(d\xi)$ gilt

$$|\widehat{u * g_t}| \overset{(23.9)}{=} (2\pi)^d |\widehat{u}| \cdot |\widehat{g}_t| \overset{23.4}{\leqslant} (2\pi)^{-d} \|u\|_{L^1} e^{-t|\cdot|^2/2} \in L^1(d\xi),$$

und die Behauptung folgt. □

23.17 Lemma (Approximation der Identität). *Es sei $u \in C_b(\mathbb{R}^d)$ gleichmäßig stetig. Dann gilt* $\lim_{t\to 0} \|u - u * g_t\|_\infty = 0$.

Beweis. Sei $u \in C_b(\mathbb{R}^d)$ gleichmäßig stetig, d. h.

$$\forall \epsilon > 0 \quad \exists \delta > 0 \quad \forall |x-y| < \delta \; : \; |u(x) - u(y)| < \epsilon.$$

Wegen $\int g_t(y)\, dy = \int g_t(x-y)\, dy = 1$ erhalten wir

$$\begin{aligned}
&|u(x) - u * g_t(x)| \\
&= \left| \int (u(x) - u(y)) g_t(x-y)\, dy \right| \\
&\leqslant \int_{|x-y|<\delta} \underbrace{|u(x) - u(y)|}_{\leqslant \epsilon} g_t(x-y)\, dy + 2\|u\|_{L^\infty} \int_{|x-y|\geqslant\delta} g_t(x-y)\, dy \\
&\leqslant \epsilon + 2\|u\|_{L^\infty} \int_{|z|\geqslant\delta} (2\pi t)^{-d/2} e^{-|z|^2/2t}\, dz \\
&= \epsilon + 2\|u\|_{L^\infty} \int_{\sqrt{t}|y|\geqslant\delta} (2\pi)^{-d/2} e^{-|y|^2/2}\, dy \\
&\xrightarrow[t\to 0]{\text{mono. Konv.}} \epsilon \xrightarrow[\epsilon\to 0]{} 0,
\end{aligned}$$

und alle Grenzwerte sind gleichmäßig in x. □

23.18 Satz (FT und schwache Konvergenz). *Es seien μ und $(\mu_n)_{n\in\mathbb{N}}$ endliche Maße auf $(\mathbb{R}^d, \mathscr{B}(\mathbb{R}^d))$. Dann gilt*

$$\forall \xi \in \mathbb{R}^d \; : \; \lim_{n\to\infty} \widehat{\mu}_n(\xi) = \widehat{\mu}(\xi) \iff \forall u \in C_b(\mathbb{R}^d) \; : \; \lim_{n\to\infty} \int u\, d\mu_n = \int u\, d\mu. \tag{23.11}$$

! $\lim_{n\to\infty} \int u\, d\mu_n = \int u\, d\mu \quad \forall u \in C_b(\mathbb{R}^d)$ wird oft als *schwache Konvergenz* der Maße $(\mu_n)_n$ bezeichnet.

Beweis. »⇐«: Folgt wegen $e^{-i\langle\bullet,\xi\rangle} \in C_b(\mathbb{R}^d)$ aus Definition 23.1.
»⇒«: 1⁰) Es gilt $\mu_n(\mathbb{R}^d) = (2\pi)^d \widehat{\mu}_n(0) \to (2\pi)^d \widehat{\mu}(0) = \mu(\mathbb{R}^d)$.

2⁰) Nun sei $u \in \mathcal{A}(\mathbb{R}^d)$. Wegen Satz 23.12 gilt für alle $\widehat{\phi} \in \mathcal{A}(\mathbb{R}^d)$

$$\int \widehat{\phi}(x)\,\mu_n(dx) = \int \phi(\xi)\widehat{\mu}_n(\xi)\,d\xi \xrightarrow[n\to\infty]{\text{dom. Konv.}} \int \phi(\xi)\widehat{\mu}(\xi)\,d\xi = \int \widehat{\phi}(x)\,\mu(dx)$$

(für die Majorante beachte man 1⁰ und $|\widehat{\mu}_n(\xi)| \leqslant \sup_k \mu_k(\mathbb{R}^d) < \infty$). Nach Lemma 23.15.a) gilt der Grenzwert auf der rechten Seite für (23.11) schon für alle $u \in \mathcal{A}(\mathbb{R}^d)$.

3⁰) Für $u \in C_c(\mathbb{R}^d)$ und $\epsilon > 0$ existiert ein $u_\epsilon \in \mathcal{A}(\mathbb{R}^d)$ mit $\|u - u_\epsilon\|_\infty \leqslant \epsilon$ (Lemma 23.17). Somit

$$\begin{aligned}\left|\int u\,d\mu_n - \int u\,d\mu\right| &\leqslant \int |u - u_\epsilon|\,d\mu_n + \int |u - u_\epsilon|\,d\mu + \left|\int u_\epsilon\,d\mu_n - \int u_\epsilon\,d\mu\right| \\ &\leqslant \left[\mu_n(\mathbb{R}^d) + \mu(\mathbb{R}^d)\right]\epsilon + \left|\int u_\epsilon\,d\mu_n - \int u_\epsilon\,d\mu\right| \\ &\xrightarrow[n\to\infty]{1^0,\,2^0} 2\mu(\mathbb{R}^d)\epsilon \xrightarrow[\epsilon\to 0]{} 0.\end{aligned}$$

4⁰) Schließlich sei $u \in C_b(\mathbb{R}^d)$. Für $R > 0$ wähle $\chi_R \in C_c(\mathbb{R}^d)$ mit $\chi_R|_{[-R,R]^d} \equiv 1$ und $0 \leqslant \chi_R \leqslant 1$. Setze $u_R := u\chi_R$. Dann

$$\begin{aligned}\left|\int u\,d\mu_n - \int u\,d\mu\right| &\leqslant \int |u - u_R|\,d(\mu_n + \mu) + \left|\int u_R\,d\mu_n - \int u_R\,d\mu\right| \\ &\leqslant \|u\|_\infty \int (1 - \chi_R)\,d(\mu_n + \mu) + \left|\int u_R\,d\mu_n - \int u_R\,d\mu\right| \\ &\xrightarrow[n\to\infty]{1^0,\,3^0} 2\|u\|_\infty \int (1 - \chi_R)\,d\mu \xrightarrow[R\to\infty]{\text{dom. Konv.}} 0.\end{aligned}$$ □

Wir zeigen noch zwei wichtige Dichtheitsaussagen für die Wiener-Algebra.

23.19 Lemma. *Die Wiener-Algebra $\mathcal{A}(\mathbb{R}^d)$ ist dicht in $C_\infty(\mathbb{R}^d)$.*

Beweis. 1⁰) *Wir zeigen erst:* $C_c(\mathbb{R}^d)$ ist dicht in $C_\infty(\mathbb{R}^d)$. Sei $\epsilon > 0$ und $u \in C_\infty(\mathbb{R}^d)$. Nach Definition von $C_\infty(\mathbb{R}^d)$ gibt es ein $R = R_\epsilon > 0$, so dass $|u(x)| < \epsilon$ für alle $|x| \geqslant R$. Es sei $\chi = \chi_R$ eine stetige Funktion mit $\mathbb{1}_{B_R(0)} \leqslant \chi_R \leqslant \mathbb{1}_{B_{2R}(0)}$. Dann ist

$$u_R := u\chi_R \in C_c(\mathbb{R}^d) \quad \text{und} \quad \|u - u_R\|_\infty = \sup_{|x|\geqslant R} (|u(x)|(1 - \chi_R(x))) \leqslant \epsilon.$$

2⁰) Es seien u, u_R wie in 1⁰. Nach Lemma 23.17 gilt für alle $t \leqslant h(R, \epsilon)$

$$\|u - u_R * g_t\|_\infty \leqslant \|u - u_R\|_\infty + \|u_R - u_R * g_t\|_\infty \overset{1^0}{\leqslant} \epsilon + \|u_R - u_R * g_t\|_\infty \overset{23.17}{\leqslant} 2\epsilon.$$

Da $u_R \in L^1(dx)$, ist $u_R * g_t \in \mathcal{A}(\mathbb{R}^d)$ (vgl. Lemma 23.16), und die Behauptung folgt. □

23.20 Lemma. *Die Wiener-Algebra $\mathcal{A}(\mathbb{R}^d)$ ist dicht in $L^p(dx)$, $p \in [1, \infty)$.*

Beweis. Ohne Beschränkung betrachten wir nur reellwertige Funktionen, da wir uns stets auf den Real- und Imaginärteil zurückziehen können. Wir wählen $u \in L^p(dx)$ und $\epsilon > 0$ fest.

Da die stetigen Funktionen mit kompaktem Träger dicht in $L^p(dx)$ sind, vgl. Satz 24.8, gilt

$$\forall \epsilon > 0 \quad \exists \phi_\epsilon \in C_c(\mathbb{R}^d) \ : \ \|u - \phi_\epsilon\|_{L^p} < \epsilon.$$

Gemäß Lemma 23.16 ist $\phi_\epsilon * g_t \in \mathcal{A}(\mathbb{R}^d)$. Weiterhin gilt wegen $\int g_t(x)\,dx = 1$ und der Jensen-Ungleichung

$$\begin{aligned}
\|\phi_\epsilon - \phi_\epsilon * g_t\|_{L^p}^p &= \int \left|\phi_\epsilon(y) - \int \phi_\epsilon(y-x) g_t(x)\,dx\right|^p dy \\
&= \int \left|\int (\phi_\epsilon(y) - \phi_\epsilon(y-x))\, g_t(x)\,dx\right|^p dy \\
&\overset{\text{Jensen}}{\leqslant} \iint |\phi_\epsilon(y) - \phi_\epsilon(y-x)|^p\, g_t(x)\,dx\,dy \\
&\underset{\text{Fubini}}{\overset{\sqrt{t}z=x}{=}} \int \left\{\int \left|\phi_\epsilon(y) - \phi_\epsilon(y - \sqrt{t}z)\right|^p dy\right\} g_1(z)\,dz.
\end{aligned}$$

Mit Satz 19.9.a) sehen wir daher, dass das innere Integral eine stetige und beschränkte Funktion (bezüglich der Variablen $\sqrt{t}z$) ist. Daher können wir den Satz von der dominierten Konvergenz anwenden und finden

$$\lim_{t\to 0} \|\phi_\epsilon - \phi_\epsilon * g_t\|_{L^p} = 0.$$

Für hinreichend kleine $t \leqslant t(\epsilon)$ ist somit

$$\|u - \phi_\epsilon * g_t\|_{L^p} \leqslant \|u - \phi_\epsilon\|_{L^p} + \|\phi_\epsilon - \phi_\epsilon * g_t\|_{L^p} \leqslant 2\epsilon.$$ □

23.21 Satz (Plancherel). *Es sei $u \in L^2_{\mathbb{C}}(dx) \cap L^1_{\mathbb{C}}(dx)$. Dann gilt*

$$\|\widehat{u}\|_{L^2} = (2\pi)^{-d/2} \|u\|_{L^2}. \tag{23.12}$$

Insbesondere kann die FT zu einer stetigen Abbildung $\mathcal{F}\colon L^2_{\mathbb{C}}(dx) \to L^2_{\mathbb{C}}(dx)$ erweitert werden.

Beweis. Es sei $u \in \mathcal{A}(\mathbb{R}^d)$. Dann ist $u \in L^2(dx) \cap L^1(dx)$ und $\widehat{u} \in L^1(d\xi)$. Daher sehen wir mit Satz 23.12

$$\begin{aligned}
\int |\widehat{u}(\xi)|^2\,d\xi = \int \widehat{u}(\xi)\overline{\widehat{u}(\xi)}\,d\xi &= (2\pi)^{-d} \int \widehat{u}(\xi)\check{\overline{u}}(\xi)\,d\xi \\
&\overset{23.12}{=} (2\pi)^{-d} \int u(x)\mathcal{F}\left[\check{\overline{u}}\right](x)\,dx \\
&\overset{23.9}{=} (2\pi)^{-d} \int |u(x)|^2\,dx.
\end{aligned}$$

Gemäß Lemma 23.20 ist die Wiener-Algebra $\mathcal{A}(\mathbb{R}^d)$ eine dichte Teilmenge von $L^2(dx)$, d. h. wir finden zu $u \in L^2(dx)$ eine Folge $(u_n)_n \subset \mathcal{A}(\mathbb{R}^d)$ mit $\lim_{n\to\infty} \|u - u_n\|_{L^2} = 0$. Mit der gerade bewiesenen Identität folgt

$$\|\mathcal{F}u_n - \mathcal{F}u_m\|_{L^2} = (2\pi)^{-d/2} \|u_n - u_m\|_{L^2} \xrightarrow[n,m\to\infty]{} 0.$$

Das zeigt, dass $(\mathcal{F}u_n)_{n\in\mathbb{N}}$ eine L^2-Cauchy-Folge ist. Wegen der Vollständigkeit existiert daher der Grenzwert L^2-$\lim_{n\to\infty} \mathcal{F}u_n$. Wie man leicht sieht, [✍] hängt dieser Limes nicht von der approximierenden Folge ab und definiert $\mathcal{F}u \in L^2_{\mathbb{C}}(dx)$; aufgrund der Stetigkeit der L^2-Norm bleibt die Gleichheit (23.12) erhalten. □

Die Fouriertransformation im Raum $\mathcal{S}(\mathbb{R}^d)$

Wir schreiben ∂_n für die partielle Ableitung $\frac{\partial}{\partial x_n}$, $n = 1, \dots, d$. Das folgende Lemma ist eine einfache Konsequenz aus dem Stetigkeits- und Differenzierbarkeitslemma für Parameter-Integrale, vgl. Satz 12.1 und 12.2. [✍]

23.22 Lemma. *Es sei μ ein endliches Maß auf $(\mathbb{R}^d, \mathscr{B}(\mathbb{R}^d))$ und $1 \leqslant n \leqslant d$.*

a) $\int |x_n|\, \mu(dx) < \infty \implies \partial_n \widehat{\mu} \in C_b(\mathbb{R}^d)$ *und* $\partial_n \widehat{\mu}(\xi) = \widehat{(-i)x_n\mu}(\xi)$.

b) $u,\ x_n u \in L^1(dx) \implies \partial_n \widehat{u} \in C_b(\mathbb{R}^d)$ *und* $\partial_n \widehat{u}(\xi) = \widehat{(-i)x_n u}(\xi)$.

c) $\partial_n u \in L^1(dx),\ u \in C_\infty(\mathbb{R}^d) \cap L^1(dx) \implies \widehat{\partial_n u}(\xi) = i\xi_n \widehat{u}(\xi)$.

Wenn u hinreichend glatt ist, können wir Lemma 23.22 iterieren. Dazu ist folgende Multiindex-Schreibweise hilfreich:

$$x^\alpha := \prod_{n=1}^d x_n^{\alpha_n} \quad \text{und} \quad \partial^\beta := \frac{\partial^{\beta_1+\cdots+\beta_d}}{\partial x_1^{\beta_1} \dots \partial x_d^{\beta_d}} \qquad \big(x \in \mathbb{R}^d,\ \alpha, \beta \in \mathbb{N}_0^d\big).$$

23.23 Definition. Der Schwartz-Raum $\mathcal{S}(\mathbb{R}^d)$ besteht aus Funktionen $u \in C^\infty(\mathbb{R}^d)$ mit Werten in $\mathbb{C}$, die zusammen mit allen Ableitungen schneller als jedes Polynom fallen:

$$\forall \alpha, \beta \in \mathbb{N}_0^d : \sup_{x\in\mathbb{R}^d} \left|x^\alpha \partial^\beta u(x)\right| < \infty.$$

Für $u \in \mathcal{S}(\mathbb{R}^d)$ ist also insbesondere $(d + x_1^{2d} + \cdots + x_d^{2d})|u(x)| \leqslant c$. Mit Hilfe der elementaren Ungleichung

$$\prod_{n=1}^d (1 + x_n^2) \leqslant \Big(\max_{1\leqslant n\leqslant d} (1 + x_n^2)\Big)^d \leqslant \sum_{n=1}^d (1 + x_n^2)^d \overset{\text{Hölder}}{\leqslant} 2^{d-1} \sum_{n=1}^d (1 + x_n^{2d})$$

und dem Satz von Tonelli sehen wir

$$\forall u \in \mathcal{S}(\mathbb{R}^d) : \int |u(x)|\, dx \leqslant c_d \int \cdots \int \frac{dx_1 \dots dx_d}{\prod_{n=1}^d (1 + x_n^2)} = c_d \prod_{n=1}^d \int \frac{dx_n}{(1 + x_n^2)} < \infty.$$

23.24 Satz. *Es gilt* $\mathcal{F}\colon \mathcal{S}(\mathbb{R}^d) \to \mathcal{S}(\mathbb{R}^d)$, *d. h. für* $u \in \mathcal{S}(\mathbb{R}^d)$ *ist auch* $\widehat{u} \in \mathcal{S}(\mathbb{R}^d)$.

Beweis. Wegen $\mathcal{S}(\mathbb{R}^d) \subset L^1(dx)$ ist $\widehat{u}(\xi)$ ist wohldefiniert. Weiter gilt für $\alpha, \beta \in \mathbb{N}_0^d$

$$\partial_x^\beta \left[(-ix)^\alpha u(x)\right] = \sum_{\gamma_1=0}^{\beta_1} \cdots \sum_{\gamma_d=0}^{\beta_d} p_{\alpha,\beta,\gamma}(x)\partial_x^\gamma u(x)$$

wobei $p_{\alpha,\beta,\gamma}$ ein Polynom in x ist (das man explizit mit Hilfe der Leibniz-Formel ausrechnen kann). Da $\partial^\gamma u$ schneller als jedes Polynom fällt, gilt

$$\partial_x^\beta \left[(-ix)^\alpha u(x)\right] \in L^1(dx).$$

Damit können wir aber Lemma 23.22 rekursiv anwenden und finden:

$$(i\xi)^\beta \partial_\xi^\alpha \widehat{u}(\xi) = (i\xi)^\beta \mathcal{F}_{x\to\xi}\left[(-ix)^\alpha u(x)\right](\xi) = \mathcal{F}_{x\to\xi}\left[\partial_x^\beta \{(-ix)^\alpha u(x)\}\right](\xi)$$

($\mathcal{F}_{x\to\xi}$ steht für die FT in der Variablen x). Weil $\partial_x^\beta\{(-ix)^\alpha u(x)\}$ in L^1 ist, folgt

$$\left|(i\xi)^\beta \partial_\xi^\alpha \widehat{u}(\xi)\right| = \left|\mathcal{F}_{x\to\xi}\left[\partial_x^\beta \{(-ix)^\alpha u(x)\}\right](\xi)\right| \overset{23.4}{\leqslant} (2\pi)^{-d} \left\|\partial_x^\beta \{(-ix)^\alpha u(x)\}\right\|_{L^1} = \kappa_{\alpha,\beta},$$

wobei $\kappa_{\alpha,\beta} < \infty$ nicht von ξ abhängt. □

23.25 Korollar. *Die FT ist eine Bijektion* $\mathcal{F}\colon \mathcal{S}(\mathbb{R}^d) \to \mathcal{S}(\mathbb{R}^d)$ *und es gilt für* $u, w \in \mathcal{S}(\mathbb{R}^d)$

a) $\mathcal{F}^{-1}w(\xi) = \displaystyle\int_{\mathbb{R}^d} w(x)e^{i\langle x,\xi\rangle}\,dx.$

b) $\mathcal{F}^{-1}w(\xi) = (2\pi)^d \mathcal{F}w(-\xi)$ *und* $\mathcal{F}\circ\mathcal{F}u(x) = (2\pi)^{-d}u(-x)$.

Beweis. Teil a) folgt aus der Umkehrformel (23.6) und den Abbildungseigenschaften von $\mathcal{F}$ (Satz 23.24). Die Existenz der Umkehrabbildung beweist auch die Bijektivität. Teil b) zeigt man mit einer einfachen direkten Rechnung. □

Aufgaben

1. Berechnen Sie die Fouriertransformationen folgender Funktionen bzw. Maße auf $\mathbb{R}$:
   (a) $\mathbb{1}_{[-1,1]}(x)$ (b) $\mathbb{1}_{[-1,1]} * \mathbb{1}_{[-1,1]}(x)$ (c) $e^{-x}\mathbb{1}_{[0,\infty)}(x)$ (d) $e^{-|x|}$
   (e) $\frac{1}{1+x^2}$ (f) $(1-|x|)\mathbb{1}_{[-1,1]}(x)$ (g) $\sum_{k=0}^\infty \frac{t^k}{k!}e^{-t}\delta_k$ (h) $\sum_{k=0}^n \binom{n}{k}p^k q^{n-k}\delta_k$
2. Es sei $A \in \mathbb{R}^{n\times n}$ eine symmetrische, positiv definite Matrix. Berechnen Sie die FT von $e^{-\langle x,Ax\rangle}$.
3. Es sei μ ein endliches Maß auf $(\mathbb{R}^d, \mathscr{B}(\mathbb{R}^d))$. Zeigen Sie P. Lévy's *truncation inequality*:

$$\mu\left(\mathbb{R}^d \setminus [-2R, 2R]^d\right) \leqslant 2\left(\frac{R}{2}\right)^d \int_{[-1/R,1/R]^d} \left(\mu(\mathbb{R}^d) - \operatorname{Re}\widecheck{\mu}(\xi)\right) d\xi.$$

Hinweis: Beginnen Sie mit dem Ausdruck auf der rechten Seite und zeigen Sie, dass der gerade $2\int\left(1-\prod_1^d \frac{\sin(x_n/R)}{x_n/R}\right)\mu(dx)$ ist. Verkleinern Sie nun den Integrationsbereich auf $\mathbb{R}^d \setminus [-2R,2R]^d$ und beachten Sie, dass $0 \leqslant \sin 2/2 \leqslant 1/2$ und $\sin x/x < 1$, $x \neq 0$, gilt.

4. Es sei μ ein endliches Maß auf $(\mathbb{R}^d, \mathscr{B}(\mathbb{R}^d))$ und $\phi(\xi) := \widehat{\mu}(\xi)$ seine Fouriertransformation.
   (a) ϕ ist positiv semidefinit: $\phi(\xi) = \overline{\phi(-\xi)}$ und für alle $n \in \mathbb{N},\ \xi_1, \dots, \xi_n \in \mathbb{R}^d,\ \lambda_1, \dots, \lambda_n \in \mathbb{C}$ gilt $\sum_{i,k=1}^n \phi(\xi_i - \xi_k)\lambda_i\overline{\lambda}_k \geqslant 0 \quad (\Leftrightarrow (\phi(\xi_i - \xi_k))_{ik}$ ist positiv hermitesch).
   Bemerkung: Tatsächlich gilt auch die Umkehrung, vgl. Aufgabe 26.4.
   (b) Es sei $m \in \mathbb{N}$. Zeigen Sie: $\int |x|^m \, \mu(dx) < \infty \implies \phi \in C^m(\mathbb{R}^d)$.
   (c) Es sei $n \in \mathbb{N}$. Zeigen Sie: $\phi \in C^{2n}(\mathbb{R}^d) \implies \int |x|^{2n} \, \mu(dx) < \infty$.
   Hinweis: Betrachte $d = n = 1$. Dann $\phi''(0) = \lim_{h \to 0}(\phi(2h) - 2\phi(0) + \phi(-2h))/4h^2$, drücke das als Fouriertransformation aus und verwende Fatous Lemma.
   (d) Der Träger von μ ist die kleinste abgeschlossene Menge $K \subset \mathbb{R}^d$ mit $\mu(U) = 0$ für alle offenen Mengen $U \subset K^c$. Zeigen Sie: Wenn $\operatorname{supp} \mu$ kompakt ist, dann ist $z \mapsto \phi(z)$ auf $\mathbb{C}^d$ definiert und dort holomorph.

5. Es sei $B \in \mathscr{B}(\mathbb{R})$. Zeigen Sie: $\int_B e^{ix/n} \, dx = 0 \quad \forall n = 1, 2, \cdots \implies \lambda^1(B) = 0$.

6. Es sei μ ein endliches Maß auf $(\mathbb{R}, \mathscr{B}(\mathbb{R}))$. Zeigen Sie
   (a) $\exists \xi \neq 0, \quad \widehat{\mu}(\xi) = \widehat{\mu}(0) \iff \exists \xi \neq 0, \quad \mu\left(\mathbb{R} \setminus \frac{2\pi}{\xi}\mathbb{Z}\right) = 0$
   (b) $\exists \xi_1, \xi_2 \in \mathbb{R},\ \xi_1/\xi_2 \notin \mathbb{Q} : |\widehat{\mu}(\xi_1)| = |\widehat{\mu}(\xi_2)| = \widehat{\mu}(0) \implies |\widehat{\mu}| \equiv \widehat{\mu}(0)$.

24 ⧫Dichte Teilmengen in L^p $(1 \leqslant p < \infty)$

In diesem Kapitel ist (E, d) ein metrischer Raum, $\mathscr{B}(E)$ die Borelmengen und μ ein Maß auf $(E, \mathscr{B}(E))$. Wir schreiben $B_r(x) := \{y \in E \mid d(x, y) < r\}$ für die offene Kugel mit Mittelpunkt x und Radius r. Mit $L^p(\mu) = L^p(E, \mathscr{B}(E), \mu)$ bezeichnen wir die Menge der (Äquivalenzklassen der) p-fach integrierbaren Funktionen, $1 \leqslant p < \infty$. Der Raum $L^p(\mu)$ kann i. Allg. sehr groß sein und für viele Fragestellungen ist es vorteilhaft, mit guten Repräsentanten zu arbeiten. Das führt auf natürliche Weise zur Frage, welche »guten« Funktionen dicht in L^p liegen.

Direkt aus der Konstruktion der Räume $L^p(\mu)$ kommt die folgende Beobachtung.

24.1 Lemma. *$\mathcal{E}(\mathscr{B}(E)) \cap L^p(\mu)$ ist dicht in $L^p(\mu)$.*

Beweis. Sei $u \in L^p(\mu)$ positiv. Mit dem Sombrero-Lemma (Satz 7.11) finden wir eine Folge $f_n \uparrow u, f_n \in \mathcal{E}(\mathscr{B}(E))$. Wegen $f_n \leqslant u \in L^p(\mu)$ gilt nach dem Satz von der dominierten Konvergenz (Satz 11.3 bzw. 14.12), dass

$$\lim_{n\to\infty} \|f_n - u\|_{L^p} = 0.$$

Beliebige $u \in L^p(\mu)$ zerlegt man $u = u^+ - u^-$ und behandelt $u^\pm$ separat. □

$C_b(E)$ ist dicht in $L^p(\mu)$

Wir wenden uns jetzt stetigen Funktionen zu. Mit $C_b(E)$ bezeichnen wir die Familie der stetigen und beschränkten Funktionen $u\colon E \to \mathbb{R}$, mit $C_b^+(E)$ deren positive ($\geqslant 0$) Elemente. Der Abstand von $x \in E$ zu einer Menge $A \subset E$ ist $d(x, A) := \inf_{a\in A} d(x, a)$. Wegen

$$d(x, A) = \inf_{a\in A} d(x, a) \leqslant \inf_{a\in A} (d(x, y) + d(y, a)) = d(x, y) + d(y, A)$$

folgt

$$|d(x, A) - d(y, A)| \leqslant d(x, y), \quad x, y \in E, \tag{24.1}$$

und somit ist $x \mapsto d(x, A)$ Lipschitz-stetig.

24.2 Lemma. *Es sei $B \in \mathscr{B}(U)$ für eine offene Menge $U \subset E$ mit $\mu(U) < \infty$. Dann existiert eine Folge $(u_n)_{n\in\mathbb{N}} \subset C_b(E) \cap L^p(\mu)$, so dass $\lim_{n\to\infty} \|\mathbb{1}_B - u_n\|_{L^p} = 0$.*

Beweis. 1⁰) Sei $U \subset E$ offen mit $\mu(U) < \infty$. Die Funktionen $u_n(x) := \min\{nd(x, U^c), 1\}$ sind stetig und beschränkt. Offensichtlich gilt $u_n \uparrow \mathbb{1}_U$ und mit dem Satz von der dominierten Konvergenz (Satz 11.3 bzw. 14.12) folgt $L^p\text{-}\lim_{n\to\infty} u_n = \mathbb{1}_U$.

2⁰) Es sei $U \subset E$ offen mit $\mu(U) < \infty$. Setze

$$\mathscr{D} := \left\{D \in \mathscr{B}(U) \mid \exists (u_n^D)_{n\in\mathbb{N}} \subset C_b(E) \cap L^p(\mu),\ L^p\text{-}\lim_{n\to\infty} u_n^D = \mathbb{1}_D\right\}.$$

https://doi.org/10.1515/9783111342894-024

Wir zeigen, dass $\mathscr{D}$ ein Dynkin-System ist.

(D_1) Wegen 1^0 haben wir $U \in \mathscr{D}$.

(D_2) Sei $D \in \mathscr{D}$. Nach Voraussetzung und wegen 1^0 existieren Folgen $u_n^U \to \mathbb{1}_U$ und $u_n^D \to \mathbb{1}_D$ im L^p-Sinn. Mithin gilt $u_n^U - u_n^D \to \mathbb{1}_U - \mathbb{1}_D = \mathbb{1}_{D^c}$ in L^p und es folgt $D^c \in \mathscr{D}$.

(D_3) Sei $(D_k)_{k\in\mathbb{N}} \subset \mathscr{D}$ disjunkt und $D := \biguplus_k D_k$. Es sei $\epsilon > 0$ fest. Nach Voraussetzung

$$\forall k \in \mathbb{N} \quad \exists u_\epsilon^{D_k} \in C_b(E) \cap L^p(\mu) \ : \ \left\| \mathbb{1}_{D_k} - u_\epsilon^{D_k} \right\|_{L^p} \leqslant \epsilon 2^{-k}.$$

Weil $\sum_{k=1}^n \mathbb{1}_{D_k} \uparrow \mathbb{1}_D \in L^p(\mu)$, gibt es ein $N(\epsilon)$ mit

$$\left\| \mathbb{1}_D - \sum_{k=1}^{N(\epsilon)} \mathbb{1}_{D_k} \right\|_{L^p} \leqslant \epsilon$$

(verwende z. B. dominierte Konvergenz). Somit

$$\begin{aligned}
\left\| \mathbb{1}_D - \sum_{k=1}^{N(\epsilon)} u_\epsilon^{D_k} \right\|_{L^p} &\leqslant \left\| \mathbb{1}_D - \sum_{k=1}^{N(\epsilon)} \mathbb{1}_{D_k} \right\|_{L^p} + \left\| \sum_{k=1}^{N(\epsilon)} \mathbb{1}_{D_k} - \sum_{k=1}^{N(\epsilon)} u_\epsilon^{D_k} \right\|_{L^p} \\
&\leqslant \epsilon + \sum_{k=1}^{N(\epsilon)} \left\| \mathbb{1}_{D_k} - u_\epsilon^{D_k} \right\|_{L^p} \\
&\leqslant \epsilon + \sum_{k=1}^{\infty} \frac{\epsilon}{2^k} = 2\epsilon.
\end{aligned}$$

Da $\sum_{k=1}^{N(\epsilon)} u_\epsilon^{D_k} \in C_b(E)$, folgt $D \in \mathscr{D}$.

3^0) Schritt 1^0 zeigt, dass die offenen Mengen $U \cap \mathscr{O} \subset \mathscr{D}$. Weil $U \cap \mathscr{O}$ ein $\cap$-stabiler Erzeuger von $\mathscr{B}(U)$ ist (vgl. Aufgabe 2.4), folgt mit Satz 4.4 und 2^0 die Behauptung. □

Um Lemma 24.2 anwenden zu können, müssen wir sicherstellen, dass jede Borelmenge B mit $\mu(B) < \infty$ eine offene Obermenge $U \supset B$ mit $\mu(U) < \infty$ besitzt. Dazu brauchen wir in der Regel weitere Annahmen.

24.3 Satz. *Für ein endliches Maß μ ist $C_b(E) \subset L^p(\mu)$ dicht bezüglich $\|\cdot\|_{L^p}$.*

Beweis. 1^0) Für $w \in C_b(E)$ oder $w \in \mathcal{E}(\mathscr{B}(E))$ sehen wir

$$\int |w|^p \, d\mu \leqslant \|w\|_{L^\infty}^p \, \mu(E) < \infty \implies C_b(E) \subset L^p(\mu) \quad \text{und} \quad \mathcal{E}(\mathscr{B}(E)) \subset L^p(\mu).$$

2^0) Es sei $f \in \mathcal{E}(\mathscr{B}(E))$ mit der Standarddarstellung $f = \sum_{m=0}^M \alpha_m \mathbb{1}_{B_m}$. Mit Lemma 24.2 und $U = E$ sehen wir

$$\forall 0 \leqslant m \leqslant M \quad \exists \phi_n^{B_m} \in C_b(E) \ : \ \phi_n^{B_m} \xrightarrow[n\to\infty]{L^p} \mathbb{1}_{B_m}.$$

Es folgt, dass $\sum_{m=0}^M \alpha_m \phi_n^{B_m} \to f$ in L^p.

3°) Es seien $\epsilon > 0$ und $u \in L^p(\mu)$ fest. Wegen Lemma 24.1 gilt

$$\exists f_\epsilon \in \mathcal{E}(\mathscr{B}(E)) \; : \; \|u - f_\epsilon\|_{L^p} < \epsilon.$$

Schritt 2° zeigt

$$\exists \phi_\epsilon \in C_b(E) \cap L^p(\mu) \; : \; \|f_\epsilon - \phi_\epsilon\|_{L^p} < \epsilon,$$

woraus die Behauptung wegen $\|u - \phi_\epsilon\|_{L^p} \leqslant \|u - f_\epsilon\|_{L^p} + \|f_\epsilon - \phi_\epsilon\|_{L^p} \leqslant 2\epsilon$ folgt. □

24.4 Korollar. *Es sei μ ein Maß mit $\mu(B_R(0)) < \infty$ für alle $R > 0$. Dann ist $C_b(E) \cap L^p(\mu)$ dicht in $L^p(\mu)$ bezüglich $\|\cdot\|_{L^p}$.*

Beweis. 1°) Es seien $\epsilon > 0$ und $u \in L^p(\mu)$. Der Satz von der dominierten Konvergenz (Satz 11.3 bzw. 14.12) zeigt

$$\exists R(\epsilon) > 0 \quad \forall R \geqslant R(\epsilon) \; : \; \|u - u\mathbb{1}_{B_R(0)}\|_{L^p} < \epsilon.$$

2°) Wir wenden Satz 24.3 auf $\mu_{4R} := \mathbb{1}_{B_{4R}(0)}\mu$, $u\mathbb{1}_{B_R(0)}$ und $L^p(E, \mu_{4R})$ an ($R \geqslant R(\epsilon)$ fest):

$$\exists \phi_\epsilon \in C_b(E) \cap L^p(E, \mu_{4R}) \; : \; \|(u\mathbb{1}_{B_R(0)} - \phi_\epsilon)\mathbb{1}_{B_{4R}(0)}\|_{L^p(\mu)} = \|u\mathbb{1}_{B_R(0)} - \phi_\epsilon\|_{L^p(\mu_{4R})} < \epsilon.$$

Indem wir ϕ_ϵ mit

$$\chi_R(x) := \frac{d(x, B_{2R}^c(0))}{(d(x, B_{2R}^c(0)) + d(x, B_R(0)))}$$

multiplizieren (beachte: $\chi_R \in C_b(E)$, $\chi_R|_{B_R(0)} \equiv 1$ und $\chi_R|_{B_{2R}^c(0)} \equiv 0$), können wir $\operatorname{supp} \phi_\epsilon \subset \overline{B_{2R}(0)}$ annehmen. Daher ist

$$\|u\mathbb{1}_{B_R(0)} - \phi_\epsilon\|_{L^p(\mu)} \leqslant \|(u\mathbb{1}_{B_R(0)} - \phi_\epsilon)\mathbb{1}_{B_{4R}(0)}\|_{L^p(\mu)} < \epsilon.$$

3°) Es gilt

$$\|u - \phi_\epsilon\|_{L^p(\mu)} \leqslant \|u - u\mathbb{1}_{B_R(0)}\|_{L^p(\mu)} + \|u\mathbb{1}_{B_R(0)} - \phi_\epsilon\|_{L^p(\mu)} < 2\epsilon.$$ □

Wir können $\mu(B_R(0)) < \infty$ durch Regularität von außen (vgl. Anhang A.5) ersetzen.

24.5 Definition. Es sei (E, d) ein metrischer Raum. Ein Maß μ auf $(E, \mathscr{B}(E))$ heißt *regulär von außen*, wenn gilt

$$\mu(B) = \inf \{\mu(U) \mid U \supset B, \; U \text{ offen}\}, \quad B \in \mathscr{B}(E). \tag{24.2}$$

24.6 Satz. *Für ein von außen reguläres Maß μ ist $C_b(E) \cap L^p(\mu)$ dicht in $(L^p(\mu), \|\cdot\|_{L^p})$.*

Beweis. Es seien $\epsilon > 0$ und $u \in L^p(\mu)$ fest. Wegen Lemma 24.1 gilt

$$\exists f_\epsilon \in \mathcal{E}(\mathscr{B}(E)) \cap L^p(\mu) \; : \; \|u - f_\epsilon\|_{L^p} < \epsilon.$$

Offensichtlich gilt

$$\forall f \in \mathcal{E}(\mathscr{B}(E)) \ : \ f \in L^p(\mu) \iff \mu\{f \neq 0\} < \infty.$$

Die äußere Regularität garantiert, dass wir eine offene Menge $U \supset \{f \neq 0\}$ mit endlichem Maß finden. Daher ergibt sich wie im Beweis von Satz 24.3 (Schritt 2^0),

$$\exists \phi_\epsilon \in C_b(E) \cap L^p(\mu) \ : \ \|f_\epsilon - \phi_\epsilon\|_{L^p} < \epsilon,$$

woraus die Behauptung wegen $\|u - \phi_\epsilon\|_{L^p} \leqslant \|u - f_\epsilon\|_{L^p} + \|f_\epsilon - \phi_\epsilon\|_{L^p} \leqslant 2\epsilon$ folgt. □

$C_c(E)$ ist dicht in $L^p(\mu)$

Wir nehmen nun an, dass (E, d) ein metrischer Raum ist. Da in allgemeinen metrischen Räumen die abgeschlossenen Kugeln $\overline{B_r(0)}$ in der Regel nicht kompakt sind, benötigen wir weitere topologische Annahmen, die sicherstellen, dass es hinreichend viele kompakte Mengen und hinreichend viele Funktionen mit kompaktem Träger gibt.

Im Raum $E = \mathbb{Q}$ mit der von $\mathbb{R}$ geerbten euklidischen Metrik d_E ist die Kugel $\overline{B_r(0)} = [-r, r] \cap \mathbb{Q}$ nicht kompakt, da wegen der Stetigkeit der Einbettung $\jmath \colon (\mathbb{Q}, d_E) \hookrightarrow (\mathbb{R}, d_E)$ alle kompakten Mengen von $(\mathbb{Q}, d_E)$ auch in $(\mathbb{R}, d_E)$ kompakt sein müssen.

Wir schreiben $C_c(E) = \left\{u \colon E \to \mathbb{R} \text{ stetig und } \operatorname{supp} u = \overline{\{u \neq 0\}} \text{ kompakt}\right\}$.

Topologische Vorbereitungen. Eine Menge $A \subset E$ heißt *relativ kompakt*, wenn $\overline{A}$ kompakt ist. Der Raum (E, d) heißt *lokal-kompakt*, wenn jeder Punkt $x \in E$ eine relativ kompakte offene Umgebung $V(x)$ besitzt. Da $V(x)$ eine offene Kugel $B_r(x)$ mit $r = r(x)$ enthält und $\overline{B_r(x)} \subset \overline{V(x)}$ wieder kompakt ist, können wir o. E. $V(x) = B_r(x)$ mit $r = r(x)$ fordern.

Wie im Beweis von Lemma 22.3 sieht man in einem metrischen Raum (E, d), dass für $K \subset U$ (K kompakt, U offen) die Funktionen

$$f_{K,U}(x) := \frac{d(x, U^c)}{d(x, U^c) + d(x, K)} \quad \text{und} \quad d(x, A) := \inf_{a \in A} d(x, a)$$

(gleichmäßig) stetig sind und $\mathbb{1}_K \leqslant f_{K,U} \leqslant \mathbb{1}_U$ erfüllen. Wenn (E, d) lokal-kompakt ist, können wir zudem erreichen, dass $\operatorname{supp} f_{K,U}$ kompakt ist.

24.7 Lemma (Urysohn). *Es sei (E, d) ein lokal-kompakter metrischer Raum.*

a) *Zu jeder kompakten Menge $K \subset E$ gibt es eine Funktion $u_\epsilon \in C_c(E)$ und eine relativ kompakte offene Menge U_ϵ mit $\mathbb{1}_K \leqslant u_\epsilon \leqslant 1_{U_\epsilon}$ und $\lim_{\epsilon \to 0} u_\epsilon = \mathbb{1}_K$ (sogar: $u_\epsilon \downarrow \mathbb{1}_K$);*

b) *Zu jeder relativ kompakten offenen Menge $U \subset E$ gibt es eine Funktion $w_\epsilon \in C_c(E)$ mit $0 \leqslant w_\epsilon \leqslant \mathbb{1}_U$ und $\lim_{\epsilon \to 0} w_\epsilon = \mathbb{1}_U$ (sogar: $w_\epsilon \uparrow \mathbb{1}_U$).*

Beweis. a) Es sei K eine kompakte Menge und $\epsilon > 0$. Diese überdecken wir mit Kugeln $B_{\epsilon(x)}(x)$, wobei $\epsilon(x) \leqslant \epsilon$ und $\overline{B_{\epsilon(x)}(x)}$ kompakt; hier verwenden wir, dass E lokal-kompakt ist. Da K kompakt ist, gibt es endlich viele Punkte $x_1, \dots, x_n \in K$ mit

$$K \subset \bigcup_{i=1}^{n} B_{\epsilon(x_i)}(x_i) =: U_\epsilon.$$

Offensichtlich ist $K_\epsilon := \bigcup_{i=1}^{n} \overline{B_{\epsilon(x_i)}(x_i)}$ kompakt, $U_\epsilon \subset K_\epsilon$ und $U_\epsilon \to K$. Somit finden wir in $u_\epsilon(x) := f_{K,U_\epsilon}(x)$, $\epsilon > 0$, die gesuchten Funktionen.

b) Es sei $U \subset E$ relativ kompakt und offen. Da $x \mapsto d(x, U^c)$ stetig ist, sind die Mengen $U_\epsilon := \{x \in U \mid d(x, U^c) > \epsilon\}$ offen und $K_\epsilon := \overline{U_\epsilon} \subset U$ ist kompakt. Die gesuchten Funktionen sind z. B. $w_\epsilon(x) = f_{K_\epsilon, U}(x)$. □

! Die Hauptschwierigkeit im Beweis von Lemma 24.7 ist die Konstruktion der relativ kompakten offenen Menge $U \supset K$. In »gutartigen« Räumen wie $E = \mathbb{R}^d$ kann man die »geränderte Menge«

$$U = K + B_\epsilon(0) = \{x + y \mid x \in K, y \in B_\epsilon(0)\} = \{z \mid d(z, K) < \epsilon\}$$

nehmen. Typischerweise betrachtet man dann eine aufsteigende Kette von (offenen relativ) kompakten Mengen: $B_n(0) \subset \overline{B_n(0)} \subset B_{n+1}(0) \subset \dots$

Für den folgenden Satz benötigen wir, dass es eine Folge $\chi_n \in C_c(E)$ gibt, die gegen 1 konvergiert: $\lim_{n\to\infty} \chi_n(x) = 1$. Das erfordert eine weitere Annahme: Der Raum (E, d) muss *σ-kompakt* sein, d. h. es existiert eine Folge kompakter Mengen K_n mit $K_n \uparrow E$.[23]

24.8 Satz. *Auf einem lokal-kompakten und σ-kompakten metrischen Raum (E, d) sei μ ein Maß, das von außen regulär (bzw. $\mu(B_R(0)) < \infty$ für alle $R > 0$) und auf kompakten Mengen endlich ist. Dann ist $C_c(E) \subset L^p(\mu)$ dicht.*

Beweis. Es sei $u \in C_c(E)$ und $K := \operatorname{supp} u$. Dann

$$\int |u|^p \, d\mu = \int_K |u|^p \, d\mu \leqslant \|u\|_{L^\infty}^p \mu(K) < \infty \implies C_c(E) \subset L^p(\mu).$$

Es sei $(K_n)_{n\in\mathbb{N}}$ eine Folge kompakter Mengen mit $K_n \uparrow E$. Mit dem Urysohnschen Lemma (Lemma 24.7.a) können wir eine Folge $\chi_n \in C_c(E)$ mit $\mathbb{1}_{K_n} \leqslant \chi_n \leqslant 1$ konstruieren. Insbesondere gilt also $\lim_{n\to\infty} \chi_n(x) = 1$ für alle $x \in E$.

Mit Hilfe von Korollar 24.4 bzw. Satz 24.6 finden wir eine Folge stetiger Funktionen $(u_n)_n \subset C_b(E) \cap L^p(\mu)$ mit $u_n \to u$ in L^p. Daher haben wir

$$\begin{aligned} \|u - u_n\chi_n\|_{L^p} &\leqslant \|u - u\chi_n\|_{L^p} + \|u\chi_n - u_n\chi_n\|_{L^p} \\ &\leqslant \|(1 - \chi_n)u\|_{L^p} + \|u - u_n\|_{L^p} \xrightarrow[n\to\infty]{} 0. \end{aligned}$$

Die Konvergenz des ersten Summanden folgt mit dominierter Konvergenz, die des zweiten wegen der Konstruktion der Folge $(u_n)_n$.

Da $\operatorname{supp}(u_n\chi_n) \subset \operatorname{supp}\chi_n$ kompakt ist, folgt die Behauptung. □

---

23 Mit etwas mehr Aufwand kann man sogar erreichen, dass $\chi_n \uparrow 1$, siehe Lemma A.13 oder Lemma 27.10.

$C_c^\infty(\mathbb{R}^d)$ ist dicht in $L^p(\mathbb{R}^d, \mu)$

Zunächst überlegen wir uns, dass es hinreichend viele Testfunktionen $C_c^\infty(\mathbb{R}^d)$ gibt. Durch direktes Nachrechnen [✍] sieht man, dass

$$\phi(r) := \exp\left(-\frac{1}{1-r^2}\right) \mathbb{1}_{(-1,1)}(r), \qquad r \in \mathbb{R},$$

eine C^∞-Funktion auf $\mathbb{R}$ mit $\operatorname{supp}\phi = [-1,1]$ ist. Da $\mathbb{R}^d \ni x \mapsto \|x\|^2$ glatt ist, ist die Funktion $x \mapsto \chi(x) := \kappa^{-1}\phi(\|x\|^2)$ positiv und in $C_c^\infty(\mathbb{R}^d)$ mit $\operatorname{supp}\chi = \overline{B_1(0)}$; für die Konstante $\kappa := \int \phi(\|x\|^2)\,dx$ gilt zudem $\int \chi(x)\,dx = 1$.

Wir kommen nun zu einem klassischen Approximationsargument.

24.9 Lemma. *$C_c^\infty(\mathbb{R}^d)$ ist dicht in $C_c(\mathbb{R}^d)$ bezüglich der gleichmäßigen Konvergenz.*

Beweis. Es sei $\chi \in C_c^\infty(\mathbb{R}^d)$ mit $\operatorname{supp}\chi \subset \overline{B_1(0)}$ und $\int \chi(x)\,dx = 1$. Für die skalierte Funktion $\chi_t := t^{-d}\chi(x/t)$ gilt $\int \chi_t(x)\,dx = 1$ und $\operatorname{supp}\chi_t \subset \overline{B_t(0)}$.

Mit Hilfe des Differenzierbarkeitslemmas (Satz 12.2) sehen wir [✍]

$$u \in C_c(\mathbb{R}^d) \implies \forall t > 0 : u * \chi_t \in C_c^\infty(\mathbb{R}^d)$$

(beachte: $x \notin \operatorname{supp} u + \operatorname{supp}\chi_t \Rightarrow u * \chi_t(x) = 0 \Rightarrow \operatorname{supp} u * \chi_t \subset \operatorname{supp} u + \operatorname{supp}\chi_t$).

Wir können nun wie im Beweis von Lemma 23.17 argumentieren: $u \in C_c(\mathbb{R}^d)$ ist gleichmäßig stetig,

$$\forall \epsilon > 0 \quad \exists \delta > 0 \quad \forall |x-y| < \delta : |u(x) - u(y)| < \epsilon,$$

und wegen $\int \chi_t(y)\,dy = \int \chi_t(x-y)\,dy = 1$ ist dann

$$\begin{aligned}
|u(x) - u * \chi_t(x)| &= \left| \int (u(x) - u(y))\chi_t(x-y)\,dy \right| \\
&\leqslant \int_{|x-y|<\delta} \underbrace{|u(x)-u(y)|}_{\leqslant \epsilon} \chi_t(x-y)\,dy + 2\|u\|_{L^\infty} \int_{|x-y|\geqslant\delta} \chi_t(x-y)\,dy \\
&\leqslant \epsilon + 2\|u\|_{L^\infty} \int_{|z|\geqslant\delta} t^{-d}\chi(z/t)\,dz \\
&= \epsilon + 2\|u\|_{L^\infty} \int_{t|y|\geqslant\delta} \chi(y)\,dy \\
&\xrightarrow[t\to 0]{\text{mono. Konv.}} \epsilon \xrightarrow[\epsilon\to 0]{} 0.
\end{aligned}$$

Dabei sind alle Grenzwerte gleichmäßig in x. □

24.10 Satz. *Es sei μ ein Maß auf $(\mathbb{R}^d, \mathscr{B}(\mathbb{R}^d))$, so dass $\mu(K) < \infty$ für alle kompakten Mengen $K \subset \mathbb{R}^d$. Dann ist $C_c^\infty(\mathbb{R}^d)$ dicht in $L^p(\mu)$.*

Beweis. Da die abgeschlossenen Kugeln $\overline{B_R(0)}$ kompakt sind, können wir Satz 24.8 anwenden:

$$\forall u \in L^p(\mu) \quad \forall \epsilon > 0 \quad \exists u_\epsilon \in C_c(\mathbb{R}^d) \; : \; \|u - u_\epsilon\|_{L^p} < \epsilon.$$

(Der Beweis von) Lemma 24.9 zeigt

$$\forall 0 < \epsilon < 1 \quad \exists \phi_\epsilon \in C_c^\infty(\mathbb{R}^d) \; : \; \|u_\epsilon - \phi_\epsilon\|_\infty < \frac{\epsilon}{\mu\left(K_\epsilon\right)^{1/p}},$$

wobei $K_\epsilon := \operatorname{supp} u_\epsilon + \overline{B_1(0)} \supset \operatorname{supp} u_\epsilon + \overline{B_\epsilon(0)} \supset \operatorname{supp} \phi_\epsilon$. Somit

$$\|u - \phi_\epsilon\|_{L^p} \leqslant \|u - u_\epsilon\|_{L^p} + \|u_\epsilon - \phi_\epsilon\|_{L^p} \leqslant \epsilon + \|u_\epsilon - \phi_\epsilon\|_\infty \, \mu\left(K_\epsilon\right)^{1/p} \leqslant 2\epsilon. \qquad \square$$

Aufgaben

1. Es sei $(E, \mathscr{A}, \mu)$ ein Maßraum und $\mathcal{C} \subset \mathcal{D} \subset L^p(\mu)$, $1 \leqslant p \leqslant \infty$. Bezüglich der L^p-Norm seien sowohl $\mathcal{C} \subset \mathcal{D}$ als auch $\mathcal{D} \subset L^p(\mu)$ dicht. Zeigen Sie, dass auch $\mathcal{C}$ dicht in $L^p(\mu)$ ist.

2. Auf $(\mathbb{R}, \mathscr{B}(\mathbb{R}), dx)$ seien $\mathscr{L}^p(dx)$, $1 \leqslant p < \infty$, die p-fach integrierbaren Funktionen. Wir schreiben $\tau_h f(x) := f(x-h)$, $h \in \mathbb{R}$, für die Translationen. Zeigen Sie:
   (a) τ_h ist eine Isometrie auf $\mathscr{L}^p(dx)$.
   (b) $\lim_{h\to 0} \|\tau_h f - f\|_{L^p} = 0$ und $\lim_{h\to\infty} \|\tau_h f - f\|_{L^p} = 2^{1/p}\|f\|_{L^p}$.

3. Wir definieren auf $(\mathbb{R}, \mathscr{B}(\mathbb{R}), dx)$ und für $f \in \mathscr{L}^1(dx)$ den Mittelwert $M_h f(x) := \frac{1}{2h}\int_{x-h}^{x+h} f(t)\,dt$. Zeigen Sie:
   (a) $M_h f(x)$ ist stetig und $\|M_h f\|_{L^1} \leqslant \|f\|_{L^1}$.
   (b) $\lim_{h\to 0} \|M_h f - f\|_{L^1} = 0$.

4. Es seien (E, d) ein metrischer Raum, μ ein von außen reguläres Maß auf $\mathscr{A} = \mathscr{B}(E)$, $1 \leqslant p < \infty$ und $C_{\mathrm{Lip}}(E)$ die Lipschitz-stetigen Funktionen.
   (a) Sei $A \in \mathscr{A}$ mit $f = \mathbb{1}_A \in \mathscr{L}^p(\mu)$. Für jedes $\epsilon > 0$ gibt es ein $\phi_\epsilon \in C_{\mathrm{Lip}}(E)$ mit $\|f - \phi_\epsilon\|_{L^p} < \epsilon$.
   (b) Für $f \in \mathscr{L}^p(\mu)$, $f \geqslant 0$ gibt es ein $\phi_\epsilon \in C_{\mathrm{Lip}}(E)$ mit $\|f - \phi_\epsilon\|_{L^p} < \epsilon$.
   Hinweis: Verwenden Sie Teil (a) und das Sombrero-Lemma (Satz 7.11).
   (c) Zeigen Sie: $C_{\mathrm{Lip}}(E) \cap \mathscr{L}^p(\mu)$ ist dicht in $\mathscr{L}^p(\mu)$.

5. Es sei (E, d) ein metrischer Raum, der eine abzählbare dichte Teilmenge besitzt (»separabel«) und wo jeder Punkt eine relativ kompakte offene Umgebung (»lokal-kompakt«) besitzt; mit $\mathscr{O}$ bezeichnen wir die offenen Mengen in E, mit $\mathscr{B}(E) = \sigma(\mathscr{O})$ die Borelmengen und μ sei ein Maß auf $(E, \mathscr{B}(E))$, das auf kompakten Mengen endlich ist.
   (a) Zeigen Sie, dass es eine Folge relativ kompakter, offener Mengen $(U_n)_{n\in\mathbb{N}} \subset \mathscr{O}$ gibt, so dass jedes $U \in \mathscr{O}$ als Vereinigung von Mengen U_n geschrieben werden kann.
   (b) Es sei $\mathcal{D} = \operatorname{span}\left\{\mathbb{1}_U : U = \bigcup_{n\in F} U_n,\ F \subset \mathbb{N} \text{ endlich}\right\}$; $\overline{\mathcal{D}}$ ist der Abschluss im Raum $\mathscr{L}^p(\mu)$, $1 < p < \infty$. Dann gilt $\mathbb{1}_U \in \overline{\mathcal{D}}$ für jedes $U \in \mathscr{O}$ mit $\mu(U) < \infty$.
   (c) Teil (b) gilt auch für alle $B \in \mathscr{B}(E)$ mit $\mu(B) < \infty$.
   (d) Zeigen Sie, dass $\overline{\mathcal{D}} = \mathscr{L}^p(\mu)$ und folgern Sie, dass $\mathscr{L}^p(\mu)$ separabel ist.

6. (Satz von Lusin) Die folgenden Schritte skizzieren einen Beweis für den *Satz von Lusin*.

Satz (Lusin). *Es sei* μ *ein von außen reguläres Maß auf dem metrischen Raum* (E, d). *Dann gibt es für jedes* $f \in \mathscr{L}^p(\mu)$, $1 \leqslant p < \infty$, *und jedes* $\epsilon > 0$ *eine stetige Funktion* $\phi_\epsilon \in \mathscr{L}^p(\mu) \cap C_b(E)$, *so dass*

$$\|\phi_\epsilon\|_\infty \leqslant \|f\|_{L^\infty} \leqslant \infty, \quad \mu\{f \neq \phi_\epsilon\} \leqslant \epsilon \quad \textit{und} \quad \|f - \phi_\epsilon\|_{L^p} \leqslant \epsilon.$$

(a) Zunächst sei $A \in \mathscr{B}(E)$ mit $\mathbb{1}_A \in \mathscr{L}^p(\mu)$. Dann gibt es eine offene Menge $U \supset A$ mit $\mu(U) < \infty$ und ϕ_ϵ kann wie in Lemma 24.2 konstruiert werden.

(b) Nun sei $f \in \mathscr{L}^p(\mu)$ mit $0 \leqslant f \leqslant 1$. Mit dem Sombrero-Lemma (Satz 7.11, Aufgabe 7.7) kann man eine gleichmäßig konvergente Folge von Treppenfunktionen finden, die dann mit Teil (a) „ausgeglättet" werden können.

(c) Nun sei $f \in \mathscr{L}^p(\mu)$ mit $c = \|f\|_{L^\infty(dx)} < \infty$. Wenden Sie Teil (b) auf $f^\pm$ an.

(d) Nun sei $f \in \mathscr{L}^p(\mu)$. Wenden Sie Teil (c) auf $f_R := (-R) \vee f \wedge R$ an.

25 ⧫Der Fortsetzungssatz von Daniell

Einer der zentralen Sätze der Maßtheorie ist Carathéodorys Fortsetzungssatz (Satz 5.2), der es uns erlaubt ein Prämaß von einem Halbring $\mathscr{S}$ auf die σ-Algebra $\sigma(\mathscr{S})$ fortzusetzen. Die grundlegenden Ideen – das äußere Maß μ^* und μ^*-Messbarkeit – findet man schon 1914 bei Carathéodory [4], eine vollständige Ausarbeitung erschien 1918 in der Monographie [5]. Etwa zeitgleich veröffentlichte der britische Mathematiker Daniell [6] einen anderen, äquivalenten Zugang zum Problem der Maßfortsetzung, der auf Ideen von Young [23] aufbaut. Diesen alternativen funktionalanalytischen Zugang werden wir in diesem Kapitel darstellen. Wir orientieren uns an den Ausarbeitungen von Loomis [10, Chapter III] und Meyer [11, III.23–24].

Es sei $E \neq \emptyset$ eine beliebige Grundmenge, $\mathscr{S} \subset \mathscr{P}(E)$ ein Halbring (vgl. S. 22) und $\mathscr{A} \subset \mathscr{P}(E)$ eine Algebra auf E (vgl. Bemerkung 2.2.e).

25.1 Definition. Es sei $\mathcal{V}$ ein Vektorraum reeller Funktionen $\phi\colon E \to \mathbb{R}$.

a) $\mathcal{V}$ heißt *Vektorverband*, wenn $\mathcal{V}$ stabil ist bezüglich Minima und Maxima, d. h. für $\phi, \psi \in \mathcal{V}$ sind die punktweise erklärten Funktionen $(\phi \wedge \psi)(x) := \min\{\phi(x), \psi(x)\}$ und $(\phi \vee \psi)(x) := \max\{\phi(x), \psi(x)\}$ wieder in $\mathcal{V}$.

b) Ein *positives lineares Funktional I* ist eine lineare Abbildung $I\colon \mathcal{V} \to \mathbb{R}$ mit der Eigenschaft

$$\phi \in \mathcal{V}^+ := \{\phi \in \mathcal{V} \mid \phi \geqslant 0\} \implies I(\phi) \geqslant 0.$$

c) Ein positives lineares Funktional $I\colon \mathcal{V} \to \mathbb{R}$ heißt *Daniell-stetig*, wenn gilt

$$(\phi_n)_{n\in\mathbb{N}} \subset \mathcal{V}^+, \quad \phi_1 \geqslant \phi_2 \geqslant \ldots, \quad \forall x : \phi_n(x) \downarrow 0 \implies I(\phi_n) \downarrow 0.$$

d) Wenn I eine Daniell-stetige, positive Linearform $I\colon \mathcal{V} \to \mathbb{R}$ auf einem Vektorverband $\mathcal{V}$ ist, dann heißt $(E, \mathcal{V}, I)$ *Daniell-Raum*.

!

- Da $\mathcal{V}$ ein Vektorraum ist, impliziert $\phi \wedge \psi \in \mathcal{V}$, dass $\phi \vee \psi = -((-\phi) \wedge (-\psi)) \in \mathcal{V}$.
- Ein positives lineares Funktional auf einem Vektorraum ist monoton:

$$\psi \geqslant \phi \implies \psi - \phi \geqslant 0 \implies I(\psi - \phi) \geqslant 0 \implies I(\psi) \geqslant I(\phi).$$

Die folgenden Beispiele sind grundlegend für den Beweis des Satzes von Carathéodory.

25.2 Beispiel. a) Es seien $\mathscr{A} \subset \mathscr{P}(E)$ eine Boolesche Algebra und $\mu\colon \mathscr{A} \to [0, \infty)$ ein Prämaß.[24] Dann ist

$$\mathcal{V} := \mathcal{V}(\mathscr{A}) := \left\{ \phi(x) = \sum_{i=0}^{n} a_i \mathbb{1}_{A_i}(x) \;\middle|\; n \in \mathbb{N},\ a_i \in \mathbb{R},\ A_i \in \mathscr{A} \right\}$$

24 Da $E \in \mathscr{A}$ gilt nach Definition $\mu(E) < \infty$, d. h. μ ist ein beschränktes Prämaß.

https://doi.org/10.1515/9783111342894-025

ein Vektorverband, $I_\mu(\phi) := \sum_{i=0}^n a_i\mu(A_i)$ ein positives lineares Funktional und $(E, \mathcal{V}, I_\mu)$ ein Daniell-Raum.

Beweis. Weil $\mathscr{A}$ stabil unter endlichen Schnitten und Differenzen ist, folgt aus

$$a\mathbb{1}_A + b\mathbb{1}_B = a\mathbb{1}_{A\setminus B} + b\mathbb{1}_{B\setminus A} + (a+b)\mathbb{1}_{A\cap B}, \quad a, b \in \mathbb{R},\ A, B \in \mathscr{A},$$

dass $\mathcal{V}$ ein Vektorraum ist. Die Verbandseigenschaft sieht man mit $\mathbb{1}_A \wedge \mathbb{1}_B = \mathbb{1}_{A\cap B}$. Da die Darstellung von $\phi \in \mathcal{V}$ nicht eindeutig sein muss, müssen wir uns die Wohldefiniertheit von $I(\phi)$ überlegen. Diese folgt wörtlich wie im Beweis von Lemma 8.1. Die Linearität von $\phi \mapsto I(\phi)$ ist wegen der Linearität der Summation klar.

Nun zur Daniell-Stetigkeit: Es sei $(\phi_n)_{\in\mathbb{N}} \subset \mathcal{V}^+$ mit $\phi_n \downarrow 0$. Setze $M := \sup_x \phi_1(x)$ und $F := \{\phi_1 \neq 0\}$. Weil $\mathscr{A}$ $\cup$-stabil ist, gilt $F \in \mathscr{A}$ und $\{\phi_n > \epsilon\} \in \mathscr{A}$ für jedes $\epsilon > 0$, sowie

$$\phi_n \leqslant M\mathbb{1}_{\{\phi_n>\epsilon\}} + \epsilon\mathbb{1}_F \implies I_\mu(\phi_n) \leqslant M\mu\{\phi_n > \epsilon\} + \epsilon\mu(F).$$

Wegen $\phi_n \downarrow 0$ ist $\bigcap_n\{\phi_n > \epsilon\} = \emptyset$, und weil μ ein Prämaß ist, folgt $\mu\{\phi_n > \epsilon\} \downarrow 0$. Für $\epsilon \to 0$ erhalten wir dann $I_\mu(\phi_n) \downarrow 0$. □

b) Es sei $\mathscr{R}$ eine Familie von Mengen, die stabil ist unter endlichen Schnitten, Vereinigungen und Differenzen, und $\mu\colon \mathscr{A} \to [0, \infty]$ ein Prämaß. Dann ist die Familie $\mathscr{R}_0 := \{R \in \mathscr{R} \mid \mu(\mathscr{R}) < \infty\}$ wiederum stabil unter endlichen Schnitten, Vereinigungen und Differenzen, und wir können fast wörtlich wie in Teil a) zeigen, dass $(E, \mathcal{V}(\mathscr{R}_0), I_\mu)$ ein Daniell-Raum ist.

c) Es seien $\mathscr{S} \subset \mathscr{P}(E)$ ein Halbring von Mengen aus E und $\mu\colon \mathscr{S} \to [0, \infty)$ ein Prämaß. Wir können μ wie in den Schritten 2° und 3° des Beweises von Satz 5.2, vgl. S. 24*f.*, zu einem Prämaß $\overline{\mu}\colon \mathscr{S}_\cup \to [0, \infty)$ auf die Familie $\mathscr{S}_\cup$ endlicher (disjunkter) Vereinigungen von Mengen aus $\mathscr{S}$ fortsetzen. Dann erfüllt $(\mathscr{S}_\cup, \overline{\mu})$ die Voraussetzungen von Teil b) und $(E, \mathcal{V}(\mathscr{S}_\cup), I_{\overline{\mu}})$ ist ein Daniell-Raum.

25.3 Beispiel. Es sei $E = \mathbb{R}^d$ und $\mathcal{V} = C_c(\mathbb{R}^d)$ die Familie der stetigen Funktionen $\phi\colon \mathbb{R}^d \to \mathbb{R}$ mit kompaktem Träger. Offensichtlich ist $C_c(\mathbb{R}^d)$ ein Vektorverband. Wir betrachten das additive lineare Funktional

$$I(\phi) := (\text{Riemann-})\int_{\mathbb{R}^d} \phi(x)\,dx, \qquad \phi \in C_c(\mathbb{R}^d).$$

Dann ist $(\mathbb{R}^d, C_c(\mathbb{R}^d), I)$ ein Daniell-Raum.

Es fehlt nur der Nachweis der Daniell-Stetigkeit von I. Dazu sei $(\phi_n)_{n\in\mathbb{N}} \subset C_c(\mathbb{R}^d)$ mit $\phi_n \downarrow 0$. Der Satz von Dini, vgl. Rudin [15, Satz 7.13], besagt, dass die Folge ϕ_n gleichmäßig gegen 0 konvergiert; beachte, dass alle Träger $\overline{\{\phi_n \neq 0\}}$ in der kompakten Menge $K := \overline{\{\phi_1 \neq 0\}}$ enthalten sind. Für hinreichend großes $R > 0$ gilt $K \subset [-R, R]^d$. Mithin

$$I(\phi_n) = \int_{\mathbb{R}^d} \phi_n(x)\,dx \leqslant (2R)^d \sup_x |\phi_n(x)| \xrightarrow[n\to\infty]{} 0.$$

Wir werden $\phi \mapsto I(\phi)$ mit Hilfe monotoner Folgen fortsetzen. Die Vorgehensweise erinnert an die Erweiterung des Integrals von einfachen Funktionen auf messbare und integrierbare Funktionen.

25.4 Definition. Sei $(E, \mathcal{V}, I)$ ein Daniell-Raum. Wir definieren $\mathcal{U}$ bzw. $-\mathcal{U}$ durch

$$u \in \mathcal{U} \iff \exists(\phi_n)_{n\in\mathbb{N}} \subset \mathcal{V}, \quad \phi_1 \leqslant \phi_2 \leqslant \dots, \quad u(x) = \sup_n \phi_n(x) \in (-\infty, \infty]$$

$$w \in -\mathcal{U} \iff \exists(\psi_n)_{n\in\mathbb{N}} \subset \mathcal{V}, \quad \psi_1 \geqslant \psi_2 \geqslant \dots, \quad w(x) = \inf \psi_n(x) \in [-\infty, \infty).$$

Wir setzen nun das lineare Funktional $I: \mathcal{V} \to \mathbb{R}$ auf $\mathcal{U}$ fort:

$$\forall u \in \mathcal{U} : I(u) := \sup\{I(\phi) \mid \phi \leqslant u, \ \phi \in \mathcal{V}\} \in (-\infty, \infty]. \tag{25.1}$$

25.5 Lemma. *Es seien $(E, \mathcal{V}, I)$ ein Daniell-Raum und $\mathcal{U}$, $-\mathcal{U}$ wie in Definition 25.4.*

a) *Für $u, w \in \mathcal{U}$ und $a, b \geqslant 0$ gilt $au + bw \in \mathcal{U}$, $u \wedge w \in \mathcal{U}$ und $u \vee w \in \mathcal{U}$.*

b) *Für $(u_n)_{n\in\mathbb{N}} \subset \mathcal{U}$ mit $u_n \uparrow u$ gilt $u \in \mathcal{U}$.*

c) *Durch* (25.1) *wird eine Fortsetzung $I: \mathcal{U} \to (\infty, \infty]$ des linearen Funktionals $I|_{\mathcal{V}}$ definiert. Diese Fortsetzung ist monoton: $u \leqslant w$, $u, w \in \mathcal{U} \implies I(u) \leqslant I(w)$.*

d) *Es sei $(u_n)_{n\in\mathbb{N}} \subset \mathcal{U}$ und $u_n \uparrow u$. Dann gilt $I(u) = \sup_n I(u_n) \in (-\infty, \infty]$. Insbesondere gilt für jede Folge $(\phi_n)_n \subset \mathcal{V}$ mit $\phi_n \uparrow u$, dass $I(u) = \lim_n I(\phi_n)$.*

e) *Für $u, w \in \mathcal{U}$ und $a, b \geqslant 0$ gilt: $I(au + bw) = aI(u) + bI(w) \in (-\infty, \infty]$.*

f) *$u \in -\mathcal{U} \iff -u \in \mathcal{U}$ und $I(u) := -I(-u)$ setzt I von $\mathcal{U}$ auf $-\mathcal{U}$ fort.*

g) *Wenn $u \in -\mathcal{U}$, $w \in \mathcal{U}$ und $u \leqslant w$, dann gilt $I(u) \leqslant I(w)$.*

Beweis. a) ist nahezu offensichtlich, da die »$\infty - \infty$« Problematik wegen $a, b \geqslant 0$ und $u(x), w(x) \in (-\infty, \infty]$ nicht auftreten kann.

b) Nach Definition von $\mathcal{U}$ gibt es für jedes $n \in \mathbb{N}$ eine Folge $(\phi_n^m)_m \subset \mathcal{V}$ mit $\phi_n^m \uparrow_m u_n$. Daher gilt auch $\psi_m := \max_{1\leqslant n\leqslant m} \phi_n^m \in \mathcal{V}$ und für $n \leqslant m$ und $m \in \mathbb{N}$

$$\underbrace{\phi_n^m \leqslant \psi_m \leqslant u_m}_{\forall n\leqslant m} \implies \underbrace{\phi_n^m \leqslant \sup_k \psi_k \leqslant \underbrace{\sup_k u_k}_{=u}}_{\forall n, \forall m} \implies u = \sup_n \underbrace{\sup_m \phi_n^m}_{=u_n} \leqslant \sup_k \psi_k \leqslant u.$$

Das beweist, dass $\sup_k \psi_k = u$ und daher $u \in \mathcal{U}$.

c) Zunächst bemerken wir, dass das Supremum in (25.1) wohldefiniert mit Werten in $(-\infty, \infty]$ ist. Wenn $u \in \mathcal{V}$, dann können wir im Supremum in (25.1) $\phi = u$ wählen und wir sehen, dass (25.1) das Funktional $I|_{\mathcal{V}}$ fortsetzt. Wenn $u \leqslant w$, $u, w \in \mathcal{U}$, dann folgt aus Monotoniegründen auch $I(u) \leqslant I(w)$: Jedes $\phi \in \mathcal{V}$ mit $\phi \leqslant u$ erfüllt auch $\phi \leqslant w$.

d) Wenn $\chi_m \in \mathcal{V}$ mit $\chi_m \uparrow \chi \in \mathcal{V}$, dann gilt $I(\chi_m) \uparrow I(\chi)$. Das folgt aus der Daniell-Stetigkeit:

$$\chi - \chi_m \downarrow 0 \implies I(\chi) - I(\chi_m) = I(\chi - \chi_m) \downarrow 0 \implies I(\chi) = \sup_m I(\chi_m). \tag{25.2}$$

Nun sei $u_n \in \mathcal{U}$ mit $u_n \uparrow u \in \mathcal{U}$, vgl. b). Nach Definition von $I(u)$ und $I(u_n)$ gibt es aufsteigende Folgen $\mathcal{V} \ni \theta_n \uparrow u$ und $\mathcal{V} \ni \phi_n^m \uparrow_{m\uparrow\infty} u_n$, so dass $\sup_n I(\theta_n) = I(u)$ und $\sup_m I(\phi_n^m) = I(u_n)$. Wir definieren $\psi_m := \max_{1\leqslant n\leqslant m} \phi_n^m \in \mathcal{V}$; wegen Teil b) gilt $\psi_m \uparrow u$. Wenn wir (25.2) für $\chi_m := \theta_n \wedge \psi_m \in \mathcal{V}$ und $\chi := \theta_n \in \mathcal{V}$ anwenden, folgt

$$I(u) \overset{\text{Def}}{=} \sup_n I(\theta_n) = \sup_n \sup_m I(\theta_n \wedge \psi_m) \leqslant \sup_m I(\psi_m) \overset{\text{Def}}{\leqslant} \sup_m I(u_m) \leqslant I(u).$$

Damit ist $I(u) = \sup_n I(u_n)$ gezeigt. Der Zusatz folgt für $u_n = \phi_n \in \mathcal{V}$. Insbesondere haben alle Folgen $\phi_n \uparrow u$ denselben Grenzwert $\sup_n I(\phi_n) = \lim_n I(\phi_n) = I(u)$.

e) Nach dem vorangehenden Teil d) ist $I(u) = \lim_n I(\phi_n)$ und $I(w) = \lim_n I(\psi_n)$ für beliebige Folgen $\mathcal{V} \ni \phi_n \uparrow u$ und $\mathcal{V} \ni \psi_n \uparrow w$. Da $I(u), I(w) \in (-\infty, \infty]$ und $a, b \geqslant 0$ folgt die Behauptung aus der Linearität von I auf $\mathcal{V}$ und der Linearität des Limes, da »$\infty - \infty$« nicht auftreten kann.

f) Dass $u \in -\mathcal{U} \iff -u \in \mathcal{U}$ folgt direkt aus der Definition von $\mathcal{U}$ und $-\mathcal{U}$. Wenn $u \in \mathcal{U} \cap (-\mathcal{U})$, dann gilt $0 = u + (-u)$ und $0 = I(u) + I(-u)$, d. h. wir können durch $I(u) := -I(-u)$ das Funktional I in konsistenter Weise auf $-\mathcal{U}$ definieren.

g) Wenn $w \in \mathcal{U}$, $u \in -\mathcal{U}$ und $u \leqslant w$ ist, dann gilt wegen $0 \leqslant w - u = w + (-u) \in \mathcal{U}$, dass

$$I(w) - I(u) = I(w) + I(-u) = I(w - u) \geqslant 0 \implies I(w) \geqslant I(u). \qquad \square$$

Lemma 25.5 zeigt insbesondere, dass der Raum $\mathcal{U} \cap (-\mathcal{U})$ ein Vektorverband ist, der $\mathcal{V}$ enthält, und dass $I\colon \mathcal{U} \cap (-\mathcal{U}) \to \mathbb{R}$ ein positives lineares Funktional ist. **!**

25.6 Definition. Eine Funktion $f\colon E \to \mathbb{R}$ heißt *I-integrierbar*, wenn

$$\forall \epsilon > 0 \quad \exists u \in -\mathscr{U},\ w \in \mathscr{U}\ :\ u \leqslant f \leqslant w,\ I(u), I(w) \in \mathbb{R},\ I(w) - I(u) \leqslant \epsilon.$$

Das *I-Integral* ist dann

$$I(f) = \sup\{I(u) \mid u \in -\mathcal{U},\ u \leqslant f\} = \inf\{I(w) \mid w \in \mathcal{U},\ w \geqslant f\},$$

und der Raum der *I-integrierbaren Funktionen* wird mit $\mathscr{L}_{\mathcal{V}}$ bezeichnet.

Unsere Definition erweitert I von $\mathcal{U} \cap (-\mathcal{U})$ auf die Menge $\mathcal{U} \cup (-\mathcal{U})$: Wenn z. B. $f \in \mathcal{U}$, dann wählen wir in Definition 25.6 $v = f \in \mathcal{U}$ als Majorante für das »inf«. Für jede Folge $(\phi_n)_n \subset \mathcal{V}$ mit $\phi_n \uparrow f$ ist dann wegen $\mathcal{V} \subset -\mathcal{U}$ jedes $\phi_n \in \mathcal{V}$ eine mögliche Wahl für eine Minorante $u \leqslant f$ für das »sup«. **!**

25.7 Satz (Daniell; Fortsetzungssatz). *Die Daniell-Erweiterung $(E, \mathscr{L}_{\mathcal{V}}, I)$ von $(E, \mathcal{V}, I)$ ist ein Daniell-Raum. Es gilt*

$$(f_n)_{n\in\mathbb{N}} \subset \mathscr{L}_{\mathcal{V}},\ f_n \uparrow f \in \mathbb{R},\ \sup_n I(f_n) < \infty \implies \sup_n I(f_n) = I(f). \tag{25.3}$$

Beweis. Es sei $\epsilon > 0$ fest und $f_1, f_2 \in \mathscr{L}_V$. Wir wählen $u_1, u_2 \in -\mathfrak{U}$ und $w_1, w_2 \in \mathfrak{U}$ wie in Definition 25.6. Auf Grund der Lipschitz-Stetigkeit von $(x, y) \mapsto x \wedge y$ gilt

$$u_1 \wedge u_2 \leqslant f_1 \wedge f_2 \leqslant w_1 \wedge w_2 \quad \text{und} \quad w_1 \wedge w_2 - u_1 \wedge u_2 \leqslant (w_1 - u_1) + (w_2 - u_2).$$

Wir schließen daraus, dass

$$I(w_1 \wedge w_2) - I(u_1 \wedge u_2) \leqslant I(w_1 - u_1) + I(w_2 - u_2) \leqslant 2\epsilon,$$

also $f_1 \wedge f_2 \in \mathscr{L}_V$. In diesen Rechnungen können wir »∧« durch »+« ersetzen und erhalten $f_1 + f_2 \in \mathscr{L}_V$ sowie

$$\forall \epsilon > 0 \ : \ \left|I(f_1 + f_2) - I(f_1) - I(f_2)\right| \leqslant 2\epsilon,$$

d. h. $f \mapsto I(f)$ ist ein lineares Funktional. Die Positivität folgt aus der Tatsache, dass für $f \in \mathscr{L}_V$ mit $f \geqslant 0$ stets $0 \leqslant f \leqslant w \in \mathfrak{U}$ gilt, also $I(f) = \inf_{f \leqslant w \in \mathfrak{U}} I(w) \geqslant 0$.

Es bleibt die Daniell-Eigenschaft zu zeigen. Da diese aus (25.3) für $(-f_n) \uparrow 0$ folgt, zeigen wir nur (25.3). Es seien $f_n \in \mathscr{L}_V$ mit $f_n \uparrow f$, wobei f nur endliche Werte hat. Ohne Einschränkung kann $f_1 = 0$ angenommen werden, sonst betrachten wir die Folge $f_n - f_1$. Nach Definition gilt

$$\forall n \in \mathbb{N} \quad \exists w_n \in \mathscr{U} \ : \ f_n - f_{n-1} \leqslant w_n \quad \text{und} \quad I(w_n) \leqslant I(f_n - f_{n-1}) + \frac{\epsilon}{2^n}.$$

Durch Summation erhalten wir

$$f_n \leqslant \sum_{k=1}^{n} w_k \quad \text{und} \quad \sum_{k=1}^{n} I(w_k) \leqslant I(f_n) + \epsilon.$$

Weil $\sup_n I(f_n) < \infty$, gilt

$$w \leqslant f \quad \text{und} \quad I(w) = I\left(\sum_{k=1}^{\infty} w_k\right) \overset{25.5.\text{e}),\text{d})}{=} \sum_{k=1}^{\infty} I(w_k) \leqslant \sup_n I(f_n) + \epsilon < \infty.$$

Umgekehrt ist $I(f_k) \geqslant \sup_n I(f_n) - \epsilon$ für große $k \geqslant N(\epsilon)$. Weil $f_k \in \mathscr{L}_V$, gibt es ein $-\mathfrak{U} \ni u \leqslant f_k \leqslant f$ mit $I(u) \geqslant I(f_k) - \epsilon$. Mithin

$$u \leqslant f_k \leqslant f \leqslant w \quad \text{und} \quad I(w) - I(u) \leqslant \sup_n I(f_n) + \epsilon - (I(f_k) - \epsilon) \leqslant 3\epsilon.$$

Damit ist gezeigt, dass $f \in \mathscr{L}_V$ und $\sup_n I(f_n) = I(f)$. □

Zusammen mit Beispiel 25.2.a) können wir mit Hilfe von Satz 25.7 den Fortsetzungssatz von Carathéodory beweisen.

25.8 Korollar (Carathéodory; Fortsetzungssatz für endliche Maße). *Sei $\mu \colon \mathscr{A} \to [0, \infty)$ ein Prämaß auf einer Algebra $\mathscr{A} \subset \mathscr{P}(E)$. Dann existiert genau eine Fortsetzung von μ zu einem Maß auf $\sigma(\mathscr{A})$.*

Beweis. Die Eindeutigkeit der Fortsetzung folgt mit dem Eindeutigkeitssatz 4.5 und Bemerkung 4.6.a). Für die Existenz verwenden wir den Daniellschen Fortsetzungssatz, um den Daniell-Raum $(E, \mathcal{V}(\mathscr{A}), I_\mu)$ aus Beispiel 25.2.a) auf $(E, \mathscr{L}_{\mathcal{V}}, I_\mu)$ zu erweitern. Wir definieren

$$\mathscr{B}^* := \{B \subset E \mid \mathbb{1}_B \in \mathscr{L}_{\mathcal{V}}\} \quad \text{und} \quad \tilde{\mu}(B) := I_\mu(\mathbb{1}_B).$$

Weil $\mathscr{L}_{\mathcal{V}}$ ein Vektorverband ist, der unter aufsteigenden Limiten stabil ist, sehen wir sofort, dass $\mathscr{B}^*$ eine σ-Algebra ist:

(Σ_1) Offensichtlich ist $\emptyset \in \mathscr{B}^*$.

(Σ_2) Wenn $B \in \mathscr{B}^*$, dann gilt $\mathbb{1}_B \in \mathscr{L}_{\mathcal{V}}$, also $\mathbb{1}_{B^c} = \mathbb{1}_E - \mathbb{1}_B \in \mathscr{L}_{\mathcal{V}}$ und es folgt $B^c \in \mathscr{B}^*$.

(Σ_3) Wenn $(B_n)_{n\in\mathbb{N}} \subset \mathscr{B}^*$, dann gilt $C_n := B_1 \cup \cdots \cup B_n \uparrow B := \bigcup_{i=1}^\infty B_i$ und daher $\mathbb{1}_{C_n} = (\mathbb{1}_{B_1} + \cdots + \mathbb{1}_{B_n}) \wedge \mathbb{1}_E \in \mathscr{L}_{\mathcal{V}}$. Wegen $\sup_n I_\mu(\mathbb{1}_{C_n}) \leqslant I_\mu(\mathbb{1}_E) = \mu(E) < \infty$ und (25.3) folgt $\mathbb{1}_B \in \mathscr{L}_{\mathcal{V}}$ und $I(\mathbb{1}_B) = \sup_n I(\mathbb{1}_{C_n})$, also $B \in \mathscr{B}^*$.

Weil $\mathscr{A} \subset \mathscr{B}^*$ gilt auch $\sigma(\mathscr{A}) \subset \mathscr{B}^*$ und es ist klar, dass $\tilde{\mu}$ das Prämaß μ fortsetzt.

Die Additivität von $\tilde{\mu}$ ist klar, für die σ-Additivität zeigen wir die Stetigkeit von unten, vgl. Lemma 3.8. Es sei $(C_n)_{n\in\mathbb{N}} \subset \mathscr{B}^*$ eine Folge mit $C_n \uparrow C$. Das Argument für (Σ_3) zeigt, dass $\tilde{\mu}(C_n) = I_\mu(\mathbb{1}_{C_n}) \uparrow I_\mu(\mathbb{1}_C) = \tilde{\mu}(C) < \infty$ gilt.

Es ist üblich, die Fortsetzung $\tilde{\mu}$ wieder mit μ zu bezeichnen. □

Wenn wir Beispiel 25.2.c) verwenden, dann erhält man ganz ähnlich:

25.9 Korollar (Carathéodory; Fortsetzungssatz für Maße). *Sei $\mu: \mathscr{S} \to [0, \infty]$ ein Prämaß auf einem Halbring $\mathscr{S} \subset \mathscr{P}(E)$, der eine aufsteigende Folge $S_n \uparrow E$ mit $\mu(S_n) < \infty$ enthält. Dann existiert eine eindeutige Fortsetzung von μ zu einem Maß auf $\sigma(\mathscr{S})$.*

Beweis. Der Beweis verläuft weitgehend wie im endlichen Fall, wir müssen wie in Beispiel 25.2.c) zunächst μ durch $\overline{\mu}$ auf $\mathscr{S}_\cup$ fortsetzen. Die wesentlichen Unterschiede sind die Definition von $\mathscr{B}^*$ und $\tilde{\mu}$. Wir verwenden nun

$$\mathscr{B}^* := \{B \subset E \mid \forall k \in \mathbb{N} : \mathbb{1}_B \wedge \mathbb{1}_{S_k} \in \mathscr{L}_{\mathcal{V}}\} \quad \text{und} \quad \tilde{\mu}(B) := \sup_k I_{\overline{\mu}}(\mathbb{1}_B \wedge \mathbb{1}_{S_k}).$$

Für die Additivität von $\tilde{\mu}$ beachten wir, dass das Supremum ein aufsteigender Limes (und damit linear) ist. Für die Stetigkeit von unten verwenden wir, dass zwei beliebige Suprema stets vertauscht werden können. □

Im Allgemeinen ist $\mathscr{B}^* \supsetneq \sigma(\mathscr{A})$ bzw. $\supsetneq \sigma(\mathscr{S})$, der Maßraum $(E, \mathscr{B}^*, \mu)$ ist nämlich die Vervollständigung von $(E, \sigma(\mathscr{A}), \mu)$ [✍]. Der folgende Satz erklärt den Zusammenhang zwischen den »Daniell-integrierbaren« Funktionen $\mathscr{L}_{\mathcal{V}}$ und dem »gewöhnlichen« Raum $\mathscr{L}^1$ der μ-integrierbaren Funktionen. Nebenbei wird auch die eben behauptete Vervollständigung bewiesen.

25.10 Satz (Darstellungssatz für Funktionale). *Es sei $(E, \mathcal{V}, I)$ ein Daniell-Raum mit der Eigenschaft, dass es eine Folge $(\psi_n)_{n\in\mathbb{N}} \subset \mathcal{V}^+$ mit $\psi_n \uparrow \mathbb{1}$ gibt. Mit $(E, \mathscr{L}_{\mathcal{V}}, I)$ bezeichnen wir* *die Daniell-Erweiterung. Es gibt genau ein σ-endliches Maß μ auf* $\Sigma := \sigma(\phi,\ \phi \in \mathcal{V})$, *so dass*

$$\mathscr{L}_{\mathcal{V}} = \mathscr{L}^1(E, \Sigma^\mu, \mu) \quad \textit{und} \quad \forall f \in \mathscr{L}_{\mathcal{V}} : I(f) = \int f\, d\mu;$$

(E, Σ^μ, μ) *bezeichnet die Vervollständigung von* (E, Σ, μ).

Beweis. Ganz ähnlich wie in den Beweisen von Korollar 25.8 und 25.9 sieht man, dass

$$\mathscr{B}^* := \{B \subset E \mid \forall n \in \mathbb{N} : \mathbb{1}_B \wedge \psi_n \in \mathscr{L}_{\mathcal{V}}\}$$

eine σ-Algebra und $\mu(B) := \sup_{n\in\mathbb{N}} I(\mathbb{1}_B \wedge \psi_n)$ ein Maß auf $\mathscr{B}^*$ ist.

1°) Es gilt: $\Sigma \subset \mathscr{B}^*$. Wir müssen zeigen, dass jedes $\phi \in \mathcal{V}$ messbar bezüglich $\mathscr{B}^*$ ist. Weil $\mathcal{V}$ ein Vektorverband ist, gilt $\phi = \phi^+ - \phi^-$ mit $\phi^\pm \in \mathcal{V}^+$, d. h. wir können o. E. $\phi \geqslant 0$ annehmen. Für beliebiges $a > 0$ gilt $\phi - a\psi_n \leqslant \phi$ und daher $(\phi - a\psi_n)^+ \leqslant \phi$. Weil

$$(\phi - a\psi_n)^+ \in \mathcal{V}^+, \qquad \sup_n (\phi - a\psi_n)^+ = (\phi - a)^+, \qquad \sup_n I((\phi - a\psi_n)^+) \leqslant I(\phi) < \infty$$

gilt, folgt aus Satz 25.7, dass $(\phi - a)^+ \in \mathscr{L}_{\mathcal{V}}$ und $\sup_n I((\phi - a\psi_n)^+) = I((\phi - a)^+)$.

Definiere $g_k := (k(\phi - a)^+) \wedge \psi_n \in \mathscr{L}_{\mathcal{V}}$ für $k \in \mathbb{N}$. Offensichtlich ist $g_k \leqslant \psi_n$ und daher $\sup_k I(g_k) \leqslant I(\psi_n) < \infty$. Wegen

$$\sup_k g_k(x) = (\infty \cdot \mathbb{1}_{\{\phi>a\}}(x)) \wedge \psi_n(x) = \mathbb{1}_{\{\phi>a\}}(x) \wedge \psi_n(x),$$

– beachte $\sup_k k(\phi(x) - a)^+ = \begin{cases} \infty, & \phi(x) > a, \\ 0, & \phi(x) \leqslant a, \end{cases}$ und $\psi_n \leqslant 1$ – können wir erneut Satz 25.7 anwenden und wir erhalten $\mathbb{1}_{\{\phi>a\}} \wedge \psi_n \in \mathscr{L}_{\mathcal{V}}$ für alle $n \in \mathbb{N}$. Nach Definition von $\mathscr{B}^*$ ist daher $\{f > a\} \in \mathscr{B}^*$ für beliebiges $a > 0$, d. h. ϕ ist $\mathscr{B}^*$-messbar.

2°) Es gilt: μ ist σ-endlich auf Σ. Wir betrachten die Mengen $B_n := \{2\psi_n > 1\} \in \Sigma$. Wegen $\psi_n \uparrow \mathbb{1}_E$ erhalten wir $B_n \uparrow E$. Außerdem gilt

$$\mu(B_n) = \mu\{2\psi_n > 1\} = I\left(\mathbb{1}_{\{2\psi_n>1\}}\right) \leqslant I\left(2\psi_n \mathbb{1}_{\{2\psi_n>1\}}\right) \leqslant 2I(\psi_n) < \infty.$$

3°) Es gilt: $\mathscr{L}^1(E, \Sigma, \mu) \subset \mathscr{L}_{\mathcal{V}}$ und $I(f) = \int f\, d\mu$ für $f \in \mathscr{L}(E, \Sigma, \mu)$. Wir definieren

$$\mathcal{E}_0^+ := \left\{ \phi = \sum_{i=1}^n a_i \mathbb{1}_{A_k} \;\middle|\; n \in \mathbb{N},\ a_i \geqslant 0,\ A_i \in \Sigma,\ \mu(A_i) < \infty \right\}.$$

Für alle $A \in \Sigma$ gilt $\mathbb{1}_A \in \mathscr{L}_{\mathcal{V}}$ und $\mu(A) = I(\mathbb{1}_A)$, und daher folgt $\mathcal{E}_0^+ \subset \mathscr{L}_{\mathcal{V}}$ und $\int \phi\, d\mu = I(\phi)$ für $\phi \in \mathcal{E}_0^+$. Weil $\mathscr{L}_{\mathcal{V}}$ ein Vektorraum ist, der unter aufsteigenden Limiten mit beschränktem I-integral abgeschlossen ist (25.3), folgt aus der Konstruktion des μ-Integrals (vgl. Abb. 9.1 auf S. 52), dass $\mathscr{L}^1(E, \Sigma, \mu) \subset \mathscr{L}_{\mathcal{V}}$ und $I(f) = \int f\, d\mu$.

4^0) Es gilt: $\mathscr{L}^1(E, \Sigma^\mu, \mu) \subset \mathscr{L}_\mathcal{V}$. Es sei $f \in \mathscr{L}^1(E, \Sigma^\mu, \mu)$. Aus Satz 10.9 wissen wir, dass es $g, h \in \mathscr{L}^1(E, \Sigma, \mu)$ gibt mit $g \leqslant f \leqslant h$ und $\int (h - g)\, d\mu = 0$. In Schritt 3^0) haben wir gezeigt, dass $h, g \in \mathscr{L}_V$ sind, d. h. es gibt für alle $\epsilon > 0$ Funktionen $u_\epsilon \in -\mathcal{U}$, $w_\epsilon \in \mathcal{U}$, so dass

$$u_\epsilon \leqslant g \leqslant f \leqslant h \leqslant w_\epsilon \quad \text{und} \quad I(w_\epsilon - u_\epsilon) \leqslant \epsilon.$$

Mithin ist $f \in \mathscr{L}_\mathcal{V}$.

5^0) Es gilt: $\mathscr{L}_\mathcal{V} \subset \mathscr{L}^1(E, \Sigma^\mu, \mu)$. Alle Funktionen in $\mathcal{V}$ sind nach Definition Σ-messbar, und die Funktionen in $\mathcal{U}$ und $-\mathcal{U}$ sind als punktweise Suprema und Infima von Funktionen aus $\mathcal{V}$ auch Σ-messbar. Wenn $I(u)$, $u \in \mathcal{U} \cup (-\mathcal{U})$, endlich ist, dann gilt nach 3^0) auch $u \in \mathscr{L}^1(E, \Sigma, \mu)$ und $\int u\, d\mu = I(u)$. Nun sei $f \in \mathscr{L}_\mathcal{V}$. Dann gibt es für jedes $\epsilon > 0$ Funktionen $u_\epsilon \in -\mathcal{U}$ und $w_\epsilon \in \mathcal{U}$ mit $u_\epsilon \leqslant f \leqslant w_\epsilon$, $-\infty < I(u_\epsilon) \leqslant I(w_\epsilon) < \infty$ und $I(w_\epsilon - u_\epsilon) = \int (w_\epsilon - u_\epsilon)\, d\mu \leqslant \epsilon$. Weil $\epsilon > 0$ beliebig ist, folgt wieder mit Satz 10.9, dass $f \in \mathscr{L}^1(E, \Sigma^\mu, \mu)$.

Insbesondere folgt also $\mathscr{B}^* \subset \Sigma^\mu$, also $\mathscr{B}^* = \Sigma^\mu$, weil $\Sigma \subset \mathscr{B}^*$ und Σ^μ die Vervollständigung von Σ ist. □

Aufgaben

1. Es sei $\mathscr{S}$ ein Halbring. Zeigen Sie:
   (a) $\mathscr{S}_\cup := \{S_1 \cup \cdots \cup S_m \mid m \in \mathbb{N},\ S_i \in \mathscr{S}\}$ ist stabil unter endlichen Schnitten, Vereinigungen und Differenzen.
   (b) $\mathscr{S}_{\uplus} := \{T_1 \uplus \cdots \uplus T_n \mid n \in \mathbb{N},\ T_i \in \mathscr{S}\}$. Es gilt $\mathscr{S}_\cup = \mathscr{S}_\uplus$.
   (c) $\mathcal{V}(\mathscr{S}) := \{\sum_{i=1}^n a_i \mathbb{1}_{S_i} \mid a_i \in \mathbb{R},\ S_i \in \mathscr{S}\}$. Es gilt $\mathcal{V}(\mathscr{S}) = \mathcal{V}(\mathscr{S}_\cup)$.
2. Es sei $(E, \mathcal{V}, I)$ ein Daniell-Raum. Zeigen Sie:
   (a) Wenn $h_n \in \mathcal{V}$ mit $h_n \uparrow h$ und $h \in \mathcal{V}$, dann folgt $I(h_n) \uparrow I(h)$.
   (b) Wenn $\phi_n, \psi_n \in \mathcal{V}$ mit $\sup_n \phi_n \leqslant \sup_n \psi_n$, dann gilt $\sup_n I(\phi_n) \leqslant \sup_n I(\psi_n)$.
3. Zeigen Sie, dass der in Korollar 25.8 konstruierte Maßraum $(E, \mathscr{B}^*, \overline{\mu})$ die Vervollständigung des Maßraums $(E, \sigma(\mathscr{A}), \overline{\mu})$ ist.
   Hinweis: Vergleichen Sie die Definition von $\mathscr{L}_\mathcal{V}$ mit der Vervollständigung in Aufgabe 3.7.
4. Führen Sie den Beweis von Korollar 25.9 aus.
5. Zeigen Sie mit Hilfe von Satz 25.10, dass der Daniell-Raum aus Beispiel 25.3 zum Lebesgue-Maß führt.
6. Beweisen Sie den Satz von Dini:
   Satz (Dini). *Es seien $K \subset E$ kompakt und $f_n\colon E \to \mathbb{R}$, $n \in \mathbb{N}$, stetige Funktionen mit $\operatorname{supp} f_n \subset K$ und $f_n(x) \downarrow f(x)$ für jedes $x \in K$. Wenn f stetig ist, dann gilt $\lim_n \sup_{x\in E} |f_n(x) - f(x)| = 0$.*
   Anleitung: O. E. sei $f = 0$. Betrachte die kompakten Mengen $K_n := \{f_n \geqslant \epsilon\}$. Es gilt $K_n \downarrow \emptyset$. Folglich gilt $\bigcap_{n\leqslant N} K_n = \emptyset$ für ein $N \in \mathbb{N}$.

26 ⧫Die Rieszschen Darstellungssätze

Die Rieszschen Darstellungssätze beschreiben die Struktur stetiger linearer Funktionale in den Räumen integrierbarer bzw. stetiger Funktionen. In diesem Kapitel ist $(E, \mathscr{A}, \mu)$ ein σ-endlicher Maßraum; wenn wir stetige Funktionen betrachten, werden wir zusätzlich (E, d) als metrischen Raum voraussetzen, wobei $\mathscr{A} = \mathscr{B}(E) = \sigma(\mathscr{O})$ die Borelmengen sind, die von den durch die Metrik d definierten offenen Mengen $\mathscr{O}$ erzeugt werden.

Positive lineare Funktionale. Es sei $(E, \mathscr{A})$ ein messbarer Raum bzw. ein metrischer Raum (E, d) mit $\mathscr{A} = \mathscr{B}(E)$. Weiter sei μ ein Maß auf $(E, \mathscr{A})$ und $(X, \|\cdot\|)$ bezeichne einen der folgenden Funktionenräume:

- Die p-fach integrierbaren Funktionen $(L^p(\mu), \|\cdot\|_{L^p})$, $1 \leqslant p < \infty$.
- Die stetigen Funktionen mit kompaktem Träger $(C_c(E), \|\cdot\|_\infty)$.
- Die stetigen Funktionen, die im Unendlichen verschwinden $(C_\infty(E), \|\cdot\|_\infty)$, $C_\infty(E) := \overline{C_c(E)}^{\|\cdot\|_\infty}$.
- Die beschränkten stetigen Funktionen $(C_b(E), \|\cdot\|_\infty)$.

26.1 Definition. Ein *positives lineares Funktional* auf $(\mathcal{X}, \|\cdot\|)$ ist eine lineare Abbildung $I\colon \mathcal{X} \to \mathbb{R}$, so dass $I(u) \geqslant 0$ für alle $u \in \mathcal{X}$ mit $u \geqslant 0$.

Offensichtlich ist ein positives lineares Funktional auch *monoton*

$$u, w \in \mathcal{X},\ u \leqslant w \implies I(u) \leqslant I(w)$$

(verwende die Positivität von I und $w - u \geqslant 0$) und es gilt

$$|I(u)| \leqslant I(|u|) \quad \forall u \in \mathcal{X}$$

(verwende $\pm u \leqslant |u|$ und die Monotonie von I).

26.2 Beispiel. $I(u) := \int u \, d\mu$ ist ein positives lineares Funktional

a) auf $L^1(\mu)$, vgl. Satz 9.4;
b) auf $C_\infty(E)$ oder $C_b(E)$, wenn μ ein endliches Maß ist;
c) auf $C_c(E)$, wenn μ ein Maß mit $\mu(K) < \infty$ für alle Kompakta $K \subset E$ ist.

Wir werden später sehen, dass die Integrale tatsächlich die einzigen positiven linearen Funktionale auf diesen Räumen sind.

26.3 Lemma. *Es sei $(\mathcal{X}, \|\cdot\|)$ einer der Räume $(L^p(\mu), \|\cdot\|_{L^p(\mu)})$, $1 \leqslant p < \infty$, oder $(C_\infty(E), \|\cdot\|_\infty)$ oder $(C_b(E), \|\cdot\|_\infty)$.*[25] *Dann ist jedes positive lineare Funktional $I\colon \mathcal{X} \to \mathbb{R}$ beschränkt: $|I(u)| \leqslant c\|u\|$ für alle $u \in \mathcal{X}$; insbesondere ist I stetig.*

Wie üblich schreiben wir $\|I\|$ für die kleinste Schranke c, so dass $|I(u)| \leqslant c\|u\|$ gilt.

---

25 Der Beweis zeigt, dass die *Vollständigkeit* und die Existenz einer mit der Norm verträglichen Ordnung »$\leqslant$« wesentlich sind.

https://doi.org/10.1515/9783111342894-026

Beweis. Angenommen, I ist unbeschränkt. Dann gibt es eine Folge $(u_n)_{n\in\mathbb{N}} \subset \mathcal{X}$ mit

$$\|u_n\| \leqslant 1 \quad \text{und} \quad |I(u_n)| \geqslant 4^n.$$

Da $\||u_n|\| = \|u_n\|$ und $|I(u_n)| \leqslant I(|u_n|)$, können wir annehmen, dass $u_n \geqslant 0$. Wir definieren $u := \sum_{n=1}^{\infty} 2^{-n} u_n$. Aus

$$\left\|\sum_{n=1}^{N} 2^{-n} u_n - \sum_{n=1}^{M} 2^{-n} u_n\right\| = \left\|\sum_{n=M+1}^{N} 2^{-n} u_n\right\| \leqslant \sum_{n=M+1}^{\infty} \|2^{-n} u_n\| \leqslant \sum_{n=M+1}^{\infty} 2^{-n} \xrightarrow[N>M\to\infty]{} 0$$

folgt wegen der Vollständigkeit von $\mathcal{X}$, dass $u \in \mathcal{X}$. Für alle $n \in \mathbb{N}$ ist

$$I(u) \geqslant I(2^{-n} u_n) = 2^{-n} I(u_n) \geqslant 2^{-n} 4^n = 2^n.$$

Somit ist $I(u) = \infty$, was der Voraussetzung $I : \mathcal{X} \to \mathbb{R}$ widerspricht.

Für $u, w \in \mathcal{X}$ gilt wegen der Linearität und Beschränktheit von I

$$|I(u) - I(w)| = |I(u - w)| \leqslant c\|u - w\|,$$

was die (Lipschitz-)Stetigkeit von I beweist. □

Der Darstellungssatz von Riesz für $L^p(\mu)$

In diesem Abschnitt ist $(E, \mathscr{A}, \mu)$ ein σ-endlicher Maßraum, d. h. es existiert eine Folge $(C_n)_{n\in\mathbb{N}} \subset \mathscr{A}$, so dass $C_n \uparrow E$ und $\mu(C_n) < \infty$, und $p \in [1, \infty)$, $q \in (1, \infty]$ sind konjugierte Indizes: $p^{-1} + q^{-1} = 1$, wobei $q = \infty$ wenn $p = 1$. Mit der Hölderschen Ungleichung sehen wir, dass für jedes feste $f \in L^q(\mu)$, $f \geqslant 0$,

$$I_f(u) := \int uf\,d\mu, \quad u \in L^p(\mu) \tag{26.1}$$

ein (stetiges) positives lineares Funktional auf $L^p(\mu)$ definiert. Umgekehrt gilt

26.4 Satz (Riesz). *Es sei $(E, \mathscr{A}, \mu)$ ein σ-endlicher Maßraum, $p \in [1, \infty)$ und $q \in (1, \infty]$ konjugierte Indizes. Jedes positive lineare Funktional $I : L^p(\mu) \to \mathbb{R}$ ist von der Form* (26.1), *d. h. es existiert ein eindeutig bestimmtes $f \in L^q(\mu)$, $f \geqslant 0$, mit $I = I_f$.*

Beweis. 1^0) Eindeutigkeit: Angenommen $I_f = I_g$, dann gilt $I_{f-g} = 0$. Weil μ σ-endlich ist, gibt es eine Folge $(C_n)_{n\in\mathbb{N}} \subset \mathscr{A}$ mit $C_n \uparrow E$ und $\mu(C_n) < \infty$. Setze $h := f - g$ und $C_n := \{|h| \leqslant n\} \cap C_n$; dann gilt $\operatorname{sgn}(h)|h|^{p-1}\mathbb{1}_{C_n} \in L^p(\mu)$, und wir finden mit Beppo Levi

$$\begin{aligned} 0 = I_h\left(\operatorname{sgn}(h)|h|^{p-1}\mathbb{1}_{C_n}\right) \implies \int |h|^p\,d\mu &= \lim_{n\to\infty} \int h \operatorname{sgn}(h)|h|^{p-1}\mathbb{1}_{C_n}\,d\mu \\ &= \lim_{n\to\infty} I_h\left(\operatorname{sgn}(h)|h|^{p-1}\mathbb{1}_{C_n}\right) = 0. \end{aligned}$$

Mithin ist $\mu(h \neq 0) = \mu(f \neq g) = 0$.

2⁰) Existenz wenn $\mu(E) < \infty$: Weil $\mathbb{1}_A \in L^p(\mu)$, wird durch

$$\nu(A) := I(\mathbb{1}_A), \quad A \in \mathscr{A}$$

eine Mengenfunktion $\nu\colon \mathscr{A} \to [0,\infty)$ definiert. Offenbar gilt $\nu(\emptyset) = 0$ und für disjunkte $(A_n)_{n\in\mathbb{N}} \subset \mathscr{A}$ gilt $\sum_{n=1}^N \mathbb{1}_{A_n} \to \sum_{n=1}^\infty \mathbb{1}_{A_n}$ in $L^p(\mu)$ (dominierte Konvergenz, Satz 14.12). Da I auf $L^p(\mu)$ stetig ist (Lemma 26.3), folgt

$$\nu\left(\bigcupdot_{n=1}^\infty A_n\right) = I\left(\sum_{n=1}^\infty \mathbb{1}_{A_n}\right) = \lim_{N\to\infty} I\left(\sum_{n=1}^N \mathbb{1}_{A_n}\right) = \lim_{N\to\infty} \sum_{n=1}^N I(\mathbb{1}_{A_n}) = \sum_{n=1}^\infty \nu(A_n).$$

Somit ist ν ein Maß. Weiter gilt für $A \in \mathscr{A}$

$$\mu(A) = 0 \implies \mathbb{1}_A = 0 \quad (\mu\text{-f. ü.}) \implies \nu(A) = I(\mathbb{1}_A) = 0.$$

Das zeigt, dass $\nu \ll \mu$, und nach dem Satz von Radon–Nikodým (Satz 20.2) gibt es eine positive messbare Funktion $f \in \mathscr{L}^{0,+}(\mathscr{A})$ mit

$$I(\mathbb{1}_A) = \nu(A) = \int \mathbb{1}_A f\,d\mu, \quad A \in \mathscr{A}. \tag{26.2}$$

Aufgrund der Linearität ist $I(u) = \int uf\,d\mu$ für alle einfachen $u \in \mathscr{E}^+(\mathscr{A}) \cap L^p(\mu)$, und da jedes $u \in L^p(\mu)$, $u \geqslant 0$, als aufsteigender Grenzwert von einfachen Funktionen dargestellt werden kann (Sombrero-Lemma, Satz 7.11), folgt mit monotoner Konvergenz, der Stetigkeit und der Linearität von I

$$I(u) = \int uf\,d\mu, \quad u \in L^p(\mu). \tag{26.3}$$

3⁰) *Wir zeigen:* $f \in L^\infty(\mu)$ wenn $\mu(E) < \infty$ und $p = 1$. Wegen (26.2) ist

$$\int_A f\,d\mu = I(\mathbb{1}_A) \leqslant \|I\| \cdot \|\mathbb{1}_A\|_{L^1(\mu)} = \|I\| \cdot \mu(A), \quad A \in \mathscr{A}.$$

Insbesondere gilt für $A = \{f \geqslant n\}$, dass $n\mu(A) \leqslant \int_A f\,d\mu \leqslant \|I\| \cdot \mu(A)$. Für $n \to \infty$ ist das nur möglich, wenn $\mu(A) = 0$, d. h. $f \in L^\infty(\mu)$.

4⁰) *Wir zeigen:* $f \in L^q(\mu)$ wenn $\mu(E) < \infty$ und $1 < p < \infty$. Setze $E_n := \{f^{q-1} \leqslant n\}$. Dann ist $E_n \in \mathscr{A}$, $u_n := f^{q-1}\mathbb{1}_{E_n}$ ist beschränkt und (26.3) zeigt für $u = u_n$

$$\int f^q \mathbb{1}_{E_n}\,d\mu = \int u_n f\,d\mu = I(u_n) \leqslant \|I\| \cdot \left(\int u_n^p\,d\mu\right)^{\frac{1}{p}} \overset{p(q-1)=q}{=} \|I\| \cdot \left(\int f^q \mathbb{1}_{E_n}\,d\mu\right)^{\frac{1}{p}}.$$

Das ergibt wegen $q^{-1} = 1 - p^{-1}$

$$\left(\int f^q \mathbb{1}_{E_n}\,d\mu\right)^{1/q} \leqslant \|I\| \xrightarrow[\text{Konvergenz}]{\text{monotone}} \|f\|_{L^q} = \sup_{n\in\mathbb{N}} \|f\mathbb{1}_{E_n}\|_{L^q} \leqslant \|I\|.$$

5⁰) Schließlich betrachten wir den Fall $\mu(E) = \infty$. Wie im Beweis des Satzes von Radon–Nikodým (Korollar 20.4) definieren wir für die Folge $C_n \uparrow E$ mit $\mu(C_n) < \infty$ (hier geht die σ-Endlichkeit ein)

$$h(x) := \sum_{n=1}^{\infty} \frac{2^{-n}}{1 + \mu(C_n)} \mathbb{1}_{C_n}(x) > 0, \quad x \in E.$$

Nach Konstruktion ist $h \in L^1(\mu)$ und $\tilde{\mu} := h \cdot \mu$ ist ein endliches Maß. Offensichtlich gilt

$$\tilde{u} \in L^p(\tilde{\mu}) \iff u := h^{1/p}\tilde{u} \in L^p(\mu).$$

Daher definiert $J(\tilde{u}) := I\left(h^{1/p}\tilde{u}\right)$ ein positives lineares Funktional auf $L^p(\tilde{\mu})$. Nach den ersten vier Schritten gibt es genau ein $\tilde{f} \in L^q(\tilde{\mu})$ mit

$$I\left(h^{1/p}\tilde{u}\right) = J(\tilde{u}) = \int \tilde{u}\tilde{f}\, d\tilde{\mu} = \int \tilde{u}h\tilde{f}\, d\mu. = \int h^{1/p}\tilde{u}h^{1/q}\tilde{f}\, d\mu.$$

Für $u = h^{1/p}\tilde{u} \in L^p(\mu)$ folgt dann $I(u) = \int uf\, d\mu$, wobei $f = h^{1/q}\tilde{f} \in L^q(\mu)$ (mit der Konvention, dass $1/\infty = 0$ und $h^0 \equiv 1$). □

26.5 Bemerkung. Satz 26.4 benötigt nur für $p = 1$ einen σ-endlichen Maßraum. Ohne σ-Endlichkeit wird allerdings der Beweis im Fall $p > 1$ etwas aufwendiger, die Argumentation ähnelt der von Korollar 20.3, siehe z. B. Alt [1, Satz 4.12] oder Dunford–Schwartz [7, Theorem IV.8.1].

Die positiven linearen Funktionale auf $L^\infty(\mu)$ sind von der Form $I_\alpha(u) = \int u\, d\alpha$, wo α ein endlich additives Maß ist. Der Beweis nutzt das Auswahlaxiom, vgl. Dunford–Schwartz [7, Chapter IV.8.16] oder Yosida [24, Chapter IV.9, Example 5].

Der Darstellungssatz von Riesz für $C_c(E)$

Wir betrachten jetzt positive lineare Funktionale auf Räumen stetiger Funktionen. Nunmehr sei (E, d) ein metrischer Raum. Wir schreiben $\mathscr{O}$, $\mathscr{C}$ und $\mathscr{B}(E)$ für die offenen, abgeschlossenen und Borelschen Mengen. Mit $B_r(x) = \{y \in E \mid d(x,y) < r\}$ bezeichnen wir die offene Kugel mit Radius $r > 0$ und Mittelpunkt x.

Wir erinnern noch an einige topologische Konzepte, die wir bereits aus Kapitel 24, S. 169*f.* kennen: $A \subset E$ heißt *relativ kompakt*, wenn $\overline{A}$ kompakt ist. Mit $\widehat{\mathscr{O}}$ bezeichnen wir die relativ kompakten offenen Mengen: $U \in \mathscr{O}$ und $\overline{U}$ ist kompakt.

Der Raum (E, d) heißt *lokal-kompakt*, wenn jeder Punkt $x \in E$ eine relativ kompakte offene Umgebung $V(x) = B_r(x)$, $r = r(x)$, besitzt.

Wesentliches Hilfsmittel für die Konstruktion von Funktionen in $C_c(E)$ ist das Urysohnsche Lemma. Der Beweis findet sich in Kapitel 24, Lemma 24.7.

26.6 Lemma (Urysohn). *Es sei (E, d) ein lokal-kompakter metrischer Raum.*

a) *Zu jeder kompakten Menge $K \subset E$ gibt es eine Funktion $u_\epsilon \in C_c(E)$ und eine relativ kompakte offene Menge U_ϵ mit $\mathbb{1}_K \leqslant u_\epsilon \leqslant 1_{U_\epsilon}$ und $\lim_{\epsilon\to 0} u_\epsilon = \mathbb{1}_K$ (sogar: $u_\epsilon \downarrow \mathbb{1}_K$);*

b) *Zu jeder relativ kompakten offenen Menge $U \subset E$ gibt es eine Funktion $w_\epsilon \in C_c(E)$ mit $0 \leqslant w_\epsilon \leqslant \mathbb{1}_U$ und $\lim_{\epsilon\to 0} w_\epsilon = \mathbb{1}_U$ (sogar: $w_\epsilon \uparrow \mathbb{1}_U$).*

Wir schreiben $\chi \prec \mathbb{1}_A$, wenn $\chi \leqslant \mathbb{1}_A$ und $\operatorname{supp}\chi \subset A$.

26.7 Lemma (Partition der Eins). *Sei (E, d) ein lokal-kompakter metrischer Raum, $K \subset E$ eine kompakte Menge und $K \subset \bigcup_{i=1}^n U_i$ eine Überdeckung mit offenen Mengen U_i. Dann gibt es $\chi_1, \dots, \chi_n \in C_c(E)$ derart, dass*

$$0 \leqslant \chi_i \prec \mathbb{1}_{U_i} \quad \textit{und} \quad \sum_{i=1}^n \chi_i(x) = 1, \qquad x \in K.$$

Beweis. Da E lokal-kompakt ist und $K \subset \bigcup_{i=1}^n U_i$, gilt

$$\forall x \in K \quad \exists i(x) \in \{1, \dots, n\} \quad \exists V(x) \in \widehat{\mathscr{O}} \;:\; x \in V(x) \subset \overline{V(x)} \subset U_{i(x)}.$$

Folglich ist $K \subset \bigcup_{x\in K} V(x)$; wegen der Kompaktheit gibt es eine endliche Teilüberdeckung $K \subset V(x_1) \cup \dots \cup V(x_m)$. Setze

$$W_i := \bigcup_{k,\, V(x_k)\subset U_i} V(x_k) \implies \overline{W_i} \subset \bigcup_{k,\, V(x_k)\subset U_i} \underbrace{\overline{V(x_k)}}_{\text{kompakt}} \subset U_i.$$

Da $\overline{W}_i$ kompakt ist, haben die Mengen $\overline{W}_i$ und U_i^c strikt positiven Abstand. Daher finden wir mit dem Urysohn-Lemma 26.6

$$\phi_i \in C_c(E) \quad \text{mit} \quad \mathbb{1}_{\overline{W_i}} \leqslant \phi_i \prec \mathbb{1}_{U_i}.$$

Für die Funktionen

$$\chi_i = (1-\phi_1)\cdots(1-\phi_{i-1})\phi_i, \qquad i = 1, \dots, n,$$

gilt dann $0 \leqslant \chi_i \prec \mathbb{1}_{U_i}$, sowie

$$\begin{aligned}(1-\phi_1)\cdots(1-\phi_{n-1})(1-\phi_n) &= (1-\phi_1)\cdots(1-\phi_{n-1}) - \chi_n \\ &= (1-\phi_1)\cdots(1-\phi_{n-2}) - \chi_{n-1} - \chi_n \\ &= \dots = 1 - \chi_1 - \chi_2 - \dots - \chi_n.\end{aligned}$$

Da $K \subset \bigcup_{i=1}^n W_i$ folgt $(1-\phi_1(x))\cdots(1-\phi_n(x)) = 0$ für $x \in K$. □

Ein Maß μ auf $(E, \mathscr{B}(E))$ heißt *regulär*, wenn $\mu(K) < \infty$ für alle Kompakta und

$$\begin{aligned}\forall B \in \mathscr{B}(E) &: \mu(B) = \inf\{\mu(U) \mid U \supset B,\ U \text{ offen}\}, \\ \forall U \in \mathscr{O} &: \mu(U) = \sup\{\mu(K) \mid K \subset U,\ K \text{ kompakt}\}.\end{aligned} \tag{26.4}$$

Unser Ziel ist der folgende Darstellungssatz für lineare Funktionale auf $C_c(E)$.

26.8 Satz (Riesz). *Sei (E, d) ein lokal-kompakter metrischer Raum und $I\colon C_c(E) \to \mathbb{R}$ ein positives lineares Funktional. Dann gibt es ein eindeutig bestimmtes reguläres Maß μ auf $(E, \mathscr{B}(E))$, so dass*

$$I(u) = I_\mu(u) = \int u\, d\mu, \qquad u \in C_c(E). \tag{26.5}$$

Für den Beweis von Satz 26.8 benötigen wir einige Hilfssätze.

26.9 Lemma. *Sei $I\colon C_c(E) \to \mathbb{R}$ ein positives lineares Funktional. Dann wird durch*

$$\nu(U) := \sup\{I(u) \mid u \prec \mathbb{1}_U\}, \qquad U \in \mathscr{O}, \tag{26.6}$$

eine Mengenfunktion $\nu\colon \mathscr{O} \to [0, \infty]$ mit folgenden Eigenschaften definiert.

a) $\nu(\emptyset) = 0$ *und* $\nu(U) < \infty$ *für alle* $U \in \widehat{\mathscr{O}}$;

b) $\nu\left(\bigcup_{i=1}^\infty U_i\right) \leqslant \sum_{i=1}^\infty \nu(U_i)$ *für* $(U_i)_{i\in\mathbb{N}} \subset \mathscr{O}$; *(σ-subadditiv)*

c) $\nu(U \cup V) = \nu(U) + \nu(V)$ *für alle* $U, V \in \mathscr{O}$ *mit* $U \cap V = \emptyset$; *(endlich additiv)*

d) $\nu(U) = \sup\left\{\nu(V) \mid \overline{V} \subset U,\ V \in \widehat{\mathscr{O}}\right\}$.

Beweis. a) $\nu(\emptyset) = 0$ ist klar. Wenn $\overline{U}$ kompakt ist, dann existiert nach Lemma 26.6.a) eine Funktion $f \in C_c(E)$ mit $\mathbb{1}_{\overline{U}} \leqslant f \leqslant 1$. Da I monoton ist, folgt

$$\nu(U) = \sup\{I(u) \mid u \prec \mathbb{1}_U\} \leqslant I(f) < \infty.$$

b) Es seien $(U_i)_{i\in\mathbb{N}} \subset \mathscr{O}$, $U = \bigcup_{i\in\mathbb{N}} U_i$ und $f \in C_c(E)$ mit $f \prec \mathbb{1}_U$. Da $\operatorname{supp} f$ kompakt ist, gibt es ein $n \geqslant 1$ mit

$$f \prec \mathbb{1}_{\bigcup_{i=1}^n U_i}.$$

Für die zu $U_1, \dots, U_n$ gehörige Partition der Eins $\chi_1, \dots, \chi_n$ (Lemma 26.7) gilt

$$\chi_i f \prec \mathbb{1}_{U_i} \quad \text{und} \quad f = \sum_{i=1}^n \chi_i f.$$

Somit ist

$$I(f) = \sum_{i=1}^n I(\chi_i f) \leqslant \sum_{i=1}^n \nu(U_i) \leqslant \sum_{i=1}^\infty \nu(U_i),$$

und die Behauptung folgt, indem wir das Supremum über alle $C_c(E) \ni f \prec \mathbb{1}_U$ bilden.

c) Für disjunkte $U, V \in \mathscr{O}$ und $f \prec \mathbb{1}_U$, $g \prec \mathbb{1}_V$, $f, g \in C_c(E)$ gilt

$$f + g \prec \mathbb{1}_{U \cup V} \quad \text{und} \quad I(f) + I(g) = I(f + g) \leqslant \nu(U \cup V).$$

Bilden wir das Supremum über alle zulässigen f, g, dann folgt $\nu(U) + \nu(V) \leqslant \nu(U \cup V)$. Gleichheit folgt dann wegen b).

d) Es sei $U \in \mathscr{O}$ und $\alpha := \sup\left\{\nu(V) \mid \overline{V} \subset U,\ V \in \widehat{\mathscr{O}}\right\}$. Wir müssen $\nu(U) = \alpha$ zeigen. Für $f_0 \in C_c(E)$ mit $\mathbb{1}_{\overline{V}} \leqslant f_0 \prec \mathbb{1}_U$ gilt

$$\nu(V) \leqslant I(f_0) \leqslant \sup\{I(f) \mid f \prec \mathbb{1}_U\} \stackrel{\text{Def}}{=} \nu(U).$$

Folglich ist $\alpha = \sup\left\{\nu(V) \mid \overline{V} \subset U,\ V \in \widehat{\mathscr{O}}\right\} \leqslant \nu(U)$.

Für die umgekehrte Ungleichung $\nu(U) \leqslant \alpha$ können wir o. E. $\alpha < \infty$ annehmen. Aufgrund der Definition von ν gibt es für jedes $\epsilon > 0$ ein $f_\epsilon \prec \mathbb{1}_U$, $f_\epsilon \in C_c(E)$ mit Träger $\operatorname{supp} f_\epsilon \subset V_\epsilon \subset \overline{V}_\epsilon \subset U$, $V_\epsilon \in \widehat{\mathscr{O}}$, und

$$\nu(U) \leqslant I(f_\epsilon) + \epsilon \leqslant \nu(V_\epsilon) + \epsilon \leqslant \alpha + \epsilon.$$

Die zweite Ungleichung folgt wieder aus der Definition von ν. Die Behauptung ergibt sich im Limes $\epsilon \to 0$. □

26.10 Lemma. *Es seien I und ν wie in Lemma 26.9. Dann ist*

$$\nu^*(A) := \inf\{\nu(U) \mid U \supset A,\ U \in \mathscr{O}\}, \qquad A \subset E, \tag{26.7}$$

ein äußeres Maß ((OM$_1$)–(OM$_3$), S. 23), das von innen regulär ist, d. h.

$$\nu^*(U) = \sup\{\nu^*(K) \mid K \subset U,\ K \text{ kompakt}\}, \qquad U \in \mathscr{O}.$$

Beweis. Die Definition von ν^* zeigt, dass ν^* monoton ist ($A \subset B \implies \nu^*(A) \leqslant \nu^*(B)$) und $\nu^*|_{\mathscr{O}} = \nu$; insbesondere ist $\nu^*(\emptyset) = 0$. Damit sind (OM_1), (OM_2) gezeigt. Für (OM_3) seien $A_n \subset E$, $n \in \mathbb{N}$, gegeben. Wegen (26.7) gilt

$$\forall \epsilon > 0 \quad \exists U_n \in \mathscr{O},\ A_n \subset U_n \ :\ \nu(U_n) \leqslant \nu^*(A_n) + \epsilon 2^{-n}.$$

Da ν σ-subadditiv ist, gilt

$$\nu^*\left(\bigcup_{n=1}^\infty A_n\right) \leqslant \nu^*\left(\bigcup_{n=1}^\infty U_n\right) = \nu\left(\bigcup_{n=1}^\infty U_n\right) \leqslant \sum_{n=1}^\infty \nu(U_n) \leqslant \sum_{n=1}^\infty \nu^*(A_n) + \epsilon.$$

Der Grenzwert $\epsilon \to 0$ zeigt, dass ν^* σ-subadditiv ist.

Es sei $U \in \mathscr{O}$. Die Abschätzung

$$\sup\{\nu^*(K) \mid K \subset U,\ K \text{ kompakt}\} \leqslant \nu^*(U)$$

folgt direkt aus der Monotonie von ν^*. Umgekehrt gilt

$$\nu^*(U) = \nu(U) \stackrel{26.9.\text{d})}{=} \sup\left\{\nu(V) \mid \overline{V} \subset U,\ V \in \widehat{\mathscr{O}}\right\}$$

$$\underset{\overline{V} \text{ kompakt}}{\overset{\nu^*(V) \leqslant \nu^*(\overline{V})}{\leqslant}} \sup\{\nu^*(K) \mid K \subset U,\ K \text{ kompakt}\}. \qquad \square$$

Im Beweis des Carathéodoryschen Fortsetzungssatzes – Satz 5.2, (5.2) – hatten wir die ν^*-messbaren Mengen eingeführt:

$$\mathscr{A}_\nu^* = \{A \subset E \mid \forall Q \subset E \ :\ \nu^*(Q) = \nu^*(Q \cap A) + \nu^*(Q \setminus A)\}.$$

26.11 Lemma. *Es seien ν, ν^* wie in Lemma 26.10. Dann gilt $\mathscr{B}(E) \subset \mathscr{A}_\nu^*$.*

Beweis. Wir zeigen, dass die abgeschlossenen Mengen $\mathscr{C}$ in $\mathscr{A}_\nu^*$ enthalten sind. Dazu sei $F \in \mathscr{C}$ und $Q \subset U \in \mathscr{O}$. Wegen Lemma 26.9.d) gilt

$$\exists U_n \in \mathscr{O},\ \overline{U}_n \subset U \setminus F\ :\ \nu(U_n) \uparrow \nu(U \setminus F).$$

Weil ν endlich additiv ist und $U_n \uplus (U \setminus \overline{U}_n) = U \setminus \partial U_n$, sehen wir

$$\begin{aligned}\nu(U) \geqslant \nu(U \setminus \partial U_n) &= \nu(U_n) + \nu(U \setminus \overline{U}_n)\\ &\geqslant \nu(U_n) + \nu^*(U \cap F)\\ &\xrightarrow[n\to\infty]{} \nu(U \setminus F) + \nu^*(U \cap F)\\ &\geqslant \nu^*(Q \setminus F) + \nu^*(Q \cap F).\end{aligned}$$

Indem wir zum Infimum über alle offenen $U \supset Q$ übergehen, erhalten wir wegen (26.7), dass $\nu^*(Q) \geqslant \nu^*(Q \setminus F) + \nu^*(Q \cap F)$. Da ν^* (σ-)subadditiv ist, gilt auch die umgekehrte Ungleichung, und wir sehen $F \in \mathscr{A}_\nu^*$.

Aus dem Beweis von Satz 5.2 wissen wir, dass $\mathscr{A}_\nu^*$ eine σ-Algebra ist. Da $\mathscr{C}$ ein Erzeuger von $\mathscr{B}(E)$ ist, folgt $\mathscr{B}(E) = \sigma(\mathscr{C}) \subset \mathscr{A}_\nu^*$. □

Wir können jetzt den Beweis für den Rieszschen Darstellungssatz führen.

Beweis von Satz 26.8. Existenz: Ausgehend von I konstruieren wir ν und ν^* wie in Lemma 26.9–26.11. Mit dem (Beweis des) Carathéodoryschen Fortsetzungsatz (Satz 5.2, insbesondere Schritt 3 auf Seite 23) sehen wir, dass $\mu := \nu^*|_{\mathscr{B}(E)}$ ein Maß ist, das wegen Lemma 26.10 regulär ist.

Wir müssen noch die Darstellung $I(u) = \int u\,d\mu$, $u \in C_c(E)$, zeigen. Wegen der Linearität können wir $0 \leqslant u \leqslant 1$ annehmen, sonst würden wir $u^\pm/\|u\|_\infty$ betrachten. Setze

$$u_k^n(x) := (nu(x) - k)^+ \wedge 1 \quad \text{und} \quad U_k^n := \{nu > k\} = \{u_k^n > 0\}$$

(vgl. Abb. 26.1). Es gilt

$$\overline{U}_{k+1}^n = \overline{\{u_{k+1}^n > 0\}} \subset \{u_k^n = 1\}.$$

Daher ist

$$\int u_{k+1}^n\,d\mu \leqslant \int \mathbb{1}_{U_{k+1}^n}\,d\mu = \underbrace{\mu\left(U_{k+1}^n\right) \underset{\mu|_{\mathscr{O}}=\nu|_{\mathscr{O}}}{\overset{(26.6)}{\leqslant}} I(u_k^n) \leqslant \mu\left(\overline{U}_k^n\right)}_{\text{beachte } \mathbb{1}_{U_{k+1}^n} \leqslant u_k^n \leqslant \mathbb{1}_{\overline{U}_k^n}} \leqslant \int u_{k-1}^n\,d\mu.$$

Setze $U_0 = U_0^n = \{u > 0\}$. Mit $nu = \sum_{k=0}^n u_k^n$ folgt

$$n\int u\,d\mu - \mu(U_0) \leqslant nI(u) \leqslant n\int u\,d\mu + \underbrace{\mu\left(\overline{U}_0\right)}_{<\infty,\ \text{da supp}\,u\ \text{kompakt}}.$$

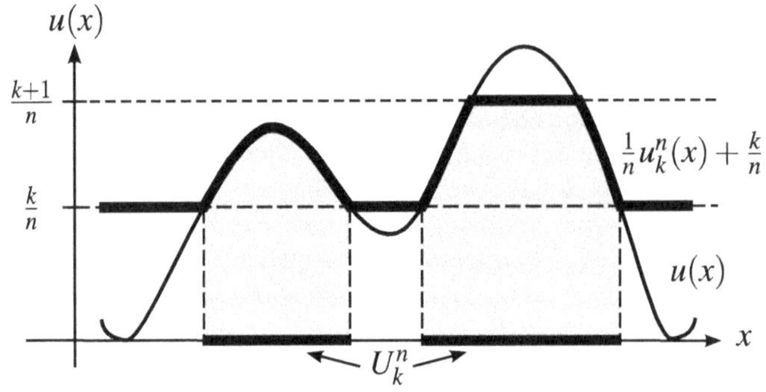

Abb. 26.1: Der schattierte Bereich ist der Subgraph der Funktion $\frac{1}{n}u_k^n(x) + \frac{k}{n}$; bis auf vertikale Verschiebungen zerlegen die Funktionen $\frac{1}{n}u_k^n(x)$, $k = 0, \dots, n$, den Graphen der Funktion $u(x)$ in horizontale Streifen der Breite $\frac{1}{n}$.

Durch Division mit n und nach Grenzübergang $n \to \infty$ erhalten wir $\int u \, d\mu = I(u)$.

Eindeutigkeit: Angenommen, μ, ρ sind zwei Darstellungsmaße. Dann gilt

$$\forall u \in C_c(E) : \int u \, d\mu = I(u) = \int u \, d\rho.$$

Analog zum Beweis von Satz 22.4 folgt $\mu(K) = \rho(K)$ für alle kompakten Mengen $K \subset E$. Da μ und ρ regulär sind, ist wegen (26.4) $\mu(B) = \rho(B)$ für alle $B \in \mathscr{B}(E)$. □

Eine hübsche Anwendung des Rieszschen Satzes ist ein weiterer Beweis für die Existenz des Lebesgueschen Maßes auf der Grundlage des Riemann–Integrals.

26.12 Korollar. *Das d-dimensionale Lebesguesche Maß λ^d existiert und es ist das einzige Maß auf $(\mathbb{R}^d, \mathscr{B}(\mathbb{R}^d))$ mit $\lambda^d\left(\times_{n=1}^d [a_n, b_n]\right) = \prod_{n=1}^d (b_n - a_n)$.*

Beweis. Für $u \in C_c(\mathbb{R}^d)$ existiert das Riemann–Integral

$$I(u) = \int_{-\infty}^{\infty} \cdots \int_{-\infty}^{\infty} u(x_1, \dots, x_d) \, dx_1 \dots dx_d$$

und definiert ein positives lineares Funktional. Nach Satz 26.8 existiert ein eindeutig bestimmtes Maß λ^d, so dass $I(u) = \int u \, d\lambda^d$.

Zu $J = \times_{n=1}^d [a_n, b_n]$ definieren wir $J(h) := \times_{n=1}^d [a_n - h, b_n + h]$ für $h \in \mathbb{R}$. Mit Hilfe von Lemma 26.6 finden wir $u_h, w_h \in C_c(\mathbb{R}^d)$ mit $\mathbb{1}_{J(-h)} \leqslant u_h \leqslant \mathbb{1}_J \leqslant w_h \leqslant \mathbb{1}_{J(h)}$. Somit gilt

$$\begin{aligned}\int_{a_1+h}^{b_1-h} \cdots \int_{a_d+h}^{b_d-h} dx_1 \dots dx_d &\leqslant \int_{-\infty}^{\infty} \cdots \int_{-\infty}^{\infty} u_h(x_1, \dots, x_d) \, dx_1 \dots dx_d \\ &\leqslant \lambda^d \left([a_1, b_1] \times \cdots \times [a_d, b_d]\right)\end{aligned}$$

$$\leqslant \int_{-\infty}^{\infty} \cdots \int_{-\infty}^{\infty} w_h(x_1, \ldots, x_d)\, dx_1 \ldots dx_d$$
$$\leqslant \int_{a_1-h}^{b_1+h} \cdots \int_{a_d-h}^{b_d+h} dx_1 \ldots dx_d.$$

Für $h \to 0$ ergibt sich $\lambda^d(J) = \prod_{n=1}^{d}(b_n - a_n)$, wodurch λ^d als Lebesgue-Maß identifiziert wird. □

Aufgaben

1. Es sei $(E, \mathscr{A}, \mu)$ ein σ-endlicher Maßraum, $f \in \mathscr{L}^0(\mathscr{A})$ und $1 \leqslant p < \infty$, $1 < q \leqslant \infty$ konjugierte Indices. Zeigen Sie:
   (a) Wenn $f \in \mathscr{L}^p(\mu)$, dann ist $\|f\|_{L^p} = \sup\left\{\int fg\,d\mu \mid g \in \mathscr{L}^q(\mu),\ \|g\|_{L^q} \leqslant 1\right\}$.
   (b) Zeigen Sie, dass man in (a) den Raum $\mathscr{L}^q(\mu)$ durch eine dichte Teilmenge $\mathcal{D} \subset \mathscr{L}^q(\mu)$ ersetzen kann.
   (c) Wenn $fg \in \mathscr{L}^1(\mu)$ für alle $g \in \mathscr{L}^q(\mu)$, dann ist $f \in \mathscr{L}^p(\mu)$.
   Hinweis: Betrachten Sie $g \mapsto I_f(g) = \int |f| g\,d\mu$ und verwenden Sie Satz 26.4.

2. (Schwache Konvergenz) Es sei $(E, \mathscr{A}, \mu)$ ein σ-endlicher Maßraum und $p \in (1, \infty]$, $q \in [1, \infty)$ seien konjugierte Indices. Wir nehmen an, dass der Raum $\mathscr{L}^q(\mu)$ separabel ist, wobei $\mathcal{D}_q$ die abzählbare dichte Teilmengen bezeichnet.
   (a) Wenn $(u_n)_{n\in\mathbb{N}}$ in L^p beschränkt ist, d. h. $\sup_n \|u_n\|_{L^p} < \infty$, dann gibt es eine Teilfolge, so dass $\lim_{i\to\infty} \int u_{n(i)} g\,d\mu$ für alle $g \in \mathcal{D}_q$ konvergiert.
   Hinweis: Bolzano–Weierstraß und Diagonalargument.
   (b) Die Konvergenzaussage in (a) gilt sogar für alle $g \in L^q(\mu)$.
   (c) Folgern Sie aus (a) und (b), dass es eine Funktion $u \in \mathscr{L}^p(\mu)$ gibt mit $\lim_i \int u_{n(i)} g\,d\mu = \int ug\,d\mu$ (»schwache Konvergenz in L^p«). Damit haben Sie folgende Aussage gezeigt: *Jede in L^p beschränkte Folge hat eine schwach konvergente Teilfolge.*
   Hinweis: Betrachten Sie $g \mapsto I(g) := \lim_i \int u_{n(i)} g\,d\mu$ und verwenden Sie Satz 26.4. Das erklärt die Einschränkung $p > 1$.

3. (Stetigkeitssatz von P. Lévy) Auf $(\mathbb{R}^d, \mathscr{B}(\mathbb{R}^d))$ sei $(\mu_n)_{n\in\mathbb{N}}$ eine Folge von endlichen Maßen. Man sagt, dass μ_n schwach gegen ein Maß μ konvergiert, wenn $\lim_{n\to\infty} \int u\,d\mu_n = \int u\,d\mu$ für alle Funktionen $u \in C_b(\mathbb{R}^d)$ gilt. Die folgenden Schritte ergeben einen Beweis für den

   Stetigkeitssatz von P. Lévy. *Es sei $(\mu_n)_{n\in\mathbb{N}}$ eine Folge von endlichen Maßen. Wenn die Folge der Fouriertransformationen $(\widehat{\mu}_n)_{n\in\mathbb{N}}$ punktweise gegen eine Funktion ϕ konvergiert, die bei $\xi = 0$ stetig ist, dann gibt es ein endliches Maß μ, so dass $\mu_n \to \mu$ schwach. Insbesondere ist dann die Konvergenz der Fouriertransformationen bereits lokal gleichmäßig.*

   (a) Wenn $\lim_{n\to\infty} \widehat{\mu}_n(\xi) = \phi(\xi)$ für jedes $\xi \in \mathbb{R}^d$, dann ist $\phi(\xi)$ positiv semidefinit (vgl. Aufgabe 23.4 oder 26.4). Insbesondere gilt $|\phi(\xi)| \leqslant \phi(0)$.
   Hinweis: Verwenden Sie für die Abschätzung, dass die Matrizen $(\phi(0))$ und $\begin{pmatrix} \phi(0) & \phi(-\xi) \\ \phi(\xi) & \phi(0) \end{pmatrix}$ positiv semidefinit sind.
   (b) Zeigen Sie, dass $u \mapsto \Lambda u := \lim_n \int u\,d\mu_n$, $u \in C_c^\infty(\mathbb{R}^d)$, ein positives lineares Funktional definiert.

Hinweis: Verwenden Sie u. a. Satz 23.12.

(c) Zeigen Sie, dass für Λ aus Teil (b) die Abschätzung $|\Lambda u| \leqslant (2\pi)^d \phi(0)\|u\|_\infty$ gilt und setzen Sie Λ zu einem positiven linearen Funktional auf $C_c(\mathbb{R}^d)$ fort. Daher können Sie Λ mit einem Maß μ identifizieren.

(d) Wenn $\lim_{n\to\infty} \widehat{\mu}_n(\xi) = \phi(\xi)$ für jedes $\xi \in \mathbb{R}^d$, und wenn ϕ an der Stelle $\xi = 0$ stetig ist, dann ist die Folge $(\mu_n)_{n\in\mathbb{N}}$ *straff*, d. h.

$$\forall \epsilon > 0 \quad \exists R = R_\epsilon > 0 \; : \; \sup_n \mu_n(\mathbb{R}^d \setminus [-R, R]^d) \leqslant \epsilon.$$

Hinweis: Verwenden Sie das Resultat von Aufgabe 23.3.

(e) Zeigen Sie, dass μ ein endliches Maß ist und dass $\mu_n \to \mu$ schwach.

(f) Nun sei $(\mu_n)_{n\in\mathbb{N}}$ eine schwach konvergente Folge endlicher Maße. Zeigen Sie, dass die Folge $(\widehat{\mu}_n)_{n\geqslant 0}$ gleichgradig gleichmäßig stetig ist.

(g) Zeigen Sie, mit Hilfe von Teil (f) und der Straffheit (d), dass die Folge $(\mu_n)_{n\in\mathbb{N}}$ gegen ein endliches Maß μ konvergiert, und dass $\widehat{\mu}_n(\xi) \to \widehat{\mu}(\xi)$ gleichmäßig auf kompakten Mengen konvergiert.

4. (Satz von Bochner) Eine Funktion $\phi\colon \mathbb{R}^d \to \mathbb{C}$ heißt positiv semidefinit, wenn $(\phi(\xi_i - \xi_k))_{i,k=1}^n$ für alle $n \geqslant 1$ und $\xi_1, \dots, \xi_n \in \mathbb{R}^d$ positiv hermitesche Matrizen sind. Mit anderen Worten: $\phi(\xi) = \overline{\phi(-\xi)}$ und $\sum_{i,k=1}^n \phi(\xi_i - \xi_k)\lambda_i\overline{\lambda}_k \geqslant 0$ für alle $\lambda_1, \dots, \lambda_n \in \mathbb{C}$. Die folgenden Schritte skizzieren einen Beweis für den

Satz von Bochner. *Eine stetige Funktion $\phi\colon \mathbb{R}^d \to \mathbb{C}$ ist genau dann die Fouriertransformation eines endlichen Maßes μ auf $(\mathbb{R}^d, \mathscr{B}(\mathbb{R}^d))$, wenn ϕ positiv semidefinit ist.*

(a) Es sei μ ein endliches Maß. Dann ist $\widehat{\mu}(\xi)$ stetig und positiv semidefinit.

(b) Es sei ϕ stetig und positiv semidefinit. Dann ist $\phi(0) \geqslant 0$ und $|\phi(\xi)| \leqslant \phi(0)$.

Hinweis: Verwenden Sie für die Abschätzung, dass die Matrizen $(\phi(0))$ und $\begin{pmatrix} \phi(0) & \phi(-\xi) \\ \phi(\xi) & \phi(0) \end{pmatrix}$ positiv semidefinit sind.

(c) Zeigen Sie, dass $\nu_\epsilon(x) := \iint \phi(\xi - \eta)\left(e^{i\langle x,\xi\rangle} e^{-2\epsilon|\xi|^2}\right)\overline{\left(e^{i\langle x,\eta\rangle} e^{-2\epsilon|\eta|^2}\right)}\, d\xi\, d\eta$ positiv ist und dass gilt

$$\nu_\epsilon(x) = \frac{1}{c}\int \phi_\epsilon(\eta) e^{i\langle x,\eta\rangle}\, d\eta \quad \text{wobei} \quad \phi_\epsilon(\eta) = e^{-\epsilon|\eta|^2}\phi(\eta).$$

(d) Zeigen Sie, dass die Funktion ν_ϵ integrierbar ist.

(e) Somit ist ϕ_ϵ die Fouriertransformation der Funktion $c\nu_\epsilon$. Wenden Sie nun Lévys Stetigkeitssatz (Aufgabe 26.3) für $\phi_\epsilon(x) \to \phi(x)$ an.

27 ⧫Konvergenz von Maßen

In diesem Kapitel beschäftigen wir uns mit der schwachen und vagen Konvergenz von Maßen. Es sei (E, d) ein metrischer Raum und mit $\mathfrak{M}^+(E)$ bezeichnen wir die (positiven) Maße auf $(E, \mathscr{B}(E))$. Weiter setzen wir

$$\mathfrak{M}_b^+(E) := \{\mu \in \mathfrak{M}^+(E) \mid \mu(E) < \infty\} \qquad \text{endliche Maße,}$$
$$\mathfrak{M}_1^+(E) := \{\mu \in \mathfrak{M}^+(E) \mid \mu(E) = 1\} \qquad \text{Wahrscheinlichkeitsmaße.}$$

Ein Maß μ heißt *lokal endlich*, wenn für jedes $x \in E$ eine offene Umgebung $U = U(x)$ existiert mit $\mu(U) < \infty$. Da wir jede kompakte Menge K mit endlich vielen derartigen Umgebungen überdecken können, gilt $\mu(K) < \infty$ für lokal endliche Maße.

Schwache Konvergenz

27.1 Definition. Eine Folge $(\mu_n)_{n\in\mathbb{N}} \subset \mathfrak{M}_b^+(E)$ *konvergiert schwach* gegen $\mu \in \mathfrak{M}_b^+(E)$ (Notation: $\mu_n \xrightarrow{\text{w}} \mu$), wenn

$$\forall u \in C_b(E) \; : \; \lim_{n\to\infty} \int u \, d\mu_n = \int u \, d\mu.$$

Die in Definition 27.1 eingeführte schwache Konvergenz ist *nicht* die aus der Funktionalanalysis bekannte schwache Konvergenz im Dualpaar $(C_b(E), \mathfrak{M}_b(E))$, wobei $\mathfrak{M}_b(E) := \{\mu - \nu \mid \mu, \nu \in \mathfrak{M}_b^+(E)\}$.

27.2 Bemerkung. Da die Familie $C_b(E)$ maßbestimmend ist (im Sinne von Definition 22.1), sind schwache Grenzwerte eindeutig: Es seien $\mu, \nu \in \mathfrak{M}_b^+(E)$ und es gelte $\int u \, d\mu = \int u \, d\nu$ für alle $u \in C_b(E)$. Für eine abgeschlossene Menge $F \subset E$ bezeichnet $d(x, F) := \inf_{y\in F} d(x, y)$ den Abstand von x zur Menge F; dann gilt

$$u_n(x) := (1 - nd(x, F))^+ \implies u_n \in C_b(E), \; u_n \downarrow \mathbb{1}_F,$$

und wir sehen mit monotoner Konvergenz

$$\mu(F) = \inf_{n\in\mathbb{N}} \int u_n \, d\mu = \inf_{n\in\mathbb{N}} \int u_n \, d\nu = \nu(F).$$

Aus dem Eindeutigkeitssatz für Maße (Satz 4.5) folgt dann $\mu = \nu$.

Für $u \equiv 1$ folgt, dass schwache Konvergenz *die Gesamtmasse von Maßen erhält*:

$$\lim_{n\to\infty} \mu_n(E) = \lim_{n\to\infty} \int 1 \, d\mu_n = \int 1 \, d\mu = \mu(E). \tag{27.1}$$

Andererseits kann man $\lim_{n\to\infty} \mu_n(B) = \mu(B)$ nicht für beliebige Mengen $B \in \mathscr{B}(E)$ erwarten. Betrachte $x_n \in E$ mit $\lim_{n\to\infty} x_n = x$ und $\mu_n := \delta_{x_n}$ sowie $\mu := \delta_x$. Dann

https://doi.org/10.1515/9783111342894-027

konvergiert δ_{x_n} schwach gegen δ_x, $\delta_{x_n} \xrightarrow{\mathrm{w}} \delta_x$, da

$$\forall u \in C_b(E) : \int u \, d\delta_{x_n} = u(x_n) \xrightarrow[n\to\infty]{} u(x) = \int u \, d\delta_x,$$

aber $\delta_{x_n}(B) = \mathbb{1}_B(x_n)$ muss i. Allg. nicht gegen $\mathbb{1}_B(x)$ konvergieren (z. B. wenn $x_n \neq x$ und $B = \{x\}$). Trotzdem kann man schwache Konvergenz mit Hilfe von Mengen charakterisieren. Dazu benötigen wir den Begriff des *Randes* einer Menge $\partial B = \overline{B} \setminus B^\circ$, wobei $\overline{B}$ den Abschluss und B° das offene Innere von B bezeichnet.

27.3 Satz (Portmanteau-Theorem). *Sei (E, d) ein metrischer Raum und $\mu, \mu_n \in \mathfrak{M}_b^+(E)$, $n \in \mathbb{N}$. Dann sind die folgenden Aussagen äquivalent:*

a) $\mu_n \xrightarrow{\mathrm{w}} \mu$.

b) $\lim_{n\to\infty} \int u \, d\mu_n = \int u \, d\mu$ *für alle gleichmäßig stetigen $u \in C_b(E)$.*

c) $\limsup_{n\to\infty} \mu_n(F) \leqslant \mu(F)$ *für alle abgeschlossenen $F \subset E$ und* $\lim_{n\to\infty} \mu_n(E) = \mu(E)$.

d) $\liminf_{n\to\infty} \mu_n(U) \geqslant \mu(U)$ *für alle offenen $U \subset E$ und* $\lim_{n\to\infty} \mu_n(E) = \mu(E)$.

e) $\lim_{n\to\infty} \mu_n(B) = \mu(B)$ *für alle Borelmengen $B \subset E$ mit* $\mu(\partial B) = 0$.

Beweis. Die Implikation a)⇒b) ist klar. b)⇒c): Definiere für $k \in \mathbb{N}$

$$u_k(x) := (1 - k d(x, F))^+ \quad \text{wo} \quad d(x, F) := \inf_{y\in F} d(x, y).$$

Dann ist u_k gleichmäßig stetig (vgl. das Argument im Beweis von Lemma 22.3), beschränkt und es gilt $u_k \geqslant \mathbb{1}_F$ sowie $u_k \downarrow \mathbb{1}_F$. Somit

$$\limsup_{n\to\infty} \mu_n(F) = \limsup_{n\to\infty} \int \mathbb{1}_F \, d\mu_n \leqslant \limsup_{n\to\infty} \int u_k \, d\mu_n \overset{\text{b)}}{=} \int u_k \, d\mu.$$

Mit monotoner Konvergenz folgt nun

$$\limsup_{n\to\infty} \mu_n(F) \leqslant \inf_{k\in\mathbb{N}} \int u_k \, d\mu = \int \mathbb{1}_F \, d\mu = \mu(F).$$

Die Masseerhaltung $\mu_n(E) \to \mu(E)$ haben wir schon in (27.1) gesehen.

c)⇔d): Für $U \subset E$ offen ist $U^c = E \setminus U$ abgeschlossen und wir finden

$$\begin{aligned}\liminf_{n\to\infty} \mu_n(U) = \liminf_{n\to\infty} \left[\mu_n(E) - \mu_n(U^c)\right] &= \lim_{n\to\infty} \mu_n(E) - \limsup_{n\to\infty} \mu_n(U^c) \\ &\overset{\text{c)}}{\geqslant} \mu(E) - \mu(U^c) = \mu(U).\end{aligned}$$

Die Umkehrung wird ganz ähnlich bewiesen.

c) & d)⇒e): Wir haben $B^\circ \subset B \subset \overline{B}$ und wegen $\mu(\partial B) = 0$ gilt daher

$$\limsup_{n\to\infty} \mu_n(B) \leqslant \limsup_{n\to\infty} \mu_n(\overline{B}) \leqslant \mu(\overline{B}) = \mu(B^\circ) \leqslant \liminf_{n\to\infty} \mu_n(B^\circ) \leqslant \liminf_{n\to\infty} \mu_n(B).$$

e)⇒a): Es sei $u \in C_b(E)$ eine positive Funktion. Da $\partial\{u \geqslant t\} \subset \{u = t\}$ und $\mu(E) < \infty$, gilt $\mu(\partial\{u \geqslant t\}) > 0$ für höchstens abzählbar viele t. Mit Satz 16.7, dominierter Konvergenz und der Tatsache, dass abzählbare Mengen Lebesgue-Nullmengen sind, erhält man

$$\begin{aligned}\lim_{n\to\infty}\int u\,d\mu_n &\overset{16.7}{=} \lim_{n\to\infty}\int_0^{\|u\|_\infty}\mu_n(u \geqslant t)\,dt = \int_0^{\|u\|_\infty}\lim_{n\to\infty}\mu_n(u \geqslant t)\,dt \\ &\overset{\text{e)}}{=} \int_0^{\|u\|_\infty}\mu(u \geqslant t)\,dt \overset{16.7}{=} \int u\,d\mu.\end{aligned}$$

Der allgemeine Fall folgt nun mit Linearität. □

Vage Konvergenz

Schwache Konvergenz setzt endliche Maße voraus, was für viele Anwendungen nicht erfüllt ist. Daher verwendet man oft das Konzept der vagen Konvergenz, das stetige Funktionen mit kompakten Trägern $C_c(E)$ verwendet. Wir betrachten hier nur reguläre Maße, vgl. Anhang A.5: Ein Maß $\mu \in \mathfrak{M}^+(E)$ ist regulär, also $\mu \in \mathfrak{M}^+_{\text{reg}}(E)$, wenn

- $\mu(K) < \infty$ für alle kompakten Mengen $K \subset E$;
- $\mu(U) = \sup\{\mu(K) \mid K \subset U,\ K \text{ kompakt}\}$ für alle offenen Mengen $U \in \mathscr{O}$;
- $\mu(B) = \inf\{\mu(U) \mid U \supset B,\ U \text{ offen}\}$ für alle Borel-Mengen $B \in \mathscr{B}(E)$.

27.4 Definition. Eine Folge $(\mu_n)_{n\in\mathbb{N}} \subset \mathfrak{M}^+_{\text{reg}}(E)$ *konvergiert vag* gegen $\mu \in \mathfrak{M}^+_{\text{reg}}(E)$ (Notation: $\mu_n \xrightarrow{\text{v}} \mu$), wenn

$$\forall u \in C_c(E) : \lim_{n\to\infty}\int u\,d\mu_n = \int u\,d\mu.$$

Im Gegensatz zu $C_b(E)$ kann der Raum $C_c(E)$ relativ klein sein. Für eine sinnvolle Theorie müssen wir weitere topologische Annahmen machen.

Eine Menge $A \subset E$ heißt *relativ kompakt*, wenn $\overline{A}$ kompakt ist. Ein metrischer Raum (E, d) heißt *lokal-kompakt*, wenn jeder Punkt $x \in E$ eine relativ kompakte offene Umgebung $V(x)$ besitzt. Unter diesen Annahmen garantiert das Lemma von Urysohn (Lemma 24.7), dass der Raum $C_c(E)$ hinreichend reichhaltig ist.

27.5 Bemerkung. In lokal-kompakten Räumen E folgt – wie in Bemerkung 27.2 – mit Lemma 24.7.a) und dem Satz von der monotonen Konvergenz, dass

$$\forall u \in C_c(E) : \int u\,d\mu = \int u\,d\nu \implies \forall K \subset E \text{ kompakt} : \mu(K) = \nu(K).$$

Wenn μ, ν regulär sind, dann gilt $\mu(B) = \nu(B)$ für alle $B \in \mathscr{B}(E)$, d. h. in $\mathfrak{M}^+_{\text{reg}}(E)$ sind vage Grenzwerte eindeutig.

Mit Hilfe von Lemma 24.7 können wir auch ein Portmanteau-Theorem für vage Konvergenz zeigen.

27.6 Satz. *Sei (E, d) ein lokal-kompakter metrischer Raum und $\mu, \mu_n \in \mathfrak{M}^+_{\text{reg}}(E)$, $n \in \mathbb{N}$. Dann sind die folgenden Aussagen äquivalent:*

a) $\mu_n \xrightarrow{\text{v}} \mu$.

b) $\limsup_{n\to\infty} \mu_n(K) \leqslant \mu(K)$ *und* $\liminf_{n\to\infty} \mu_n(U) \geqslant \mu(U)$ *für alle kompakten Mengen* $K \subset E$ *und alle relativ kompakten offenen Mengen* $U \subset E$.

c) $\lim_{n\to\infty} \mu_n(B) = \mu(B)$ *für alle relativ kompakten* $B \in \mathscr{B}(E)$ *mit* $\mu(\partial B) = 0$.

Beweis. a)⇒b): Es sei K eine kompakte Menge und $u_\epsilon \downarrow \mathbb{1}_K$ mit $u_\epsilon \in C_c(E)$ aus Lemma 24.7. Nun folgt $\limsup_{n\to\infty} \mu_n(K) \leqslant \mu(K)$ wie im Beweis von Satz 27.3, b)⇒c).

Zu jeder offenen und relativ kompakten Menge U gibt es nach Lemma 24.7 Funktionen $w_\epsilon \in C_c(E)$ mit $w_\epsilon \uparrow \mathbb{1}_U$. Somit

$$\int w_\epsilon \, d\mu = \liminf_{n\to\infty} \int w_\epsilon \, d\mu_n \leqslant \liminf_{n\to\infty} \int \mathbb{1}_U \, d\mu_n = \liminf_{n\to\infty} \mu_n(U).$$

Monotone Konvergenz zeigt dann

$$\mu(U) = \sup_{\epsilon>0} \int w_\epsilon \, d\mu \leqslant \liminf_{n\to\infty} \mu_n(U).$$

b)⇒c)⇒a) folgt nun wie im Beweis der entsprechenden Aussagen von Satz 27.3. Beachte, dass die Mengen $\{u \geqslant t\}$, $t > 0$, für positive $u \in C_c(E)$ kompakt sind. □

Im Gegensatz zur schwachen Konvergenz erhält die vage Konvergenz nicht immer die Gesamtmassen. Ein typisches Beispiel ist die Folge $(\delta_n)_{n\in\mathbb{N}}$ auf $(0, \infty)$, die vag gegen das Maß $\mu \equiv 0$ konvergiert.

27.7 Lemma. *Es sei (E, d) ein lokal-kompakter metrischer Raum, $\mu, \mu_n \in \mathfrak{M}^+_{\text{reg}}(E)$ und $\mu_n \xrightarrow{\text{v}} \mu$. Dann gilt $\mu(E) \leqslant \liminf_{n\to\infty} \mu_n(E)$.*

Beweis. Für alle $u \in C_c(E)$ mit $0 \leqslant u \leqslant 1$ gilt

$$\int u \, d\mu \overset{\text{vag}}{=} \liminf_{n\to\infty} \int u \, d\mu_n \leqslant \liminf_{n\to\infty} \int 1 \, d\mu_n = \liminf_{n\to\infty} \mu_n(E).$$

Nach Lemma 24.7 gibt es zu jedem Kompaktum K ein $u \in C_c(E)$ mit $\mathbb{1}_K \leqslant u \leqslant 1$. Somit

$$\mu(E) \overset{\text{regulär}}{=} \sup_{\substack{K\subset E\\ \text{kompakt}}} \mu(K) \leqslant \sup\left\{\int u \, d\mu \;\middle|\; u \in C_c(E),\ u \leqslant 1\right\} \leqslant \liminf_{n\to\infty} \mu_n(E). \qquad \square$$

Wir schreiben $C_\infty(E) := \overline{C_c(E)}$ für den Abschluss von $C_c(E)$ bezüglich der sup-Norm. Da gleichmäßige Konvergenz die Stetigkeit erhält, ist $u \in C_\infty(E)$ stetig. Andererseits ist die Menge $\{|u| \geqslant \epsilon\}$ kompakt, da es nach Konstruktion ein $u_\epsilon \in C_c(E)$ mit $\|u - u_\epsilon\|_\infty < \epsilon$ gibt. Daher *verschwindet u im Unendlichen.* Man sieht leicht, dass $(C_\infty(E), \|\cdot\|_\infty)$ ein Banachraum ist. [✍]

27.8 Satz. *Es sei (E,d) ein lokal-kompakter metrischer Raum und $\mu, \mu_n \in \mathfrak{M}^+_{\mathrm{reg}}(E)$. Dann gilt*

$$\mu_n \xrightarrow{\mathrm{v}} \mu \quad \textit{und} \quad \sup_{m\in\mathbb{N}} \mu_m(E) < \infty \implies \forall u \in C_\infty(E) : \int u\, d\mu_n \xrightarrow[n\to\infty]{} \int u\, d\mu.$$

Beweis. Es seien $u \in C_\infty(E)$ und $\epsilon > 0$. Nach der Vorbemerkung zu Satz 27.8 und Lemma 24.7 gibt es ein $\chi \in C_c(E)$, $0 \leqslant \chi \leqslant 1$, so dass $|u| \leqslant \epsilon$ auf der Menge $\{\chi < 1\} = \{\chi = 1\}^c$. Somit

$$\begin{aligned}\left|\int u\, d\mu_n - \int u\, d\mu\right| &\leqslant \left|\int u\chi\, d\mu_n - \int u\chi\, d\mu\right| + \left|\int u(1-\chi)\, d\mu_n - \int u(1-\chi)\, d\mu\right| \\ &\leqslant \left|\int u\chi\, d\mu_n - \int u\chi\, d\mu\right| + \epsilon\,[\mu_n(E) + \mu(E)] \\ &\overset{27.7}{\leqslant} \left|\int u\chi\, d\mu_n - \int u\chi\, d\mu\right| + 2\epsilon \sup_{m\in\mathbb{N}} \mu_m(E).\end{aligned}$$

Da $u\chi \in C_c(E)$ ist, ergibt sich für $n \to \infty$

$$\limsup_{n\to\infty} \left|\int u\, d\mu_n - \int u\, d\mu\right| \leqslant 2\epsilon \sup_{m\in\mathbb{N}} \mu_m(E) \xrightarrow[\epsilon\to 0]{} 0. \qquad \square$$

Abschließend behandeln wir den Zusammenhang zwischen vager und schwacher Konvergenz.

27.9 Satz. *Es sei (E,d) ein lokal-kompakter metrischer Raum und $\mu, \mu_n \in \mathfrak{M}^+_{\mathrm{reg}}(E)$. Dann sind äquivalent:*

a) $\mu_n \xrightarrow{\mathrm{w}} \mu$.

b) $\mu_n \xrightarrow{\mathrm{v}} \mu$ *und Masseerhaltung:* $\lim_{n\to\infty} \mu_n(E) = \mu(E)$.

c) $\mu_n \xrightarrow{\mathrm{v}} \mu$ *und Straffheit:* $\forall \epsilon > 0 \ \exists K \subset E$ *kompakt* : $\sup_{n\in\mathbb{N}} \mu_n(K^c) < \epsilon$.

Insbesondere fallen vage und schwache Konvergenz für Wahrscheinlichkeitsmaße auf lokal- und σ-kompaktem E zusammen.

Beweis. Die Implikation a)$\Rightarrow$b) ist offensichtlich.

b)$\Rightarrow$c) Da die Maße μ_n und μ von innen regulär sind, gilt

$$\forall \epsilon > 0 \quad \forall n \in \mathbb{N} \quad \exists K_{n,\epsilon} \subset E \text{ kompakt} : \mu_n(K^c_{n,\epsilon}) \leqslant \epsilon;$$

entsprechend finden wir eine kompakte Menge $K_{0,\epsilon}$ für das Maß μ. Mit dem Lemma von Urysohn (Lemma 24.7.a) gibt es eine relativ kompakte offene Menge $U_\epsilon \supset K_{0,\epsilon}$ und eine kompakte Menge $K_\epsilon \supset U_\epsilon$, und wegen Satz 27.6.b) ist dann

$$\mu(E) \leqslant \mu(K_{0,\epsilon}) + \epsilon \leqslant \mu(U_\epsilon) + \epsilon \leqslant \liminf_{n\to\infty} \mu_n(U_\epsilon) + \epsilon \leqslant \liminf_{n\to\infty} \mu_n(K_\epsilon) + \epsilon.$$

Da nach Voraussetzung $\mu(E) = \lim_{n\to\infty} \mu_n(E)$ gilt, sehen wir

$$\limsup_{n\to\infty} \mu_n(E \setminus K_\epsilon) = \lim_{n\to\infty} \mu_n(E) - \liminf_{n\to\infty} \mu_n(K_\epsilon) \leqslant \epsilon.$$

Daher gibt es ein $N = N(\epsilon) \in \mathbb{N}$ mit $\sup_{n>N} \mu_n(E \setminus K_\epsilon) \leqslant 2\epsilon$. Da die Maße $\mu_1, \dots, \mu_N$ regulär sind, ist $K := K_\epsilon \cup K_{1,\epsilon} \cup \dots \cup K_{N,\epsilon}$ die gesuchte kompakte Menge.

c)⇒a) Sei $u \in C_b(E)$, $\epsilon > 0$ und $K \subset E$ eine kompakte Menge mit $\sup_n \mu_n(K^c) \leqslant \epsilon$ (nach Annahme) und $\mu(K^c) \leqslant \epsilon$ (wegen der Regularität). Mit dem Lemma von Urysohn konstruieren wir eine Funktion $\chi \in C_c(E)$ mit $\mathbb{1}_K \leqslant \chi \leqslant 1$. Dann ist

$$\begin{aligned}\left|\int u\,d\mu_n - \int u\,d\mu\right| &\leqslant \left|\int u\chi\,d\mu_n - \int u\chi\,d\mu\right| + \left|\int u(1-\chi)\,d\mu_n - \int u(1-\chi)\,d\mu\right| \\ &\leqslant \left|\int u\chi\,d\mu_n - \int u\chi\,d\mu\right| + \|u\|_\infty \left[\int \mathbb{1}_{K^c}\,d\mu_n + \int \mathbb{1}_{K^c}\,d\mu\right] \\ &\leqslant \left|\int u\chi\,d\mu_n - \int u\chi\,d\mu\right| + 2\|u\|_\infty \epsilon.\end{aligned}$$

Da $u\chi \in C_c(E)$ ist, ergibt sich für $n \to \infty$

$$\limsup_{n\to\infty} \left|\int u\,d\mu_n - \int u\,d\mu\right| \leqslant 2\|u\|_\infty \epsilon \xrightarrow[\epsilon\to 0]{} 0.$$

Der Zusatz folgt aus der Tatsache, dass W-Maße auf lokal-kompakten und σ-kompakten Räumen regulär sind, Satz A.10. □

Viele Existenzbeweise lassen sich auf Kompaktheitsaussagen zurückführen. Für die vage Konvergenz (und die dadurch induzierte vage Topologie) kann man Kompaktheit durch vage Beschränktheit kennzeichnen. In allgemeinen Räumen gilt allerdings nicht, dass Kompaktheit die Existenz von konvergenten (Teil-)Folgen impliziert. Wenn aber der Raum $C_c(E)$ eine abzählbare dichte Teilmenge enthält (also *separabel* ist, vgl. Satz A.16), dürfen wir mit Folgen arbeiten. Typischerweise ist $C_c(E)$ separabel, wenn der Grundraum (E, d) selbst ein metrischer Raum mit einer abzählbaren dichten Teilmenge ist.

27.10 Lemma (Einfangtrick). *Es sei (E, d) ein lokal-kompakter und σ-kompakter metrischer Raum. Dann existieren kompakte Mengen $(L_n)_{n\in\mathbb{N}}$, so dass $L_n \subset L^\circ_{n+1} \subset L_{n+1}$ und $\bigcup_{n\in\mathbb{N}} L_n = E$ gilt. Insbesondere gibt es für jede kompakte Menge $K \subset E$ ein $N = N(K)$ mit $K \subset L_N$.*

Beweis (vgl. auch Lemma A.13).. Da E σ-kompakt ist, gibt es eine Folge kompakter Mengen $K_n \uparrow E$. Mit dem Urysohn-Lemma 24.7.a) finden wir Funktionen $\chi_n \in C_c(E)$ mit $\mathbb{1}_{K_n} \leqslant \chi_n \leqslant 1$; o. E. können wir $\chi_n \uparrow 1$ annehmen, sonst betrachten wir die Folge $\max\{\chi_1, \dots, \chi_n\}$.

Wir definieren nun $L_n := \{\chi_n \geqslant 1/n\}$. Diese Mengen sind abgeschlossen (χ_n ist stetig), kompakt ($L_n \subset \operatorname{supp}\chi_n$) und wegen $\chi_n \leqslant \chi_{n+1}$ gilt auch

$$L_n = \left\{\chi_n \geqslant \tfrac{1}{n}\right\} \subset \left\{\chi_n > \tfrac{1}{n+1}\right\} \subset \underbrace{\left\{\chi_{n+1} > \tfrac{1}{n+1}\right\}}_{=:\,U_n \text{ offen}} \subset \left\{\chi_{n+1} \geqslant \tfrac{1}{n+1}\right\} = L_{n+1}.$$

Da die Menge U_n offen ist, folgt $L_n \subset L^\circ_{n+1} \subset L_{n+1}$. Wegen $\chi_n \uparrow 1$ gilt $L^\circ_n \uparrow E$.

Nun sei $K \subset E$ kompakt. Offensichtlich ist $K \subset \bigcup_{n\in\mathbb{N}} L_n^\circ$. Auf Grund der Kompaktheit gibt es eine endliche Teilüberdeckung, d. h. es existiert ein $N = N(K) \in \mathbb{N}$, so dass gilt $K \subset L_1 \cup \cdots \cup L_N = L_N$. □

Wir kommen nun zum angekündigten Kompaktheitsresultat.

27.11 Satz. *Es sei (E, d) ein lokal-kompakter und σ-kompakter metrischer Raum, so dass $(C_c(E), \|\cdot\|_\infty)$ separabel ist. Wenn $\mathfrak{N} \subset \mathfrak{M}^+_{\mathrm{reg}}(E)$ vag beschränkt ist, d. h.*

$$\sup_{\nu\in\mathfrak{N}} \int |u|\, d\nu = c(u) < \infty \quad \forall u \in C_c(E), \tag{27.2}$$

dann gibt es eine Folge $(\mu_n)_{n\in\mathbb{N}} \subset \mathfrak{N}$ und ein Maß $\mu \in \mathfrak{M}^+_{\mathrm{reg}}(E)$, so dass $\mu_n \xrightarrow{\mathrm{v}} \mu$.

Beweis. 1⁰) Mit dem Lemma von Urysohn (Lemma 24.7) und dem Einfangtrick (Lemma 27.10) konstruieren wir eine Folge $(\chi_n)_{n\in\mathbb{N}} \subset C_c(E)$ mit

$$0 \leqslant \chi_n \uparrow 1 \quad \text{und} \quad \forall u \in C_c(E) \quad \exists N = N_u \ : \ \mathbb{1}_{\operatorname{supp} u} \leqslant \chi_N.$$

Es sei $\mathcal{D} = \{w_1, w_2, \dots\}$ eine abzählbare dichte Teilmenge von $C_c(E)$. Dann ist auch $\widetilde{\mathcal{D}} := \{w_k\chi_n \mid k, n \in \mathbb{N}\}$ eine abzählbare dichte Teilmenge von $C_c(E)$.

2⁰) Mit $\{u_1, u_2, u_3, \dots\}$ bezeichnen wir eine Abzählung der Menge $\widetilde{\mathcal{D}}$ aus 1⁰. Wir konstruieren die Folge $(\mu_n)_{n\in\mathbb{N}}$ rekursiv: Für $\langle \nu, u\rangle := \int u\, d\nu$ gilt nach Voraussetzung

$$(\langle \nu, u_i\rangle)_{\nu\in\mathfrak{N}} \subset [-c(u_i), c(u_i)] \quad \forall i \in \mathbb{N}.$$

Weil die rechte Seite ein kompaktes Intervall ist, finden wir durch wiederholte Anwendung des Satzes von Bolzano–Weierstraß

$$\begin{aligned}
(\langle \nu, u_1\rangle)_{\nu\in\mathbb{N}} &\subset [-c(u_1), c(u_1)] &&\Rightarrow \exists (\nu_n^1)_{n\in\mathbb{N}} \subset \mathfrak{N} : && I(u_1) = \lim_{n\to\infty} \langle \nu_n^1, u_1\rangle;\\
\big(\langle \nu_n^1, u_2\rangle\big)_{n\in\mathbb{N}} &\subset [-c(u_2), c(u_2)] &&\Rightarrow \exists (\nu_n^2)_{n\in\mathbb{N}} \subset (\nu_n^1)_{n\in\mathbb{N}} : && I(u_2) = \lim_{n\to\infty} \langle \nu_n^2, u_2\rangle;\\
&\vdots\\
\big(\langle \nu_n^{i-1}, u_i\rangle\big)_{n\in\mathbb{N}} &\subset [-c(u_i), c(u_i)] &&\Rightarrow \exists (\nu_n^i)_{n\in\mathbb{N}} \subset (\nu_n^{i-1})_{n\in\mathbb{N}} : && I(u_i) = \lim_{n\to\infty} \langle \nu_n^i, u_i\rangle.
\end{aligned}$$

Da wir die Teilfolgen immer weiter ausgedünnt haben, gilt $I(u_k) = \lim_{n\to\infty}\langle \nu_n^i, u_k\rangle$ für alle $k = 1, \dots, i$ und $i \in \mathbb{N}$. Somit erhalten wir für die Diagonalfolge $\mu_n := \nu_n^n$

$$\forall u \in \widetilde{\mathcal{D}} \ : \ I(u) = \lim_{n\to\infty} \langle \mu_n, u\rangle = \lim_{n\to\infty} \int u\, d\mu_n.$$

3⁰) Es sei $u \in C_c(E)$ und $\epsilon > 0$. Wie in Schritt 1⁰ finden wir Funktionen $w_\epsilon \in \mathcal{D}$ und $\chi_N \in C_c(E)$, so dass für $f_\epsilon := w_\epsilon \chi_N \in \widetilde{\mathcal{D}}$

$$\|u - f_\epsilon\|_\infty < \epsilon \quad \text{und} \quad |u - f_\epsilon| \leqslant \epsilon\chi_N$$

gilt. Somit

$$\begin{aligned}\left|\int u\,d\mu_n - \int u\,d\mu_m\right| &\leqslant \left|\int (u-f_\epsilon)\,d\mu_n\right| + \left|\int f_\epsilon\,d\mu_n - \int f_\epsilon\,d\mu_m\right| + \left|\int (f_\epsilon - u)\,d\mu_m\right| \\ &\leqslant \int |u-f_\epsilon|\,d\mu_n + \left|\int f_\epsilon\,d\mu_n - \int f_\epsilon\,d\mu_m\right| + \int |f_\epsilon - u|\,d\mu_m \\ &\leqslant \epsilon\left(\int \chi_N\,d\mu_n + \int \chi_N\,d\mu_m\right) + \left|\int f_\epsilon\,d\mu_n - \int f_\epsilon\,d\mu_m\right|. \qquad (*)\end{aligned}$$

Für $m, n \to \infty$ ergibt sich dann wegen (27.2) und $f_\epsilon \in \widetilde{\mathfrak{D}}$

$$\limsup_{m,n\to\infty}\left|\int u\,d\mu_n - \int u\,d\mu_m\right| \leqslant 2\epsilon c(\chi_N) \xrightarrow[\epsilon\to 0]{} 0. \qquad (**)$$

Also konvergiert $I(u) := \lim_{n\to\infty}\int u\,d\mu_n$ für alle $u \in C_c(E)$ und definiert ein positives lineares Funktional. Die Behauptung folgt nun aus dem Rieszschen Darstellungssatz, Satz 26.8. □

Wenn die Familie $\mathfrak{N}$ aus endlichen Maßen mit $\sup_{\nu\in\mathfrak{N}} \nu(E) < \infty$ besteht, dann ist die vage Beschränktheit offensichtlich erfüllt, und wir können sogar auf die σ-Kompaktheit von E verzichten. Das folgt einfach aus der Tatsache, dass wir im Beweis von Satz 27.11 an den mit (*) und (**) gekennzeichneten Stellen $\chi_N \equiv 1$ und $c(1) = \sup_{\nu\in\mathfrak{N}} \nu(E)$ wählen können.

27.12 Korollar. *Es sei (E, d) ein lokal-kompakter metrischer Raum, so dass $(C_c(E), \|\cdot\|_\infty)$ separabel ist. Dann hat jede Folge von Maßen in $\mathfrak{M}^+_{\leqslant 1}(E) := \{\mu \in \mathfrak{M}^+_{\mathrm{reg}}(E) : \mu(E) \leqslant 1\}$ eine vag konvergente Teilfolge, mit Grenzwert $\mu \in \mathfrak{M}^+_{\leqslant 1}(E)$. (M. a. W.: Die Familie $\mathfrak{M}^+_{\leqslant 1}(E)$ ist vag folgenkompakt.)*

Beweis. Wie in Satz 27.11 finden wir für jede Folge in $\mathfrak{M}^+_{\leqslant 1}(E)$ eine vag konvergente Teilfolge mit vagem Grenzwert $\mu \in \mathfrak{M}^+_{\mathrm{reg}}(E)$. Wegen Lemma 27.7 gilt $\mu(E) \leqslant 1$ und somit $\mu \in \mathfrak{M}^+_{\leqslant 1}(E)$. □

In vielen Anwendungen ist E ein σ-kompakter metrischer Raum [oder ein polnischer Raum]. Dann sind nach Satz A.10 [Korollar A.11] die endlichen Maße bereits regulär. Korollar 27.12 ist in der Wahrscheinlichkeitstheorie ein wichtiges Hilfsmittel, etwa für den Stetigkeitssatz von P. Lévy oder beim Beweis der Lévy–Khintchine Formel.

Aufgaben

1. Verwenden Sie Satz 27.11, um einen weiteren Beweis für den Stetigkeitssatz von Lévy (Aufgabe 26.3) zu führen.
   (a) Zeigen Sie (ähnlich wie in Aufgabe 26.3), dass der Grenzwert $\lim_{n\to\infty}\int u\,d\mu_n$ für alle Funktionen $u \in C_c(\mathbb{R}^d)$ existiert. Da $u \in C_c(\mathbb{R}^d) \implies |u| \in C_c(\mathbb{R}^d)$ ist die Folge vag beschränkt und es gibt ein Maß μ und eine vag konvergente Teilfolge $\mu_{n(i)} \to \mu$ (vag).
   (b) Teil (a) lässt sich auf jede Teilfolge von $(\mu_n)_n$ anwenden und es folgt, dass alle Teilfolgen wiederum vag konvergente Teilfolgen *mit demselben Grenzwert* μ zulassen. Daher konvergiert $\mu_n \to \mu$ vag.

(c) Mit Lévys *truncation inequality* (Aufgabe 23.3) folgt die Straffheit der Maße $(\mu_n)_n$, und Satz 27.9 zeigt, dass $\mu_n \to \mu$ schwach konvergiert.

2. Es seien (E, d) ein lokal-kompakter metrischer Raum und $\mu, \mu_n \in \mathfrak{M}^+_{\text{reg}}(E)$, $\mu_n \xrightarrow{\text{v}} \mu$. Dann gilt

$$\lim_n \int_B u \, d\mu_n = \int_B u \, d\mu \qquad \text{für alle } u \in C_c(E) \text{ und } B \in \mathscr{B}(E) \text{ mit } \mu(\partial B) = 0.$$

Hinweis: Vgl. den Beweis von Satz 27.6.c).

3. Es seien (E, d) ein lokal-kompakter metrischer Raum und $\mu, \mu_n \in \mathfrak{M}^+_{\text{reg}}(E)$. Es gelte:
(a) $\mu_n(dx) = f_n(x)\,\mu(dx)$ für geeignete Dichtefunktionen $f_n : E \to [0, \infty)$, $n \in \mathbb{N}$.
(b) $\mu_n \xrightarrow{\text{v}} \nu$ für ein $\nu \in \mathfrak{M}^+_{\text{reg}}$
(c) Es gibt eine Teilfolge $(f_{n_k})_{k\in\mathbb{N}}$ von $(f_n)_{n\in\mathbb{N}}$ mit

$$\forall x \in E : \lim_k f_{n_k}(x) = f(x) \quad \text{und} \quad \forall K \subset E,\ K \text{ kompakt} : \sup_{x\in K, k\in\mathbb{N}} f_{n_k}(x) \leqslant C_K.$$

Zeigen Sie, daß dann $\nu(dx) = f(x)\,\mu(dx)$ gilt.

A Anhang

A.1 Konstruktion einer nicht-messbaren Menge

Es sei λ^d das Lebesgue-Maß auf $(\mathbb{R}^d, \mathscr{B}(\mathbb{R}^d))$ und $\mathscr{N}_{\lambda^d} := \{N \in \mathscr{B}(\mathbb{R}^d) \mid \lambda^d(N) = 0\}$ die Familie der Nullmengen. Die *Vervollständigung* von $(\mathbb{R}^d, \mathscr{B}(\mathbb{R}^d), \lambda^d)$ ist definiert durch

$$\mathscr{B}^*(\mathbb{R}^d) := \{B^* = B \cup M \mid B \in \mathscr{B}(\mathbb{R}^d),\ M \subset N,\ N \in \mathscr{N}_{\lambda^d}\},$$
$$\overline{\lambda}^d(B^*) := \lambda^d(B), \quad B^* \in \mathscr{B}^*(\mathbb{R}^d);$$

eine Menge $B^* \in \mathscr{B}^*(\mathbb{R}^d)$ heißt *Lebesgue-messbar*. Man sieht leicht, dass $\mathscr{B}^*(\mathbb{R}^d)$ eine σ-Algebra ist,[26] und dass $\overline{\lambda}^d$ wohldefiniert ist und λ^d fortsetzt, vgl. Kapitel 10, S. 60*ff*.

A.1 Satz. *Es gibt Mengen in $\mathbb{R}^d$, die nicht Lebesgue-messbar sind: $\mathscr{B}^*(\mathbb{R}^d) \subsetneq \mathscr{P}(\mathbb{R}^d)$.*

Beweis. Zunächst sei $d = 1$. Wir nennen $x, y \in [0, 1)$ äquivalent, wenn $x - y \in \mathbb{Q}$. Mit $[x]$ bezeichnen wir die Äquivalenzklassen $\{y \in [0, 1) \mid y - x \in \mathbb{Q}\} = (x + \mathbb{Q}) \cap [0, 1)$. Nach Konstruktion gilt $[0, 1) = \dot{\bigcup}_{i\in I}[x_i]$, wobei $([x_i])_{i\in I}$ alle Äquivalenzklassen sind.

Mit Hilfe des Auswahlaxioms finden wir eine Menge L, die aus jeder Klasse $[x_i]$ genau ein m_i enthält. Insbesondere gilt

$$\forall x \in [0, 1) \quad \exists i_x \in I \ :\ [x] \cap L = \{m_{i_x}\}.$$

Daher ist $x = m_{i_x} + q$ für ein $q \in \mathbb{Q} \cap (-1, 1)$, also

$$[0, 1) \subset L + [\mathbb{Q} \cap (-1, 1)] \subset [0, 1) + (-1, 1) = (-1, 2)$$

oder

$$[0, 1) \subset \bigcup_{q\in\mathbb{Q}\cap(-1,1)} (q + L) \subset (-1, 2).$$

Weiterhin ist $(r + L) \cap (q + L) = \emptyset$ für $r \neq q$, $r, q \in \mathbb{Q}$ – sonst wäre $r + x = q + y$ für $x, y \in L$ mit $x \neq y$ und $x - y \in \mathbb{Q}$, was nach Konstruktion von L ausgeschlossen ist.

Angenommen, L wäre Lebesgue-messbar, dann sehen wir wegen der σ-Additivität des Lebesgueschen Maßes, dass

$$1 = \overline{\lambda}^1[0, 1) \leqslant \sum_{q\in\mathbb{Q}\cap(-1,1)} \overline{\lambda}^1(q + L) \leqslant \overline{\lambda}^1[-1, 2) = 3.$$

Andererseits ist $\overline{\lambda}^1$ invariant unter Translationen, $\overline{\lambda}^1(q + L) = \overline{\lambda}^1(L)$ (Satz 4.7), d. h.

$$1 \leqslant \sum_{q\in\mathbb{Q}\cap(-1,1)} \overline{\lambda}^1(L) \leqslant 3,$$

26 Die Carathéodory-Erweiterung (Satz 5.2) des Lebesgue-Maßes auf den Rechtecken $\mathscr{I}$ liefert übrigens $\mathscr{A}^* = \mathscr{B}^*(\mathbb{R}^d)$.

https://doi.org/10.1515/9783111342894-028

was offensichtlich nicht möglich ist. Somit ist L nicht Lebesgue-messbar.

Für $d > 1$ sieht man so, dass $[0,1)^{d-1} \times L$ nicht Lebesgue-messbar sein kann. □

A.2 Berechnung des Spatvolumens

Wir wollen das Volumen eines d-dimensionalen Parallelepipeds (Spat) bestimmen. Es sei $A \in \mathrm{GL}(d, \mathbb{R})$ eine invertierbare $d \times d$-Matrix und

$$A\left([0,1)^d\right) := \left\{Ax \in \mathbb{R}^d \mid x \in [0,1)^d\right\}$$

der von A aufgespannte Spat.

A.2 Satz. *Für alle* $A \in \mathrm{GL}(d, \mathbb{R})$ *gilt* $\lambda^d\left[A\left([0,1)^d\right)\right] = |\det A|$.

Für den Beweis von Satz A.2 benötigen wir zwei Hilfssätze.

A.3 Lemma. *Es sei* $D = \mathrm{diag}\left[\lambda_1, \dots, \lambda_d\right]$, $\lambda_n > 0$, *eine* $d \times d$ *Diagonalmatrix. Dann ist* $\lambda^d(D(B)) = \det D \cdot \lambda^d(B)$ *für alle Borelmengen* $B \in \mathscr{B}(\mathbb{R}^d)$.

Beweis. Sowohl D als auch D^{-1} definieren stetige Abbildungen. Daher ist $D(B)$ für jedes $B \in \mathscr{B}(\mathbb{R}^d)$ eine Borelmenge. Wegen des Eindeutigkeitssatzes für Maße (Satz 4.5) genügt es, die Aussage für halboffene Rechtecke $\times_{n=1}^d [a_n, b_n)$, $-\infty < a_n < b_n < \infty$, zu zeigen. Offenbar gilt

$$D\left(\mathop{\times}_{n=1}^{d} [a_n, b_n)\right) = \mathop{\times}_{n=1}^{d} [\lambda_n a_n, \lambda_n b_n)$$

und

$$\begin{aligned}
\lambda^d\left[D\left(\mathop{\times}_{n=1}^{d} [a_n, b_n)\right)\right] &= \prod_{n=1}^{d} (\lambda_n b_n - \lambda_n a_n) = \lambda_1 \dots \lambda_d \prod_{n=1}^{d} (b_n - a_n) \\
&= \det D\, \lambda^d\left[\mathop{\times}_{n=1}^{d} [a_n, b_n)\right].
\end{aligned}$$ □

A.4 Lemma. *Zu jeder Matrix* $A \in \mathrm{GL}(d, \mathbb{R})$ *gibt es orthogonale Matrizen* $S, T \in \mathrm{O}(d)$ *und eine Diagonalmatrix* $D = \mathrm{diag}\left[\lambda_1, \dots, \lambda_d\right]$ *mit strikt positiven Einträgen* $\lambda_n > 0$, *so dass* $A = SDT$.

Beweis. Die Matrix $A^\top A$ ist symmetrisch. Daher gibt es eine Matrix $U \in \mathrm{O}(d)$ mit

$$U^\top (A^\top A) U = \widetilde{D} = \mathrm{diag}\left[\mu_1, \dots, \mu_d\right].$$

Wir bezeichnen mit $e_n := (\underbrace{0, \dots, 0, 1}_{n}, 0 \dots, 0)^\top$ den n-ten Einheitsvektor und mit $|\cdot|$ die Euklidische Norm. Dann ist

$$\mu_n = e_n^\top \widetilde{D} e_n = (e_n^\top U^\top A^\top)(A U e_n) = |A U e_n|^2 > 0.$$

Setze $D := \sqrt{\widetilde{D}} = \mathrm{diag}[\lambda_1, \ldots, \lambda_d]$ mit $\lambda_n := \sqrt{\mu_n}$. Dann gilt

$$D^{-1}\, U^\top A^\top A U D^{-1} = \mathrm{id}_d$$

und daher ist $S := AUD^{-1} \in \mathrm{O}(d)$. Da $T := U^\top \in \mathrm{O}(d)$, gilt zudem

$$SDT = (AUD^{-1}) D\, U^\top = A. \qquad \square$$

Beweis von Satz A.2. Mit Hilfe von Lemma A.3 und A.4 ergibt sich für $A \in \mathrm{GL}(d, \mathbb{R})$

$$\begin{aligned} \lambda^d\left[A\left([0,1)^d\right)\right] = \lambda^d\left[SDT\left([0,1)^d\right)\right] &= \lambda^d\left[DT\left([0,1)^d\right)\right] \\ &= \det D \cdot \lambda^d\left[T\left([0,1)^d\right)\right] \\ &\overset{6.9}{=} \det D \cdot \lambda^d\left([0,1)^d\right). \end{aligned}$$

Wegen $S, T \in \mathrm{O}(d)$ gilt für die Determinanten $|\det S| = |\det T| = 1$. Somit erhält man $|\det A| = |\det(SDT)| = |\det S| \cdot |\det D| \cdot |\det T| = \det D$. □

A.3 Messbarkeit der Stetigkeitsstellen beliebiger Funktionen

Es sei (E, d) ein metrischer Raum. Die offene Kugel mit Radius $r > 0$ und Mittelpunkt $x \in E$ bezüglich der Metrik d bezeichnen wir mit

$$B_r(x) := \{y \in E \mid d(x,y) < r\}$$

Für eine beliebige Funktion $f\colon E \to \mathbb{R}$ (Messbarkeit wird nicht vorausgesetzt) setzen wir

$$w^f(x) := \inf_{r>0} (\mathrm{diam} f(B_r(x))) = \inf_{r>0}\left(\sup_{z \in B_r(x)} f(z) - \inf_{z \in B_r(x)} f(z)\right)$$

($\mathrm{diam}\, B = \sup_{x,y \in B} |x - y|$ ist der Durchmesser der Menge $B \subset \mathbb{R}$). Weil die Funktion $r \mapsto \mathrm{diam} f(B_r(x))$ monoton fallend ist, können wir in der Definition von $w^f(x)$ das Infimum $\inf_{r>0}$ durch $\inf_{0<r<\delta}$ ersetzen.

A.5 Lemma. *Die Funktion f ist im Punkt x genau dann stetig, wenn $w^f(x) = 0$.*

Beweis. »⇒«: Es sei f stetig an der Stelle x. Dann gilt

$$\forall \epsilon > 0\ \exists r_\epsilon > 0\ \forall r < r_\epsilon : \left(\sup_{z \in B_r(x)} f(z) - f(x)\right) + \left(f(x) - \inf_{z \in B_r(x)} f(z)\right) < 2\epsilon.$$

Somit

$$w^f(x) \leqslant \sup_{z \in B_r(x)} f(z) - \inf_{z \in B_r(x)} f(z) < 2\epsilon \xrightarrow[\epsilon \to 0]{} 0.$$

»$\Leftarrow$«: Für alle $r > 0$ und x, x' mit $x' \in B_r(x)$ gilt

$$f(x) - f(x') \leqslant \sup_{z \in B_r(x)} f(z) - \inf_{z \in B_r(x)} f(z).$$

Indem wir x und x' vertauschen, erhalten wir

$$|f(x) - f(x')| \leqslant \sup_{z \in B_r(x)} f(z) - \inf_{z \in B_r(x)} f(z).$$

Nun sei $w^f(x) = 0$ angenommen. Dann gibt es für jedes $\epsilon > 0$ ein r_ϵ, so dass für alle $r < r_\epsilon$ und $x' \in B_r(x)$

$$|f(x) - f(x')| \leqslant \sup_{z \in B_r(x)} f(z) - \inf_{z \in B_r(x)} f(z) \leqslant \epsilon + w^f(x) = \epsilon$$

gilt. Das zeigt die Stetigkeit von f an der Stelle x. □

A.6 Lemma. *w^f ist oberhalbstetig, d. h. $\{w^f < \alpha\}$ ist für jedes $\alpha > 0$ eine offene Menge.*

Beweis. Es sei $x_0 \in \{w^f < \alpha\}$. Dann gibt es ein $r = r(\alpha) > 0$ mit

$$\sup_{z \in B_r(x_0)} f(z) - \inf_{z \in B_r(x_0)} f(z) < \alpha.$$

Wähle $y \in B_{r/3}(x_0)$. Wegen $B_{r/3}(y) \subset B_r(x_0)$ gilt

$$w^f(y) \leqslant \sup_{z \in B_{r/3}(y)} f(z) - \inf_{z \in B_{r/3}(y)} f(z) \leqslant \sup_{z \in B_r(x_0)} f(z) - \inf_{z \in B_r(x_0)} f(z) < \alpha.$$

Daher ist $y \in \{w^f < \alpha\}$, also $B_{r/3}(x_0) \subset \{w^f < \alpha\}$. □

A.7 Satz. *Es sei $f\colon E \to \mathbb{R}$ eine beliebige Funktion. Dann ist die Menge ihrer Stetigkeitsstellen $C^f := \{x \mid f \text{ ist stetig in } x\}$ eine Borelmenge.*

Beweis. Lemma A.5 zeigt

$$C^f = \bigcap_{\delta > 0} \left\{w^f < \delta\right\} = \bigcap_{n \in \mathbb{N}} \left\{w^f < \tfrac{1}{n}\right\}$$

und gemäß Lemma A.6 sind die Mengen $\left\{w^f < \frac{1}{n}\right\}$ offen, also Borelsch. Daher ist auch deren abzählbarer Schnitt C^f eine Borelmenge. □

A.4 Das Integral komplexwertiger Funktionen

Bisweilen müssen wir das Integral auf komplexwertige Integranden erweitern, z. B. für die Fouriertransformation (Kapitel 23). Da die Abbildung

$$(\mathrm{Re}, \mathrm{Im})\colon \mathbb{C} \to \mathbb{R}^2, \quad z = x + iy \mapsto (x, y) = \left(\tfrac{1}{2}(z + \overline{z}),\ \tfrac{1}{2i}(z - \overline{z})\right)$$

messbar ist und eine messbare Inverse $(x, y) = (\operatorname{Re} z, \operatorname{Im} z) \mapsto \operatorname{Re} z + i \operatorname{Im} z$ besitzt, können wir $\mathscr{B}(\mathbb{R}^2)$ und $\mathscr{B}(\mathbb{C})$ identifizieren. Damit lässt sich das Integral durch $\mathbb{C}$-Linearität fortsetzen. Es sei $f\colon (E, \mathscr{A}) \to (\mathbb{C}, \mathscr{B}(\mathbb{C}))$ eine messbare Funktion und μ ein Maß auf $(E, \mathscr{A})$. Wir definieren

$$f \in \mathscr{L}^p_{\mathbb{C}}(\mu) \overset{\text{Def}}{\iff} f \text{ messbar und } |f| \in \mathscr{L}^p_{\mathbb{R}}(\mu) \iff \operatorname{Re} f, \operatorname{Im} f \in \mathscr{L}^p_{\mathbb{R}}(\mu).$$

Das Integral komplexwertiger Funktionen wird dann definiert durch

$$\int f\, d\mu := \int \operatorname{Re} f\, d\mu + i \int \operatorname{Im} f\, d\mu, \quad f \in \mathscr{L}^1_{\mathbb{C}}(\mu).$$

Es ist eine leichte Übung zu zeigen, dass das so fortgesetzte Integral $\mathbb{C}$-linear ist; insbesondere gilt

$$\operatorname{Re} \int f\, d\mu = \int \operatorname{Re} f\, d\mu \quad \text{und} \quad \operatorname{Im} \int f\, d\mu = \int \operatorname{Im} f\, d\mu.$$

Die Dreiecksungleichung

$$\left| \int f\, d\mu \right| \leqslant \int |f|\, d\mu$$

sieht man so: Da $\int f\, d\mu \in \mathbb{C}$ ist, gibt es ein $\theta \in (-\pi, \pi]$, so dass $e^{i\theta} \int f\, d\mu \geqslant 0$. Daher

$$\left| \int f\, d\mu \right| = e^{i\theta} \int f\, d\mu = \int e^{i\theta} f\, d\mu = \operatorname{Re}\left(\int e^{i\theta} f\, d\mu \right) = \int \operatorname{Re}\left(e^{i\theta} f\right)\, d\mu \leqslant \int |f|\, d\mu.$$

A.5 Regularität von Maßen

Es sei (E, d) ein metrischer Raum, $\mathscr{O}$ bezeichne die (bezüglich der Metrik d) offenen, $\mathscr{C}$ die abgeschlossenen und $\mathscr{B}(E) = \sigma(\mathscr{O})$ die Borelschen Teilmengen von E.

A.8 Definition. Es sei (E, d) ein metrischer Raum. Ein Maß μ auf $(E, \mathscr{B}(E))$ heißt *regulär von außen*, wenn

$$\forall B \in \mathscr{B}(E) \; : \; \mu(B) = \inf\{\mu(U) \mid U \supset B, \; U \text{ offen}\} \tag{A.1}$$

und *regulär von innen*, wenn $\mu(K) < \infty$ für alle kompakten Mengen $K \subset E$ und

$$\forall U \in \mathscr{O} \; : \; \mu(U) = \sup\{\mu(K) \mid K \subset U, \; K \text{ kompakt}\}. \tag{A.2}$$

Ein von außen und innen reguläres Maß heißt *regulär*.

Regularität hängt wesentlich von der topologischen Ausgangslage ab. Wir beweisen hier nur einige elementare Zusammenhänge, die für Anwendungen wichtig sind. Der Raum E heißt *σ-kompakt*, wenn es eine aufsteigende Folge kompakter Mengen $K_n \uparrow E$ gibt.

Manchmal wird für die innere Regularität die Gültigkeit von (A.2) für *alle Borelmengen U* gefordert. Allerdings gilt

A.9 Lemma. *Es sei (E, d) ein metrischer Raum und μ ein reguläres Maß. Dann gilt*

$$\forall B \in \mathscr{B}(E),\ \mu(B) < \infty\ :\ \mu(B) = \sup\{\mu(K) \mid K \subset B,\ K \text{ kompakt}\}\,. \tag{A.3}$$

Ist E σ-endlich, dann gilt (A.3) *für alle $B \in \mathscr{B}(E)$.*

Beweis. Es sei $B \in \mathscr{B}(E)$ mit $\mu(B) < \infty$.

1⁰) Es sei $B \subset K$ für ein Kompaktum K und $\epsilon > 0$ fest. Wegen (A.1) existiert eine offene Menge $U \supset K \setminus B$, so dass $\mu(U) \leqslant \mu(K \setminus B) + \epsilon$. Nun gilt

$$B \setminus \underbrace{(K \setminus U)}_{\text{kompakt}} \stackrel{B\subset K}{=} B \cap U \stackrel{B\subset K}{\subset} U \setminus (K \cap B^c) = U \setminus (K \setminus B).$$

Somit folgt

$$\mu(B) - \mu(K \setminus U) = \mu(B \setminus (K \setminus U)) \leqslant \mu(U \setminus (K \setminus B)) = \mu(U) - \mu(K \setminus B) \leqslant \epsilon,$$

was (A.3) für die hier betrachteten Mengen B impliziert.

2⁰) Es sei $\mu(B) < \infty$ und $\epsilon > 0$ fest. Wegen (A.1) und (A.2) gilt

$$\exists U \in \mathscr{O},\ U \supset B,\ \mu(U) < \infty \quad \& \quad \exists K \subset U \text{ kompakt}\ :\ \mu(U) \leqslant \mu(K) + \epsilon.$$

Wenden wir 1⁰ auf die Menge $B \cap K \subset K$ an, dann erhalten wir

$$\exists L \subset B \cap K,\ L \text{ kompakt}\ :\ \mu(B \cap K) \leqslant \mu(L) + \epsilon.$$

Nun ist $B \setminus L \subset (U \setminus K) \cup (B \cap K) \setminus L$ und somit

$$\mu(B) - \mu(L) = \mu(B \setminus L) \leqslant \mu(U \setminus K) + \mu((B \cap K) \setminus L) \leqslant 2\epsilon,$$

was (A.3) impliziert.

3⁰) Nun sei E σ-endlich. Nach Voraussetzung existieren messbare Mengen $E_n \uparrow E$ mit $\mu(E_n) < \infty$. Wegen der Maßstetigkeit gilt für $B \in \mathscr{B}(E)$

$$\mu(B) \stackrel{3.3.f)}{=} \sup_{n\in\mathbb{N}} \mu(B \cap E_n) \stackrel{1^0,2^0}{\leqslant} \sup_{n\in\mathbb{N}} \sup_{L\subset B\cap E_n,\ \text{kpt.}} \mu(L) \leqslant \sup_{L\subset B,\ \text{kpt.}} \mu(L)$$

(beachte: für $L \subset B \cap E_n$ kompakt gilt $L \subset B$ kompakt). Die umgekehrte Ungleichung ist wegen der Monotonie von μ trivial. □

Die grundlegende Regularitätsaussage ist in folgendem Satz enthalten:

A.10 Satz. *Es sei (E, d) ein metrischer Raum. Jedes endliche Maß μ auf $(E, \mathscr{B}(E))$ ist von außen regulär. Wenn E σ-kompakt ist, dann ist μ auch von innen regulär, also regulär.*

Beweis. Setze

$$\Sigma := \{A \subset E \mid \forall \epsilon > 0\ \exists F \in \mathscr{C},\ U \in \mathscr{O},\ F \subset A \subset U\ :\ \mu(U \setminus F) < \epsilon\}\,.$$

1⁰) *Wir zeigen:* Σ ist eine σ-Algebra.

(Σ_1) $\emptyset \in \Sigma$ ist klar.

(Σ_2) Sei $A \in \Sigma$ und $\epsilon > 0$.

$$\exists F_\epsilon \in \mathscr{C}, \quad U_\epsilon \in \mathscr{O}, \quad F_\epsilon \subset A \subset U_\epsilon \,:\, \mu(U_\epsilon \setminus F_\epsilon) < \epsilon.$$
$$\implies U_\epsilon^c \in \mathscr{C}, \quad F_\epsilon^c \in \mathscr{O}, \quad U_\epsilon^c \subset A^c \subset F_\epsilon^c \quad \text{und} \quad F_\epsilon^c \setminus U_\epsilon^c = U_\epsilon \setminus F_\epsilon.$$

Mithin gilt $\mu(F_\epsilon^c \setminus U_\epsilon^c) = \mu(U_\epsilon \setminus F_\epsilon) < \epsilon$, und es folgt $A^c \in \Sigma$.

(Σ_3) Seien $A_n \in \Sigma$, $n \in \mathbb{N}$, und $\epsilon > 0$.

$$\exists F_n \in \mathscr{C},\ U_n \in \mathscr{O},\ F_n \subset A_n \subset U_n \,:\, \mu(U_n \setminus F_n) < \epsilon/2^n.$$

Somit

$$\overbrace{\Phi_n := F_1 \cup \cdots \cup F_n}^{\text{abgeschlossen}} \subset A_1 \cup \cdots \cup A_n \subset \overbrace{U := \bigcup_{i\in\mathbb{N}} U_i}^{\text{offen}}.$$

Mit Hilfe der Inklusion

$$\bigcap_{n\in\mathbb{N}} U \setminus \Phi_n = \bigcup_{i\in\mathbb{N}} U_i \setminus \bigcup_{k\in\mathbb{N}} F_k = \bigcup_{i\in\mathbb{N}} \left(U_i \setminus \bigcup_{k\in\mathbb{N}} F_k \right) \subset \bigcup_{i\in\mathbb{N}} (U_i \setminus F_i)$$

sehen wir mit der Maßstetigkeit und der σ-Subadditivität von μ

$$\lim_{n\to\infty} \mu(U \setminus \Phi_n) = \mu\left(\bigcup_{i\in\mathbb{N}} U_i \setminus \bigcup_{k\in\mathbb{N}} F_k \right) \leqslant \sum_{i\in\mathbb{N}} \mu(U_i \setminus F_i) \leqslant \sum_{i\in\mathbb{N}} \frac{\epsilon}{2^i} = \epsilon.$$

Mithin folgt $\mu(U \setminus \Phi_n) < 2\epsilon$ für alle $n > n(\epsilon)$ und daher gilt $\bigcup_n A_n \in \Sigma$.

2^0) *Wir zeigen:* $\mathscr{C} \subset \Sigma$ und $\mathscr{B}(E) \subset \Sigma$. Für abgeschlossene Mengen $F \subset E$ ist

$$U_n := \bigcup_{x\in F} B_{1/n}(x) \in \mathscr{O} \quad \text{und} \quad \bigcap_n U_n = F.$$

Wegen der Maßstetigkeit haben wir $\lim_{n\to\infty} \mu(U_n) = \mu(F)$, d. h. $F \subset U_n$ und es gilt für hinreichend große $n > N(\epsilon)$, dass $\mu(U_n \setminus F) < \epsilon$. Das zeigt, dass $F \in \Sigma$ und

$$\mathscr{B}(E) = \sigma(\mathscr{C}) \subset \sigma(\Sigma) = \Sigma.$$

3^0) *Wir zeigen:* μ ist von außen regulär. Wegen 2^0 gibt es für $B \in \mathscr{B}(E)$ Folgen $(U_n)_n \subset \mathscr{O}$ und $(F_n)_n \subset \mathscr{C}$ mit $F_n \subset B \subset U_n$ und $\lim_{n\to\infty} \mu(U_n \setminus F_n) = 0$. Somit

$$\mu(B \setminus F_n) + \mu(U_n \setminus B) \leqslant 2\,\mu(U_n \setminus F_n) \xrightarrow[n\to\infty]{} 0,$$

d. h. das Infimum in (A.1) (Regularität von außen) wird angenommen.

4^0) *Wir zeigen:* Wenn E σ-kompakt ist, dann ist μ regulär. Es sei $B \in \mathscr{B}(E)$ und $L_m \uparrow E$ eine aufsteigende Folge kompakter Mengen und F_n wie in Schritt 3^0. Setze

$$K_{n,m} := F_n \cap L_m.$$

Wegen der Maßstetigkeit gilt $\lim_{m\to\infty}\mu\left(F_n \setminus K_{n,m}\right) = 0$, sowie

$$\mu(B \setminus K_{n,m}) \leqslant \mu(B \setminus F_n) + \mu(F_n \setminus K_{n,m}) \xrightarrow[m\to\infty]{} \mu(B \setminus F_n) \xrightarrow[n\to\infty]{} 0.$$

Daher gilt auch die Formel (A.2) (sogar für beliebige Mengen $U = B \in \mathscr{B}(E)$). □

Oft werden sog. *polnische Räume* betrachtet. Das sind vollständige metrische Räume (E, d), die separabel sind, d. h. eine abzählbare dichte Teilmenge enthalten. Eine gute Darstellung findet man bei Querenburg [14, Kap. 13 C]. Diese Klasse von Räumen ist vor allem deshalb interessant, weil man hier wegen der Vollständigkeit auf Lokalkompaktheit verzichten kann.[27]

A.11 Korollar. *Es sei (E, d) ein polnischer Raum. Jedes endliche Maß μ auf $(E, \mathscr{B}(E))$ hat folgende Eigenschaften:*

a) Straffheit: $\forall \epsilon > 0 \quad \exists K_\epsilon$ *kompakt* : $\mu(E \setminus K_\epsilon) \leqslant \epsilon$.

b) Regularität: *μ ist regulär, d. h. es gilt* (A.1)–(A.3).

Beweis. a) Es sei $\epsilon > 0$ beliebig und $(x_n)_{n\in\mathbb{N}} \subset E$ eine abzählbare dichte Teilmenge. Für jedes $k \in \mathbb{N}$ gilt $E = \bigcup_{n\in\mathbb{N}} B_{1/k}(x_n)$. Wegen $\mu(E) < \infty$ können wir die Maßstetigkeit verwenden und erhalten, dass

$$\forall k \in \mathbb{N} \quad \exists n(k) \in \mathbb{N} : \mu\Big(E \Big\backslash \bigcup\nolimits_{n\leqslant n(k)} B_{1/k}(x_n)\Big) \leqslant \frac{\epsilon}{2^k}.$$

Wir definieren $K_\epsilon := \overline{\bigcap_{k\in\mathbb{N}} \bigcup_{n\leqslant n(k)} B_{1/k}(x_n)}$. Nach Konstruktion gilt für jedes $k \in \mathbb{N}$, dass $K_\epsilon \subset \bigcup_{n\leqslant n(k)} B_{1/k}(x_n)$, d. h. die Menge K_ϵ ist präkompakt (oder total-beschränkt). Da (E, d) vollständig ist und K_ϵ abgeschlossen ist, gilt bereits, dass K_ϵ kompakt ist.[28] ist. Weil $K_\epsilon \supset \bigcap_{k\in\mathbb{N}} \bigcup_{n\leqslant n(k)} B_{1/k}(x_n)$ gilt, erhalten wir aus der σ-Subadditivität von μ, dass

$$\begin{aligned}\mu(E \setminus K_\epsilon) &\leqslant \mu\left(\bigcup_{k\in\mathbb{N}} E \Big\backslash \bigcup_{n\leqslant n(k)} B_{1/k}(x_n)\right)\\ &\leqslant \sum_{k\in\mathbb{N}} \mu\left(E \Big\backslash \bigcup_{n\leqslant n(k)} B_{1/k}(x_n)\right).\\ &\leqslant \sum_{k\in\mathbb{N}} \frac{\epsilon}{2^k} = \epsilon.\end{aligned}$$

---

27 Unendlich-dimensionale Räume sind i. Allg. nicht lokal-kompakt. Ein topologischer Vektorraum oder ein normierter Raum ist genau dann endlich-dimensional, wenn er lokal-kompakt ist, vgl. Rudin [16, Theorem 1.22] oder Werner [22, Satz I.2.8].

28 A ist präkompakt/total-beschränkt, wenn man für jedes $r > 0$ die Menge A durch endlich viele Kugeln vom Radius r überdecken kann. Wenn $(a_n)_n$ eine Folge in einer präkompakten Menge A ist, dann sind für jedes $r > 0$ unendlich viele Folgenglieder in *einer* der überdeckenden Kugeln B_r. Indem wir diese Überlegung rekursiv für immer kleinere $r_i \downarrow 0$ anwenden, können wir zeigen, dass $(a_n)_n$ einen Häufungspunkt in $\overline{A}$ besitzt. Damit ist $\overline{A}$ (folgen-)kompakt, vgl. auch Werner [22, Anhang Satz B.1.7]. Im Prinzip kennen Sie diesen Schluss aus dem Beweis des Satzes von Heine–Borel, siehe Rudin [15, Satz 2.41].

b) Aus Teil a) folgt, dass $L_n := \bigcup_{k\leqslant n} K_{1/k}$ eine aufsteigende Folge kompakter Mengen $L_n \uparrow L = \bigcup_{n\in\mathbb{N}} L_n$ definiert. Weiter gilt $\mu(E \setminus L_n) \leqslant \frac{1}{n}$, also $\mu(E \setminus L) = 0$. Das zeigt, dass E »fast« σ-kompakt ist.

Um Satz A.10 (für (A.1), (A.2)) und Lemma A.9 (für (A.3)) anwenden zu können, betrachten wir das Maß $\mu_L(B') := \mu(B')$ für $B' \in \mathscr{B}(L) = \mathscr{B}(E) \cap L$ auf dem σ-kompakten Raum $(L, \mathscr{B}(L))$. Es folgt, dass μ_L regulär ist. Weil wir μ_L durch $\mu_L(B) := \mu(L \cap B)$, $B \in \mathscr{B}(E)$, auf $\mathscr{B}(E)$ fortsetzen können, und weil $\mu_L(B) = \mu(B \cap L) = \mu(B)$ gilt, folgt auch die Regularität von μ. □

Wir betrachten nun nicht notwendig endliche Maße.

A.12 Satz. *Es sei (E, d) ein metrischer Raum und μ ein Maß auf $(E, \mathscr{B}(E))$, das für jede kompakte Menge $K \subset E$ endlich ist: $\mu(K) < \infty$.*

a) *Wenn E σ-kompakt ist, dann ist μ von innen regulär.*

b) *Wenn es eine Folge $G_n \in \mathscr{O}$, $G_n \uparrow E$ mit $\mu(G_n) < \infty$ gibt, dann ist μ von außen regulär.*

Beweis. a) Es sei $K_n \uparrow E$ eine Folge kompakter Mengen. Dann ist $\mu_n(B) := \mu(B \cap K_n)$, $B \in \mathscr{B}(E)$, für jedes $n \in \mathbb{N}$ ein endliches Maß. Wir finden mit der Maßstetigkeit und Satz A.10 für jede Menge $B \in \mathscr{B}(E)$

$$\mu(B) \overset{3.3.f)}{=} \sup_n \mu_n(B) \overset{A.10}{=} \sup_n \sup_{K\subset B,\,\text{kpt}} \mu_n(K) = \sup_{K\subset B,\,\text{kpt}} \sup_n \mu_n(K) = \sup_{K\subset B,\,\text{kpt}} \mu(K).$$

b) Es sei $B \in \mathscr{B}(E)$ und $\epsilon > 0$. Aus dem Beweis von Satz A.10 (Definition der Familie Σ für die Maße $\mu(\cdot \cap G_n)$) wissen wir

$$\forall n \in \mathbb{N} \quad \exists U_n \in \mathscr{O},\ B \subset U_n \ :\ \mu((U_n \setminus B) \cap G_n) < \epsilon 2^{-n}. \tag{A.4}$$

Für $n = 1$ ist das der Induktionsanfang für die folgende Aussage

$$\mu\left(\bigcup_{i=1}^{n} U_i \cap G_i\right) \leqslant \mu(B \cap G_n) + \sum_{i=1}^{n} \epsilon 2^{-i}. \tag{A.5}$$

Induktionsschritt $n \rightsquigarrow n + 1$: Wegen der starken Additivität von Maßen gilt

$$\begin{aligned}
&\mu\left(\bigcup_{i=1}^{n+1} U_i \cap G_i\right)\\
&= \mu\left((U_{n+1} \cap G_{n+1}) \cup \bigcup_{i=1}^{n} U_i \cap G_i\right)\\
&\overset{3.3.d)}{=} \mu\left(U_{n+1} \cap G_{n+1}\right) + \mu\left(\bigcup_{i=1}^{n} U_i \cap G_i\right) - \mu\Bigg(\underbrace{(U_{n+1} \cap G_{n+1})}_{\supset B\cap G_{n+1}\supset B\cap G_n} \cap \underbrace{\bigcup_{i=1}^{n} U_i \cap G_i}_{\supset B\cap G_n}\Bigg)\\
&\underset{(A.5)}{\overset{(A.4)}{\leqslant}} \mu\left(B \cap G_{n+1}\right) + \epsilon 2^{-n-1} + \mu\left(B \cap G_n\right) + \sum_{i=1}^{n} \epsilon 2^{-i} - \mu\left(B \cap G_n\right)\\
&= \mu\left(B \cap G_{n+1}\right) + \sum_{i=1}^{n+1} \epsilon 2^{-i}.
\end{aligned}$$

Es ist $B = \bigcup_{i=1}^{\infty}(B \cap G_i) \subset \bigcup_{i=1}^{\infty}(U_i \cap G_i) \in \mathscr{O}$. Somit

$$\mu(B) \leqslant \mu\left(\bigcup_{i=1}^{\infty} U_i \cap G_i\right) \overset{3.3.f)}{=} \sup_{n\in\mathbb{N}} \mu\left(\bigcup_{i=1}^{n} U_i \cap G_i\right) \overset{(A.5)}{\leqslant} \sup_{n\in\mathbb{N}}\left(\mu\left(B \cap G_n\right) + \sum_{i=1}^{n} \epsilon 2^{-i}\right) \leqslant \mu(B) + \epsilon.$$

Da $\epsilon > 0$ beliebig ist, folgt die Regularität von außen. □

Die σ-Endlichkeit ist im Beweis von Satz A.12 wesentlich: Auf $(\mathbb{R}, \mathscr{B}(\mathbb{R}))$ ist das Zählmaß $\mu(B) := \# B$ offensichtlich von innen regulär, jedoch gilt die äußere Regularität nicht einmal für einpunktige Mengen.

Mit einem topologischen Hilfssatz können wir die Aussage von Satz A.12 in eine für Anwendungen handliche Form bringen.

A.13 Lemma. *Es sei (E, d) ein lokal-kompakter und σ-kompakter metrischer Raum. Dann gibt es eine aufsteigende Folge von offenen Mengen $U_n \uparrow E$, so dass $K_n := \overline{U_n}$ kompakt ist und $K_n \subset U_{n+1}$ gilt.*

Beweis. 1^0) Es sei $K \subset E$ kompakt. Weil E lokal-kompakt ist können wir K durch offene Kugeln $B_{r(x)}(x)$ überdecken, deren Abschluss $\overline{B_{r(x)}(x)}$ kompakt ist. Wegen der Kompaktheit von K gilt dann sogar $K \subset \bigcup_{k=1}^{n} B_{r(x_k)}(x_k) =: V$ für ein $n \in \mathbb{N}$. Die Menge V ist offen und $\overline{V}$ ist kompakt, da $\overline{V}$ in der kompakten Menge $\bigcup_{k=1}^{n} \overline{B_{r(x_k)}(x_k)}$ enthalten ist.

2^0) Weil E σ-kompakt ist, gibt es eine Folge kompakter Mengen $K_n \uparrow E$. Wir konstruieren zu K_1 wie in Teil 1^0 eine relativ kompakte Menge V_1 und definieren $U_1 := V_1$. Rekursiv sei nun $U_{n+1} := V_{n+1}$, wobei V_{n+1} wie in Teil 1^0 für die kompakte Menge $\overline{U}_n \cup K_{n+1}$ gewählt wird. Die Folge $(U_n)_{n\in\mathbb{N}}$ erfüllt die Bedingungen des Lemmas. □

A.14 Korollar. *Es sei (E, d) ein lokal-kompakter separabler oder ein lokal-kompakter und σ-kompakter metrischer Raum. Dann ist jedes Maß μ auf $(E, \mathscr{B}(E))$, das auf den kompakten Mengen endlich ist, regulär, d. h. es gelten* (A.1)–(A.3).

Beweis. Fall 1: Wenn (E, d) lokal-kompakt und σ-kompakt ist, dann folgt die Aussage aus Lemma A.13 und Satz A.12.

Fall 2: Wenn (E, d) separabel ist, dann ist E bereits σ-kompakt, und wir sind im ersten Fall. Die σ-Kompaktheit folgt so: Es sei $(x_n)_{n\in\mathbb{N}} \subset E$ eine abzählbare dichte Teilmenge. Wir betrachten das System

$$\mathscr{U} := \left\{B_r(x_n) \mid r \in \mathbb{Q}^+,\ n \in \mathbb{N},\ \overline{B_r(x_n)} \text{ ist kompakt}\right\}.$$

Auf Grund der lokalen Kompaktheit hat jedes $x \in E$ eine kompakte Umgebung $\overline{U(x)}$ und daher gibt es ein $B_r(x_n) \in \mathscr{U}$, so dass $x \in B_r(x_n)$. Folglich ist $E = \bigcup_{i\in\mathbb{N}} U_i$, wobei $(U_i)_{i\in\mathbb{N}}$ eine Abzählung von $\mathscr{U}$ bezeichnet.

Wir definieren nun $K_n := \overline{U}_1 \cup \cdots \cup \overline{U}_n$. Die Mengen K_n sind offensichtlich kompakt und steigen gegen E auf. □

A.15 Beispiel. a) Das Lebesgue-Maß λ^d auf $(\mathbb{R}^d, \mathscr{B}(\mathbb{R}^d))$ ist regulär.
Offensichtlich ist $\mathbb{R}^d$ σ-kompakt ($\overline{B_n(0)} \uparrow \mathbb{R}^d$) und die offenen Mengen $B_n(0) \uparrow \mathbb{R}^d$. Da $\lambda^d(B_n(0)) < \infty$, folgt die Behauptung aus Satz A.12.

b) Für jede Borelmenge $B \in \mathscr{B}(\mathbb{R}^d)$ gibt es eine F_σ-Menge (= abzählbare Vereinigung abgeschlossener Mengen) F und eine G_δ-Menge (= abzählbarer Durchschnitt offener Mengen) G mit $F \subset B \subset G$ und $\lambda^d(G \setminus F) = 0$. Das folgt aus dem Beweis von Satz A.10 (Schritt 3^0) und Satz A.12. [✍]

A.6 Separabilität des Raums $C_c(E)$

Ein topologischer Raum $(E, \mathscr{O})$, $\mathscr{O}$ bezeichnet die Topologie oder Familie der offenen Mengen, heißt *lokal-kompakt*, wenn jeder Punkt $x \in E$ eine offene Umgebung $U(x)$ hat, deren Abschluss kompakt ist. Der Raum E hat eine *abzählbare Basis*, wenn es eine abzählbare Familie $\mathscr{G} \subset \mathscr{O}$ mit $U = \bigcup_{G \in \mathscr{G}, G \subset U} G$ für alle offenen Mengen $U \in \mathscr{O}$ gibt. Typische Beispiele sind lokal-kompakte metrische Räume (E, d), die eine abzählbare dichte Teilmenge haben.

Wir schreiben $C_c(E)$ für die stetigen Funktionen $u\colon E \to \mathbb{R}$ mit kompaktem Träger $\operatorname{supp} u = \overline{\{u \neq 0\}}$. Wir nennen $C_c(E)$ *separabel*, wenn es eine bezüglich der gleichmäßigen Konvergenz dichte abzählbare Teilmenge in $C_c(E)$ gibt.

A.16 Satz. *Es sei $(E, \mathscr{O})$ ein lokal-kompakter topologischer Raum mit abzählbarer Basis. Dann ist der Raum $(C_c(E), \|\cdot\|_\infty)$ separabel.*

Beweis. Es sei $\mathscr{G}$ eine abzählbare Basis von $\mathscr{O}$ und $\mathscr{I} := \{(a,b) \mid a < b,\ a, b \in \mathbb{Q}\}$. Es seien $G_1, \ldots, G_n \in \mathscr{G}$ und $I_1, \ldots, I_n \in \mathscr{I}$. Eine Funktion $f \in C_c(E)$ mit

$$f(G_i) \subset I_i \quad (i = 1, \ldots, n) \quad \text{und} \quad \operatorname{supp} f \subset G_1 \cup \cdots \cup G_n$$

nennen wir an $(G_i, I_i)_{i=1,\ldots,n}$ adaptiert. Zu jedem solchen Tupel wählen wir eine feste adaptierte Funktion (sofern es eine gibt) und schreiben $\mathcal{F}$ für diese Familie. Da die Familie $\bigcup_{n\in\mathbb{N}} \mathscr{G}^n \times \mathscr{I}^n$ abzählbar ist, ist $\mathcal{F}$ höchstens abzählbar. Für $u \in C_c(E)$ gilt

$$\forall x \in E \quad \forall \epsilon > 0 \quad \exists U(x) \in \mathscr{G},\ x \in U(x) \quad \forall y \in U(x) : |u(x) - u(y)| < \epsilon.$$

Da $\operatorname{supp} u$ kompakt ist, wird $\operatorname{supp} u$ durch $U(x_1) \cup \cdots \cup U(x_n)$, also für endlich viele $x_1, \ldots, x_n$, überdeckt. Andererseits ist für alle $i = 1, \ldots, n$

$$\sup_{x,y \in U(x_i)} |u(x) - u(y)| < 2\epsilon \implies \exists J_i \in \mathscr{I},\ \lambda^1(J_i) < 3\epsilon : u(U(x_i)) \subset J_i.$$

Also ist u an $(U(x_i), J_i)_{i=1,\ldots,n}$ adaptiert. Nun sei $f \in \mathcal{F}$ auch an $(U(x_i), J_i)_{i=1,\ldots,n}$ adaptiert. Dann gilt

$$\sup_{x \in U(x_i)} |u(x) - f(x)| < 6\epsilon \quad (i = 1, \ldots, n) \quad \text{und} \quad f = u = 0 \text{ wenn } x \notin \bigcup_{i=1}^{n} U(x_i).$$

Mithin ist $\|f - u\|_\infty < 6\epsilon$, d. h. $\mathcal{F}$ ist eine dichte Teilmenge. □

A.7 Mengensysteme der Maßtheorie (Übersicht)

Tabelle A.1 gibt eine Übersicht über die in der Maßtheorie gebräuchlichen Mengensysteme. In diesem Lehrbuch haben wir uns weitgehend auf σ-Algebren und Dynkin-Systeme beschränkt. Halbringe und Algebren kommen nur in einigen Beweisen »lokal« vor, und Ringe und Semi-Algebren werden nicht (explizit) verwendet. Bitte beachten Sie, dass z. B. Ringe in anderen mathematischen Disziplinen anders definiert sein können!

Tab. A.1: Übersicht über Mengensysteme der Maßtheorie. Die Grundmenge ist stets $E \neq \emptyset$.

Familie	Definition	Eigenschaften
Sigma-Algebra $\mathscr{A}$	$(\Sigma_1)\ \emptyset \in \mathscr{A}$ $(\Sigma_2)\ A \in \mathscr{A} \Rightarrow A^c \in \mathscr{A}$ $(\Sigma_3)\ (A_n)_{n\in\mathbb{N}} \subset \mathscr{A} \Rightarrow \bigcup_{n\in\mathbb{N}} A_n \in \mathscr{A}$ (Definition 2.1, Seite 4)	$\emptyset, E \in \mathscr{A}$ Stabil unter abzählbaren $(\cup, \cap, \complement, \setminus)$.
Dynkin-System $\mathscr{D}$	$(D_1)\ \emptyset \in \mathscr{D}$ $(D_2)\ D \in \mathscr{D} \Rightarrow D^c \in \mathscr{D}$ $(D_3)\ (D_n)_{n\in\mathbb{N}} \subset \mathscr{D}$ disjunkt $\Rightarrow \biguplus_{n\in\mathbb{N}} D_n \in \mathscr{D}$ (Definition 4.1, Seite 16)	$\emptyset, E \in \mathscr{D}$ Stabil unter abzählbaren $(\uplus, \complement)$. Wenn $\cap$-stabil, dann bereits σ-Algebra. (Lemma 4.3) $\mathscr{D} \supset \mathscr{G}, \mathscr{G}$ $\cap$-stabil, dann $\mathscr{D} \supset \sigma(\mathscr{G})$. (Satz 4.4)
Monotone Klasse $\mathscr{M}$	$(MC_1)\ (K_n)_{n\in\mathbb{N}} \subset \mathscr{M}, K_n \uparrow K \Rightarrow K \in \mathscr{M}$ $(MC_2)\ (L_n)_{n\in\mathbb{N}} \subset \mathscr{M}, L_n \downarrow L \Rightarrow L \in \mathscr{M}$ (Seite 17)	Wenn $\mathscr{G}$ stabil unter endlichen $(\cap, \complement)$, $\emptyset \in \mathscr{G}, \mathscr{M} \supset \mathscr{G}$, dann $\mathscr{M} \supset \sigma(\mathscr{G})$. (Aufg. 4.5, Seite 21)
(Boolesche) Algebra $\mathscr{A}$	▶ $\emptyset \in \mathscr{A}$ ▶ $A \in \mathscr{A} \Rightarrow A^c \in \mathscr{A}$ ▶ $A, B \in \mathscr{A} \Rightarrow A \cup B \in \mathscr{A}$ (Bemerkung 2.2.e), Seite 4)	$\emptyset, E \in \mathscr{A}$ Stabil unter endlichen $(\cup, \cap, \complement, \setminus)$. (Bemerkung 2.2)
Ring $\mathscr{R}$	▶ $\emptyset \in \mathscr{R}$ ▶ $A, B \in \mathscr{R} \Rightarrow A \cup B \in \mathscr{R}$ ▶ $A, B \in \mathscr{R} \Rightarrow A \setminus B \in \mathscr{R}$	$\emptyset \in \mathscr{R}, E \notin \mathscr{R}$ (i. Allg.) Stabil unter endlichen $(\cup, \cap, \setminus)$. Wird zur Algebra, wenn $E \in \mathscr{R}$.
Semi-Algebra $\mathscr{T}$	$\emptyset, E \in \mathscr{T}$ $A, B \in \mathscr{T} \Rightarrow A \cap B \in \mathscr{T}$ $A, B \in \mathscr{T} \Rightarrow A \setminus B \in \mathscr{T}_{\uplus}$ ($\mathscr{T}_{\uplus}$ = endliche $\uplus$ disjunkter $\mathscr{T}$-Mengen)	$\emptyset, E \in \mathscr{T}$ Stabil unter endlichen $\cap$.
Halbring $\mathscr{S}$	$(S_1)\ \emptyset \in \mathscr{S}$ $(S_2)\ A, B \in \mathscr{S} \Rightarrow A \cap B \in \mathscr{S}$ $(S_3)\ A, B \in \mathscr{S} \Rightarrow A \setminus B \in \mathscr{S}_{\uplus}$ ($\mathscr{S}_{\uplus}$ = endliche $\uplus$ disjunkter $\mathscr{S}$-Mengen) (Definition 5.1, Seite 22)	$\emptyset \in \mathscr{S}, E \notin \mathscr{S}$ (i. Allg.) Stabil unter endlichen $\cap$. $\mathscr{S}_{\cup} = \mathscr{S}_{\uplus}$ ist kleinster Ring $\supset \mathscr{S}$. ($\mathscr{S}_{\cup}$ = endliche $\cup$ von $\mathscr{S}$-Mengen) (Fußnote Seite 25, Aufg. 25.1 Seite 181)

Literatur

[1] H. W. Alt: *Lineare Funktionalanalysis*. Springer, Berlin 1999 (3. Auflage).
[2] T. M. Apostol: A proof that Euler missed. Evaluating $\zeta(2)$ the easy way. *Mathematical Intelligencer* **5** (1983) 59–60.
[3] S. Bochner: *Vorlesungen über Fouriersche Integrale*. Akademische Verlagsgesellschaft, Leipzig 1932. (Unveränderter Nachdruck: Chelsea, New York (NY) 1948.)
[4] C. Carathéodory: Über das lineare Maß von Punktmengen – eine Verallgemeinerung des Längenbegriffs. *Nachrichten von der königlichen Gesellschaft der Wissenschaften in Göttingen* (1914) 404–426.
[5] C. Carathéodory: *Vorlesungen über reelle Funktionen*. Teubner, Leipzig 1918. (2. Auflage 1927, Nachdruck Chelsea 1948, 3. Auflage Chelsea 1968).
[6] P. J. Daniell: A general form of integral. *Annals of Mathematics* **19** (1918) 279–294.
[7] N. Dunford, J. T. Schwartz: *Linear Operators – Part I*. Wiley-Interscience, Pure and Applied Mathematics **VII**, New York 1957.
[8] G. M. Fichtenholz: *Differential- und Integralrechnung I–III*. VEB Deutscher Verlag der Wissenschaften, Berlin 1973–74 (6.–8. Auflage).
[9] A. Kolmogoroff (A. N. Kolmogorov): *Grundbegriffe der Wahrscheinlichkeitsrechnung*. Springer, Ergebnisse der Mathematik und ihrer Grenzgebiete, Band 2, Heft 3, Berlin 1933.
[10] L. H. Loomis: *An Introduction to Abstract Harmonic Analysis*. Van Nostrand, The University Series in Higher Mathematics, Princeton (NJ) 1953.
[11] P.-A. Meyer: *Probability and Potentials*. Blaisdell, Waltham (MA) 1966.
[12] J. Neveu: *Mathematische Grundlagen der Wahrscheinlichkeitstheorie*. R. Oldenbourg Verlag, München 1969.
[13] F. W. J. Olver *et al.*: *NIST Handbook of Mathematical Functions*. Cambridge University Press, Cambridge 2010. (Freier Online-Zugang: http://dlmf.nist.gov/)
[14] B. von Querenburg: *Mengentheoretische Topologie*. Springer, Berlin 1979 (2. Auflage).
[15] W. Rudin: *Analysis*. Oldenbourg, München 2009 (4. Auflage).
[16] W. Rudin: *Functional Analysis*. McGraw-Hill, New York 1991 (2. Auflage).
[17] S. Saeki: A proof of the existence of infinite product probability measures. *American Mathematical Monthly* **103** (1996) 682–683.
[18] R. L. Schilling: *Measures, Integrals and Martingales*. Cambridge University Press, Cambridge 2017 (2. Auflage).
[19] R. L. Schilling, F. Kühn: *Counterexamples in Measure and Integration*. Cambridge University Press, Cambridge 2021.
[20] K. Stromberg: The Banach–Tarski Paradox. *American Mathematical Monthly* **86** (1979) 151–161.
[21] B. Sz.-Nagy: *Introduction to Real Functions and Orthogonal Expansions*. Oxford University Press, New York 1965.
[22] D. Werner: *Funktionalanalysis*. Springer, Berlin 2018 (8. Auflage).
[23] W. H. Young: On a new method in the theory of integration. *Proceedings of the London Mathematical Society* **9** (1911) 15–50.
[24] K. Yosida: *Functional Analysis*. Springer, Grundlehren der mathematischen Wissenschaften **123**, Berlin 1980 (6. Auflage).

https://doi.org/10.1515/9783111342894-029

Stichwortverzeichnis

Alle Zahlenangaben beziehen sich auf Seitennummern, (Pr. $m.n$) verweist auf die Aufgabe n (im Kapitel m) auf der jeweils angegebenen Seite.

https://doi.org/10.1515/9783111342894-030

www.ingramcontent.com/pod-product-compliance
Lightning Source LLC
Chambersburg PA
CBHW061412210326
41598CB00035B/6181
9783111342771